普通高等教育“十四五”规划教材

# 无损检测技术

## （第二版）

魏坤霞　魏　伟　主　编
胡　静　副主编

中国石化出版社

## 内　容　提　要

本书系统介绍了无损检测的目的、特点、分类以及各种材料、构件中缺陷形成的原因和特点；对射线检测、超声检测、磁粉检测、渗透检测四种常规无损检测技术的特点、物理基础、基本原理、检测方法、设备器材以及实例进行了详细介绍；同时，结合压力容器无损探伤有关标准，介绍了其他比较常用的无损检测技术，如涡流检测、声发射检测、激光全息检测、目视检测、泄漏检测。

本书可作为机械类、材料类等相关专业的大学本科或研究生教材，也可以作为无损检测从业人员、相关工程技术人员的参考用书。

**图书在版编目(CIP)数据**

无损检测技术／魏坤霞，魏伟主编．—2 版．—北京：中国石化出版社，2023．5(2025．3 重印)
普通高等教育“十四五”规划教材
ISBN 978-7-5114-7038-6

Ⅰ．①无…　Ⅱ．①魏…　②魏…　Ⅲ．①无损检验-高等学校-教材　Ⅳ．①TG115．28

中国国家版本馆 CIP 数据核字(2023)第 071176 号



**中国石化出版社出版发行**
地址：北京市东城区安定门外大街 58 号
邮编：100011　电话：(010)57512500
发行部电话：(010)57512575
http://www.sinopec-press.com
E-mail：press@sinopec.com
北京科信印刷有限公司印刷
全国各地新华书店经销
*
787×1092 毫米 16 开本 15．25 印张 371 千字
2023 年 5 月第 2 版　2025 年 3 月第 3 次印刷
定价：49．00 元

# 再版前言

对于从事设备设计、制造、维修、使用的大学生和从业者来说，学习和掌握无损检测的基本知识是完全必要的，为此，编者集合了射线检测、超声检测、磁粉检测、渗透检测等四种常规无损检测技术内容编写了本书。书中介绍了各种无损检测方法的物理基础、基本原理、检验技术与设备器材，同时结合压力容器无损探伤有关标准，简要介绍了无损检测新技术。此外，本书每章后面还列出了复习思考题，有助于读者复习、自学。

本书第一版自2016年出版以来，被一些高校选作教材或参考资料，经过7年教学实践，编者结合实际，对部分内容进行了修订，主要针对射线检测和超声检测的内容做了一些补充和修改，使知识点更加连贯、逻辑性更强、基础更加扎实。

由于不可能在有限篇幅内对无损检测这一专业面很广的综合性学科进行系统全面的研究，本书力求简明扼要、突出重点，并注意理论与实践的紧密结合，书中不仅提供无损检测基本知识还有实践案例，是一本内容较为丰富全面、体系完整、理论与实践紧密结合、特色鲜明的无损检测技术基础教材。

全书共6章，讲授24~40学时，建议采用电子教案授课。力求在有限学时教学中，掌握主要的两种检测方法，同时又对其他检测方法有一定的了解。

本书第二版由常州大学魏坤霞教授、魏伟教授、胡静教授、汪丹丹讲师、安旭龙讲师、刘祥奎讲师、储著奇博士共同编写完成。本书得到2021年度教育部国际中文教育创新项目（项目号：21YH011CX5）和常州大学材料学院的支持。同时，中国石化出版社为本书的编辑、出版付出了大量劳动，在此深表谢意。

鉴于编者学识水平有限，书中难免有不当和疏漏之处，谨请同行专家、学者和读者予以指正。

# 目 录

第1章 概述 …… (1)
1.1 无损检测的目的及应用特点 …… (1)
1.2 材料和构件中的缺陷 …… (4)
1.2.1 焊接缺陷 …… (4)
1.2.2 铸件中常见宏观缺陷及产生原因 …… (10)
1.2.3 锻件中常见宏观缺陷及产生原因 …… (10)
1.2.4 钢管中常见宏观缺陷及产生原因 …… (11)
1.2.5 钢棒和型材中常见宏观缺陷及产生原因 …… (11)
1.2.6 钢板中常见宏观缺陷及产生原因 …… (11)
1.2.7 在用设备定检中常见宏观缺陷及产生原因 …… (12)
1.3 无损检测方法的选择 …… (12)
1.3.1 常用无损检测方法 …… (12)
1.3.2 缺陷类型与无损检测方法的选择 …… (16)
1.3.3 缺陷位置与无损检测方法的选择 …… (16)
1.3.4 被检工件尺寸与无损检测方法的选择 …… (16)
1.3.5 被检工件材料特征与无损检测方法的选择 …… (17)
第2章 射线检测 …… (18)
2.1 射线检测的物理基础 …… (18)
2.1.1 射线的产生及性质 …… (18)
2.1.2 X射线谱 …… (21)
2.1.3 光量子与物质的相互作用 …… (24)
2.1.4 射线衰减规律 …… (26)
2.2 射线检测的基本原理和检测方法 …… (32)
2.2.1 射线检测的基本原理 …… (32)
2.2.2 射线检测方法 …… (32)
2.2.3 射线检测设备和器材 …… (34)
2.3 影响射线照相影像质量的基本因素 …… (44)
2.3.1 对比度(小缺陷或细节与其周围背景的黑度差) …… (44)
2.3.2 不清晰度(影像轮廓边缘黑度过渡区的宽度) …… (46)
2.3.3 颗粒度(影像黑度的不均匀程度) …… (49)
2.4 射线照相检测基本技术 …… (51)
2.4.1 透照布置 …… (51)
2.4.2 基本透照参数 …… (53)
2.4.3 曝光曲线 …… (56)
2.4.4 散射线控制 …… (63)

2.5 典型工件的透照技术 …… (67)
2.5.1 平板工件透照技术 …… (67)
2.5.2 变截面工件透照技术 …… (68)
2.5.3 焊缝透照技术 …… (69)
2.5.4 零件射线透照技术举例 …… (72)
2.5.5 射线透照法检测及适用范围 …… (75)
2.6 暗室处理 …… (75)
2.6.1 概述 …… (75)
2.6.2 胶片处理程序和操作要点 …… (76)
2.7 常见缺陷的影像特征及质量评定 …… (78)
2.7.1 概述 …… (78)
2.7.2 常见缺陷影像特征 …… (79)
2.7.3 伪缺陷的辨认 …… (83)
2.7.4 缺陷位置与尺寸的测定 …… (85)
2.7.5 被检物的质量评定 …… (85)
2.8 射线防护 …… (86)
2.8.1 屏蔽防护法 …… (87)
2.8.2 距离防护法 …… (88)
2.8.3 时间防护法 …… (88)
2.9 实时射线照相技术介绍 …… (89)
2.10 射线检测发展趋势 …… (90)
**第3章 超声检测** …… (92)
3.1 超声检测的物理基础 …… (92)
3.1.1 超声波及其分类 …… (92)
3.1.2 超声波的产生和接收 …… (96)
3.1.3 超声波声速、波长和频率 …… (97)
3.1.4 波的叠加、干涉、衍射和惠更斯原理 …… (99)
3.1.5 超声波的声场 …… (100)
3.1.6 分贝与奈培 …… (103)
3.2 超声波在介质中的传播特性 …… (105)
3.2.1 超声波在界面上的反射、折射及波型转换 …… (105)
3.2.2 超声波的聚焦和发散 …… (112)
3.2.3 超声波在传播过程中的衰减 …… (114)
3.3 超声检测装置 …… (116)
3.3.1 超声波检测仪 …… (116)
3.3.2 超声波探头 …… (120)
3.3.3 试块与耦合剂 …… (124)
3.3.4 超声检测仪和探头的主要性能指标 …… (128)
3.4 超声检测基本技术 …… (129)
3.4.1 检测条件的确定 …… (129)
3.4.2 超声波检测方法分类及特点 …… (130)

3.5 仪器扫描速度的调节 …………………………………………………… (139)
3.5.1 纵波扫描速度的调节 …………………………………………………… (139)
3.5.2 横波扫描速度的调节 …………………………………………………… (140)
3.6 缺陷定位 …………………………………………………… (142)
3.6.1 纵波直探头定位 …………………………………………………… (143)
3.6.2 横波斜探头检测平板时缺陷定位 …………………………………………………… (143)
3.6.3 横波斜探头检测圆柱形工件时的缺陷定位 …………………………………………………… (144)
3.7 规则反射体的回波声压 …………………………………………………… (146)
3.7.1 大平底面回波声压 …………………………………………………… (146)
3.7.2 平底孔回波声压 …………………………………………………… (146)
3.7.3 长横孔回波声压 …………………………………………………… (147)
3.7.4 短横孔回波声压 …………………………………………………… (148)
3.7.5 球孔回波声压 …………………………………………………… (148)
3.7.6 实心圆柱体的回波声压 …………………………………………………… (148)
3.8 灵敏度的调节 …………………………………………………… (149)
3.8.1 试块调整法 …………………………………………………… (149)
3.8.2 工件底波调整法 …………………………………………………… (150)
3.9 缺陷的定量和定性 …………………………………………………… (150)
3.9.1 缺陷的定量 …………………………………………………… (150)
3.9.2 缺陷的定性 …………………………………………………… (155)
3.10 超声检测应用实例 …………………………………………………… (158)
3.10.1 锻件检测 …………………………………………………… (158)
3.10.2 铸件超声波检测 …………………………………………………… (167)
3.10.3 板材超声波检测 …………………………………………………… (169)
3.10.4 复合钢板超声波检测 …………………………………………………… (173)
3.10.5 无缝钢管超声波检测 …………………………………………………… (175)
3.10.6 平板对接焊缝超声波探伤 …………………………………………………… (177)
3.10.7 管座角焊缝检测和 T 形焊缝检测 …………………………………………………… (181)
3.10.8 非金属材料检测举例——塑料检测 …………………………………………………… (183)
3.10.9 复合材料检测 …………………………………………………… (184)
3.10.10 用超声波检测材料的其他性能 …………………………………………………… (184)
3.11 超声波检测的应用与发展趋势 …………………………………………………… (185)
**第 4 章 磁粉检测** …………………………………………………… (187)
4.1 概述 …………………………………………………… (187)
4.1.1 磁粉检测概念 …………………………………………………… (187)
4.1.2 磁粉检测适用范围 …………………………………………………… (187)
4.1.3 磁粉检测特点 …………………………………………………… (187)
4.2 磁粉检测的物理基础 …………………………………………………… (189)
4.2.1 磁粉检测中的相关物理量 …………………………………………………… (189)
4.2.2 铁磁物质 …………………………………………………… (190)
4.2.3 磁粉检测原理 …………………………………………………… (193)

4.3 磁粉检测器材 …………………………………………………………………… (194)
4.3.1 磁粉检测机 …………………………………………………………………… (194)
4.3.2 磁粉与磁悬浮液 ……………………………………………………………… (195)
4.3.3 磁粉检测用灵敏度试片 ……………………………………………………… (197)
4.4 磁粉检测基本技术 ……………………………………………………………… (199)
4.4.1 磁粉检测操作步骤 …………………………………………………………… (199)
4.4.2 磁化方法和磁化规范 ………………………………………………………… (200)
4.5 磁粉检测应用实例 ……………………………………………………………… (207)
4.5.1 大型钢壳的磁粉检测 ………………………………………………………… (207)
4.5.2 带中心孔零件的磁粉检测 …………………………………………………… (207)
4.5.3 紧固件的磁粉检测 …………………………………………………………… (207)
4.6 磁粉检测发展趋势 ……………………………………………………………… (208)
**第5章 渗透检测** ……………………………………………………………………… (210)
5.1 概述 ……………………………………………………………………………… (210)
5.1.1 渗透检测的概念 ……………………………………………………………… (210)
5.1.2 渗透检测的特点 ……………………………………………………………… (210)
5.1.3 渗透检测的基本过程 ………………………………………………………… (210)
5.2 渗透检测的物理化学基础 ……………………………………………………… (211)
5.2.1 表面张力和表面张力系数 …………………………………………………… (211)
5.2.2 润湿现象 ……………………………………………………………………… (211)
5.2.3 毛细现象 ……………………………………………………………………… (213)
5.2.4 表面活性和表面活性剂 ……………………………………………………… (214)
5.3 渗透检测的光学基础 …………………………………………………………… (215)
5.3.1 渗透检测中的光学知识 ……………………………………………………… (215)
5.3.2 可见度和对比度 ……………………………………………………………… (216)
5.4 渗透检测剂 ……………………………………………………………………… (216)
5.4.1 渗透剂 ………………………………………………………………………… (216)
5.4.2 去除剂 ………………………………………………………………………… (218)
5.4.3 显像剂 ………………………………………………………………………… (219)
5.5 渗透检测基本技术 ……………………………………………………………… (220)
5.5.1 渗透检测的时机选择 ………………………………………………………… (220)
5.5.2 渗透检测工艺基本步骤 ……………………………………………………… (220)
5.5.3 渗透检测方法及其选用 ……………………………………………………… (226)
5.5.4 缺陷显示及裂纹检出能力 …………………………………………………… (228)
5.6 渗透检测发展趋势 ……………………………………………………………… (228)
**第6章 其他无损检测技术简介** ……………………………………………………… (231)
6.1 涡流检测 ………………………………………………………………………… (231)
6.2 声发射检测 ……………………………………………………………………… (232)
6.2.1 声发射检测的基本原理 ……………………………………………………… (232)
6.2.2 声发射检测的特点 …………………………………………………………… (233)
6.3 激光全息检测 …………………………………………………………………… (233)
**参考文献** ……………………………………………………………………………… (235)

# 第1章 概 述

无损检测是一门新的科学技术，近几十年来发展很快，无论是设备制造水平、检测技术水平还是新检测方法的研究和采用等方面都有迅速的发展。无损检测技术经历了三个发展阶段，即无损探伤、无损检测、无损评价，目前一般统称为无损检测。

无损检测是利用材料的物理性质因有缺陷而发生变化这一事实，测定其变化量，从而判断材料内部是否存在缺陷。因此，它的理论根据是物理性质。目前在无损检测中所利用的材料物理性质有：材料在射线辐射下呈现的性质；材料在弹性波作用下呈现的性质；材料的电学性质、磁学性质、热学性质以及表面能量的性质等。也就是说，无损检测是利用材料内部组织和结构异常时引起物理量变化的原理，反过来用物理量的变化来推断材料内部组织和结构的异常。

无损检测的概念是在无损探伤、无损检验的基础上发展起来的。在早期，无损探伤的概念应用较广。它是指在不损坏材料或制品的情况下，发现人眼无法观测到的缺陷。但在实际工作中，不但需要发现缺陷，还要作出该材料或制品能否应用的结论，因此要求它具有检验的性质，因而无损探伤逐渐被无损检验这个概念所代替。而无损检测这一概念的采用，其含义远远超过了探伤和检验的范围，无损检测是一种广义的、概括的总称。它是指在不破坏材料和制品的前提下，检测缺陷及其他有关技术参数的所有方法，如硬度、温度、应力、尺寸测定等。因此无损检测已成为现代材料科学研究中一个新的分支。无损检测又称为“非破坏试验”(Nondestructive Testing)，简称“NDT”。

现代无损检测的定义：**无损检测是以不损害被检验对象的使用性能为前提，应用声、光、磁和电等多种物理原理和化学现象，借助现代的技术和设备器材，对各种工程材料、零部件、结构件进行有效的检验和测试，借以评价它们的连续性、完整性、安全可靠性及某些物理性能。**

## 1.1 无损检测的目的及应用特点

在工业生产中，从原材料到成品制造，乃至使用的各个环节，始终离不开无损检测，它不但可以保证产品质量，而且能提高经济效益，在改进产品设计与制造工艺方面起着重要作用。目前，无损检测的主要目的有以下几个方面。

(1) 降低制造成本，提高经济效益

进行无损检测，往往被认为要增加检测费用，从而使制造成本也提高了。可是如果在制造过程中间的适当环节正确地进行无损检测，就能避免后面不必要的工序，从而降低制造成本。

例 1-1：如果在焊接完成后再检测发现有缺陷，则需要返工修补。而返工需要花费许多工时或者很难修补，因此可以在焊接完工前的中间阶段先进行无损检测，确实证明没有缺陷后，再继续进行焊接，这样焊接后就可能不需要再进行修补了。

例 1-2：对铸件进行机械加工时，有时不允许机加工后的表面上出现夹渣、气孔或裂纹等缺陷，这可以在机加工前预先对要进行加工的部分进行无损检测。通过无损检测，对于加工后会出现缺陷的地方，就不再进行机械加工了。这样做，就可以避免在机械加工后由于出现缺陷而成为不合格品，因而节约了机械加工工时。

例 1-3：轴类加工时，工序主要有原材料选用、下料、粗车、调质、精车、渗碳高频淬火、磨制、入库。如果对原材料及调质后、渗碳高频淬火后进行检测，发现问题及时返工或报废，从而可以避免不必要的加工。

如上所述，看起来进行无损检测要花费一定的工时，似乎使制造成本提高了。但是，如果考虑到由于不进行无损检测而造成修补和返工所需要的费用时，无损检测的费用就显得微不足道了，相反只会使产品的成本降低。更为有利的是，如果要修补和返工，往往在工艺过程的前阶段进行起来要容易得多，而且不致打乱整个工艺过程。这样，从整体看来，就节约了工时和费用，降低了产品的成本，提高了经济效益。

(2) 提高设备的安全及可靠性

可靠性的定义根据产品的种类、使用目的的不同而有所不同。就一般工业产品而言，可靠性指在规定的使用条件下，在预期的使用寿命内，产品的部分或者整体都不发生破损，而且在满足所需的性能条件下，所能够运转的时间与预期使用寿命的比率(利用度)。这一概念就作为衡量可靠性好坏的大致尺度。这里，引起产品部分或者整体破损而不能满足预期性能的原因，有设计方面的问题，有材料方面的问题，有加工方面的问题，也有完全意外的自然因素或不能预计的灾害等问题。可以针对其发生的原因，采取措施，尽量降低发生概率。

为此所采取的措施之一就是进行无损检测，即从原材料的无损检测开始，到最终成品的无损检测为止。通过一系列的检测，判定设计的好坏、原材料的好坏、制造工艺的好坏，并找出可能引起破损的因素，随后加以改进，尽量减少其发生损坏的概率。

例 1-4：在压力试验时做应变测试，通过查明是否有发生反常应力的部位，来判断设计是否有问题。

例 1-5：通过对焊缝进行各种无损检测，查明有没有内部缺陷或表面缺陷，在判断焊接工艺的好坏后，对必要的部位进行修补，以确保可靠性。

例 1-6：家用煤气瓶需每两年检修一次，石化设备都需要定期进行大检修，以及飞机、客轮、火车的定期检修，无损检测技术都对其安全性提供了保障。

例 1-7：对原材料进行各种无损检测，判断其制造工艺的好坏，评定其可靠性。

这些无损检测都是为了提高产品在规定的使用条件下工作时的安全及可靠性。这就是无损检测极为重要的目的之一。

然而必须注意，盲目地应用无损检测，并不能达到上述目的。因此，必须研究何时进行适当的无损检测，选择最适当的检测方法，应用正确的检测技术。这些问题都是在无损检测时不可或缺的原则。

(3) 为制订或改进制造工艺及设计方案提供依据

人们想要按规定的质量要求制造产品时，为了知道所采用的设计与制造工艺是否适宜，可先根据预定的方案制作试样或制品，对它们进行无损检测。一边观察检测结果，一边改进设计与制造工艺，并反复进行试验，最后确定满足质量要求的产品设计与制造工艺。

例 1-8：为了确定焊接规范，可根据预定的焊接规范制成试样，进行射线照相，随后根据检测结果，修正焊接规范，最后再确定能够达到质量要求的焊接规范。

例 1-9：当制造铸件时，为了确定铸造工艺，也可利用射线照相检测，根据缺陷发生的情况来改进浇口和冒口的位置，最后确定铸造工艺。

这些都是无损检测在改进设计与制造工艺方面的应用实例。按照各种无损检测手段所具有的特征，并熟练地运用这些手段，就能很容易地改进设计与制造工艺。

(4) 提高产品质量

无损检测的主要目的之一，就是对非连续加工(如多工序生产)或连续加工(如自动化生产流水线)的原材料、零部件提供实时的质量控制。例如，控制材料的冶金质量、加工工艺质量、组织状态、涂镀层的厚度以及缺陷的大小、方位与分布等。

无损检测不需破坏试件就能完成检测过程，可以对产品进行100%检验和逐件检验，为产品质量提供有效保证。例如，日本汽车中30%的零件采用无损检测后，质量迅速提升。德国奔驰汽车公司对汽车的几千个零件全部采用无损检测后，运行里程增加1倍，大大提高竞争力。

应用无损检测时，事先必须对以下几个方面有充分的认识。

(1) 要与破坏性检测相结合

如前所述，无损检测是在不损伤和破坏材料、机器和结构的情况下，对它们的化学性质、机械性能以及内部结构等进行评价的一种检测方法。为了评价它们的性质，作出一定的判断，必须事先对同样条件的试样进行无损检测，随后再进行破坏性检测，求出这两个检测结果之间的关系。也就是把无损检测所得到的结果与破坏性检测所得到的结果互相对比，从而知道怎样评价无损检测所得到的结果。必须认识到，假如没有做过上述检测结果的对比，不管进行的无损检测的灵敏度有多高，所作的评价是没有什么意义的。

同时，虽然无损检测的检查率可以达到100%，但并不是所有需要测试的项目和指标都能进行无损检测，无损检测技术也有自身的局限性。这种局限性可能来自方法本身，也可能来自被测试对象的形状、位置等客观条件的不允许，所以某些试验只能采用破坏性试验，因此，目前无损检测还不能代替破坏性检测。也就是说，对一个工件、材料、机器设备的评价，必须把无损检测的结果与破坏性试验的结果互相对比和配合，才能作出准确的评定。

(2) 正确选择无损检测的实施时间

无损检测的实施时间必须是评定质量最适当的时间。在制造过程中，如果某道工序将对材料或焊缝质量产生影响的话，那么在这道工序之前作出的质量评定就会与之后的评定不一致。因此，质量评定的时间应该选择在这道工序之后。另外，虽没有增加特别的工序，但由于时效变化，材料和焊缝的质量也可能发生变化，所以必须待充分变化后再对它进行检测评定。

以热处理为例，当考虑到热处理所引起的质量变化时，当然要在热处理之前和之后分别做无损检测。可是，在热处理之前用无损检测作质量评定是对原材料制造工艺的检查，如果是焊接件则是对焊缝焊接工艺的检查。而在热处理之后进行检测，不管什么情况都是对热处理工艺操作的检查。因此，质量评定的对象是随质量评定的时间不同而不同的。另外，有时还要用不同的检测方法，所以必须明确规定在什么时间、用什么检测方法来进行检测。同样，高强度钢焊缝有时会发生延迟断裂(裂缝)，大家知道它是在焊接后几小时才开始发生，而后逐渐扩大的。因此如果焊接后过早地进行检验，则检验后仍可能会发生许多裂缝，所以通常至少要放一昼夜，然后再做检验。

以上两例说明，选择什么时间进行检验，对正确地评定质量是极为重要的。

(3) 正确对待无损检测结果的可靠性

无损检测是这样一种方法，它把一定的物理能量加到被检物上，再使用特定的检测装置来检测这种物理能量的穿透、吸收、散射、反射、漏泄、渗透等现象的变化，进而来检查被检物有没有异常。因此能不能把这种异常情况检查出来，与被检物的材质、组织成分、形状、表面状态、所采用的物理能量的性质，以及被检物异常部分的状态、形状、大小、方向性和检测装置的特性等有很大的关系。一般来说，不管采用哪一种检测方法，要完全检查出异常部分是不可能的。也就是说，即使经过无损检测，得到了没有缺陷的信息，也不应该认为一定没有缺陷。另外，用无损检测测得异常部分的种类、形状、大小、方向性等信息，由于所用检测方法的不同而不同。由于检测方法和异常部分的特性结合在一起，有时检测灵敏度可以达到很高，而有时检测误差却会很大。这是无损检测在进行质量评定或是进行寿命评定中极为重要的问题。

（4）正确选用合理的无损检测方法和检测规范

无损检测方法有很多种，每种无损检测方法均具有局限性，不能适用于所有工件和缺陷。由于检测方法本身的特点所限，缺陷不能完全被检出。尤其是当采用不适当的检测方法以及检测规范不正确时，检测结果可靠性就更差了。为了尽量提高检测结果的可靠性，必须根据被检件的特点（材料、结构、形状、尺寸，预计可能产生的缺陷种类、形状、所处部位、取向……）选择适宜的检测方法与检测规范。所谓适宜，不是片面追求最高的检测灵敏度，而是在保证充分安全性的同时兼顾产品的经济性，这样选择的检测方法才是正确、合理的。为此，必须预计被检物异常部分的性质，即预先分析被检物的材质、加工种类、加工过程或使用经过，必须预计缺陷可能是什么种类、什么形状、在什么部位、什么方向，随后再选择最适当的检测方法与检测规范。

（5）无损检测结果的评定

在充分掌握了上述要点并进行了非常细致的无损检测之后，所得到的检测结果也未必是完全可靠的。因此，无损检测的结果只应作为评定质量和寿命的依据之一，而不应仅仅根据它来作出片面的结论。如果可能，不要只采用一种无损检测方法，而应尽可能多地同时采用几种方法，以便让各种方法互相取长补短，从而取得更多的信息依据。另外，还应利用无损检测以外的其他检测所得到的结果，使用有关材料、焊接、加工工艺的知识综合起来作出判断。总之，无损检测结果的判断技术是有关物理、化学、机械、电气、材料等的高度综合性的技术。另外，有时进行无损检测会使产品的价格上升，但是要知道无损检测的本来目的绝不是为了把质量提高到没有意义的程度。要充分认识到，正是为了要保证产品的经济性和充分安全性才去进行无损检测的。必须判断所得到检测结果的本质是什么，要区别可以允许的缺陷和不可允许的缺陷，不要用无损检测去盲目追求要求过高的那种“高质量”。

## 1.2 材料和构件中的缺陷

要想正确地进行无损检测，必须了解原材料和焊缝中的缺陷种类及产生原因，这才有助于正确选择无损检测方法，制定合理的检测方案，从而取得正确的检测结果。下面叙述各种材料和构件中的主要缺陷及其产生原因。

### 1.2.1 焊接缺陷

#### 1.2.1.1 焊接缺陷概念及分类

将焊接过程中在焊接接头中产生的不符合标准要求的缺陷称为焊接缺陷。评定焊接接头质量优劣的依据是缺陷的种类、大小、数量、形态、分布及危害程度。

焊接缺陷的分类：裂纹、气孔、固体夹杂、未熔合和未焊透、形状缺陷等。

1.2.1.2　焊接缺陷的特征及分布

(1) 焊接裂纹

焊接裂纹是指金属在焊接应力及其他致脆因素共同作用下，焊接接头中局部地区金属原子结合力遭到破坏而形成的新界面所产生的缝隙。焊接裂纹是焊接结构(件)中最危险的缺陷。焊接裂纹的特征是具有尖缺口和长宽比大。按裂纹的外观形貌和产生的部位来分类，各种裂纹的特征及分布见表1-1和图1-1。

**表1-1　按外观形貌划分的裂纹特征及分布**

| 名称 | 特征 | 分布 |
|---|---|---|
| 横向裂纹 | 裂纹长度方向与焊缝轴线相垂直 | 位于焊缝、热影响区或母材中 |
| 纵向裂纹 | 裂纹长度方向与焊缝轴线相平行 | |
| 弧坑裂纹 | 形貌有横向、纵向或星形状 | 位于焊缝收弧弧坑处 |
| 放射状裂纹 | 从某一点向四周放射的裂纹 | 位于焊缝、热影响区或母材中 |
| 枝状裂纹 | 形貌呈树枝状 | |
| 间断裂纹 | 裂纹呈断续状态 | |
| 微观裂纹 | 在显微镜下才能观察到 | |

焊接裂纹按裂纹产生的温度范围可分为热裂纹、冷裂纹及再热裂纹。

① 热裂纹。在固相线附近的高温区形成的裂纹称热裂纹。热裂纹主要发生在晶界处，在与空气接触的开口部位表面有强烈的氧化特征，这是区别于冷裂纹的重要特征。

② 冷裂纹。焊接接头冷却到 $M_s$ 温度以下时形成的裂纹称为冷裂纹。其特点是表面光亮，无氧化特征。冷裂纹主要发生在焊接热影响区。

③ 再热裂纹。工件焊接后，若再次被加热(如消除应力热处理、多层焊或使用过程中被加热)到一定的温度而产生的裂纹称为再热裂纹。常出现在粗晶区中。

(2) 气孔

焊接时，熔池中的气泡在凝固时未能逸出而残留下来形成的空穴称为气孔。气孔有时以单个形式出现，有时以成堆的形式聚集在局部区域，其形状有球形、条虫形等(图1-2、表1-2)。

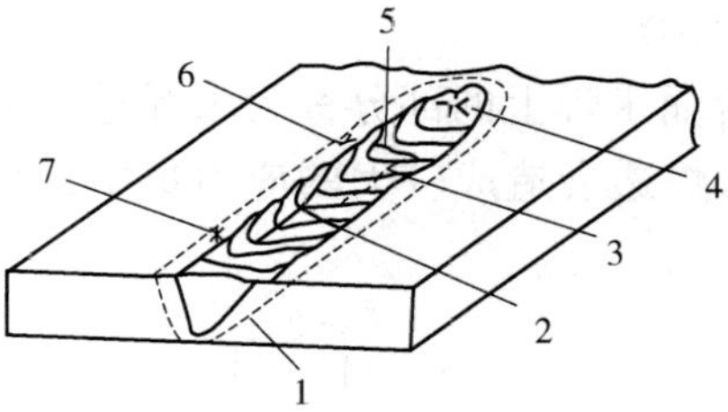


图1-1　各种裂纹的外观形貌

1—热影响区；2—纵向裂纹；3—间断裂纹；4—弧坑裂纹；5—横向裂纹；6—枝状裂纹；7—放射状裂纹

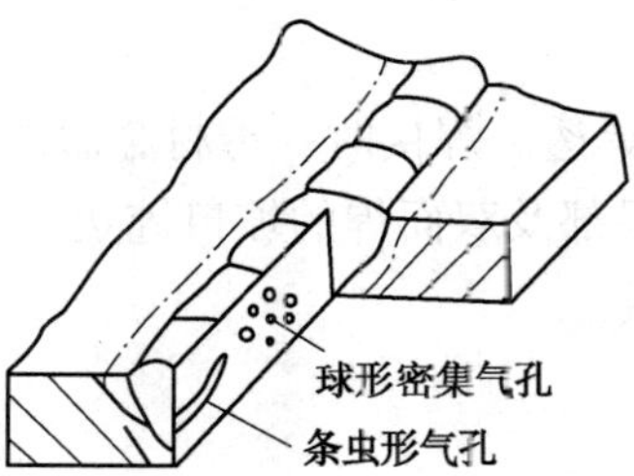


图1-2　焊缝中的气孔

表 1-2　气孔的特征及分布

| 名称 | 特征 | 分布 |
| --- | --- | --- |
| 气孔 | ① 氢气孔的断面形状多为螺丝形，从焊缝表面上看呈圆喇叭形，其四周有光滑的内壁；<br>② 氮气孔与蜂窝相似，常成堆出现；<br>③ 一氧化碳气孔的表面光滑，像条虫状；<br>④ 在含氢量较高的焊缝金属中出现的鱼眼缺陷，实际上是圆形或椭圆形氢气孔，在其周围分布有脆性解理扩展的裂纹，形成围绕气孔的白色环脆断区，形貌如鱼眼 | ① 氢气孔出现在焊缝表面上；<br>② 氮气孔多出现焊缝的表面；<br>③ 一氧化碳气孔多产生于焊缝内部，沿其结晶方向分布；<br>④ 横焊时，气孔常出现在破口上部边缘，仰焊时常分布在焊缝底部或焊层中，有时候也出现在焊道的接头部位及弧坑处 |

（3）固体夹杂

① 夹渣。焊后残留在焊缝中的熔渣称为夹渣。其形状较复杂，一般呈线状、长条状、颗粒状及其他形式。主要发生在坡口边缘和每层焊道之间非圆滑过渡的部位，在焊道形状发生突变或存在深沟的部位也容易产生夹渣(图 1-3)。在横焊、立焊或仰焊时产生的夹渣比平焊多。当混入细微的非金属夹杂物时，在焊缝金属凝固过程中可能产生微裂纹或孔洞。

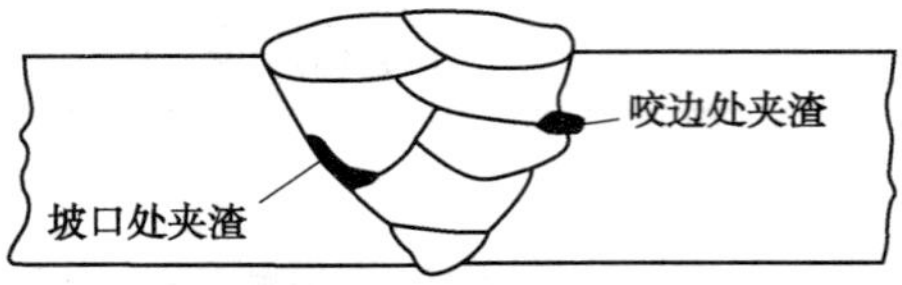

图 1-3　夹渣

② 夹钨。在进行钨极氩弧焊时，若钨极不慎与熔池接触，使钨的颗粒进入焊缝金属中而造成夹钨。焊接镍铁合金时，则其与钨形成合金，使 X 射线探伤很难发现。

（4）未熔合和未焊透

① 未熔合。在焊缝金属和母材之间或焊道金属与焊道金属之间未完全熔化结合的部分称为未熔合。常出现在坡口的侧壁、多层焊的层间及焊缝的根部(图 1-4)。这种缺陷有时间隙很大，与熔渣难以区别。有时虽然结合紧密但未焊合，往往从未熔合区末端产生微裂纹。

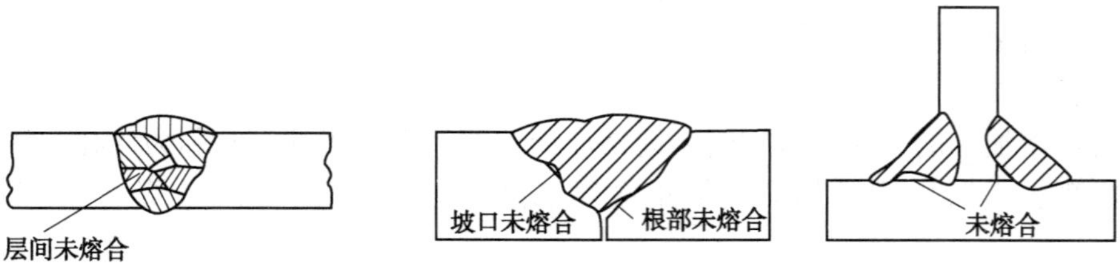

图 1-4　未熔合

② 未焊透。焊接时，母材金属之间应该熔合而未焊上的部分称为未焊透。出现在单面焊的坡口根部及双面焊的坡口钝边(图 1-5)。未焊透会造成较大的应力集中，往往从其末端产生裂纹。

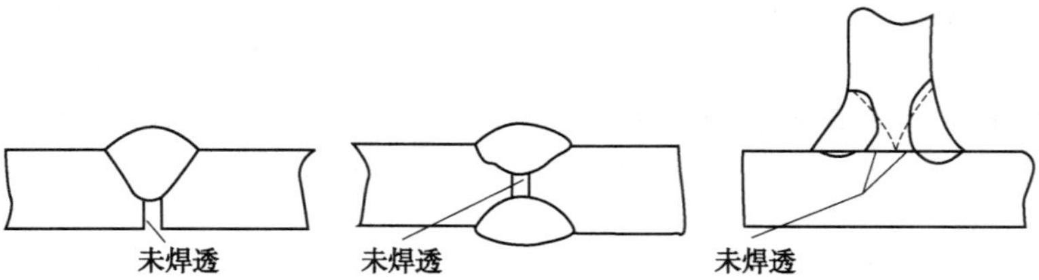

图 1-5　未焊透

(5) 形状缺陷

① 咬边。由于焊接参数选择不当，或操作工艺不正确，沿焊趾的母材部位产生的沟槽或凹陷称为咬边。在立焊及仰焊位置容易发生咬边，在角焊缝上部边缘也容易产生咬边(图 1-6)。

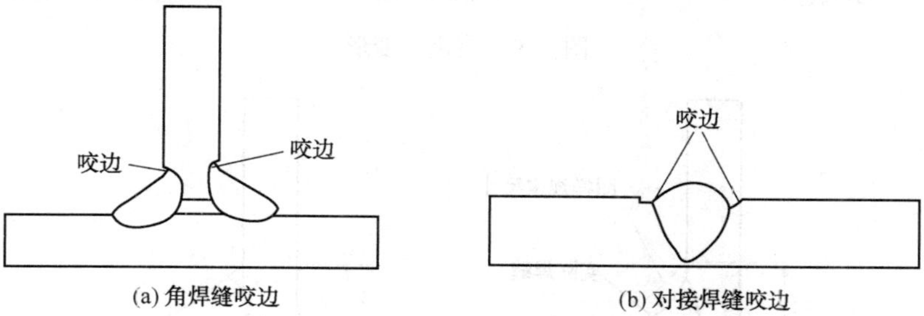


图 1-6　咬边

② 焊瘤。焊接过程中，熔化金属流淌到焊缝之外未熔化的母材上所形成的金属瘤称为焊瘤。焊瘤存在于焊缝表面，在其下面往往伴随着未熔合、未焊透等缺陷(图 1-7)。由于焊缝填充金属的堆积，使焊缝的几何形状发生变化而造成应力集中。

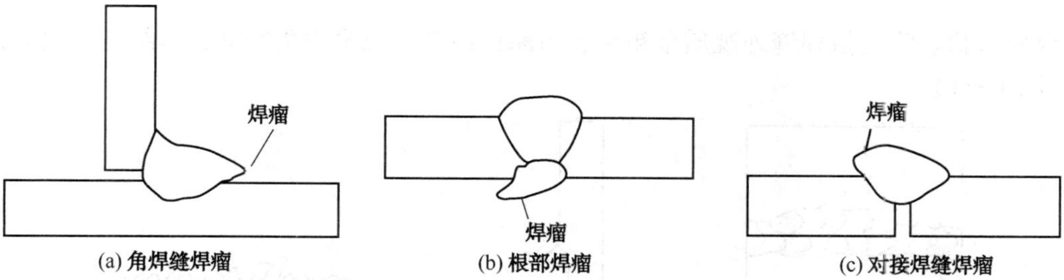


图 1-7　焊瘤

③ 烧穿和下塌。焊接过程中，熔化金属自坡口背面流出，形成穿孔的缺陷叫烧穿[图 1-8(a)]。烧穿容易发生在第一道焊道及薄板对接焊缝或管子对接焊缝中。在烧穿的周围常有气孔、夹渣、焊瘤及未焊透等缺陷。穿过单层焊缝根部，或在多层焊接接头中穿过前道熔敷金属塌落的过量焊缝金属称为下塌[图 1-8(b)]。

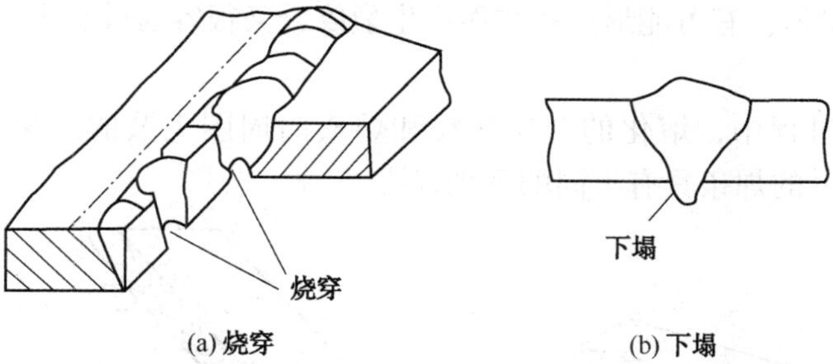


图 1-8　烧穿和下榻

④ 错边和角变形。由于两个焊件没有对正而造成板的中心线平行偏差称为错边。当两个焊件没有对正而造成它们的表面不平行或不成预定的角度称为角变形(图 1-9)。

⑤ 焊缝尺寸、形状不合要求。焊缝的尺寸缺陷是指焊缝的几何尺寸不符合标准的规定(图 1-10)。

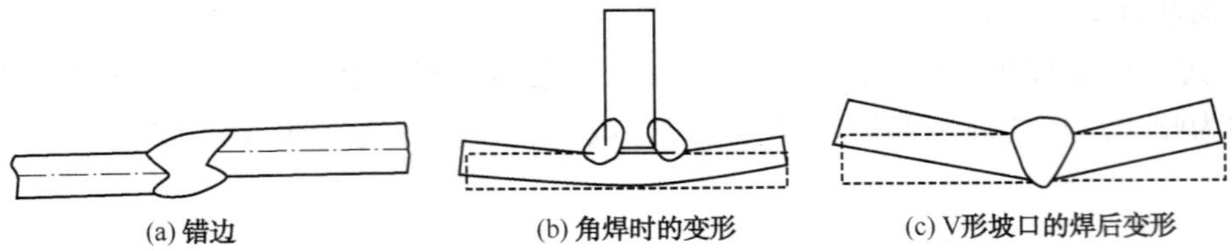


图 1-9　错边和变形

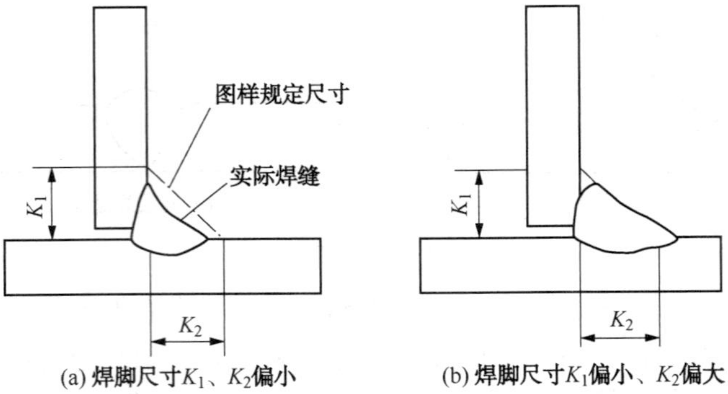


图 1-10　焊缝尺寸不合要求

焊缝形状缺陷是指焊缝外观质量粗糙、鱼鳞波高低、宽窄发生突变，焊缝与母材非圆滑过渡(图 1-11)。

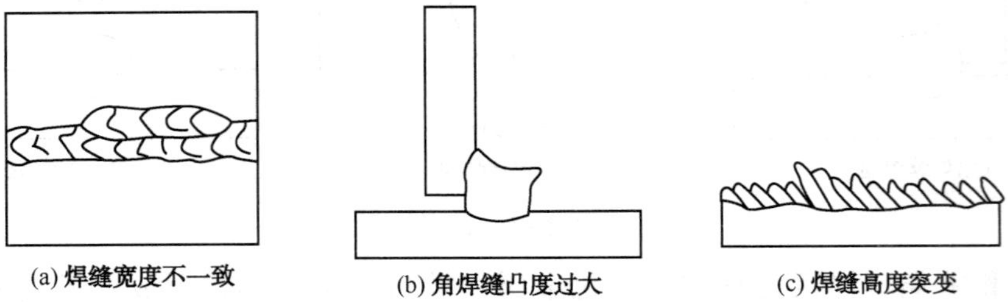


图 1-11　焊缝形状不合要求

(6) 其他缺陷

① 电弧擦伤。在焊缝坡口外部引弧时产生于母材金属表面上的局部损伤[图 1-12(a)]。如果在坡口外随意引弧，有可能形成弧坑而产生裂纹，又很容易被忽视、漏检，导致事故的发生。

② 飞溅。熔焊过程中，熔化的金属颗粒和熔渣向周围飞散的现象称为飞溅[图 1-12(b)]。不同药皮成分的焊条具有不同的飞溅损失。

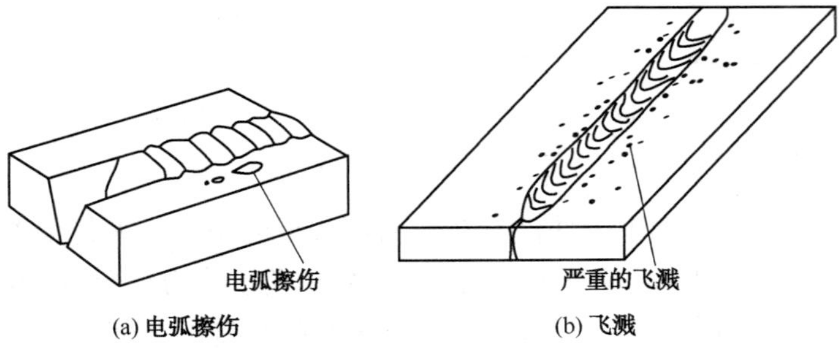


图 1-12　电弧擦伤和飞溅

1.2.1.3　产生焊接缺陷的主要因素

产生焊接缺陷的因素是多方面的，对不同的缺陷，影响因素也不同。主要是材料(被焊材料及填充材料)、结构、工艺三方面因素。一般认为，焊接缺陷之所以会降低焊接结构的强度，其主要原因是缺陷减小了结构承载截面的有效面积，并且在缺陷周围产生了严重的应力集中。

1.2.1.4　焊接缺陷的危害及对质量的影响

(1) 焊接缺陷的危害

自从焊接结构广泛应用以来，国内外都发生过一些破坏事故，造成了重大损失。如1979年年底，我国某地的液化石油气站罐区发生一起球罐爆炸事故，其中一个罐沿焊缝脆裂，着火燃烧，引起其他罐爆炸燃烧，大火持续了23h，烧毁全部建筑和设备，造成600多万元财产损失。事后，对爆炸事故进行了调查和分析，结果如下：

该球罐由15MnV材料制成，容积为400$m^3$，球罐的拼缝是采用“结507”焊条，焊缝的布置及接头的形式如图1-13所示。

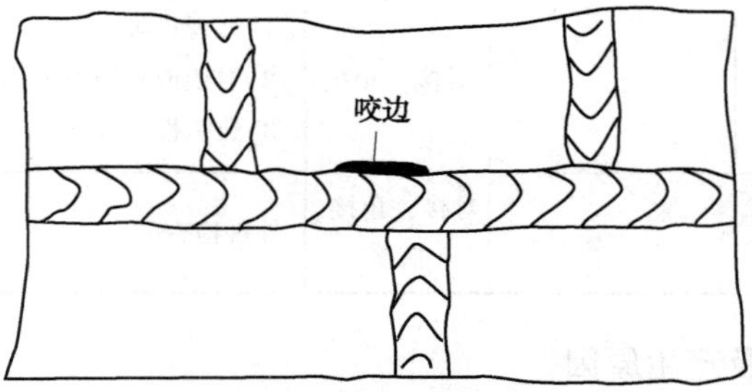


(a) 焊缝布置

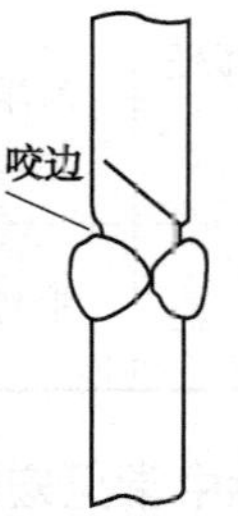


(b) 接头形式

图1-13　产生事故的球罐焊缝及接头形式

球罐的开裂过程分以下四步进行：

① 焊道边缘存在2~2.5mm的咬边。

② 使用时咬边处诱发6mm长的焊趾裂纹。

③ 焊趾裂纹在介质中萌生出应力腐蚀裂纹(长约7mm)。

④ 在应力作用下，当裂纹的有效截面达4$mm^2$时，发生低应力脆性开裂。

由此可见，焊接结构发生破坏的主要原因之一是焊接接头存在缺陷。若有的缺陷被漏检，可能导致结构在负载时发生破坏事故。

(2) 焊接缺陷对质量的影响

焊接缺陷对质量的影响，主要是对结构负载强度和耐腐蚀性能的影响。具体包括：

① 焊接缺陷引起应力集中；

② 焊接缺陷降低静载强度；

③ 焊接缺陷引起脆性断裂；

④ 焊接缺陷降低疲劳强度；

⑤ 焊接缺陷引起应力腐蚀开裂。

1.2.1.5　常用结构(件)类型及其焊缝质量等级

由于焊接结构(件)使用的环境、条件不同，对其质量的要求也不一样(表1-3)。

表 1-3　常用焊接结构(件)类型及其焊缝质量等级

| 焊接结构(件)类型 | 实例 | | | | 焊缝质量等级 |
|---|---|---|---|---|---|
| | 名称 | 工作参数 | 接头形式 | 检验方法 | |
| 核容器、航空航天器件、化工设备中的重要构件等 | 核工业用储存六氟化铀、三氟化氯、氟化氢等容器 | 工作压力：40Pa~1.6MPa<br>工作温度：-196~200℃ | 对接 | ① 外观检查；<br>② 射线探伤；<br>③ 液压试验；<br>④ 气压试验或气密性试验；<br>⑤ 真空密封性试验 | Ⅰ级 |
| 锅炉、压力容器、球罐、化工机械、采油平台、潜水器、起重机械等 | 钢制球形储罐 | 工作压力≤4MPa | 对接、角接 | ① 外观检查；<br>② 射线或超声波探伤；<br>③ 磁粉或渗透探伤；<br>④ 液压试验；<br>⑤ 气压试验或气密性试验 | Ⅱ级 |
| 船体、公路钢桥、游艺机、液化气钢瓶等 | 海洋船壳体 | | 对接、角接 | ① 外观检查；<br>② 射线或超声波探伤；<br>③ 致密性试验 | Ⅲ级 |
| 一般不重要结构 | 钢制门、窗 | | 对接、角接、搭接 | 外观检查 | Ⅳ级 |

### 1.2.2　铸件中常见宏观缺陷及产生原因

① 夹砂(冲砂)和夹渣。铸件表面的砂粒和高温溶液接触，剥离后混入钢中形成夹砂。钢溶液中混入熔渣后又将钢水注入铸型中形成夹渣。当浇口设计不当时容易出现夹渣。可用超声波检测。

② 缩孔和疏松。凝固过程中溶液供给不足时产生，此外与铸件的材质也有关系，收缩率越大，材料越容易出现缩孔。射线和超声波检测共同使用效果最好。

③ 铸造裂纹。铸件各部分冷却速度不同，产生内应力，当内应力超过该温度下的承受能力时，便会造成铸件撕裂而形成裂纹，属于热裂纹(1300℃)，其特点是晶间夹杂物是脆性的，在晶间拉伸应力的作用下产生。缩孔性裂纹：不能完全承受其他部位的收缩力产生。冷裂纹( 260℃ )：由奥氏体向马氏体转变温度范围内，组织应力造成穿晶断裂。可用超声波检测，大型铸件射线透照时加高能加速器。

④ 冷隔。同一铸件中一次浇铸或两次浇铸时，由于温度偏低，金属液体未能充分熔合在一起，边界形成带有氧化层的隔层。可用超声波探伤。

### 1.2.3　锻件中常见宏观缺陷及产生原因

① 偏析。在钢锭浇铸过程中，未凝固部分将引起合金元素和杂质浓度的升高，此时在重力作用和钢水的对流现象下就会导致偏析，偏析带上的主要元素包括 S、P、C、Mn、Mo 等。

② 残余缩孔、缩管和疏松。浇铸中未能及时补充钢水导致前两者；后者则是钢锭中的微细空隙形成的，产生在晶粒结合较弱、锻造过程中又未能充分锻合的部位，由于熔炼不良、锻锭形状不适当、锻造比不适当造成。可用射线和渗透检测。

③ 夹杂物。有内夹杂物(通常位于偏析带非金属夹杂物，但主要是硅酸盐，如 $SiO_2$、

$Al_2O_3$、$FeO_2$ 等)、外夹杂物(金属和非金属夹杂物，如炼钢炉、钢水包等)，可采用金相分析、扫描电镜分析、X 射线能谱定量分析、X 射线衍射结构分析等。

④ 锻造裂纹。锻造温度不适当、加热温度不均匀、加热和冷却速度不适当及压力加工用力不当等导致金属局部破裂形成裂纹。对内部裂纹可用超声波检测，对表面或者表层裂纹可用磁粉或者渗透检测。

### 1.2.4 钢管中常见宏观缺陷及产生原因

① 横向裂纹。由于材料含铜量过高、压延过剧、加热过度或冷加工过多等产生的缺陷。

② 纵向裂纹。由于加热不良、热处理不良以及加工方法不当等产生的缺陷。

③ 表面划伤。由于加工时导管和拉模的形状不良以及烧伤等引起的缺陷。

④ 外壁折叠。表面可见并呈一定角度，由于圆钢表面夹入杂质、铁屑或有偏析、非金属夹杂物和裂纹时，在穿孔时产生的缺陷。

### 1.2.5 钢棒和型材中常见宏观缺陷及产生原因

① 纵向裂纹。是一种比较深的线状裂纹。它是由于热应变、时效以及材料性能改变，尤其是有针孔、气孔等产生的。

② 线状缺陷。是断续直线状缺陷。它是由于钢锭中有针孔、气孔以及表面粗糙等在延压时延伸而成的。

③ 折叠。由于轧辊调整不好、孔模不佳、挡板调整不当等产生的折叠状缺陷。

④ 夹杂。是钢锭中的夹杂物由于压延和拉伸而造成的缺陷。

⑤ 横向裂纹。是同压延方向相垂直的横向裂开的缺陷。它是由于材料成分不适宜、加热不妥当或者脱氧不良而产生的。

⑥ 皮下气孔。是在表面下的空洞，它是由于钢锭中存在的缩孔、气孔等没有被压合而产生的。

⑦ 过烧。是表面上的小鳞状裂纹。它是由于加热过度使表面脆化，而后在压延中产生的。

⑧ 鳞状折叠。是部分表面上的鳞状折叠缺陷。它是由于材料表面粗糙、有气孔或模子过紧而产生的。

⑨ 皱纹。是由于材质或者轧制方法不适当而在自由压延面上产生的皱纹状缺陷。

### 1.2.6 钢板中常见宏观缺陷及产生原因

① 分层裂纹。是截面裂为两层的缺陷。它是由于钢锭中存在气孔、缩孔、夹渣或耐火材料等导致压和不紧密而引起的。

② 条状裂纹。是截面断断续续的条状小裂纹。它是由于偏析、缩孔、气孔、夹渣、氧化皮和耐火材料等导致压合不紧密而引起的。

③ 夹杂物。是截面上的杂质、熔渣和耐火材料。它是由于浇铸钢锭时带入熔渣、耐火材料和其他杂质等而引起的。

④ 龟裂。是表面上的龟壳状裂纹或微裂纹。它是由于钢锭中表面气孔较多、加热条件不适当以及钢中含有引起加热脆性的铜等元素较多而产生的。

⑤ 边缘裂纹。原因同龟裂，在钢板边缘产生的锯齿状裂纹。

⑥ 龟壳状缺陷。是局部表面的龟壳状裂纹。它是由于轧辊表面有龟壳状热裂纹，周期性地印在成品钢材表面而产生的。

### 1.2.7 在用设备定检中常见宏观缺陷及产生原因

在用设备定检中，除常发现因制造方式不同导致的制造缺陷继续发展以致缺陷超标，还应注意设备因运行而发生的运行缺陷。

① 疲劳裂纹。设备或部件承受交变载荷而引起的裂纹，该类裂纹的断口一般有明显的呈同心圆状的疲劳源，并伴有脆性断口。

② 应力腐蚀裂纹。处于特定腐蚀介质中且受拉应力作用产生的裂纹，一般认为它与氢脆性有关。

③ 氢损伤。金属中由于含有氢或金属中的某些成分与氢反应，从而使金属材料的力学性能发生改变的现象。

④ 摩擦腐蚀。两接触面处在微小振动和互相摩擦状态时，其微小部分反复进行结合与分离，同时与周围环境发生化学反应，引起摩擦腐蚀。一般可以看到有小碎片和微细粉末伴随产生。

⑤ 空化侵蚀。液体中产生的气泡破灭时，对材料表面进行冲击，产生空化侵蚀。

## 1.3 无损检测方法的选择

### 1.3.1 常用无损检测方法

如前所述，无损检测的理论基础是材料的物理性质(如电学、磁学、声学性质等)因缺陷的存在而发生变化。据统计，无损检测方法已达100多种，但目前广泛采用的只有几种。

本课程主要介绍以下四种常用无损检测方法：射线检测、超声检测、磁粉检测和渗透检测，并简单介绍其他无损检测方法。

#### 1.3.1.1 射线检测(Radiography Testing，RT)

它是应用较早的一种无损检测方法，这种无损检测方法有无可比拟的独特优越性，即检测缺陷的准确性、可靠性和直观性。且得到的射线底片可用于缺陷的分析和作为质量凭证存档。所以它被广泛用于金属和非金属材料与制品的内部缺陷检测，但这种方法也存在着设备较复杂、成本较高的缺点，并需注意对射线的防护。

#### 1.3.1.2 超声检测(Ultrasonic Testing，UT)

它是较年轻而又有广阔发展前途的一种无损检测方法，是利用超声振动来发现材料或制品内部(或表面)缺陷的。因它的经济效果和应用范围有独到之处，得到国内外的普遍重视，发展很迅速。

#### 1.3.1.3 磁粉检测(Magnetic Testing，MT)

也称磁力探伤。它的检测原理是基于铁磁性材料在磁场中被磁化后，材料或制品的不连续处(缺陷处)产生漏磁场，吸附磁铁粉而被显现。所以此法只能用于铁磁性材料或制品表面或近表面缺陷的检验，由于它所使用的设备简单、成本低、效率高，在工业生产中得到了广泛的应用。

#### 1.3.1.4 渗透检测(Penetrant Testing，PT)

它包括荧光和着色检验两种方法，近年来得到了广泛的应用。由于它设备简单、操作方便，不仅能用于铁磁性材料，而且能用于非铁磁性材料，因而是一种能弥补磁粉检测不足的表面缺陷检测的有效方法。渗透检测的原理是基于缺陷对渗透液的润湿作用及毛细管作用，使缺陷吸满渗透液，随后再使渗透液在缺陷处显现，从而发现材料或制品的表面开口缺陷。

1.3.1.5 涡流检测(Eddy Current Testing，ET)

给一个线圈通入交流电，在一定条件下通过的电流是不变的。如果把线圈靠近被测工件，像船在水中那样，工件内会感应出涡流，受涡流影响，线圈电流会发生变化。由于涡流的大小随工件内有没有缺陷而不同，所以线圈电流变化的大小能反映有无缺陷。由于涡流是交变电流，具有集肤效应，所检测到的信息仅能反映试件表面或近表面处的情况。

1.3.1.6 声发射检测(Acoustic Emission，AE)

声发射是指伴随固体材料在断裂时释放储存的能量产生弹性波的现象。利用接收声发射信号研究材料、动态评价结构的完整性的技术称为声发射检测技术。声发射技术是1950年由德国人凯泽(J. Kaiser)开始研究的，1964年美国应用于检验产品质量，从此获得迅速发展。材料的范性形变、马氏体相变、裂纹扩展、应力腐蚀以及焊接过程产生裂纹和飞溅等，都有声发射现象，检测到声发射信号，就可以连续监视材料内部变化的整个过程。因此，声发射检测是一种动态无损检测方法。

1.3.1.7 目视检测(Visual and Optical Testing，VT)

目视检测，在国内实施得比较少，但是国际上非常重视的无损检测第一阶段首要方法。按照国际惯例，要先做目视检测，以确认不会影响后面的检验，接着再做四大常规检验。例如BINDT的PCN认证，就有专门的等级考核，更有专门的持证要求。经过国际级的培训，其目视检测技术会比较专业，而且很受国际机构的重视。

目视检测常用于目视检查焊缝，焊缝本身有工艺评定标准，都是可以通过目测和直接测量尺寸来做初步检验，发现咬边等不合格的外观缺陷，就要先打磨或者修整，之后才做其他深入的仪器检测。例如，焊接件表面和铸件表面较多采用目视检测，而锻件就很少，并且其检查标准是基本相符的。

1.3.1.8 泄漏检测(Leak Testing，LT)

泄漏检测技术主要用于对真空容器、压力容器或储液容器等探测，例如漏孔、裂纹等穿壁缺陷以及气密缺陷，以防止发生泄漏而酿成事故，避免能源、资源的损失以及污染环境等。泄漏检测俗称检漏，它主要是用于发现漏孔类缺陷，即指封闭壳体壁在压力作用下或者壁的两侧存在浓度差时，气体或液体通过它能够由一侧到达另一侧的孔洞或缝隙，称为穿壁缺陷。

泄漏检测的基本原理都是利用示漏介质(气体或液体)来判断有无穿壁缺陷(漏孔)存在，并根据示漏介质的漏率(压强差和温度一定时，单位时间内通过漏孔的示漏介质数量)，来测定漏孔的大小。

根据采用示漏介质的种类、示漏介质通过漏孔的方式以及示漏介质的检测装置等，可以分成许多种检漏方法，大体上可以分为真空检漏(负压检漏)、充压检漏、背压检漏以及常压检漏四大类。在每一类中又各自有多种具体方法。

使用的示漏介质包括水、油、着色剂、荧光物质、煤油、空气、氦气及氩气等惰性气体、氟利昂、氨气、二氧化碳气体、氢气、丙酮、放射性同位素(如氪85、碘131、同位素氚)、丁烷气、甲烷气、氧气、天然气等。

使用的检漏方法及装置有：目视检测、荧光探测仪、真空计、压力计、质谱仪、卤素检漏仪、喷灯、热传导检漏仪、试纸、涂料、火花检漏仪、放电管、示踪原子检漏仪、照相胶片、热电偶计、电离计、气敏检漏仪、超声仪、离子泵、光谱仪以及电真空器件等。

具体的检漏方法包括：利用渗透现象为基础的压力渗透法(液压法)、常压下的渗透检验法(例如使用煤油+白粉，称为白垩粉法)，还有听音法、火焰飘动法、气泡法、皂泡法、氟油法等的气密性试验方法，以及压力变化法、质谱检漏法、卤素检漏法、气体显色检漏法、气体放电法、放射性同位素法、真空计检漏法、超声检测与声发射检漏法、气敏检漏法、离子泵法、激光快速检漏法、氪光谱法、漏气望远镜法、热阳极检漏法等。

各种检漏方法有各自不同的检漏灵敏度，并且各自的检测费用、成本也不相同。泄漏检测的特点是一般要求能够接触试件内外两个侧面，因此通常适用于薄壁容器，可涉及的产品种类非常广泛。但是试件表面的涂层或污染会妨碍探测，因此在检测时必须清除干净。此外，对于需要定量测定泄漏率的方法则需要有参考试样或标准试样。

上述几种常用的无损检测方法各有其优缺点。磁粉法、渗透法只适宜检测表面或近表面缺陷。其中渗透法仅限于表面开口缺陷。而磁粉法又仅限于铁磁性材料。它们对于线性缺陷如裂纹等有较高的灵敏度。射线检测显现直观、准确，对于内部体积性缺陷(如孔洞、夹杂物等)有较高灵敏度，而对于线性缺陷(如裂纹)却不易发现。超声检测对内部缺陷反应迅速灵敏，但对缺陷的定量和定性分析尚存在一定困难，也受工件形状、表面状况及晶粒尺寸的限制。因此，不存在一种十全十美的无损检测方法。在选择无损检测方法时，必须根据具体情况，扬长避短，相互补充，综合运用(表 1-4)。

**表 1-4　常用无损检测方法**

| 方法 | | 应用 | 优点 | 缺点 |
|---|---|---|---|---|
| 射线检测法 | X射线 | 检验铸件、焊接件、非金属材料等的内部缺陷及电气元件密封组合件的装配质量，测定材料的内应力 | 检测结果可用底片直接记录。可以获得缺陷的投影图像。对材料密度变化的灵敏度高。X 射线能量可调，可实现自动化 | 对某些方向的缺陷不适用，不易确定缺陷的深度，成本高，透照厚度有限制，需有防护设备 |
| | γ射线 | | 成本低，射线源小，可放入工件腔体内进行检查，可检查较厚零件 | 灵敏度比 X 射线低，射线源的强度随时间变化，辐射危害较大 |
| 超声检测法 | | 可探测金属和非金属材料的缺陷，测材料的厚度等 | 穿透能力强，灵敏度高，仪器轻便，可携带，成本低，效率高，可自动检测，对人体无害。对缺陷在工件厚度方向上的定位较准确 | 形状复杂及对超声波吸收大的工件与材料不易检测，缺陷定性困难，定量准确度不高 |
| 磁粉检测法 | | 铁磁性材料的表面及近表面缺陷 | 原理简单，操作方便，迅速可靠，灵敏度高(能发现极细小的裂纹及其他缺陷)，缺陷直观，成本低，可自动检测，对人体无害。可以检出表面和近表面缺陷 | 不能检测非铁磁性材料，不能发现内部缺陷，表面缺陷的深度难确定，工件表面粗糙度要求高 |
| 渗透检测法 | 着色法 | 检测工件表面缺陷(裂纹、伤痕、折叠等)和贯穿渗漏，除多孔材料外，几乎所有固体材料均适用 | 原理简单，操作简便，结果易辨，适合于现场与室外使用 | 只适用于表面开口缺陷的检验，对表面粗糙度有一定要求，试剂对环境有污染 |
| | 荧光法 | | 原理简单，操作简便，结果易辨，在暗室里进行 | 同着色法，且必须用紫外线照射 |

续表

| 方法 | 应用 | 优点 | 缺点 |
|---|---|---|---|
| 涡流检测法 | 只适用于导体，只能检测表面和近表面缺陷 | 适用于各种导电材质的试件检测，包括各种钢、钛、镍、铝、铜及其合金。可以检出表面和近表面缺陷。探测结果以电信号输出，容易实现自动化检测。<br>由于采用非接触式检测，所以检测速度很快 | 形状复杂的试件很难应用。因此一般只用其检测管材、板材等轧制型材。不能显示出缺陷图形，因此无法从显示信号判断出缺陷性质。各种干扰检测的因素较多，容易引起杂乱信号。由于集肤效应，埋藏较深的缺陷无法检出。不能用于不导电的材料 |

无损检测的方法很多，最常用的是射线检测、超声波检测、磁粉检测、渗透检测、涡流检测。在实际工作中究竟选择哪种或哪几种检测方法，这需要检测人员掌握各种检测方法的特点，还需要与材料或构件的加工生产工艺、使用条件和状况、检测技术文件和相应标准的要求等相结合才能得到安全、有效、可靠的检测结果。表 1-5 列出了制造过程中常用无损检测方法的选择，表 1-6 列出了常用无损检测方法和检测对象的适应性。

**表 1-5　制造过程中常用无损检测方法的选择**

| 检测对象 | | 内部缺陷 | 表面缺陷 |
|---|---|---|---|
| 原材料检测 | 板材 | UT | |
| | 锻件和棒材 | UT | MT(PT) |
| | 管材 | UT(RT) | MT(PT) |
| | 螺栓 | UT | MT(PT) |
| 焊接检测 | 坡口部位 | UT | PT(MT) |
| | 清根部位 | | PT(MT) |
| | 对接焊缝 | RT(UT) | MT(PT) |
| | 角焊缝和 T 型焊缝 | UT(RT) | PT(MT) |
| | 工卡具焊疤 | | MT(PT) |
| | 爆炸复合层 | UT | |
| | 堆焊复合层堆焊前 | | MT(PT) |
| | 堆焊复合层堆焊后 | UT | PT |
| | 水压试验 | | MT |

**表 1-6　常用无损检测方法和检测对象的适应性**

| 检测对象 | | 内部缺陷检测方法 | | 表面及近表面检测方法 | | |
|---|---|---|---|---|---|---|
| | | RT | UT | MT | PT | ET |
| 试件分类 | 锻件 | × | ● | ● | ● | △ |
| | 铸件 | ● | ○ | ● | ○ | △ |
| | 压延件(管、板、型材) | × | ● | ● | ○ | ● |
| | 焊缝 | ● | ● | ● | ● | × |

续表

| 检测对象 | | | 内部缺陷检测方法 | | 表面及近表面检测方法 | | |
|---|---|---|---|---|---|---|---|
| | | | RT | UT | MT | PT | ET |
| 缺陷分类 | 内部缺陷 | 分层 | × | ● | — | — | — |
| | | 疏松 | × | ○ | — | — | — |
| | | 气孔 | ● | ○ | — | — | — |
| | | 缩孔 | ● | ○ | — | — | — |
| | | 未焊透 | ● | ● | — | — | — |
| | | 未熔合 | △ | ● | — | — | — |
| | | 夹渣 | ● | ○ | — | — | — |
| | | 裂纹 | ○ | ○ | — | — | — |
| | 表面缺陷 | 白点 | × | ○ | — | — | — |
| | | 表面裂纹 | △ | △ | ● | ● | ● |
| | | 表面针孔 | ○ | — | △ | ● | △ |
| | | 折叠 | — | — | ○ | ○ | ○ |
| | | 断口白点 | × | × | ● | ● | — |

注：●—很适用；○—适用；△—有附加条件适用；×—不相关。

在选择无损检测方法前要弄清应用无损检测的原因。例如：

① 确定对象在每一制造步骤后能否被接受(工序检测)；

② 确定产品对验收标准的符合性(最终检测或成品检测)；

③ 确定正在使用的产品是否能够继续使用(在役检测)。

应用无损检测的原因确定后，选择无损检测方法要考虑的主要因素是缺陷的类型和位置以及被检工件的尺寸、形状和材质。

### 1.3.2 缺陷类型与无损检测方法的选择

根据缺陷形貌，可将缺陷分为体积型缺陷和平面型缺陷。

体积型缺陷是可以用三维尺寸或一个体积来描述的缺陷。常见的体积型缺陷包括孔隙、夹杂(夹渣、夹钨)、缩孔、疏松、气孔、腐蚀坑等。可供选用的无损检测方法有：目视检测(表面)、渗透检测(表面)、磁粉检测(表面及近表面)、涡流检测(表面及近表面)、超声检测、射线检测、微波检测、红外检测等。

平面型缺陷是一个方向很薄，另两个方向较大的缺陷。常见的平面型缺陷包括：分层、折叠、冷隔、裂纹、未熔合、未焊透等。可供选择的无损检测方法有目视检测、渗透检测、磁粉检测、涡流检测、超声检测、射线检测、微波检测、红外检测等。

### 1.3.3 缺陷位置与无损检测方法的选择

根据缺陷在物体中的位置，可分为表面缺陷和内部缺陷。

可供检测表面缺陷的无损检测方法有：目视检测、渗透检测、磁粉检测、涡流检测、超声检测、射线检测、红外检测等。

可供检测内部缺陷的无损检测方法有：磁粉检测(近表面)、涡流检测(近表面)、超声检测、射线检测、声发射检测、微波检测、红外检测等。

### 1.3.4 被检工件尺寸与无损检测方法的选择

被检工件尺寸(厚度)不同，适用的无损检测方法也不同。

① 仅检测表面(与壁厚无关)。目视检测、渗透检测。

② 壁厚最薄(壁厚≤1mm)。磁粉检测、涡流检测。

③ 壁厚较薄(壁厚≤3mm)。微波检测、红外检测等。

④ 壁厚较厚(壁厚≤50mm，以钢计)。X射线检测等。

⑤ 壁厚更厚(壁厚≤250mm，以钢计)。中子射线检测、γ射线检测。

⑥ 壁厚最厚(壁厚≤10m)。超声检测。

注意：①上述壁厚尺寸是近似的；这是因为不同材料工件的物理性质不同。

② 除中子射线检测以外，所有适合于厚壁工件的无损检测方法均可用于薄壁工件的检测；中子射线检测对大多数薄件不适用。

③ 所有适合于薄壁工件的无损检测方法均可用于厚壁工件的表面和近表面缺陷检测。

④ 当采用高能直线加速器作为射线源时，X射线检测可检测壁厚数百毫米(以钢计)的工件。

### 1.3.5 被检工件材料特征与无损检测方法的选择

针对不同的无损检测方法，对被检工件的主要材料特征有不同的要求。

① 渗透检测。必须是非多孔性材料。

② 磁粉检测。必须是磁性材料。

③ 涡流检测。必须是导电材料或磁性材料。

④ 微波检测。能透入微波。

⑤ X射线检测。工件厚度、密度或化学成分发生变化。

以上粗略讨论了选择无损检测方法所要考虑的主要因素，具体方法的选择应综合考虑所有的因素。一般，可选择几种具有互补检测能力的检测方法进行检测。例如，超声和射线检测共同使用可保证既检出平面型缺陷(如裂纹)，又检出体积型缺陷(如孔隙)。

## 复习思考题

1. 什么叫无损检测？
2. 无损检测的目的是什么？
3. 无损检测在应用时需要注意哪些问题？
4. 常见的焊接缺陷有哪些？分析其形貌特征和分布情况。
5. 常用的无损检测方法有哪些？
6. 怎样选择合适的无损检测方法？

# 第2章　射线检测

**射线检测是利用各种射线对材料的透射性能及不同材料对射线的吸收、衰减程度的不同，使底片感光成黑度不同的图像来观察的，从而探明物质内部结构或所存在缺陷的性质、大小、分布状况，并作出评价判断。**射线检测是一种行之有效而又不可缺少的检测材料或零件内部缺陷的手段，在工业上广泛应用。在焊接产品的制造、安装及服役过程中，射线检测是检验焊缝及其热影响区内部是否存在工艺性缺陷的主要方法之一。

射线检测的优点有：

① 射线检测能直观地显示缺陷影像，便于对缺陷进行定性、定量和定位。

② 射线底片能长期存档备查，便于分析事故原因。

射线检测的缺点有：

① 对平面缺陷的检测灵敏度较低，如当射线方向与平面缺陷(如裂纹)垂直时很难检测出来，只有当平面缺陷与射线方向平行时才能够对其进行有效检测。

② 射线对人体有害，需要有保护措施。

射线检测中常用的照相法由拍片、洗片、评片三步构成。拍片是指强度均匀的射线照射到被检物体，利用透过的射线使胶片感光；洗片是指胶片经暗室处理后即得到与材料内部结构和缺陷相对应的均匀或不均匀的底片；评片是指通过对底片的评定即可分析出被检材料是否存在缺陷及缺陷的大小、种类、分布等。那么，射线是怎样产生的？射线穿透工件时衰减规律如何？是什么原因引起的衰减？在了解射线检测的基本过程之前，必须对射线检测的物理基础有一个基本了解。

## 2.1　射线检测的物理基础

波长较短的电磁波叫射线，速度高、能量大的粒子流也叫射线。通常所说的射线可以分为两类：电磁辐射和粒子辐射。电磁辐射的能量是光(量)子，X射线和γ射线属于电磁辐射。粒子辐射是指各种粒子射线，如α粒子、β粒子、质子、电子、中子等射线都属于粒子辐射。

在射线检测中应用的射线主要是X射线、γ射线和中子射线。X射线和γ射线属于电磁辐射，中子射线是中子束流。由于它们属电中性，不会受到库伦场的影响而发生偏转，且贯穿物质的本领较强，被广泛应用于无损检测。

### 2.1.1　射线的产生及性质

X射线和γ射线就其本质而言，与可见光、无线电波、红外线、紫外线等同属于电磁波。它们之间只是波长和频率不同以及产生的方法不同。各种电磁波的波长分布范围见表2-1。

表 2-1　波长的分布

| 电磁波种类 | 波长分布范围 | 电磁波种类 | 波长分布范围 |
|---|---|---|---|
| 无线电波 | 30km～0.3mm | 紫外线 | 3900～200Å |
| 红外线 | 0.3mm～7600Å① | X 射线 | 1019～0.006Å |
| 可见光 | 7800～3900Å | γ 射线 | 1.139～0.003Å |

注：①1Å = $10^{-10}$m。

2.1.1.1　X 射线

1895 年，德国科学家伦琴在实验室中利用气体放电进行 β 射线研究时，发现了一种可以穿透物体的贯穿性辐射，在荧光屏上出现了骨骼图像，当时对其性质不甚了解，故命名为 X 射线，亦称为伦琴射线。因此伦琴获得 1901 年首届诺贝尔物理学奖。

X 射线是用高速运动的电子轰击金属靶而产生的，是射线检测领域中应用最广泛的一种射线，是由原子的内层电子跃迁释放能量而发射出的一种电磁波，波长范围为 0.0006～100nm。在 X 射线检测中常用的波长范围为 0.001～0.1nm。X 射线的频率范围为 $3\times10^{9}$～$5\times10^{14}$MHz。

图 2-1 为 X 射线的产生示意图。当灯丝被加热发射出热电子后，在阴极（灯丝）和阳极间加以很高电压，在电场的作用下，电子高速飞向阳极，在阳极靶上骤然受阻，失去了所具有的动能，转换为其他形式的能量，其中 99% 以上的能量转换为热能，被靶吸收，1% 的能量转换为电磁辐射能，即 X 射线。用以产生 X 射线的电子管称 X 射线管。

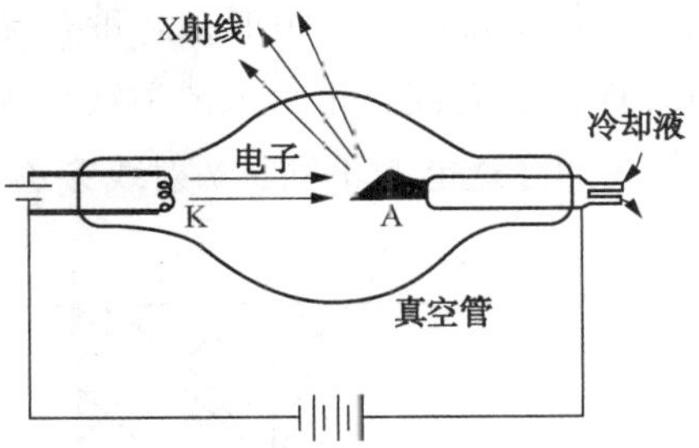

图 2-1　X 射线的产生示意图

X 射线具有以下主要性质：

① 不可见。与可见光不同，X 射线对人的眼睛是不可见的。

② 直线传播。X 射线不带电，在真空中以光速沿直线传播，不受电场或磁场的影响。

③ 能穿透可见光不能穿透的物体，如金属、肌肉、骨骼等。波长短的 X 射线称为硬 X 射线，其光子能量大，穿透物体的能力强；波长较长的 X 射线称为软 X 射线，其穿透物体的能力较弱。

④ 与可见光一样有反射、折射现象。对于常见的媒质，X 射线不能产生可见光那样的镜面反射，因为媒质界面对于它来说太粗糙了。发生折射时，折射率几乎等于 1，所以虽然发生了折射，其方向也几乎没有任何改变。

⑤ 可以发生干涉、衍射现象。但由于 X 射线的波长远小于可见光的波长，所以干涉、衍射现象只有对很小很小的孔、狭缝等（如在晶体光栅中）才能观察到。

⑥ 穿透物体的过程中，会与物质发生复杂的物理和化学作用。由此能被物质吸收和散射，能使物质原子发生电离（如能使气体电离），使某些物质发生荧光作用，使某些物质产生化学反应（如使照相胶片感光）等。

⑦ 具有辐射生物效应，能伤害或杀死生物细胞。

2.1.1.2　γ 射线

1896 年，贝克勒尔发现了铀的天然放射性现象，后来经居里夫妇等人的努力，发现钍、钋、镭都会放射这种射线，称为 γ 射线。贝克勒尔和居里夫妇由此共同获得 1903 年诺贝尔物理学奖。

γ射线是在放射性衰变过程中所产生的处于激发态的核在向低能级的激发态或基态跃迁过程中产生的辐射。由于不同的原子核具有不同的能级结构，因此，不同的放射性元素辐射的γ射线具有不同的能量。γ射线是一种波长比X射线更短的射线，波长范围为0.0003～0.1nm，频率范围约为$3\times10^{12}\sim1\times10^{15}$MHz。

γ射线是由放射性同位素的原子核在自发衰变过程中产生的。放射性同位素分天然和人工两种。目前较常用的放射性同位素有$Co^{60}$、$Cs^{137}$、$Ir^{192}$等。这种放射性同位素的原子核不稳定，它们能自发地发生衰变，发射射线。

同位素：有相同的原子序，在周期表中是同一位置的元素，具有相同数目的质子，但中子数目却不同。

放射性同位素：处于激发态的不稳定的同位素。其原子核能高于基级，在向基级转变过程中释放出射线(α射线、β射线、γ射线)。

衰变：放射性同位素的原子核自发地释放出射线后，能量逐渐减弱，转变成另一种原子核。

放射性的发现揭示了原子核结构的复杂性。如图2-2所示，利用电场或磁场研究这种射线的性质时发现，在电场或磁场的作用下，射线分裂为3束，其中两束向相反方向偏转，说明它们由带电粒子组成，并带有异种电荷。另一束不发生偏转，说明它不带电。带正电的射线称为α射线，带负电的射线称为β射线，不带电的射线称为γ射线。α射线、β射线和γ射线的穿透能力不同，γ射线穿透能力最强。如图2-3所示。

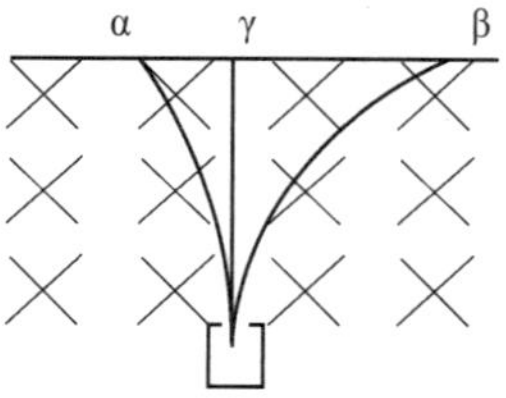

图2-2　放射性衰变射线的组成

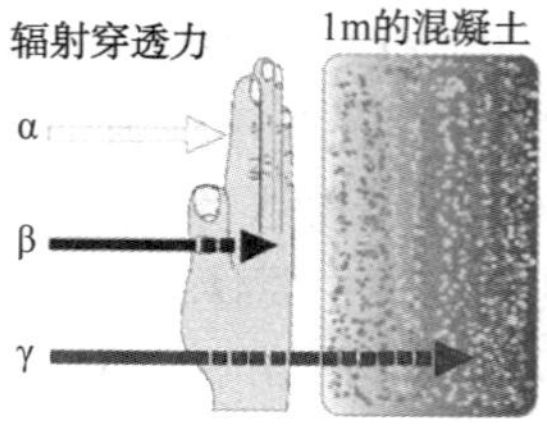

图2-3　α射线、β射线和γ射线的穿透能力示意图

放射性物质的原子数目因衰变而减少到原来一半所需的时间称半衰期。如目前用得最广的γ射线源：$Co^{60}$，其半衰期为5.26年。

放射性衰变的方式和速率是由原子核本身决定的，与原子核所处的物理状态或化学状态无关，外界条件(如温度、压力等)也不能改变它的衰变方式和速率。$Co^{60}$是一种常用的放射性同位素，检测用的$Co^{60}$由较稳定的$Co^{59}$受中子流冲击从而激发形成的(人工形成)。可以用式子来表示：${}_{27}Co^{59}$(质子$Z=27$，中子$N=32$)$+{}_{0}n^{1}\rightarrow{}_{27}Co^{60}$(质子$Z=27$，中子$N=33$)。图2-4是$Co^{60}$的衰变示意图。

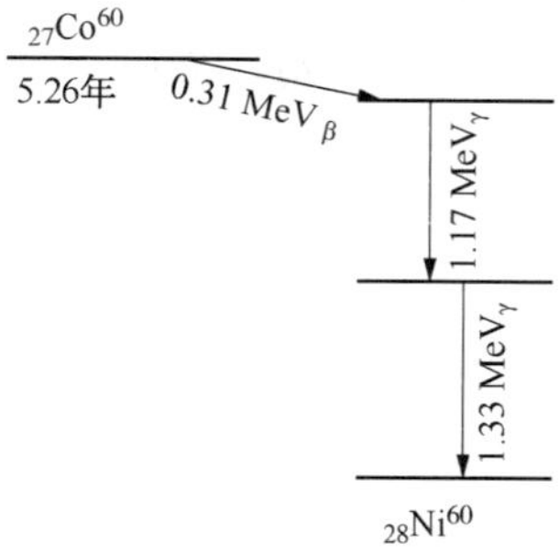

图2-4　$Co^{60}$的衰变示意图

γ射线的性质与X射线相似，由于γ射线波长比X射线更短，能量更大，因而具有更大的穿透能力。

### 2.1.1.3　中子射线

中子是构成原子核的基本粒子。中子射线是由某些物质的原子在裂变过程(核反应)中逸出高速中子所产生的。工业上常用人工同位素、加速器、反应堆来产生中子射线。在无损检测中中子射线常被用来对某些特殊部件(如放射性核燃料元件)进行射线照相。下面着重以X射线为对象做进一步研究。

### 2.1.2 X 射线谱

2.1.2.1 X 射线本质及构成

当高速电子轰击金属靶时将产生 X 射线，X 射线强度随波长的分布关系称 X 射线谱，如图 2-5 所示为在 35kV 的电压下操作时，钨靶与钼靶产生的典型 X 射线谱。钨靶发射的是连续光谱，而钼靶除发射连续光谱之外还叠加了两条特征光谱，称为标识 X 射线，即 $K_\alpha$ 线和 $K_\beta$ 线。若要得到钨的 $K_\alpha$ 线和 $K_\beta$ 线，则电压必须加到 70kV 以上。

所以，X 射线谱由两部分组成，一部分是具有连续波长的 X 射线，构成连续 X 射线谱。另一部分是只有一定波长的若干强度较大的 X 射线谱，叠加在连续 X 射线谱上，称为标识 X 射线。标识 X 射线的波长是由 X 射线管阳极靶的金属种类所决定的。

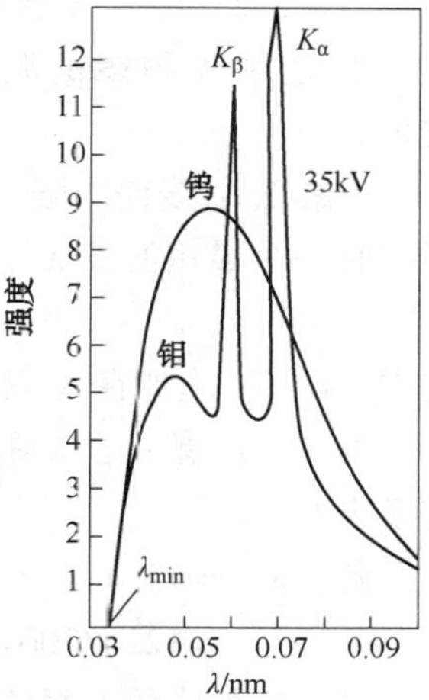


图 2-5 X 射线谱

产生连续 X 射线谱的原因主要有：

① 电压不恒定，电子获得的能量有大有小，能量大，波长短；能量小，波长长。

② 飞向阳极的电子在与阳极靶碰撞时的能量消耗不完全相同。少数电子与原子核直接碰撞，运动被立即阻止，能量全部转化为光能，产生的 X 射线波长短；大部分电子打入阳极靶内部，其能量消耗慢，产生 X 射线波长长。

因此，辐射光子能量有大有小，波长有长有短，从而形成连续 X 射线谱。

标识 X 射线：当管电压超过某一临界值时，电子能量增高到足以使原子中的核外电子激发或脱离原子，原子在低能级处于稳定态的核外电子向高能级升迁或被击出，从而在低能级处造成一个空穴，使原子处于不稳定状态。邻近高能级层中的核外电子就会跃至低能级，更远的高能级层中的核外电子也可能跃迁至较低能级的空穴。这样，当一个内层电子被激发，就可能引起一系列外层电子的跃迁，同时释放出多余能量，以 X 射线形式呈现。能量或波长是确定的，每种元素都有其特定的标识 X 射线。

标识 X 射线谱的主要特点有：

① 每一谱线都有特定波长，电子撞击的物质不同，特定波长的值也不同。

② 可以分成若干组，称为系。如 K 系、L 系、M 系等，如图 2-6 所示。每一系的谱线都有自己的特定结构和激发电压，只有电子的加速电压超过激发电压时才能产生该系的标识谱线。

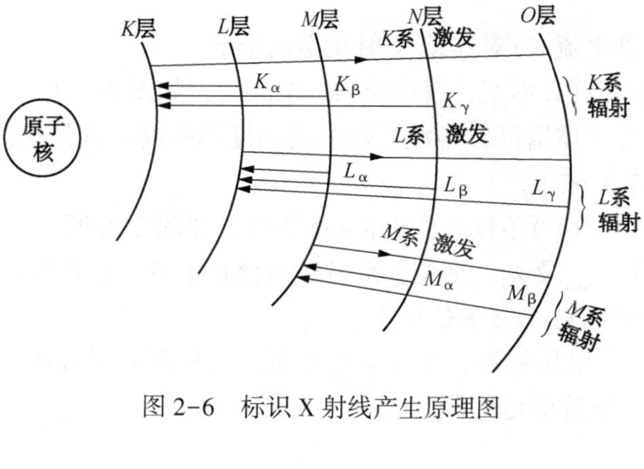


图 2-6 标识 X 射线产生原理图

X 射线检测工作中应用的一般是连续 X 射线，而不是标识 X 射线。

在 X 射线管中，由于多数电子射到阳极的时间和条件不可能相同，所以构成一个连续 X 射线谱。其强度分布如图 2-5 所示钨的连续 X 射线谱。所谓 X 射线的相对强度是指在垂直于 X 射线传播方向上单位面积、单位时间内所接受的能量。可把 X 射线的强度看成光的亮度。当光子数量相同时，光子能量越高射线的强度越大；当单个光子能量相同时，光子的数量越多射线的强度越大。

2.1.2.2 连续 X 射线谱的特点

① 连续 *X* 射线的波长在长波方向，理论上可以扩展到 $\lambda=\infty$；而在短波方向有最短波长。

连续 X 射线谱的强度按曲线连续地分布在各个波段上，在某一波段有一个强度峰值，同时有一个最短波长 $\lambda_{min}$，$\lambda_{min}$ 的大小由下式确定：

$$\lambda_{min}=12.4/U(\text{nm}) \tag{2-1}$$

式中 $U$——施加在 X 射线管上的最高电压，kV。

例 2-1：有一台 X 射线探伤机，当管电压使用 $U=200$kV 时，求产生 X 射线的最短波长是多少？

解：$\lambda_{min}=12.4/U$

$=12.4/200=0.062$nm

答：X 射线的最短波长是 0.062nm。

如果管电压一定时，变动管电流或靶金属种类，只能改变 X 射线的相对强度，而对最短波长 $\lambda_{min}$ 没有影响。如图 2-8 所示。但当变动管电压时，X 射线谱的分布就改变了。

② 连续 X 射线强度最大值所对应的波长 $\lambda_{Imax}$ 约为 $1.5\lambda_{min}$。

③ 连续 X 射线谱的总强度，也就是 X 射线的总能量，用连续 X 射线谱曲线下所包含的面积表示。

总强度 $I$ 可用下列经验公式计算：

$$I=kiZU^2 \tag{2-2}$$

式中 $k$——比例系数，$k=(1.1\sim1.4)\times10^{-6}$；

$i$——管电流，mA；

$Z$——阳极靶材料的原子序数；

$U$——管电压，kV。

由式(2-2)可看出，连续 X 射线谱的总强度与靶金属的原子序数、管电流及管电压的平方成正比。

④ 管电压($U$)、管电流($i$)对连续 X 射线谱的影响。

当 X 射线管的管电流($i$)不变，管电压($U$)增高时，如图 2-7 所示。

连续 X 射线的强度整体增高，各波长对应的强度均提高；其最短波长 $\lambda_{min}$ 向短波方向移动，即 $\lambda_{min}$ 减小，平均 $\lambda$ 减小。

当 X 射线管的管电压($U$)不变，管电流($i$)增高，如图 2-8 所示。

曲线整体增高，但 $\lambda_{min}$ 及 $\lambda_{Imax}$ 不变，X 射线谱分布不变，总强度提高。

2.1.2.3 X 射线线质硬化与半值厚度

由式(2-1)可知，管电压越高，平均波长越短，这种现象叫 X 射线线质的硬化。线质是相当于可见光红、黄、紫等颜色的概念。

所以，线质硬化是指管电压越高，平均波长越短，穿透能力越强的现象，是射线硬度定性说法。

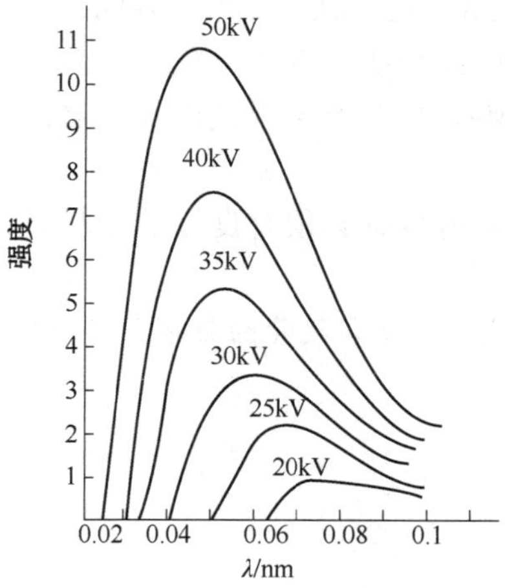


图 2-7　不同管电压下钨靶连续 X 射线

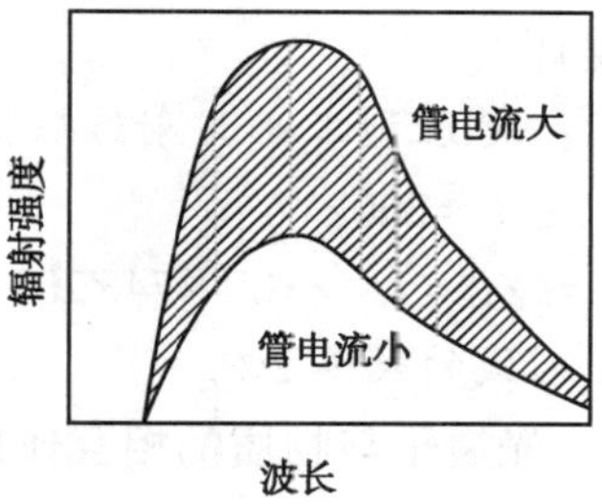


图 2-8　管电流对 X 射线强度的影响

X 射线越硬则对物体的穿透能力越强，穿透能力可用“半值厚度”这个概念表示。“半值厚度”是指当单色 X 射线穿过某物质时，它的强度被衰减一半时所需的该物质厚度，是射线硬度的定量指标。记为 $T_{1/2}$，其大小可用下式求得

$$T_{1/2}=0.693/\mu \tag{2-3}$$

式中　$\mu$——线衰减系数，$cm^{-1}$。

表 2-2 列出了半值厚度与管电压（射线波长）的关系。它只适用于单色射线，对于非单一波长的射线，可用实验求得。由表 2-2 可看出，管电压越高、波长越短的射线，穿透力越强，即硬度越大。

**表 2-2　材料的半值厚度**

| 管电压/kV | 半值厚度/cm | |
|---|---|---|
| | 铝 | 铁 |
| 20 | 0.74 | |
| 40 | 4.6 | 0.24 |
| 60 | 9.6 | 0.73 |
| 80 | 12.8 | 147 |
| 100 | 15.1 | 2.37 |
| 200 | 21.1 | 6.0 |
| 400 | 27.7 | 9.4 |

2.1.2.4　X 射线的效率

X 射线产生的效率等于连续 X 射线的总强度与管电压 $U$ 和管电流 $i$ 乘积之比。

$$\eta=\frac{P}{P_0}=\frac{kiZU^2}{iU}=kZU \tag{2-4}$$

式中　$P$——连续 X 射线的总功率（X 射线总强度），$P=kiZU^2$；

$P_0$——输入功率，$P_0=iU$；

$Z$——阳极的原子序数，钨靶为 74；

$U$——管电压，kV；

$k$——常数，约等于 $1.5\times10^{-6}$。

可见，X 射线的效率与管电压和靶材原子序数成正比。在其他条件相同的情况下，管电压越高，X 射线的效率越高；管电压的高压波型越接近恒压，X 射线的效率越高。当电压为 100kV 时，X 射线的转换效率约为 1%，而产生 4MeV 的高能 X 射线的加速器，其转换效率约为 36%。

由于输入能量的绝大部分转换为热能，所以 X 射线管必须有良好的冷却装置，以保证阳极不被烧坏。

例 2-2：2005 型工业 X 射线探伤机在额定输出时，X 射线管的效率是多少（钨靶 $Z=74$；$k=1.4\times10^{-6}$；$U=200\text{kV}$）？

解：$\eta=kZU=1.4\times10^{-6}\times74\times200=2\%$

答：X 射线的效率 2%。

### 2.1.3 光量子与物质的相互作用

当 X 射线、γ 射线射入物体后，将与物质发生复杂的相互作用。这些作用从本质上说是光量子与物质原子的相互作用，包括光量子与原子、原子核、原子的电子及自由电子的相互作用。这些相互作用一般可以分为 12 类，其中主要的作用是光电效应、康普顿效应、电子对效应和瑞利散射。

#### 2.1.3.1 光电效应

每束射线都具有能量为 $E=h\nu$ 的光子。光子运动时保持着它的全部动能。

如图 2-9 所示，入射光量子与原子的轨道电子相互作用，把全部能量传递给这个轨道电子，获得能量的电子克服原子核的束缚成为自由电子，光子本身消失，这种作用过程称为光电效应。在光电效应中，入射光量子消失了，释放的自由电子称为光电子。如果入射光量子的能量小于电子与原子核的结合能，则不能发生光电效应。

能量转化：光子的一部分能量把电子从原子中逐出去，剩余的能量则作为电子的动能被带走，于是该电子可能又在物质中引起新的电离。当光子的能量低于 1MeV（兆电子伏）时，光电效应是极为重要的过程。

光电子发射的方向：与入射光量子的能量有关，当入射光量子的能量较低时，光电子主要分布在与入射光量子方向垂直的方向；随着入射光量子能量的增大，光电子的发射方向逐渐倾向于入射光量子的方向。

发生光电效应的可能性（图 2-13）：与入射光量子的能量和物质的原子序数有关。在入射光量子的能量大于电子与原子核结合能的情况下，通常光电效应的发生率随入射光量子能量的增加而降低，随物质原子序数的增大而增大。所以，光电效应主要发生在入射光量子与原子内层轨道电子的相互作用过程中，低能光量子与高原子序数物质发生相互作用时，光电效应具有重要意义。

由于光电效应中在原子的电子轨道上将产生空位，这些空位将被外层轨道电子填充，所以将产生跃迁辐射，发射特征 X 射线。这种辐射通常称为荧光辐射。伴随发射特征 X 射线（荧光辐射）是光电效应的重要特征。

#### 2.1.3.2 康普顿效应

康普顿效应也称为康普顿散射。这种作用过程由美国物理学家康普顿首先发现，我国物理学家吴有训在证实这种现象和其规律性的研究方面作出了重要的贡献。

康普顿效应是入射光量子与原子外层轨道电子或自由电子发生的碰撞过程。如图 2-10 所示，能量为 $h\nu$(波长为 $\lambda$)的入射光量子，与原子外层轨道电子碰撞之后，它的一部分能量传递给电子，使电子从原子的电子轨道飞出，这种电子称为反冲电子，同时，入射光量子的能量减少，成为散射光量子，并偏离了入射光量子的传播方向。

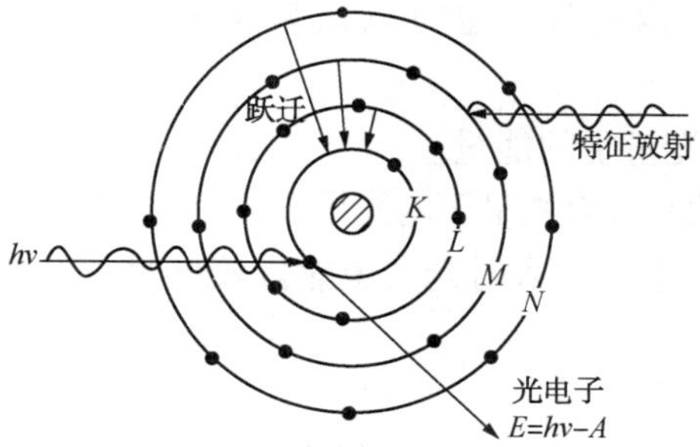


图 2-9 光电效应示意图

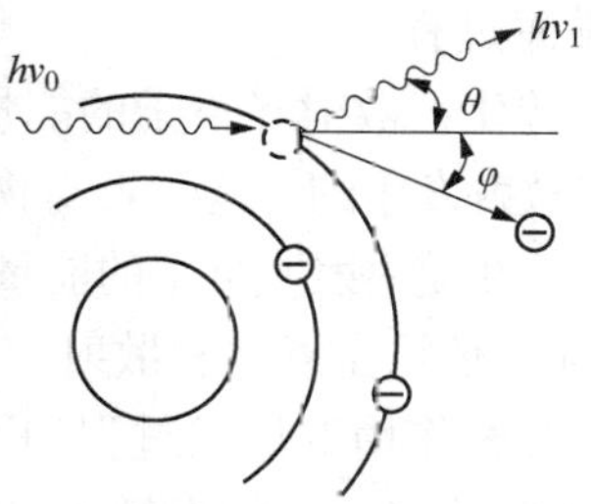


图 2-10 康普顿效应示意图

能量转换：这一过程同样服从能量守恒定律，即电子所具有的动能为入射光量子和散射光量子的能量之差，最后电子在物质中因电离原子而损失其能量。

散射方向：反冲电子和散射光量子的方向都取决于入射光量子的能量，随入射光量子能量的增加，偏离角都减小。

康普顿效应发生的可能性(图 2-13)：与入射光量子的能量和物质的原子序数有关，原子序数低(轻金属)发生的可能性很高；康普顿效应随着射线能量的增加而减小，对中等能量(0.2~3MeV)的光量子，康普顿效应对各种元素起主要作用。

当入射光量子的能量很低，并与自由电子相互作用时，入射光量子的能量将不改变，而仅仅改变其方向，这类弹性散射过程也常单独称为汤姆逊散射。这个作用过程是非常次要的相互作用过程。

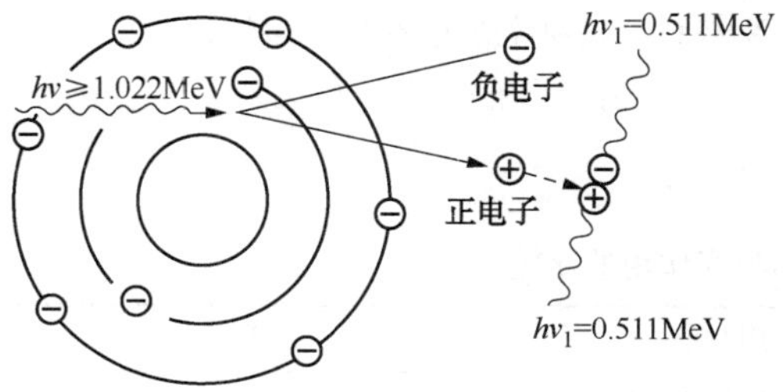


图 2-11 电子对效应示意图

2.1.3.3 电子对效应

高能量的光量子与物质的原子核或电子发生相互作用时，光量子可以转化为一对正、负电子(图 2-11)，这就是电子对效应。在电子对效应中，入射光量子消失，产生的正负电子对向不同方向飞出，其方向与入射光量子的能量有关。

电子对效应只能发生在入射光量子的能量不小于 1.022MeV 时，这是因为电子的静止质量相当于 0.511MeV 能量，一对电子的静止质量相当于 1.022MeV 的能量，根据能量守恒定律，只有入射光量子的能量不小于 1.022MeV 时才可能转化为一对正、负电子，多余的能量将转换为电子的动能。入射光量子与原子的电子发生作用也可以产生电子对效应，但其发生的可能性远远小于入射光量子与原子核相互作用过程。

能量转化：光子的能量一部分用于产生电子对，一部分传递给正、负电子作为动能，另一部分能量传给原子核。

电子对效应发生的可能性(图 2-13)：与物质原子序数的平方成正比，近似与光量子能量的对数成正比，因此电子对效应在光量子能量较高、原子序数较高时起重要的作用。在电子对效应中产生的正电子寿命很短，在它运动快要停止时将与负电子结合，转化为两个能量为 0.511MeV 的光量子。

2.1.3.4　瑞利散射

瑞利散射是入射光量子与原子内层轨道电子碰撞的散射过程(图 2-12)。在这个过程中，一个束缚电子吸收入射光量子后跃迁到高能级，随即又释放一个能量约等于入射光量子能量的散射光量子，光量子能量的损失可以不计。也可以认为这是光子与原子发生的弹性碰撞过程。

能量转化：散射光量子的能量约等于入射光量子的能量。

瑞利散射发生的可能性：与物质的原子序数和入射光量子的能量有关，约与原子序数的平方成正比，并随入射光量子的能量增大而急剧减小。在入射光量子能量较低时，例如，0.5~200keV 时，必须注意瑞利散射。

总结几种作用的形成过程如下：

① 光电效应：入射光量子+内层轨道电子→光电子+特征 X 射线

② 康普顿效应：入射光量子+外层轨道电子(或自由电子)→反冲电子+散射光量子

③ 电子对效应：高能量光量子(≥1.022MeV)+原子核或电子→正负电子

④ 瑞利散射：入射光量子+内层轨道电子→电子跃迁到高能级+散射光量子

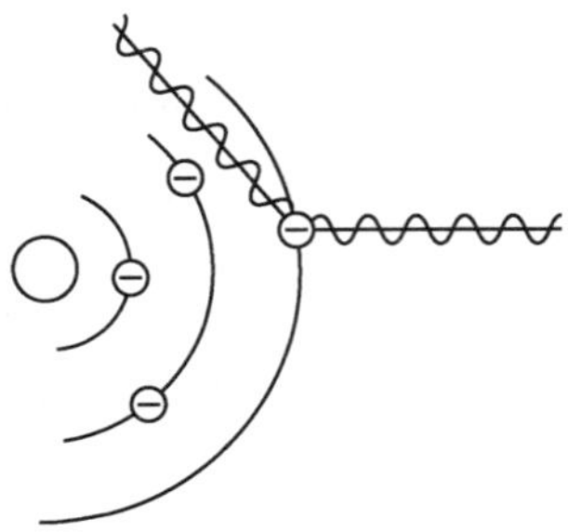

图 2-12　瑞利散射示意图

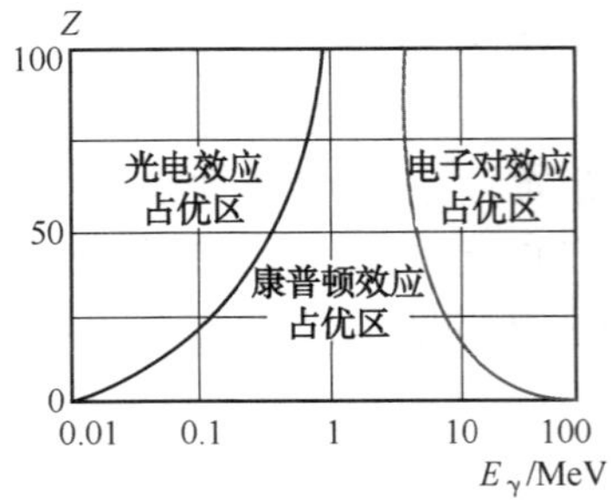


图 2-13　三种效应与 Z(原子序数)、$E_\gamma$(入射光量子的能量)的关系

表 2-3 也总结了四种作用的主要特点。

**表 2-3　光量子与物质的相互作用的比较**

| 效应 | 光量子的能量 | 作用对象 | 作用产物 |
|---|---|---|---|
| 光电效应 | 较低 | 原子内层轨道电子 | 光电子(荧光辐射) |
| 康普顿效应 | 中等 | 外层轨道电子、自由电子 | 散射光量子、反冲电子 |
| 电子对效应 | ≥1.022MeV | 原子核、原子电子 | 正、负电子对 |
| 瑞利散射 | 低 | 轨道电子 | 光量子 |

### 2.1.4　射线衰减规律

2.1.4.1　基本概念

(1) 单色射线和连续谱射线

按射线的能量，可以将射线分为单色射线和连续谱射线。

单色射线是指能量单一的射线。即射线只含有一种能量的光子，也就是射线是单一波长的射线。类似于可见光不同波长的光具有不同的颜色，也就称单一能量的射线为单色射线。

连续谱射线是指射线包含连续分布能量的射线。即射线含有不同能量的光子，或者说射线的波长包含从一个波长到另一波长的一段波长范围。因此，它的射线谱应是一连续谱。通常的 X 射线源在某一高压下产生的 X 射线是连续谱射线。

（2）吸收、散射与衰减

如前所述，当 X 射线或 γ 射线射入物体时，其光量子将与物质发生复杂的相互作用，主要的相互作用是光电效应、康普顿效应、电子对效应和瑞利散射，总结这些相互作用可以看到，在出射的射线中将包含透射的一次射线、散射线（图中虚线）和电子（图中无箭头的线），如图 2-14 所示。

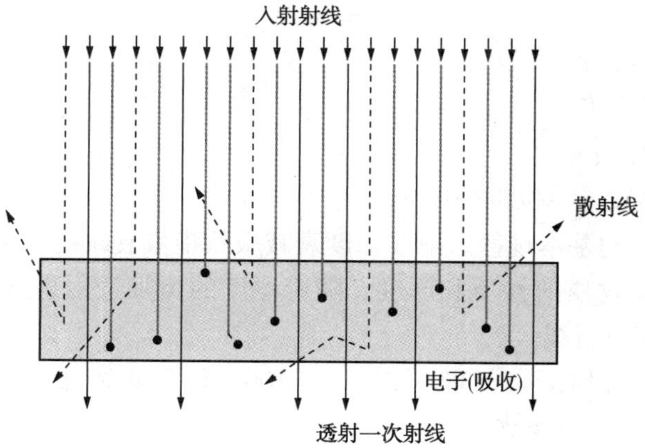


图 2-14　射线在物质中发生吸收、散射与衰减的示意图

透射的一次射线，即未与物质发生作用，直接穿透物体出射的射线。

散射线，即入射射线与物质发生各种作用后出射的射线，包括康普顿散射线、瑞利散射线、荧光辐射等。

电子，即入射射线与物质发生各种作用中产生的电子，包括光电子、反冲电子等。

入射光子的能量，除了透射一次射线部分外，一部分转移到能量或方向改变了的光子，这称为散射过程；另一部分转移到与之相互作用的电子或产生的电子，这称为吸收过程。后一过程被称为吸收过程，是因为转移到电子的那部分能量主要部分损失在物体之中。

入射到物体的射线，因为一部分能量被吸收、一部分能量被散射而减弱，使从物体透射的射线强度低于入射射线强度，这称为强度发生了衰减。

（3）宽束射线和窄束射线

在射线检测中，需把射线状况区分为宽束射线和窄束射线。

所谓宽束射线和窄束射线，简单地说，就是是否考虑散射线。如果到达检测器（胶片）的射线只有一次射线，则称为窄束射线；如果到达检测器（胶片）的射线除了一次射线外还含有散射线，则称为宽束射线。图 2-15 是窄束射线和宽束射线的示意图。

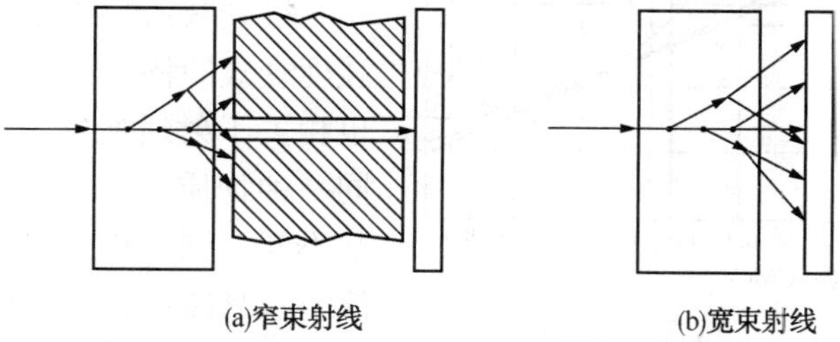


图 2-15　窄束射线和宽束射线的示意图

采用细小的射线束进行射线检测，如果不采取吸收散射线的措施，到达检测器(胶片)的射线仍旧会有散射线，并不是窄束射线情况。采用较大照射区的射线进行检测，如果采取了很好的屏蔽散射线措施，使到达检测器(胶片)的射线只有一次射线，则可得到窄束射线。

对于工业射线照相检测，一般情况下都属于宽束射线情况。

#### 2.1.4.2 单色窄束射线衰减规律

(1) 衰减规律

实验表明，射线穿透物体时其强度的衰减与吸收体(射线入射的物体)的性质、厚度及射线光子的能量相关。对于单色窄束射线，这种关系可以写为

$$I=I_0e^{-\mu d} \tag{2-5}$$

式中 $I_0$——入射射线强度；

$I$——透射射线强度；

$d$——吸收体厚度；

$\mu$——线衰减系数，单位常采用 $cm^{-1}$。

这也就是射线衰减的基本规律。射线强度衰减服从指数衰减规律，衰减程度相关于射线能量，也相关于吸收体物质的性质和厚度。随着厚度的增加透射射线强度将迅速减弱。式(2-5)只适用于单色窄束射线。

例 2-3：假定射线对钢$\mu=1.5359cm^{-1}$，$I_0=100$，计算其穿过不同厚度钢时($x=10mm$；20mm；30mm)，透射强度为多少？

解：透射射线强度 $I=I_0e^{-\mu d}$

则：

$$I_1=100\times e^{-1.5359\times10\times0.1}=21.5$$

$$I_2=100\times e^{-1.5359\times20\times0.1}=4.6$$

$$I_3=100\times e^{-1.5359\times30\times0.1}=1.0$$

答：透射射线强度分别为 21.5、4.6 和 1.0。

可以看出，厚度增加时，透射射线强度衰减更快，所以当对射线进行防护时，可以通过增加防护层厚度来提高防护效果。当然，衰减的程度也与射线本身的能量相关。

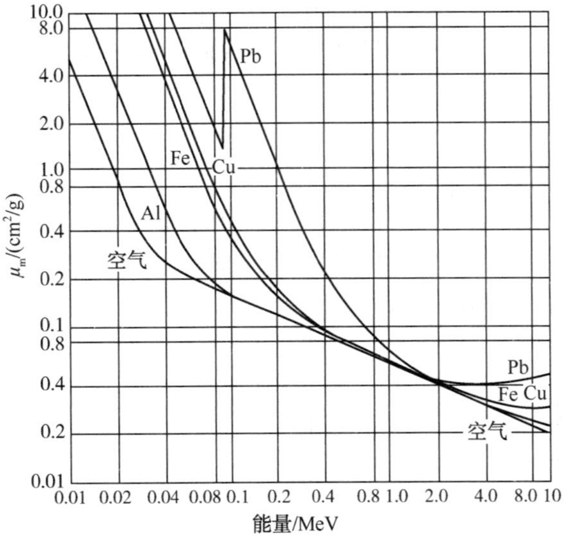


图 2-16 几种常见金属的线衰减系数

(2) 线衰减系数

在式(2-5)中出现的线衰减系数$\mu$是一个重要的系数。入射到物体中的射线的光子，在穿行一段距离时，有的与物质发生了相互作用，有的没有与物质发生相互作用。线衰减系数表示的就是入射光子在物体中穿行单位距离(例如，1cm)时，平均发生各种相互作用的可能性。

线衰减系数表示了射线穿透物体时其强度衰减的特性，它既相关于射线的能量，也相关于射线所穿过物质的原子序数。对同一种物质，射线的能量不同时线衰减系数不同；同一能量的射线，入射到不同物质时线衰减系数也不相同。图 2-16 是几种常见金属的线衰减系数，从图中可看到线

衰减系数随射线能量变化的规律。

根据线衰减系数的概念，线衰减系数可写成

$$\mu=\tau+\sigma_c+\sigma_r+\kappa$$

式中 $\tau$——光电效应的线衰减系数；

$\sigma_c$——康普顿效应的线衰减系数；

$\sigma_r$——瑞利散射的线衰减系数；

$\kappa$——电子对效应的线衰减系数。

如果将所描述的各种相互作用按照吸收和散射分析，则线衰减系数可以简写成

$$\mu=\tau+\sigma$$

式中 $\tau$——线吸收系数；

$\sigma$——线散射系数。

在理论上常用质量衰减系数，即线衰减系数除以物质密度所得到的值，常记为$\mu_m$，这样有

$$\mu_m=\mu/\rho \tag{2-6}$$

式中，$\rho$ 为物质密度。相应地也可以写出 $\mu_m=\tau_m+\sigma_m$

对于常用的能量和常见的物质，线吸收系数远大于线散射系数，因此有

$$\mu\approx\tau$$

$$\mu_m\approx\tau_m$$

实验研究指出

$$\tau_m\approx\kappa Z^3\lambda^3 \tag{2-7}$$

所以有

$$\mu_m\approx\kappa Z^3\lambda^3 \tag{2-8}$$

式中 $\kappa$——系数；

$Z$——吸收体的原子序数；

$\lambda$——入射射线的波长。

式(2-8)具体地表示了质量衰减系数与物质的原子序数和射线能量(光量子的能量或射线的波长)的关系，从这个式子可以得到如下的初步看法：同样能量的射线，入射到不同原子序数的吸收体时，在原子序数大的物体中将受到更大的衰减；不同能量的射线穿过同一吸收体时，能量低的射线将受到更大的衰减。此规律在图 2-16 中也可以看到。表 2-4 列出了部分能量射线在不同物质中的质量衰减系数。

**表 2-4 部分能量射线在不同物质中的质量衰减系数**

| 光量子能量/ | 波长/ | Mg | Al | Fe | Cu | Ti | Pb |
|---|---|---|---|---|---|---|---|
| MeV | $10^{-8}$cm | $Z=12$ | $Z=13$ | $Z=26$ | $Z=29$ | $Z=22$ | $Z=82$ |
| 0.02 | 0.62 | 2.77 | 3.48 | 26.3 | 34.6 | 16.2 | 72.1 |
| 0.05 | 0.248 | 0.322 | 0.357 | 1.93 | 2.57 | 1.19 | 5.73 |
| 0.10 | 0.124 | 0.168 | 0.170 | 0.372 | 0.461 | 0.273 | 5.47 |
| 0.15 | 0.082 | 0.139 | 0.138 | 0.196 | 0.222 | 0.165 | 1.92 |
| 0.20 | 0.062 | 0.124 | 0.122 | 0.146 | 0.156 | 0.131 | 0.942 |
| 0.30 | 0.041 | 0.107 | 0.104 | 0.110 | 0.112 | 0.104 | 0.378 |
| 0.40 | 0.031 | 0.0949 | 0.0927 | 0.0940 | 0.0940 | 0.0908 | 0.220 |
| 0.50 | 0.0248 | 0.0862 | 0.0844 | 0.0841 | 0.0834 | 0.0818 | 0.152 |
| 1.0 | 0.0124 | 0.0627 | 0.0614 | 0.0599 | 0.0589 | 0.0587 | 0.0704 |

(3) 半值厚度

在实际应用中，常引入半值厚度(半价层、半厚度)描述吸收体对一定能量射线的吸收。半值厚度是指使入射射线的强度减弱为其值的 1/2 的物体厚度，也常记为 $T_{1/2}$。按这个定义则应有

$$I=I_o e^{-\mu T_{1/2}}=\frac{I_o}{2}$$

所以

$$T_{1/2}=\frac{\ln 2}{\mu} \tag{2-9}$$

$$T_{1/2}=\frac{0.693}{\mu} \tag{2-10}$$

可见，从线衰减系数可以计算半值厚度，从半值厚度也可以计算线衰减系数。由于半值厚度与线衰减系数的这个关系，使半值厚度成为表征射线特征的一个基本量。

利用半值厚度与线衰减系数的这个关系，可以对射线的 $I$、$\mu$、$T_{1/2}$ 作简单计算。

例 2-4：已知某单色窄束射线穿过 20mm 的钢后，强度减弱到原来的 20%，求该射线在钢中的线衰减系数。

解 1：由式(2-5) $I=I_0 e^{-\mu d}$

已知 $I/I_0=0.20$，$d=2\text{cm}$，则有

$$e^{-\mu d}=0.2$$

$$\mu=-1/2\cdot\ln 0.2=0.80(\text{cm}^{-1})$$

解 2：根据半值厚度概念，设射线穿越物体厚度为 $T$，半值厚度为 $T_{1/2}$，有

$T=1T_{1/2}$，$I/I_0=(1/2)^1$

$T=2T_{1/2}$，$I/I_0=(1/2)^2$

$T=3T_{1/2}$，$I/I_0=(1/2)^3$

$T=nT_{1/2}$，$I/I_0=(1/2)^n$

所以，$(1/2)^n=0.2$，$n=\lg 5/\lg 2=2.32$；$T_{1/2}=T/n=2/2.32=0.86(\text{cm})$

由 $T_{1/2}=0.693/\mu$，得 $\mu=0.693/T_{1/2}=0.80(\text{cm}^{-1})$

例 2-5：物体对某一能量射线的半值厚度是 2.3mm，若该射线穿过 10mm 厚度的物体，求透射射线强度与入射射线强度之比。

解：设 $T_h=2.3\text{mm}$，$T=10\text{mm}$，$T$ 的厚度等于 $n$ 个半值厚度，即 $n=T/T_h=10/2.3=4.3478$，

所以 $I/I_0=(1/2)^n=0.0491\approx 0.05$

答：透射射线强度与入射射线强度之比为 0.05。

当物体为混合物或化合物时，若构成物体的各元素的百分比分别为 $W_1$、$W_2$、$W_3\cdots$，相应的质量衰减系数分别为 $\mu_{m1}$、$\mu_{m2}$、$\mu_{m3}\cdots$，则化合物的质量衰减系数为 $\mu_m=W_1\times\mu_{m1}+W_2\times\mu_{m2}+W_3\times\mu_{m3}+\cdots$。

例 2-6：计算 $Al_2O_3$ 对 0.05MeV 能量的射线的线衰减系数。

解：查手册 Al 的相对原子质量 27，$\mu_m=0.357\text{cm}^2/\text{g}$

O 的相对原子质量 16，$\mu_m=0.211\text{cm}^2/\text{g}$

$Al_2O_3$：$\rho = 3.90 \sim 4.10 g/cm^3$，取 $\rho = 3.95 g/cm^3$

则 $\mu_m = 0.357 \times [2 \times 27/(3 \times 16 + 2 \times 27)] + 0.211 \times [3 \times 16/(3 \times 16 + 2 \times 27)]$

$= 0.2833(cm^2/g)$

所以，$\mu = \mu_m \rho = 0.2833 \times 3.95 = 1.139(cm^{-1})$

2.1.4.3 宽束连续谱射线的衰减规律

在工业射线照相检验中使用的X射线是连续谱射线，所以必须考虑连续谱X射线的衰减规律。按照前面对单色窄束射线衰减的讨论，可以知道，当连续谱射线穿过一定厚度的物体时，连续谱中不同能量射线的衰减情况将不同。因此，式(2-5)描述的射线衰减规律，不能简单地应用于宽束连续谱射线情况。

因此，如果采用式(2-5)对连续谱射线进行计算，则必须对各波长分别进行计算，这将是相当复杂的。为了简化，在讨论连续谱射线的衰减规律时，常引入一个等效波长，采用这个波长对连续谱射线的衰减规律进行近似的分析、计算。

若某单色射线在穿越某物体时的半值厚度，与所讨论的连续谱射线穿越该物体时的半值厚度相等。我们说该单色射线与所讨论的连续谱射线等效。该单色射线的波长就是所讨论的连续谱射线的**等效波长**。

这样，利用等效波长将连续谱转化为单色射线。

对宽束射线，则引入“散射比”。**散射比**定义为到达检测器(胶片)的散射射线强度与一次射线之比，并记为 $n$，即

$$n = I_S / I_D \tag{2-11}$$

$I_D$ 为一次射线强度，$I_S$ 为散射射线强度。从而简化了宽束连续谱射线的衰减规律的讨论。

这时，对于宽束连续谱射线，透射射线强度应为一次射线和散射射线强度之和。即

$$I = I_D + I_S$$

按单色窄束射线衰减规律，应有 $I_D = I_0 e^{-\mu d}$

这样有 $I_S = n I_0 e^{-\mu d}$

最后得到

$$I = (1+n) I_0 e^{-\mu d} \tag{2-12}$$

式中，$\mu$ 是对应于射线等效波长的线衰减系数。

这就是宽束连续谱射线的衰减规律。应用时只要认为式中的线衰减系数 $\mu$ 是对应于射线等效波长的线衰减系数，那么该式就可以近似处理宽束连续谱射线的衰减问题。

按照引入的等效波长，可以讨论连续谱射线穿过物体时的衰减特点。

第一，对于连续谱射线穿过物体时，随着物体厚度的增加，连续谱射线中波长较长的部分将被更多地吸收，连续谱的组成将不断变化。基本的改变是，相对于入射射线的等效波长，随着穿过物体厚度的增加，等效波长将不断减小，这种变化称为连续谱射线的“硬化”。因此，对同一连续谱X射线，穿过的厚度不同时对应的等效波长也会不同。

第二，当厚度达到一定值之后，线衰减系数将近似为一个定值，此后变化很小，也就是连续谱射线已可近似看成单色射线。

上面两点，是宽束连续谱射线穿过物体时衰减(吸收)的主要特点。

# 2.2 射线检测的基本原理和检测方法

## 2.2.1 射线检测的基本原理

X 射线、γ 射线检测法，其基本原理都是类似的。现以 X 射线检测法为例说明。

X 射线穿过物质时会发生强度的衰减，前已述及，其衰减的程度与 X 射线波长、物质的密度与厚度有关。这样，当物体内部有缺陷时，在此部位构成密度或厚度的差异，使透过的 X 射线得到不同程度的衰减，便可用 X 射线胶片或其他方式显现出来(图 2-17)，从而判断被检物体中是否有缺陷存在。

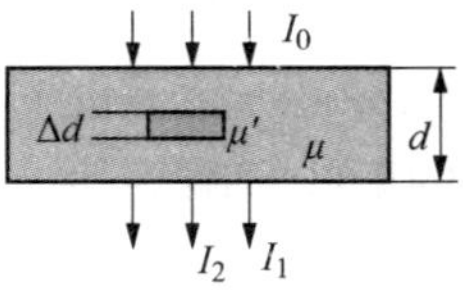


图 2-17　射线穿透有缺陷物体的示意图

射线照相法的基本原理是基于主因衬度的概念，所谓主因衬度是指 X 射线穿过被检物的不同部位时 X 射线强度的比值。如图 2-17 所示，当一束强度为 $I_0$ 的 X 射线穿透厚度为 $d$ 的物体时，在无缺陷部位得到的射线强度为 $I_1$，在缺陷厚度为 $\Delta d$ 的部位得到的射线强度为 $I_2$，按射线衰减定律公式得

$$I_1 = I_0 e^{-\mu d}$$

$$I_2 = I_0 e^{-[\mu(d-\Delta d)+\mu'\Delta d]}$$

$$= I_0 e^{-\mu d} e^{-(\mu'-\mu)\Delta d}$$

式中　$\mu$——基体材料的线吸收系数；

$\mu'$——缺陷物质的线吸收系数。

则主因衬度为

$$\Delta I = I_2/I_1 = e^{-(\mu'-\mu)\Delta d}$$

假定缺陷为气泡，可将空气的吸收系数略去，得

$$I_2/I_1 \approx e^{\mu\Delta d}$$

当 $I_2/I_1$ 足够大时，其主因衬度致使底片上有缺陷与无缺陷处的黑度差达到人眼能鉴别的程度，即可显现缺陷，这就是 X 射线透照检验的基本原理(图 2-18)。

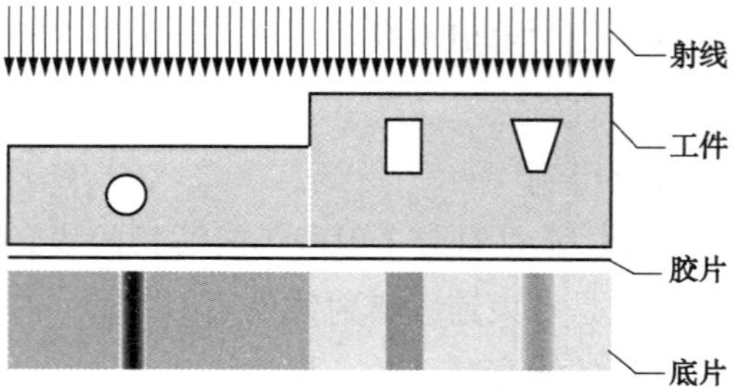


图 2-18　底片上显示缺陷的示意图

讨论：① $\mu'>\mu$ 时，$I_2<I_1$，即缺陷部位透射强度<完好部位透射强度。例如，夹钨，钨为重金属，对射线吸收系数较大，底片缺陷处感光少，暗室处理时容易洗去，呈白色块状。而基体金属对射线吸收系数小，透过射线多，底片感光多，呈黑色。

② $\mu'<\mu$ 时，$I_2>I_1$，即缺陷部位透射强度>完好部位透射强度。例如，气孔、夹渣，底片上缺陷处对射线吸收少，感光多，呈黑色。

③ $\mu'\approx\mu$，或 $\Delta d$ 很小且趋近于零时，$I_2\approx I_1$，缺陷部位透射强度≈完好部位透射强度，这时，缺陷部位与周围完好部位透过的射线强度无差异，则射线底片上缺陷将得不到显示。

## 2.2.2 射线检测方法

射线检测常用的方法有照相法、电离检测法、荧光屏直接观察法和电视观察法等。

### 2.2.2.1 照相法

过程：射线→衰减→强度变化→胶片→感光→潜影→影像→评判。

特点：灵敏度高，直观可靠，重复性好，但成本较高，时间较长。

根据胶片上影像的形状及其黑度的不均匀程度，就可以评定被检测试件中有无缺陷及缺陷的性质、形状、大小和位置。

此法是 X 射线检测法中应用最广泛的一种常规方法。由于生产和科研的需要，还可用放大照相法和闪光照相法以弥补其不足。放大照相可以检测出材料中的微小缺陷。

2.2.2.2 电离检测法

当射线通过气体时与气体分子撞击，有的气体分子失去电子成为正离子，有的气体分子得到电子成为负离子，此即气体的电离效应。电离效应将会产生电离电流，电离电流的大小与射线的强度有关。如果将透过试件的 X 射线通过电离室测量射线强度，就可以根据电离室内电离电流的大小来判断试件的完整性(图 2-19)。

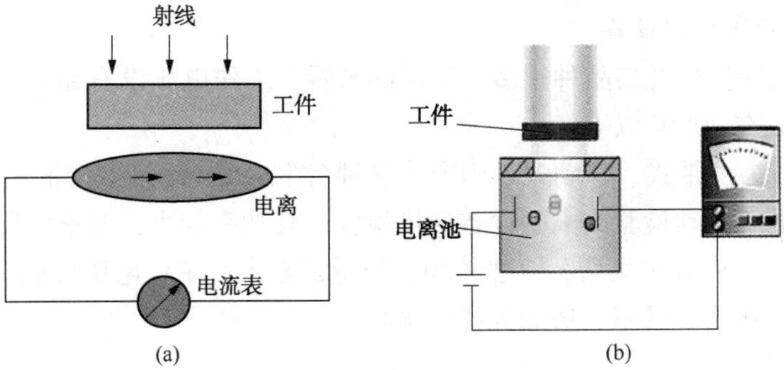


图 2-19 电离检测法原理示意图

过程：射线→工件→电离室→电离气体→电流→判断完整性。

特点：此法自动化程度高，成本低，但定性困难只适用于形状简单、表面工整的工件，应用较少。

2.2.2.3 荧光屏直接观察法

将透过试件的射线投射到涂有荧光物质的荧光屏上时，在荧光屏上会激发出不同强度的荧光来，利用荧光屏上的可见影像直接辨认缺陷(图 2-20)。

过程：射线→工件→荧光屏→缺陷形状。

特点：此法成本低，效率高，可连续生产，但分辨率差。适用于形状简单、要求不严格的产品的检测。

2.2.2.4 电视观察法

电视观察法是荧光屏直接观察法的发展，将荧光屏上的可见影像通过光电倍增管增强图像，再通过电视设备显示。这种方法自动化程度高，可观察动态情况，检测灵敏度比照相法低，对形状复杂的零件检测困难(图 2-21)。

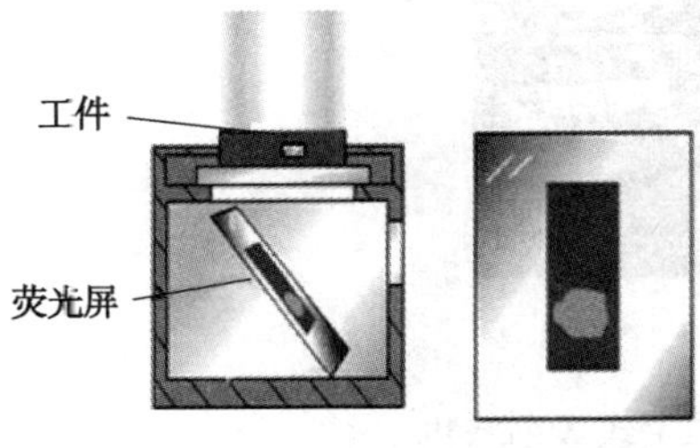


图 2-20 荧光屏直接观察法原理示意图

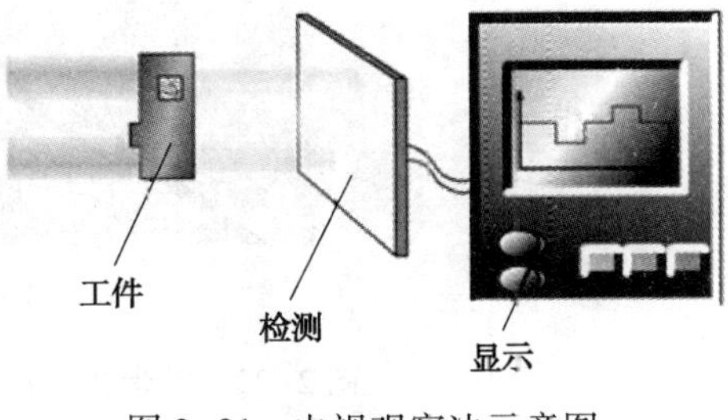


图 2-21 电视观察法示意图

### 2.2.3 射线检测设备和器材

一般说来，射线检测均由“三个基本要素”所组成，即射线源、受检物和记录(显示)器材。

① 射线源。按射线源的种类不同，可以分为X射线检测、γ射线检测及中子射线检测。就X射线来说，又可分普通X射线检测和高能X射线检测(由电子感应加速器和直线加速器产生的高能量X射线)。

② 受检物。就是被检测的对象。

③ 记录(显示)器材。是提供检测结果的重要手段，根据记录(显示)器材的不同，X射线检测有下列几种方法：照相法、荧光观察法、电离探测法和工业X射线电视法。

本章中主要介绍应用最广、灵敏度高的照相法。

2.2.3.1 X射线检测设备

目前，X射线探伤机规格品种很多，但总的来看，工作电压没有超过430kV，功率不超过100kW，且多数在40kW以下。

X射线机可分为携带式、移动式、固定式三种(图2-22)。其中携带式X射线机一般体积小、质量小，适于流动检验或大型设备现场检验。其功率较小，要求仪器轻便可靠。后两种X射线机多用于室内固定场所，一般体积、质量都较大，工作电压可调至430kV，因此可透照较厚的工件，其性能可靠、功能多和效率高。

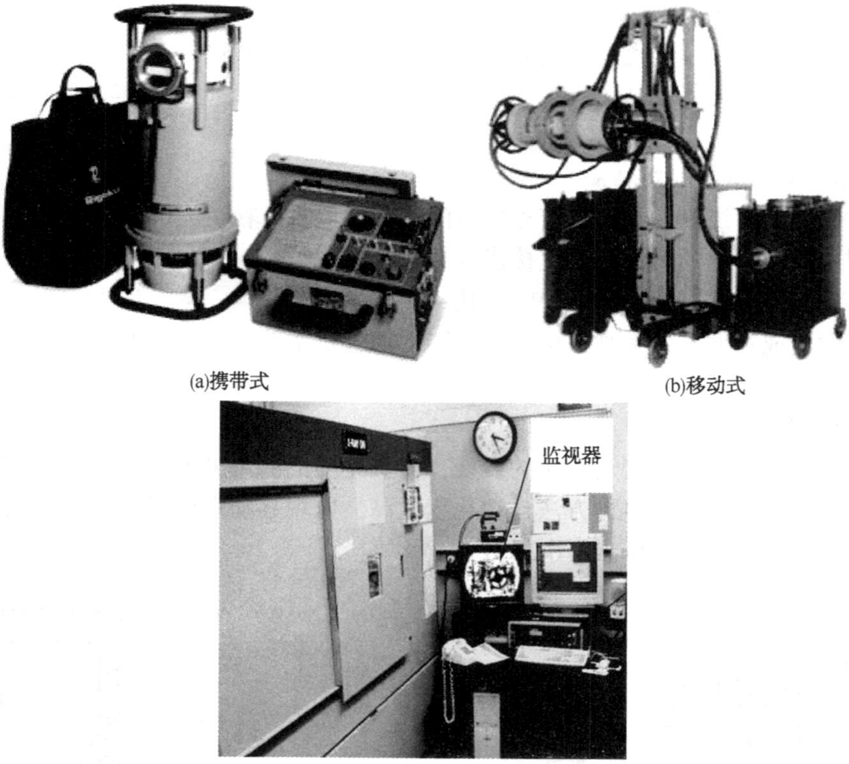


(a)携带式 (b)移动式 (c)固定式

图2-22 携带式、移动式、固定式X射线机

携带式X射线探伤机一般由四部分组成：高压部分、冷却部分、保护部分和控制部分。

高压部分：包括X射线管、高压发生器和高压电缆等。

冷却部分：便携式X射线探伤机是用六氟化硫($SF_6$)气体做绝缘介质，由于采用了阳极接地电路，X射线管阳极尾部可伸到机壳外，并装上散热片，用风扇进行冷却。其构造如图2-23所示。

保护部分：短路保护、过温保护、过载保护、零位保护、接地保护和其他保护。

控制部分：控制系统主要包括管电压的调节、管电流的调节以及各种操作的指示。X射线机通常由X射线管、高压发生器、控制系统、冷却系统和机架等组成。其中最关键的是X射线管和高压发生器。

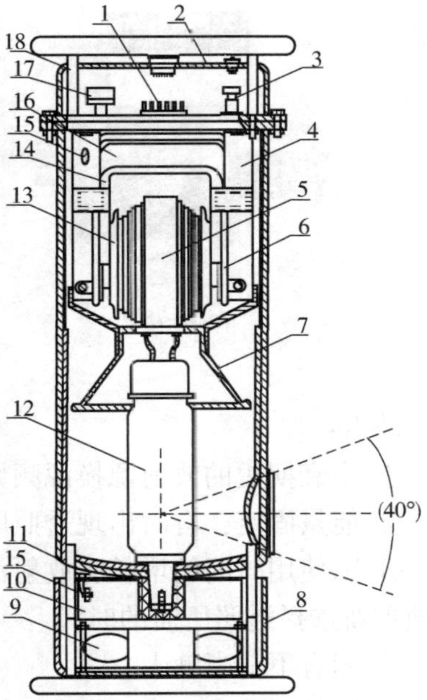


图2-23　携带式X射线机结构示意图

1—接线室；2—阴极罩；3—充气阀；4—夹件；5—高压线阀；6—均场管；7—绝缘罩；8—风扇罩；9—风机；10—散热器；11—接线座；12—X光管；13—绝缘环；14—护板；15—温度继电器；16—铁芯；17—压力真空表；18—减震杆

(1) X射线管

目前国内普遍采用的是玻璃管式X射线管。它是由阳极(靶)、阴极及玻璃壳组成。玻璃壳内抽成真空。如图2-24所示。

阴极的钨丝用电流加热，放出自由电子，在两极上加以高压电，则电子高速飞向阳极，撞击金属靶而产生X射线。

近年来研制成功的金属陶瓷X射线管，具有结构简单、体积小、质量小、灵敏度高和寿命长等优点。可以说是X射线管的一次重大变革。

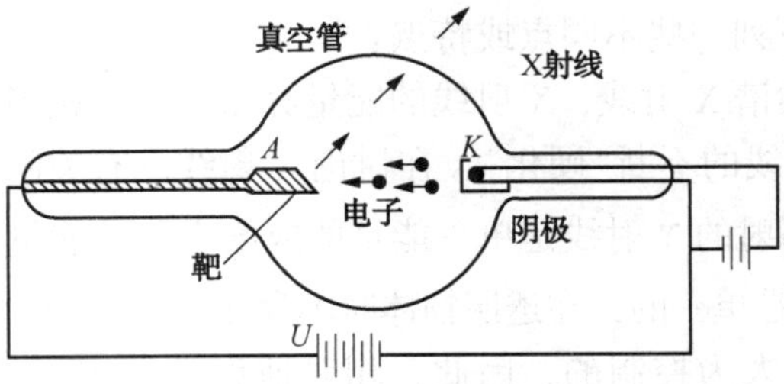


图2-24　X射线管示意图

(2) 高压发生器

高压发生器主要用来加速阴极热电子流，以轰击阳极靶产生X射线。它由变压器、整流器和稳流器等组成，常采用半波自整流线路和倍压整流线路。

2.2.3.2　γ射线检测设备

γ射线检测由于具有设备轻巧、经济、穿透力强、射线源可伸入窄小部位透照等特点，国外应用较广(图2-25)。

优点：

① 穿透能力强。X射线机最高管压达450kV，最大穿透钢板厚度小于100mm，而γ射线较小装置可检测厚度达300mm钢板。

② 适用野外操作。不用水、电。

③ 效率高。

④ 不受外界压力、温度、磁场的影响，能够连续运行。

⑤ 设备故障率低，无易损部件。

⑥ 价格便宜。

(a)Se-75型　(b)Ir-192型　(c)Co-60型

图 2-25　γ 射线机

缺点：

① 半衰期短的放射源换源频繁。

② 能量固定，有时出现透照厚度与射源能量的不匹配，造成灵敏度的下降。

③ 随使用时间的增长防放射源的比活度降低。透照同一工件，如果间隔一段时间，则必须重新选择透照所需的时间。

④ 固有不清晰度大。

⑤ 防护要求高，对于储存、运输等管理严格。

γ 射线检测设备应能满足下列条件：

① 可以按需要发射一定能量和宽度的锥形 γ 射线束。

② 使用安全可靠，不污染环境，操作人员不受射线伤害。

③ 能满足检测灵敏度要求。

④ 半衰期长。

γ 射线检测设备主要由 γ 射线源(常用人工放射性同位素：$Co^{60}$、$Cs^{137}$、$Ir^{192}$等)、射线源容器、辐射器、机械支架、机械操纵或遥控系统几部分组成。

2.2.3.3　γ 射线机与 X 射线机比较

γ 射线机在应用方面与 X 射线机比较具有下列一些不同点或特点：

① 能量。前面指出，X 射线机辐射的是连续谱 X 射线，X 射线的能量分布在一个相当宽的范围内，因此，在 X 射线穿透物体时产生了射线的不断"硬化"，在讨论 X 射线的有关问题时常需引入等效波长(等效能量)。但 γ 射线源辐射的 γ 射线是单一能量的或绝大部分能量集中在几个波长，因此，可以认为 γ 射线源的能量是单一的，在透照物体时不存在"硬化"现象。

② 强度。X 射线机辐射的射线强度是可以人为控制的，因此，相对地说它是固定的，即在任何时候开机都可得到所需要的 X 射线强度。对于 γ 射线机则情况复杂得多，由于 γ 射线源的放射性衰变不受人为因素的控制，所以，γ 射线源的放射性活度随着时间的延长不停地减少，也就是 γ 射线源的强度是不断变化的。这种情况使得即使用同一 γ 射线机、透照同一工件，但如果相隔一段时间，也必须重新选取透照所需的时间。

③ 应用特点。上述两个方面使得 γ 射线机在应用上也与 X 射线机具有不同的特点。X 射线机的能量可以人为调整，因此一台 X 射线机可应用于不同材料、不同厚度的被检物。γ 射线机的 γ 射线源具有固定的能量，因此它只适合于一定的厚度范围，当然对不同材料这个厚度范围不同。X 射线机只有开机时产生 X 射线辐射，它的工作寿命是开机时间的累加，因此尽管 X 射线管的寿命是几百小时，但 X 射线管却可以工作几年。对 γ 射线机，由于 γ 射线

源始终在进行着放射性衰变，所以不管是否使用，γ射线源的可使用时间都在不断减少。

γ射线机与X射线机进行比较具有设备简单，便于操作，不用水、电等特点，因而它便于在高空、水下、野外等场所工作，另外它的射线能量比较高，穿透能力比较强，具有向整个空间辐射的特点，所以，对于某些特殊应用，例如球罐形工件的射线照相具有明显的优越性。但一般地说，γ射线照相的质量不如X射线。

2.2.3.4　射线照相感光材料

（1）X射线胶片

X射线胶片是由片基(一般为醋酸纤维制成，近年也有涤纶片基)、涂于片基两面的感光乳剂(主要是溴化银)、结合层及保护层构成。

① 片基

作用——胶片的骨架；

厚度——0.175~0.2mm；

材料——醋酸纤维、涤纶(强度高，适用自动冲洗)；

颜色——白色、浅蓝色(观察效果好)。

② 结合层

作用——黏结感光乳剂层和片基；

材料——明胶、水、润湿剂、防静电剂。

③ 感光乳剂层

作用——感光；

厚度——10~20μm；

材料——溴化银微粒(0.5~10μm)、明胶(使银颗粒分布均匀，略有增感作用)、碘化银(改善感光性能，含量≤5%)、少量防灰雾剂、稳定剂、坚膜剂；

银的含量——10~20g/m$^2$；

感光速度——取决于卤化银的含量、卤化银颗粒团的大小和形状。

④ 保护层

作用——防止感光乳剂层受到污损和摩擦；

厚度——1~2μm；

材料——明胶、坚膜剂、防腐剂、防静电剂、毛面剂。

依据胶片的粒度和感光特性，不同国家、不同标准对胶片分类方法略有不同(如GJB 1187A—2001《射线检验》分$j_0$、$j_1$、$j_2$、$j_3$四个级别，GB/T 19348.1—2014《无损检测 工业射线照相胶片 第1部分：工业射线照相胶片的分类》分C1、C2、C3、C4、C5、C6六个级别)。

在射线照相检验工作中，应按照射线照相检验标准的规定选用胶片。选用的一般原则：一是所选用的胶片必须符合射线照相检验技术级别的最低要求；二是可以选用性能优于射线照相检验技术级别最低要求的胶片。

（2）增感屏

① 增感概念。由于X射线和γ射线波长短，对胶片的感光效应差，一般X射线进入胶片并被吸收的效率很低，只能吸收大约1%的有效射线能量，因此要得到一张清晰的底片需很长的感光时间。为了增加胶片的感光速度，利用某些增感物质在射线作用下能激发出荧光

或产生次级射线，从而加强对胶片的感光作用，达到缩短曝光时间的目的。

某些盐类物质在射线的作用下可以发射荧光，金属在射线作用下可以发射电子，荧光和电子都具有使射线胶片感光的作用，增感屏就是将这些盐类物质涂布在支撑物上或将金属箔粘接在支撑物上制成的屏。在射线透视照相中，所用的增感物质称为增感屏。

② 增感系数。描述增感屏增感性能的主要指标是增感系数，它定义为

$$K = E_0/E$$

式中 $E_0$——射线照片达到一定黑度不用增感屏时所需的曝光量；

$E$——射线照片达到一定黑度使用增感屏时所需的曝光量；

$K$——增感系数。

射线的曝光量通常以射线强度 $I$ 和时间 $t$ 的乘积表示，即 $E=It$，$E$ 的单位为 mCi · h(毫居里 · 小时)。增感系数是在同样的透照条件和同样的暗室处理条件下，射线照片得到同一黑度所需的曝光量之比。

不同类型的增感屏增感机理不同，增感系数不同，同一类型增感屏在不同能量的射线下使用，增感系数也不同。

③ 增感屏的类型与特点。增感屏主要有三种类型：金属增感屏、荧光增感屏和复合增感屏(金属荧光增感屏)。

a. 金属增感屏。金属增感屏是将厚度均匀、平整的金属箔粘接在一定的支撑物(如纸片、胶片片基等)上构成的，金属箔目前主要是采用铅合金箔。金属增感屏主要与非增感型胶片一起使用。金属增感屏在射线照射下可以发射电子，这些电子被胶片吸收也产生照相作用，从而增加了射线的照相效应，产生增感作用。图 2-26 是增感过程示意图。

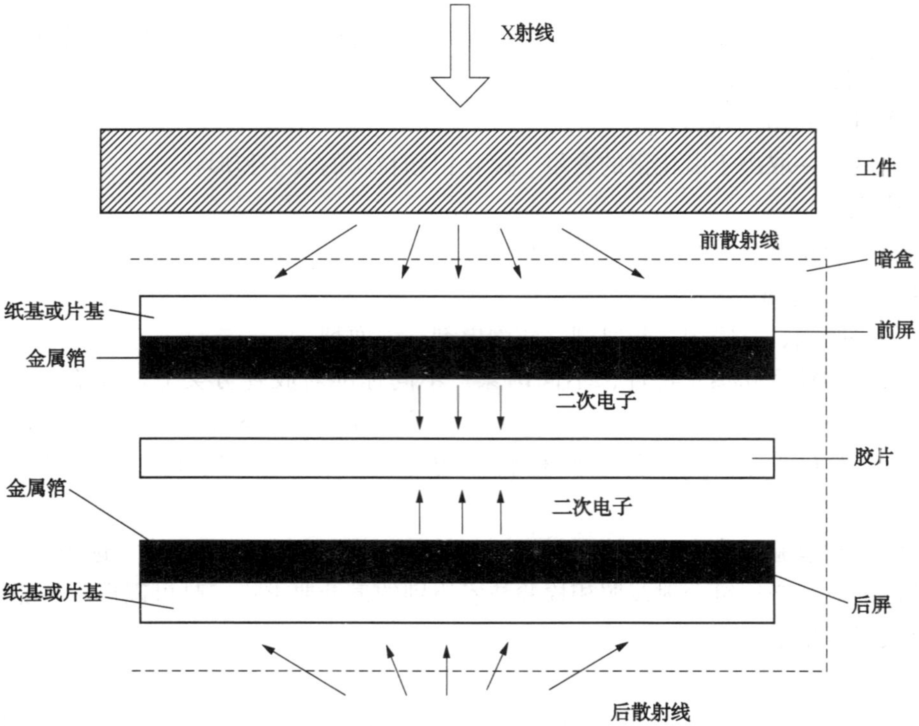


图 2-26　金属增感屏的增感过程

金属增感屏的增感系数都较小，一般为2~7。增感系数大小取决于射线能量、金属箔厚度、金属箔的材质。金属增感屏的增感特性通常为原子序数增加，增感系数上升，辐射波长越短，增感作用越显著。但是原子序数越大，激发能量也要相应提高，如果射线能量不能使金属屏的原子电离或激发，则不起增感作用。如铅增感屏，当管电压低于80 kV时，则基本上无增感作用。在生产实践中，多采用铅、金箔、锡等原子序数较高的材料作金属增感屏，因为铅的压延性好，吸收散射线的能力强。

金属增感屏的一个重要特点是，它不仅具有增感作用，而且具有吸收散射线作用。一次射线能量较高，能够穿透金属箔并激发金属箔发射电子，实现增感；但工件中产生的散射线能量较低，大部分被金属箔吸收，这将大大降低散射比，提高射线照片的影像质量。

b. 荧光增感屏。荧光增感屏也称为盐增感屏，它是在支撑物(硬纸或塑料薄板等)上均匀涂布一层荧光物质(常用钨酸钙 $CaWO_4$)，上面再涂布一薄层保护物质层构成的，如图2-27所示。荧光增感屏与增感型胶片一起使用。当受到射线照射时，荧光物质被激发，辐射荧光，胶片吸收荧光实现增感作用。

荧光增感屏的增感系数较大，通常可达10~60，增感系数主要取决于荧光物质的颗粒大小，在一定的范围内，颗粒越大发射的荧光越强，增感系数也越大，但荧光物质颗粒较粗，会产生荧光扩散、屏斑效应，使底片清晰度下降，缺陷分辨率差。增感系数也与射线能量及增感屏的厚度有关。

荧光增感屏的主要缺点是：荧光物质的颗粒性将产生一个新的不清晰度——屏不清晰度，其值常常都大于其他不清晰度；荧光增感屏本身还将产生较强的散射线，这些将严重损害射线照相的影像质量。正是由于荧光增感屏存在上述缺点，近年来的大多数射线照相标准都规定不采用荧光增感屏。

c. 金属荧光增感屏。金属荧光增感屏是在金属箔上涂一层荧光物质组合而成的，结合了荧光增感屏增感效果好、金属增感屏底片质量好的优点。实际上是金属增感屏和荧光增感屏的组合，所以它又称为复合增感屏(图2-28)。金属箔一般都是铅箔，它的作用是吸收散射线。荧光物质在一次射线的照射下发射荧光，产生增感作用。因此，金属荧光增感屏除了能够吸收工件中产生的散射线外，并不能克服荧光增感屏的其他缺点，所以在射线照相中也未得到广泛应用。因为不能满足生产实际的需要，射线照相采用金属增感屏或不用增感屏，个别情况下，可使用荧光增感屏或金属荧光增感屏，但只限于A级(标准规定，射线照相等级可分为：A级——低级；B级——优化级)。

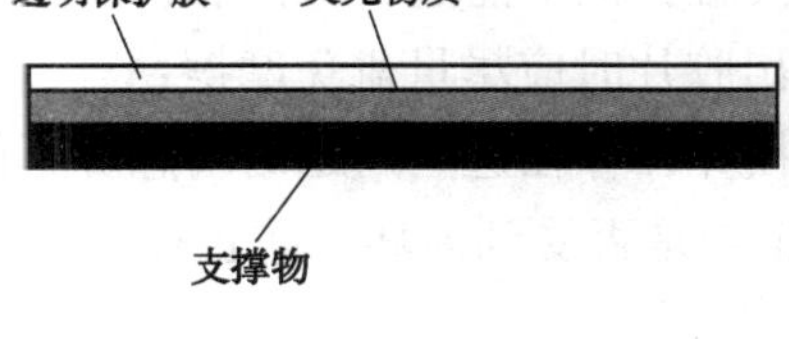

图2-27　荧光增感屏结构示意图

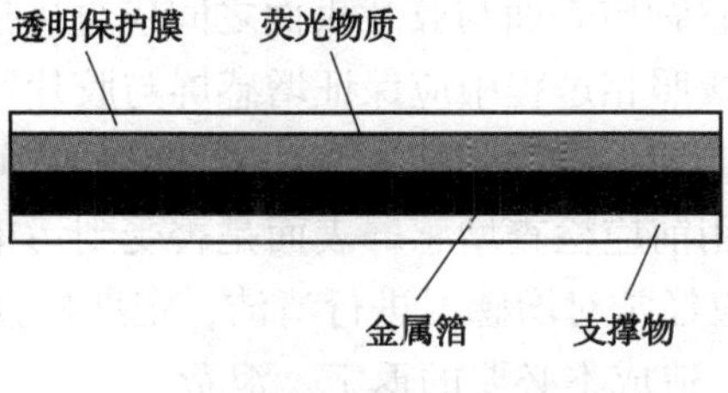

图2-28　金属荧光增感屏结构示意图

三种类型增感屏的基本特点列于表2-5中。

**表 2-5　增感屏主要特点比较**

| 项　目 | 金属增感屏 | 荧光增感屏 | 金属荧光增感屏 |
| --- | --- | --- | --- |
| 主要增感物质 | 铅箔 | 钨酸钙 | 钨酸钙 |
| 增感机理 | 二次电子 | 荧光 | 荧光 |
| 增感系数 | 低 | 很高 | 高 |
| 屏不清晰度 | 无 | 很大 | 大 |
| 散射线防护 | 大量吸收 | 不吸收并产生 | 吸收并产生 |

④ 增感屏使用。使用增感屏时主要应注意：

a. 正确选取增感屏的类型和规格；

b. 使用方法正确；

c. 日常经常维护。

三种类型增感屏具有不同的特点，适应不同的要求。对一般技术和较高技术都应采用金属增感屏，只有在特殊的情况下，当采用荧光增感屏或金属荧光增感屏也能达到检验质量要求时，才能使用荧光增感屏或金属荧光增感屏。

增感屏都分为前屏和后屏，前屏厚度较小，后屏厚度通常较大，使用时前屏应置于胶片朝向射线源一侧，后屏置于另一侧。前屏和后屏具有各种厚度，适于不同能量的射线，适于不同的透照对象，表 2-6 列出了常用金属增感屏的规格和它们适用的能量。进行射线照相时应根据工件的特点、质量要求、透照条件正确选用增感屏。

**表 2-6　常用金属增感屏材料与厚度**

| 射线能量 | 增感屏材料 | 前屏厚度/mm | 后屏厚度/mm |
| --- | --- | --- | --- |
| X 射线 80～120kV | 铅 | 0.02～0.04 | ≥0.1 |
| X 射线 120～250kV | 铅 | 0.025～0.05 | ≥0.1 |
| X 射线 250～400kV | 铅 | 0.05～0.15 | ≥0.1 |
| X 射线 1MV | 铅 | 1.5～2.0 | ≥1.0 |
| X 射线 5～10MV | 铜 | 1.5～2.0 | ≥1.5～2.0 |
| γ 射线 15～31MV | 钽或钨 | 1.0～1.5 | 无 |
| γ 射线 $Ir^{192}$ | 铅 | 0.05～0.15 | ≥0.15 |
| γ 射线 $Cs^{137}$ | 铅 | 0.05～0.15 | ≥0.15 |
| γ 射线 $Co^{60}$ | 钽或钨 | 0.5～2.0 | ≥0.25～1.0 |

在具体使用时应注意：

a. 增感物质表面(金属箔、荧光物质)应朝向胶片；

b. 增感物质表面与胶片表面之间应直接接触，不能放置其他物品，如纸张；

c. 射线照相过程中应保证增感屏与胶片紧密接触，但不能过分弯曲和挤压；

d. 在向前后屏之间装入胶片或从它们之间取出胶片时应尽量避免摩擦；

e. 使用前应检查增感屏表面是否受到污染或损坏，存在这些问题的增感屏不能使用。

日常应经常对增感屏进行清洁，定期检查增感屏是否受到损坏，防止存在问题的增感屏投入使用，造成不必要的返工、浪费。

2.2.3.5　透度计

透度计是用来评价射线检测灵敏度的一种器件，同时也可用来选取或验证射线检测的透照参数。

所谓灵敏度是指显示缺陷的程度或能发现最小缺陷的能力，是检测质量的标志。通常有两种表示方法：

① 绝对灵敏度。指在底片上能发现被检测试件中与射线平行方向的最小缺陷尺寸。

② 相对灵敏度。指在射线胶片上能发现被检测试件中与射线平行方向的最小缺陷尺寸占试件厚度的百分数。

$$相对灵敏度=h/T\times100\%$$

式中 $h$——在射线方向上缺陷的厚度；

$T$——在射线方向上工件的厚度。

目前，一般所说的射线照相灵敏度都是指相对灵敏度。射线照相中，被检工件中的最小缺陷是无法确切知道的，一般采用带有人工缺陷的试块，以透度计来确定透照的相对灵敏度。

透度计又称像质指示器，是用来检查透照技术和胶片处理质量的，即定量地评价射线底片影像质量的工具。因此，用透度计测得的灵敏度表示底片的影像质量。同时，还可以用透度计来鉴定照片的质量和作为改进透照工艺的依据。透度计要用与被透照工件材质、吸收系数相同或相近的材料制成。

常用的透度计主要有：槽式透度计、金属丝透度计、阶梯孔型透度计、平板孔型透度计、双金属丝型透度计。

（1）槽式透度计

槽式透度计的基本设计是在平板上加工出一系列的矩形槽，其规格尺寸如图 2-29 所示。槽深 $h$ 一般为 0.1~6mm，用这种透度计计算灵敏度：

$$K=\frac{h}{T+d}\times 100\%$$

式中 $h$——槽深；

$T$——被检工件厚度；

$d$——透度计厚度。

对不同厚度的工件照相，可分别采用不同型号的透度计。

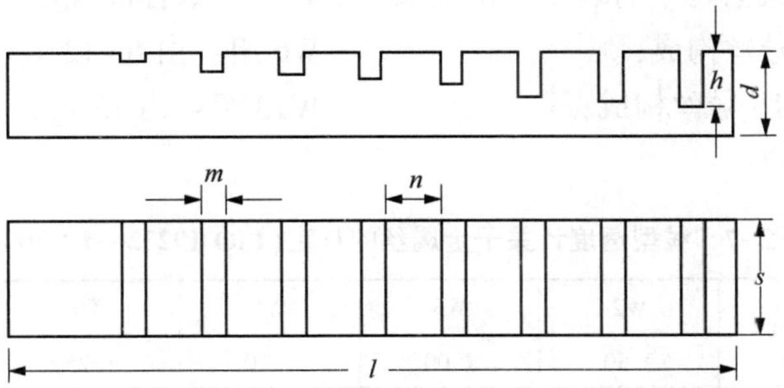


图 2-29 槽式透度计示意图

（2）金属丝透度计

金属丝透度计是以一套(7~11 根)不同直径(0.1~4.0 mm)的金属丝均匀排列，黏合于两层塑料或薄橡皮中间而构成的(图 2-30)。为区别透度计型号，在金属丝两端摆上与号数对应的铅字或铅点。金属丝一般分为两类，透照钢材时用钢丝透度计，透照铝合金或镁合金时用铝丝透度计。其灵敏度为

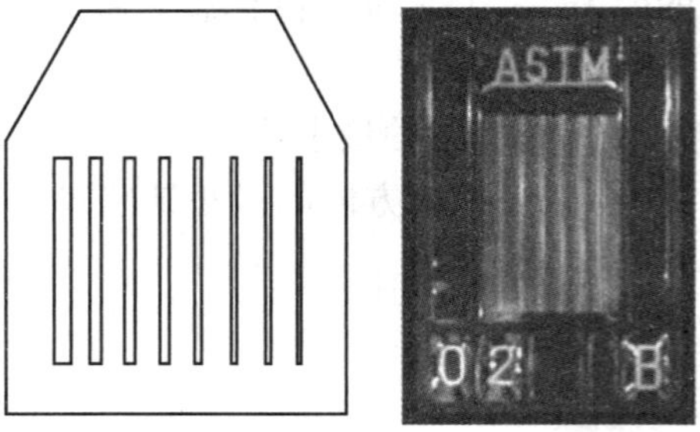


图 2-30　金属丝透度计示意图

$$K = \frac{b}{A} \times 100\%$$

式中　$b$——观察到的最小金属丝直径；

$A$——被透照工件部位的总厚度。

透度计的使用方法：使用透度计时，其摆放位置直接影响检测灵敏度。原则上应将其置于透照灵敏度最低的位置，所以使用原则如下：

① 每张底片均需放置透度计。

② 近源、靠端、垂直横跨、细丝朝外。这样可保证整个被透照区的灵敏度达到灵敏度要求。

③ 采用射线源置于圆心位置的周向曝光技术时，透度计应放在内壁，每隔 90°放一个。如图 2-31(b)所示。

④ 使用时，将透度计安放在靠近射线源一侧的工件表面上，与检验部位一起曝光。

图 2-31(a)所示为焊缝拍照时透度计的安放位置。经曝光，则在底片上留下透度计的影像。根据所能发现的透度计最细金属丝直径 $d$ 来评价底片灵敏度的大小，如 10mm 厚的工件，在底片上发现最小的 $d$ 为 0.1mm，则其灵敏度为 1%。此外，射线透照法还需铅字标志、黑度计、观片灯、磁性贴片夹、暗室处理设备器材等。

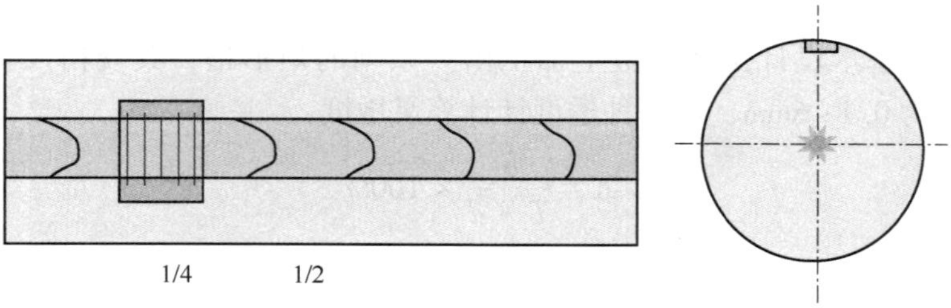


(a)　　(b)

图 2-31　透度计的安放位置

透度计的封装方式为每个封装中 7 根金属丝。目前多数标准规定一般有四组：

W1 组：由 1~7 号丝构成；　　W6 组：由 6~12 号丝构成；

W10 组：由 10~16 号丝构成；　　W13 组：由 13~19 号丝构成。

丝的编号见表 2-7。

**表 2-7　线型透度计关于金属丝的规定(ISO 19232—1：2004)**

| 丝的编号 | W1 | W2 | W3 | W4 | W5 | W6 | W7 |
|---|---|---|---|---|---|---|---|
| 丝直径/mm | 3.20 | 2.50 | 2.00 | 1.60 | 1.25 | 1.00 | 0.80 |
| 丝的编号 | W8 | W9 | W10 | W11 | W12 | W13 | W14 |
| 丝直径/mm | 0.63 | 0.50 | 0.40 | 0.32 | 0.25 | 0.20 | 0.16 |
| 丝的编号 | W15 | W16 | W17 | W18 | W19 | W20 | W21 |
| 丝直径/mm | 0.125 | 0.100 | 0.080 | 0.063 | 0.050 | 0.040 | 0.032 |

透度计的封装应按照直径大小的顺序，以规定的间距平行排列，在透度计上方配备一定的标志。标志由数字和说明字母组成。数字为该透度计 7 根金属丝中直径最大丝的编号，说

明字母给出金属丝的材料和透度计的标准代号。如“10FEJB”表示的是：

10 指该透度计是 10#组透度计，由编号为 10～16 的丝组成；

FE 表示该透明计金属丝的材料为钢；

JB 是行业线型透度计标准代号。

（3）阶梯孔型透度计

阶梯孔型透度计的基本结构是在阶梯块上钻上直径等于阶梯厚度的通孔，孔应垂直于阶梯表面、不做倒角。为了克服小孔识别的不确定性，常在薄的阶梯上钻上两个孔（图 2-32）。

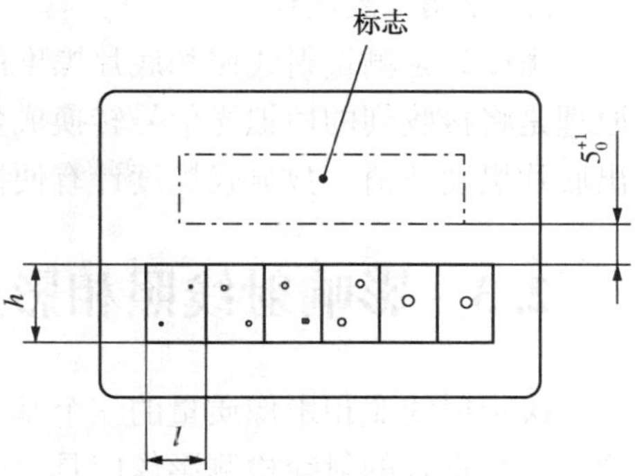


图 2-32　阶梯孔型透度计示意图

射线照相灵敏度表示方法：以可识别的阶梯孔型透度计最小孔（所在阶梯）编号表示射线检测灵敏度值。

（4）平板孔型透度计

平板孔型透度计分矩形（适于较小透照厚度）、圆形（适于较大透照厚度）两种，图 2-33 是平板孔型透度计的示意图。

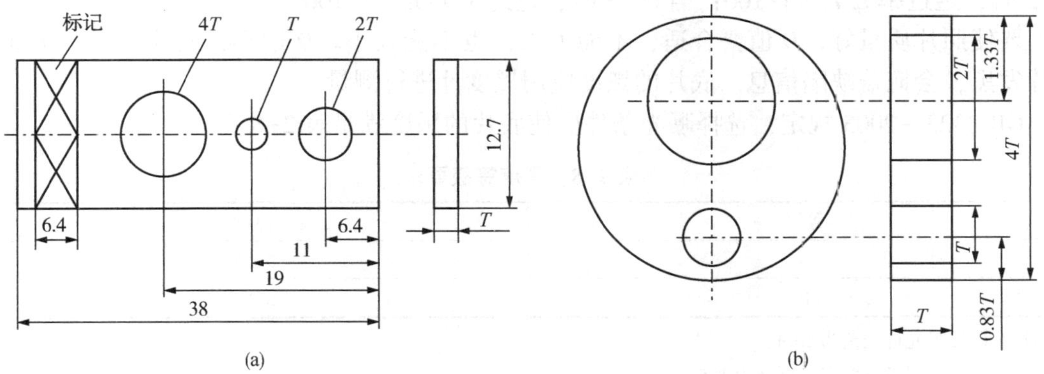


图 2-33　平板孔型透度计示意图

矩形平板孔型透度计有三个通孔。孔径分别为：1*T*、2*T*、4*T*（*T*：板的厚度，为透照厚度的 1%、2%或 4%），1*T* 孔位于中间。

（5）双金属丝型透度计

双金属丝型透度计的基本结构是数对长 15mm 的直丝平行放置，每一对丝直径相等，两丝的间距等于丝的直径（或宽度），封装，加上适当的标记（图 2-34）。材料一般用对射线具有高吸收特性的物质（如钨、铂金等）。其作用是测定射线检测的不清晰度（不用于测定射线检测灵敏度）。

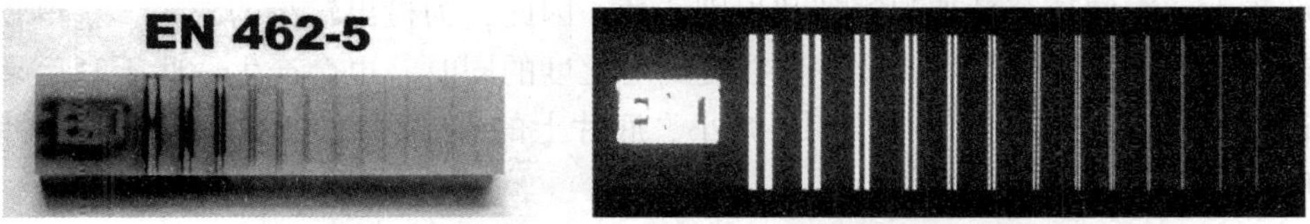


图 2-34　双丝像质计的实际外形（左图）和内部结构（右图，射线照片）

2.2.3.6 黑度计

黑度计是测量射线照相底片黑度的专业仪器。目前广泛采用的是数显式黑度计，其结构原理是将接收到的模拟光信号转换成数字电信号，进行数据处理后直接在数码显示器上显示出底片黑度数值。数显式黑度计有便携式和台式两种。

## 2.3 影响射线照相影像质量的基本因素

决定射线照相影像质量的三个基本因素是：射线照相对比度、清晰度和颗粒度。一般来说，一个良好的射线检测影像应具有较高的对比度、较好的清晰度和较细的颗粒度。

### 2.3.1 对比度(小缺陷或细节与其周围背景的黑度差)

2.3.1.1 黑度

黑度是指曝光并经暗室处理底片的黑化程度，用 $D$ 表示。

$$D=\lg\frac{L_0}{L}$$

其中，$D$ 为黑度；$L_0$为照射光强；$L$ 为透过光强。

当照射光强 $L_0$一定时，透过光强 $L$ 越大，$D$ 越小。当 $D=1$ 时，透过率 $L/L_0=1/10$；当 $D=2$ 时，透过率 $L/L_0=1/100$；当 $D=3$ 时，透过率 $L/L_0=1/1000$。

要使照片质量好，$D$ 值要合适，不能太大，也不能太小。$D$ 过小，底片发白；$D$ 过大，底片发黑，会掩盖缺陷信息。底片的黑度应用黑度计进行测量。

GB 3323—2005 规定，选择曝光条件应使底片的黑度满足表 2-8。

**表 2-8 黑度等级要求**

| 等级 | 黑度① |
|---|---|
| A | ≥2.0② |
| B | ≥2.3③ |

注：① 测量允许误差为±0.1；
② 经合同各方商定，可降为 1.5；
③ 经合同各方商定，可降为 2.0。

2.3.1.2 对比度

(1) 对比度的概念

影像的对比度决定了在射线透照方向上可识别的细节。

如果工件中存在厚度差，那么射线穿透工件后，不同厚度部位的透过射线的强度就不同，用此射线曝光，经暗室处理得到的底片上不同部位就会产生不同的黑度，射线照相底片上的影像就是由不同黑度的阴影构成的，阴影和背景的黑度差使得影像能够被观察和识别。我们把底片上某一小区域和相邻区域的黑度差称为底片对比度，又叫作底片反差。显然，底片对比度越大，影像越容易被观察到和识别清楚。因此，为检出较小的缺陷，获得较高的灵敏度，就必须设法提高底片对比度。但在提高对比度的同时，也会产生一些不利后果，例如试件能被检出的厚度范围(厚度宽容度)减小、底片上的有效评定区域缩小、曝光时间延长、检测速度下降、检测成本增大等。

射线照相的对比度是指射线照片上两个相邻区域的黑度差。如果两个区域的黑度分别为 $D_1$、$D_2$，则它们的对比度为：$\Delta D=D_1-D_2$。$\Delta D$ 是主因对比度(主因衬度)和胶片对比度共同作用的结果，主因对比度是构成射线照相对比度的根本原因，而胶片对比度可以看作是主因对比度的放大系数(通常这个系数为3~6)。

(2) 对比度的影响因素

影响主因对比度的因素有厚度差$\Delta T$、衰减系数$\mu$、散射比$n$和胶片梯度$G$。从采用宽束连续谱射线的衰减规律可以得到对比度公式为

$$\Delta D=-\frac{0.434\mu G\Delta T}{1+n} \tag{2-13}$$

式中 $\Delta T$——物体厚度的一个小的变量；

$\mu$——线衰减系数；

$n$——散射比；

$G$——胶片梯度(或胶片对比度)；

负号——厚度增加将导致黑度降低，厚度减少将导致黑度增加。

对实际工件中的缺陷，还应考虑缺陷对射线的衰减特性。如果记缺陷的线衰减系数为$\mu'$，则

$$\Delta D=-\frac{0.434(\mu-\mu')G\Delta T}{1+n} \tag{2-14}$$

显然，若$\mu'\ll\mu$或$\mu'=0$，也就是缺陷介质引起的射线衰减远小于同样大小的工件本身引起的射线衰减时，式(2-14)将简化为式(2-13)。

① $\Delta T$与缺陷尺寸有关，某些情况下还与透照方向有关。对于试件中具体存在的缺陷，它的几何尺寸是一定的，但在不同方向上形成的厚度差可能不同，对于具有方向性的面积型缺陷，如裂纹、未熔合等，透照方向与$\Delta T$的关系特别明显，为提高照相对比度，就必须考虑选择适当的透照方向或控制一定的透照角度，以求得到较大的$\Delta T$。例如，为检出坡口未熔合，往往选择沿坡口的透照方向；为保证裂纹的检出率，就必须控制射线束与工件表面法线的角度不得过大。

② 线衰减系数$\mu$与试件材质和射线能量有关。在试件材质给定的情况下，透照的射线能量越低，线质越软，$\mu$值越大；在保证射线穿透力的前提下，选择能量较低的射线进行照相，是增大对比度的常用方法。

③ 减小散射比$n$可以提高对比度；因此透照时就必须采取有效措施控制和屏蔽散射线。

④ 影响胶片梯度的因素有：胶片种类、底片黑度、显影条件。

不同类型的胶片具有不同的梯度；通常，非增感型胶片的梯度比增感型胶片的梯度大。非增感型胶片中，不同种类的胶片有时梯度也不一样，要想提高对比度，可以选择梯度较大的胶片。

胶片梯度随黑度的增加而增大；为保证对比度，常对底片的最小黑度提出限制，为增大对比度，射线照相底片往往取较大的黑度值。

显影条件(显影配方、显影时间、温度以及显影液活度)的变化可以显著改变胶片特性曲线的形状，从而影响胶片的梯度。

综上所述，影响缺陷影像对比度的因素主要有：缺陷本身的性质和尺寸；射线照相技术；被透照物体的性质和尺寸；影像记录介质(如胶片)。

(3) 改善影像对比度的措施

① 选用适宜的透照布置，使得该缺陷在透照方向具有较大的厚度差$\Delta T$；

② 选用可能的较低能量的射线透照，增大线衰减系数 $\mu$；

③ 采取各种措施，减少到达胶片的散射线强度，降低散射比 $n$；

④ 选用质量优良的胶片并取较高的黑度值，以及采用良好的暗室处理技术，获得较高的梯度 $G$。

**2.3.2 不清晰度(影像轮廓边缘黑度过渡区的宽度)**

如图 2-35、图 2-36 所示，用一束垂直于试件表面的射线透照一个金属台阶试块，理论上理想的射线底片将由两部分黑度区域组成，一部分是试件薄壁部分形成的高黑度均匀区，另一部分是试件厚壁部分形成的低黑度均匀区。两部分交界处的黑度是突变的，不连续的，如图中 2-35(b)所示。但实际上底片上的黑度变化并不是突变的，试件的"阶边"影像是模糊的，存在着一个黑度过渡区，把黑度在该区域的变化绘成曲线，称为"黑度分布曲线"或"不清晰度曲线"。很明显，黑度变化区域的宽度越大，影像的轮廓就越模糊，所以该黑度变化区域的宽度就定义为射线照相的不清晰度 $U$[图 2-35(c)]。

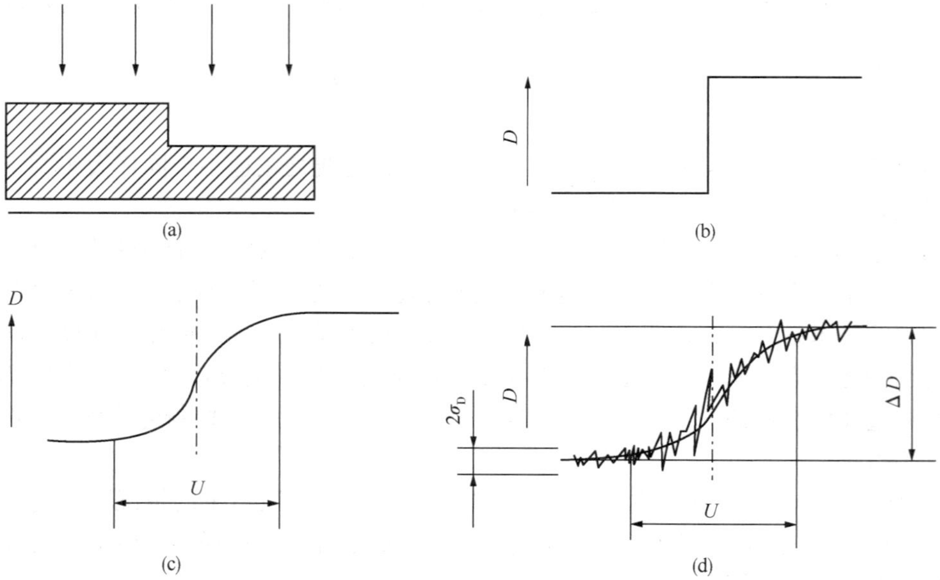


图 2-35 阶边影像的射线照相不清晰度($U$)

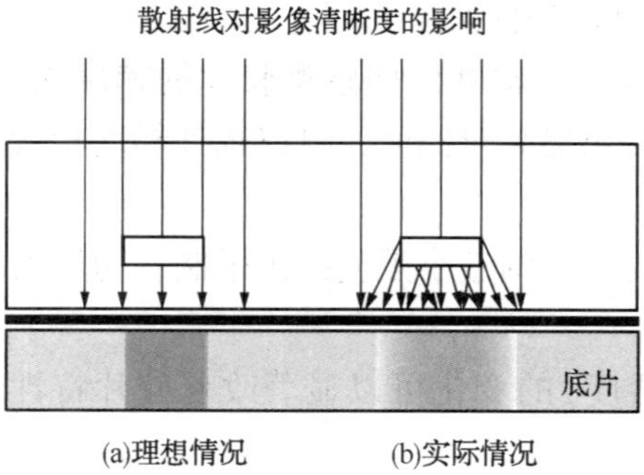


图 2-36 影像的不清晰度示意图

在实际工业射线照相中，造成底片影像不清晰有多种原因，如果排除试件或射源移动、屏与胶片接触不良等偶然因素，不考虑使用盐类增感屏荧光散射引起的屏不清晰度，那么构成射线照相不清晰度主要是两方面因素：由于射源有一定尺寸而引起的几何不清晰度 $U_g$ 以及由于电子在胶片乳剂中散射而引起的固有不清晰度 $U_i$。

2.3.2.1 几何不清晰度 $U_g$

由于 X 射线管焦点或 γ 射线源都有一定尺寸，所以透照工件时，工件表面轮廓或工件中的缺陷在底片上的影像的边缘会产生一定宽度的半影，这个半影的宽度就是几何不清晰度 $U_g$，它的大小与射线源焦点尺寸、工件表面至胶片的距离以及焦距有关。

图 2-37(c)是理想的点光源，物体在胶片上的投影边缘轮廓清晰；图 2-37(a)、图 2-37(b)是有一定几何尺寸的光源，由于物体在胶片上的投影有一个宽度为 $U_g$ 的半影区，造成图像边缘轮廓模糊。由于几何不清晰度的存在，给射线检验带来了不利因素。它造成图像边缘轮廓模糊，降低了底片的清晰度，进而影响了射线检验的灵敏度。为此，我们应尽量把它控制在最小范围内。几何不清晰度的影响因素有焦点尺寸、工件厚度和焦距。

① 焦点尺寸：在工件厚度和焦距固定的情况下，焦点尺寸越大，几何不清晰度也越大，如图 2-37(a)所示。

② 工件厚度：在焦点尺寸和焦距相同情况下，工件越厚，几何不清晰度就越大。

③ 焦距：在焦点尺寸和工件厚度相同情况下，焦距越大，几何不清晰度越小，如图 2-37(b)所示。但焦距大则射线强度低，即曝光时间延长，既降低检测效率又增加散射线。实际工作中，要综合考虑。

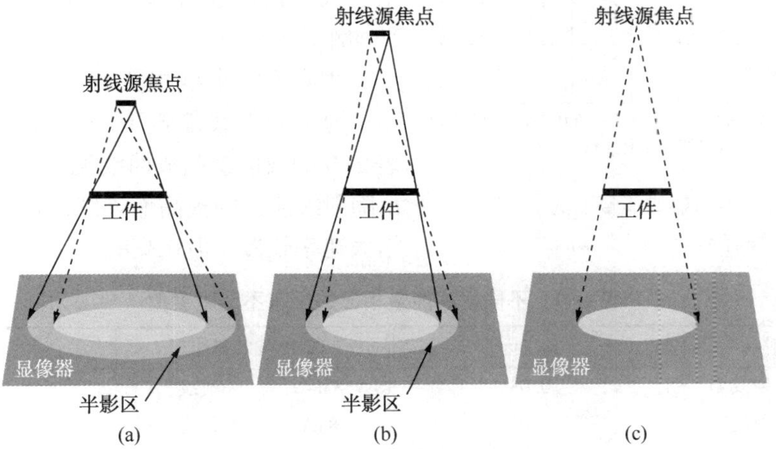


图 2-37　几何不清晰度示意图

几何不清晰度与焦点尺寸、工件厚度和焦距的关系(图 2-38)可按式(2-15)计算：

$$U_g=\frac{d\cdot T}{F-T} \tag{2-15}$$

式中　$d$——射线源焦点尺寸；

$F$——焦距，即射线源至胶片的距离；

$T$——工件射线源侧表面与胶片的距离，通常取为工件本身的厚度。

由式(2-15)可知，几何不清晰度与焦点尺寸和工件厚度成正比，而与焦点至工件表面的距离成反比。减小几何不清晰度的措施有两种：选择焦点小的射线源和增大焦距。

在焦点尺寸和工件厚度给定的情况下，为获得较小的 $U_g$ 值，透照时就需要取较大的焦距 $F$，但由于射线强度与距离平方成反比，如果要保证底片黑度不变，在增大焦距的同时就必须延长曝光时间或提高管电压，所以对此要综合考虑。

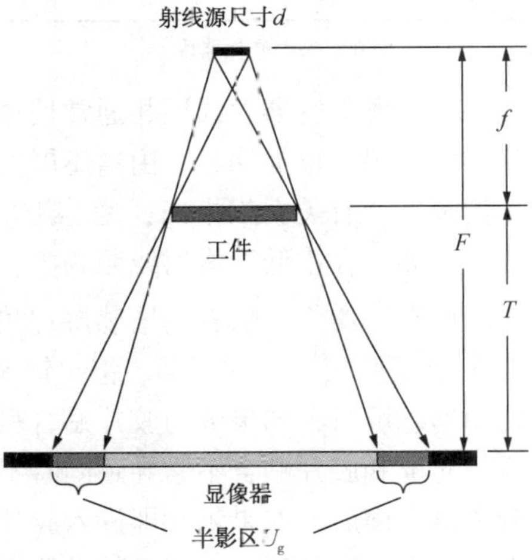


图 2-38　几何不清晰度的几何关系

2.3.2.2　固有不清晰度 $U_i$

固有不清晰度是由于照射到胶片上的射线在乳剂层中激发出的电子的散射而产生的[图2-36(b)]。当光子穿过乳剂层时，与物质相互作用发生光电效应、康普顿效应，以及电子对效应，所有这三种效应都能激发出电子。射线光量子的能量越高，激发出来的电子的动能就越大，在乳剂层中的射程也就越长。这些电子向各个方向散射，到达邻近的卤化银颗粒，动能较大的电子甚至可以穿透许多个卤化银颗粒。由于电子的作用，使这些卤化银颗粒成为潜影，因此一个射线光量子不只是影响一个卤化银颗粒，而可能在乳剂中产生一小块潜影银，其结果是不仅光量子直接作用的点能被显影，而且该点附近区域也能被显影，这就造成了影像边界的扩散和轮廓的模糊，固有不清晰度大小就是散射电子在胶片乳剂层中作用的平均距离。

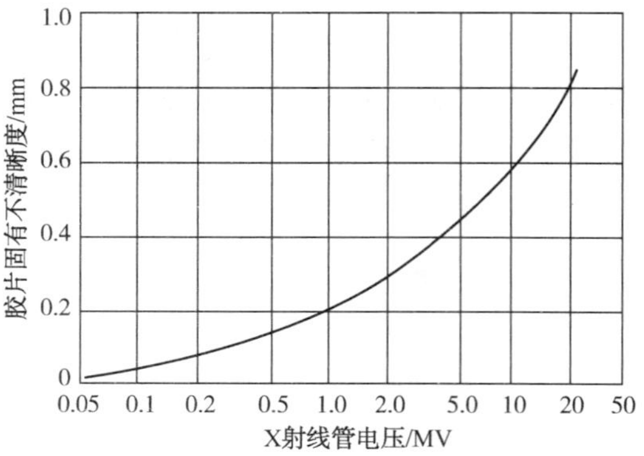


图2-39　不同射线能量下的射线照相固有不清晰度实验曲线

固有不清晰度主要取决于射线的能量，表2-9为不同射线能量下的固有不清晰度值。按表2-9的数值绘制成曲线见图2-39，可以看出：$U_i$随射线能量的提高而连续递增，在低能区，$U_i$增大速率较慢，但在高能区，$U_i$增大速率较快。

**表2-9　不同射线能量相应的固有不清晰度值**

| 经滤波的射线 | | $U_i$/mm | 经滤波的射线 | | $U_i$/mm |
|---|---|---|---|---|---|
| 50kV | X射线 | 0.03 | 8MV | X射线 | 0.60 |
| 100kV | X射线 | 0.05 | 18MV | X射线 | 0.80 |
| 200kV | X射线 | 0.09 | 31MV | X射线 | 0.97 |
| 300kV | X射线 | 0.12 | $Ir^{192}$ | γ射线 | 0.17 |
| 400kV | X射线 | 0.15 | $Cs^{137}$ | γ射线 | 0.28 |
| 1000kV | X射线 | 0.24 | $Co^{60}$ | γ射线 | 0.35 |
| 2MV | X射线 | 0.32 | $Tm^{170}$ | γ射线 | 0.07~0.1* |
| 5.5MV | X射线 | 0.46 | | | |

注：*数值取决于滤板厚度。

锅炉压力容器射线照相通常使用的金属增感屏能吸收射线能量，发射出电子，作用于胶片的卤化银，增加感光，由增感屏发射出的电子在乳剂层中也有一定的射程，同样产生固有不清晰度。有关文献指出，增感屏的材料种类、厚度，以及使用情况都会影响固有不清晰度。例如，在中低能量射线照相中，使用铅增感屏的底片比不使用铅增感屏的底片的固有不清晰度有所增大；随着铅增感屏厚度的变化，固有不清晰度也将有所改变；在γ射线和高能X射线照相中，使用铜、钽、钨制作的增感屏可以得到比铅屏更小的固有不清晰度；在使用增感屏时，如果屏与胶片贴合得不紧，留有间隙，将使固有不清晰度明显增大。

对屏和胶片贴合不紧导致固有不清晰度增大的现象可作出以下解释，由屏发射出的电子脱离屏表面后，如果未立即进入胶片乳剂层，而是在空气中经过一段距离后再进入乳剂层，那么，由于电子通过空气时的动能损失较小，其总的作用距离将大于那些完全在乳剂层中穿行的电子的作用距离。因此导致固有不清晰度增大。

射线照相的固有不清晰度可采用铂-钨双丝像质计测定。

2.3.2.3　总的不清晰度

由各种原因产生的不清晰度共同构成射线照相总的不清晰度，记为 $U$。所以，底片上总的不清晰度 $U$ 主要是 $U_g$ 和 $U_i$ 的综合结果，$U$ 和 $U_g$、$U_i$ 三者之间的关系有多种表达式，目前比较广泛采用的关系表达式为

$$U^2=U_g^2+U_i^2 \tag{2-16}$$

或

$$U^3=U_g^3+U_i^3 \tag{2-17}$$

影像的不清晰度决定了在垂直于射线透照方向上可识别的细节尺寸(当两个细节相邻时，可分开两个细节的最小间距)，见图 2-40。

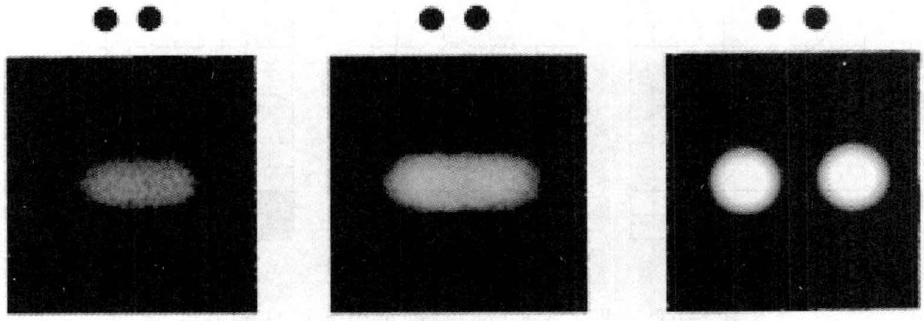

图 2-40　不清晰度对细节图像的影响示意图

### 2.3.3　颗粒度(影像黑度的不均匀程度)

将射线照片放大到一定程度，眼睛就可以看到影像的黑度存在起伏的状况。在均匀曝光下底片黑度的这种不均匀性，就是影像的颗粒性概念。对颗粒性给出定量的描述就是颗粒度。所以，颗粒度是指胶片均匀曝光后得到底片黑度的不均匀性。

2.3.3.1　颗粒度的产生原因

① 溴化银颗粒分布的随机性和溴化银颗粒尺寸大小的随机性

在胶片的感光乳剂中，一是溴化银颗粒的尺寸具有一定的分布。即不同的溴化银颗粒的尺寸与平均尺寸会存在差异；二是溴化银颗粒的分布具有随机性。即在同样面积的微小区域中，溴化银颗粒的数目并不完全相同。

② 感光乳剂吸收射线能量(感光)的随机性

在曝光过程中，射线光子吸收也存在随机性。即在均匀的曝光条件下，感光乳剂的不同微小区域，吸收的射线光子数会不同。这些随机性，造成均匀曝光条件下的曝光不均匀性，影像的颗粒度正是这些随机性产生的结果。

2.3.3.2　影响影像颗粒度的因素

① 胶片溴化银颗粒平均尺寸和分布

溴化银颗粒平均尺寸的影响：胶片粒度越大，影像的颗粒度越大(感光度大的胶片影像颗粒度大)。

溴化银颗粒分布的影响：溴化银颗粒分布均匀性直接影响底片黑度的均匀性，溴化银颗粒的分布越均匀，影像的颗粒度越小。

其中，溴化银颗粒平均尺寸(胶片的粒度)决定了可达到的影像颗粒度，也就决定了可记录的细节影像的最小尺寸。

按照射线照相检验技术的理论，对细节影像的识别的基本条件之一是细节影像的对比度

$\Delta D$ 必须满足：

$$|\Delta D| \geqslant (3\sim5)\sigma_{D} \tag{2-18}$$

$\sigma_D$ 是影像的颗粒度。$\sigma_D$ 降低，细节影像被识别的可能性就增加。即 $\sigma_D$ 限定了所能检验缺陷的最小尺寸。也就是说，对于形成的射线照片的影像质量，胶片自身的特性提供了可能达到的最高水平。

这可从图 2-41 中给予理解。其中图 2-41(a)是缺陷的原始图像，图 2-41(b)是采用较小尺寸探测单元(见图中左下角标示)获得的图像，图 2-41(c)是采用较大尺寸探测单元(见图中左下角标示)获得的图像，它们清楚显示了探测单元尺寸对获得图像的影响。不同类型胶片在射线照相技术中的作用，正是提供了可能达到的最小探测单元。

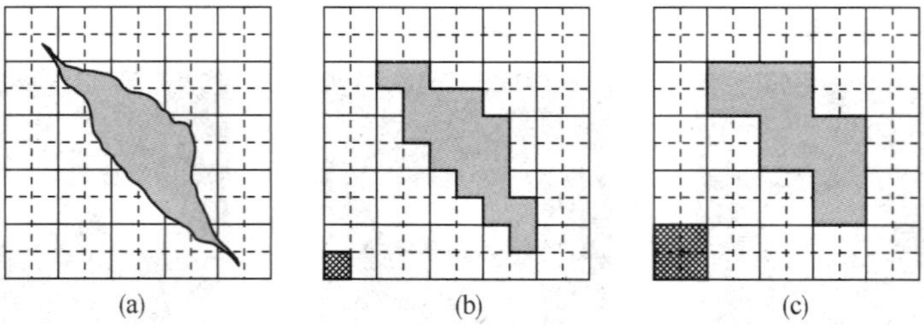


图 2-41　细节显示与探测最小单元尺寸的关系

② 射线能量

射线的能量越高，射线照相影像的颗粒度就会越大。

高能量的射线光子可同时令更多的溴化银感光，显影后生成更大的银团颗粒(一个可见光光子只能使一个溴化银颗粒感光，但一个高能量的射线光子可使多个溴化银颗粒感光)。

对受到高能量射线照射的快速胶片来说，不用放大镜，颗粒性就很明显；而对受低能量射线照射的慢速胶片来说，可能要经中度放大才能使颗粒性明显。一般说来，颗粒性随胶片速度和射线能量的增大而增大。

③ 曝光量

增大曝光量可以使底片的黑度增加，使影像颗粒度减小。这是因为增大曝光量，可以使不规则的黑度起伏互相叠加和补充，影像颗粒度可减小。另外，增大曝光量，缺陷影像的对比度增加，有利于细节缺陷的检出。

④ 暗室处理条件

显影条件和显影过程也会影响影像的颗粒度。显影条件与胶片特性不符合，或者显影过程不足或过度，都将引起颗粒度增大。

影像的颗粒度决定了影像可显示细节的最小尺寸，也就是可检验缺陷的最小尺寸。

图 2-42 显示了影像颗粒度对显示细节影像的影响。一个尺寸很小的细节，在颗粒较大的影像中，可能被黑度的起伏掩盖而无法识别，不能形成自己的影像(比如将一颗黑豆丢在煤堆上)。因此，为了检验细小缺陷，应优先选用感光乳剂颗粒细的胶片，并要保证足够的曝光量。

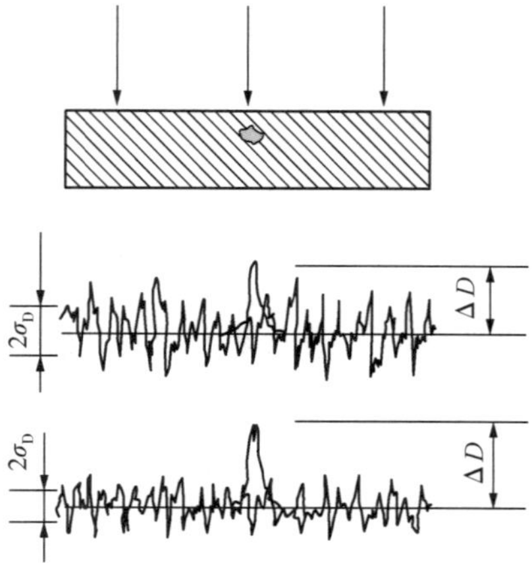


图 2-42　影像颗粒度对显示细节影像的影响

## 2.4　射线照相检测基本技术

目前应用最广泛的射线照相检测技术是 X 射线和 γ 射线照相检测技术。本节将讨论射线透照的基本技术，深入理解并综合运用这些基本技术可以很好地完成常规射线照相检测工作。

常规射线照相检测主要包括下列过程：

① 准备。准备可以包括多方面的内容，但主要是技术准备，即编制射线透照技术卡(或称为工艺卡)，提出射线透照的具体技术规定。

② 透照。按照透照技术卡的规定完成射线照相，简称为透照，也常称为曝光。

③ 暗室处理。对已曝光的胶片在暗室进行显影、定影等处理，使胶片成为射线照片，得到被透照物体的射线照相影像，射线照片常称为底片。

④ 评片。观察射线照片，识别、记录射线照片给出的信息，按照有关技术文件或标准对被检验的工件的质量进行评定。

⑤ 报告与文件归档。依据评片结果签发检测结论报告，整理有关技术资料，完成文件归档工作。

依据射线照相检验技术理论和射线照相检验技术标准规定，完成上述过程。射线照相检验技术由下列内容构成：

① 射线胶片选用；

② 透照布置设计，主要是透照方式、透照方向、一次透照区；

③ 透照参数设计，主要是射线能量、透照焦距、曝光量；

④ 辅助技术设计，主要是控制散射线技术、增感技术、滤波技术等；

⑤ 暗室处理技术，包括显影、停显、定影、水洗、干燥等过程；

⑥ 评片技术，主要是评片条件控制、缺陷识别、质量分级评定等。

其中，前四个方面组成了射线照相检验的透照技术，也就是射线照相检验的基本技术。在基本技术中，选用胶片构成了射线照相检验技术规定的基础，其他技术因素是在胶片提供的基础上进行控制，以达到所要求的、可能达到的影像质量。其内在的关系是：胶片是(射线照相检验技术)基础，透照技术、辅助技术和其他技术是保证。

下面主要讨论射线照相检测基本技术。

### 2.4.1　透照布置

2.4.1.1　透照布置概念

透照布置是指工件和胶片在射线透照场中的相对位置安排及透度计使用、散射线防护措施等(图 2-43)。透照布置不同，对缺陷的检出能力不同。

设计透照布置的出发点是有效检验缺陷，技术上需要解决的问题包括透照方式确定、透照方向选取、一次透照区确定。

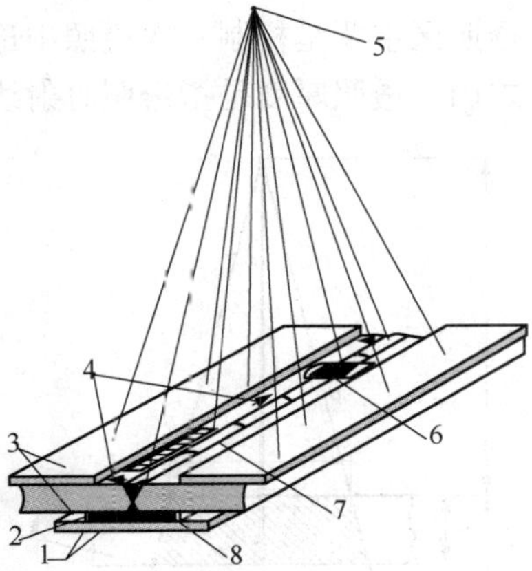


图 2-43　射线照相的基本透照布置

1—增感屏；2—暗盒；3—铅板；4—定位标记；5—射线源；6—透度计；7—识别标记；8—胶片

2.4.1.2 透照方式

透照方式是指射线源、工件和胶片的相对位置布置。在常规射线照相检测技术中，射线源和胶片分别放置在工件两侧。

常用透照方式有：对平板件，选择垂直透照；对环形件(如环形铸件、环形焊缝)，可根据具体情况选择，主要有源在内中心透照技术、源在内偏心透照技术、源在外单壁透照技术、源在外双壁透照技术。

不同透照方式具有不同特点。例如，对于环形焊缝，采用单壁透照方式，透照厚度小，检验灵敏度高；采用双壁透照方式，透照厚度大，检验灵敏度就会降低。

(1) 选取透照方式的基本考虑

对于透照方式的选择，应依据被检工件的结构特点、材料特点及工艺特点，并根据产品验收要求以及具备的检测条件进行设计。不管采用哪种透照方式，其检测结果都必须满足产品的检验要求。

(2) 确定透照方式的具体方法

① 选择的透照方式必须满足验收标准对缺陷的检验要求(满足检验灵敏度)。

② 对可能出现的缺陷类型和特点，应选择适宜检验缺陷的透照方式。

比如：使缺陷尽可能处于距离胶片最近的位置，以减小几何不清晰度影响；平面状缺陷，应使射线方向尽可能沿缺陷延伸方向透照。

③ 选择透照方式应考虑工件、设备、透照环境以及检验效率等诸多因素。

比如：工件结构的限制(如无法布片)、环境条件限制(如无法安放设备)、现有设备限制、检验效率。

2.4.1.3 一次透照区(有效透照区)

一次透照区是指一次可透照的最大有效范围，是指透照区内在射线照片上形成的影像满足下面要求的区域：

① 黑度处于规定的黑度范围内；

② 射线照相灵敏度符合规定的要求。

射线照片上只有符合这两项要求的区域，才能对工件的质量作出评定。简单地说，有效透照区主要是控制一次透照中透照厚度变化的范围，这个变化的范围必须限制在一定的限度之内。透照厚度是指透照时射线穿过工件的路径长度。

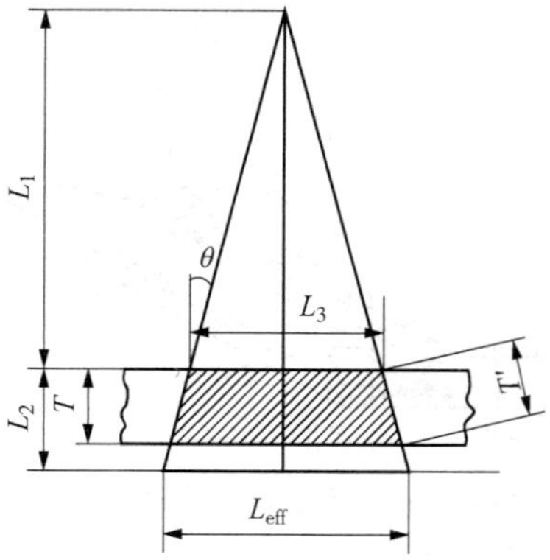

图 2-44 透照厚度示意图

显然，在透照区内不同的位置其透照厚度不同，图 2-44 清楚地说明了这一点。在一次透照范围内，如果不同点的透照厚度相差过大，将造成射线照片上不同点的黑度相差过大，这必然导致不同点影像质量明显不同，使得难以确定射线照片的射线照相灵敏度。因此，必须控制一次透照范围。

一次透照区的大小主要由射线源与工件表面之间的距离决定，即由焦距决定。一般采用控制透照厚度比来控制一次透照区的大小(透照范围)。

透照厚度比是指一次透照区最大穿透厚度与最小穿透厚度之比。用 $K$ 表示。

$$K = T'/T$$

式中　$T$——射线束的最小穿透厚度，一般是中心射线束的穿透厚度；

$T'$——射线束的最大穿透厚度，一般是边缘射线束的穿透厚度。

表 2-10 是我国某些标准关于焊接接头透照曾采用的透照厚度比(不同标准规定会有不同)。

**表 2-10　焊缝常用的透照厚度比**

| 焊缝类型 | A 级技术 | B 级技术 |
|---|---|---|
| 环缝 | $K \leq 1.1$ | $K \leq 1.06$ |
| 纵缝 | $K \leq 1.03$ | $K \leq 1.01$ |

2.4.1.4　透照方向

透照方向指中心射线束的方向。一般情况下应指向一次透照区的中心，主要是为了使整个有效透照区的透照厚度变化较小，使射线的照射角较小，以提高整个透照范围内缺陷的可检验性。对一些特殊的情况应按照具体情况考虑，例如，主要希望检验焊缝坡口未熔合则应使中心射线束指向坡口角度方向。

2.4.1.5　透度计和标记的放置

透度计放置的位置应使得到的灵敏度能够代表整个有效透照区的灵敏度，因此其位置应选在有效透照区内灵敏度预计最差的部位。这样，只要这个部位的灵敏度达到了规定的要求，则其他部位也应达到了要求。在具体放置时也应体现这种考虑。例如，对丝型透度计直径更小的丝应置于灵敏度可能更差的部位。

标记的布置主要是应保证它的影像能提供它应提供的有关数据，并且不干扰对缺陷影像的识别和评定。

在标准中都具体地规定了透度计放置的要求，包括位置、数量等，也规定了标记系的构成、位置等，通常标记包括：工件编号、部位编号、定位标记、搭接标记、透照部门、透照时间、透照人员等，它们给出了完整的评定质量和存档所需要的数据。

2.4.1.6　基本透照布置

完成透照布置的一般过程主要有(依据工艺卡和通用工艺规程的规定)：

① 初步调整好所使用的射线源位置和方位，布置工装；

② 确定透照场中心(中心射线束指向的透照区域中心)；

③ 按所采用的透照方式进一步调整，射线源位置和方位，完成焦距测量；

④ 布置工件与胶片(暗袋)，采取需要的防散射措施；

⑤ 布置透度计、标记；

⑥ 核查透照布置的正确性、完整性和稳定性。

在实际操作中，某些过程可以改变顺序。在进行透照布置时，应注意尽量使胶片贴近工件表面，但应避免胶片受到过分的弯折或挤压。

### 2.4.2　基本透照参数

射线照相检测的基本透照参数是：射线能量、焦距、曝光量。透照参数对射线照片的质量具有重要影响，简单地说，采用较低能量的射线、较大的焦距、较大的曝光量，得到的射线照片质量高。

2.4.2.1　射线能量

射线能量是透照时所采用的射线的能量，对于 X 射线来说，取决于所施加的管电压，一般称它为透照电压。对于γ射线，其射线能量为不同种类放射性同位素所固有的。

(1) 射线能量对影像质量的影响

射线能量是重要的透照参数，它对射线照片的影像质量和射线照相灵敏度都具有重要影响。射线能量直接影响影像的对比度、固有不清晰度和影像的颗粒度，同时也影响底片的黑度。概括地说提高射线能量对影像质量的主要影响是：

① 线衰减系数将减小，导致影像对比度降低；

② 胶片固有不清晰度将增大，导致影像总的不清晰度增大；

③ 将使影像的颗粒度增大；

④ 理论上，可使散射比降低(是在能量改变很大时的情况)。

在X射线检验中，正确选择管电压十分关键，可以说它是影响射线检验灵敏度的主要因素。射线检验灵敏度主要取决于主因衬度。如前所述主因衬度 $\Delta I=I_2/I_1\approx e^{\mu\Delta d}$，从式中可见，主因衬度与材料的线衰减系数 $\mu$ 和缺陷深度 $\Delta d$ 有关。缺陷深度 $\Delta d$ 的大小是客观存在的事实，而线衰减系数 $\mu$ 的大小是可以改变的。根据公式 $\mu\approx\kappa Z^3\lambda^3$，在被检测材料固定的条件下，线衰减系数 $\mu$ 取决于射线波长，即采用波长长的射线可以得到大的主因衬度。根据公式 $\lambda_{min}=12.4/U$，射线波长取决于管电压，管电压越低射线波长越长。因此，我们可以得出这样的结论：采用低的管电压，可以得到波长长的射线，从而得到高的主因衬度，提高射线检验的灵敏度。可以用下式表示：

$$U\downarrow\rightarrow\lambda\uparrow\rightarrow\text{穿透能力}\downarrow\rightarrow\mu\uparrow\rightarrow\text{主因衬度}\uparrow\rightarrow\text{清晰度}\uparrow$$

(2) 选取射线能量的一般原则

推荐选取射线能量的一般原则是：依据工件材料、透照厚度，在保证射线具有一定穿透能力条件下选用较低的能量。

对于低能X射线(500kV以下)确定透照电压的基本原则是：

① 对应所采用的透照电压，使用的曝光量应不小于有关标准的要求；

② 透照电压不能高于允许的最高透照电压。

图2-45是一些标准中对部分材料关于允许的最高透照电压与透照厚度关系。

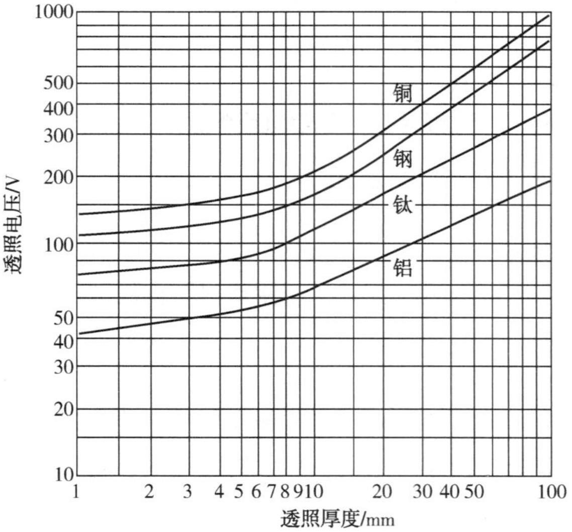


图2-45　最高透照电压与透照厚度的关系

需要说明一个问题，当我们在同一张底片上同时观察厚度相差较大的工件时，就不能只是强调提高底片对比度，在这种情况下，往往要牺牲一些对比度而选择较高的管电压，使工件厚的区域和薄的区域在底片上都能得到适当的黑度，以便观察。

### 2.4.2.2　曝光量

(1) 曝光量的定义

射线强度与曝光时间的乘积称为曝光量。若以 $H$ 代表曝光量，$I$ 代表射线强度、$t$ 代表曝光时间，则 $H=It$，$H$ 的单位为 mCi·h(毫居里·小时)。

射线强度，就是单位时间里，射线照射在单位面积上的射线量。

对于 X 射线，射线强度 $I=kiZU^2$，若其他因素固定，射线强度与管电流成正比。所以，采用管电流与透照时间之积表示曝光量，即

$$H=it \tag{2-19}$$

式中 $i$——X 射线机透照的管电流，mA；

$t$——曝光时间，s 或 min。

在曝光量固定的前提下，管电流和曝光时间在数值上可以任意搭配。例如，采用最大管电流为 20mA 的 X 射线机检测某一工件，为使底片得到合适的黑度 30mA · min 的曝光量，此时，管电流与曝光时间可按下列形式搭配：

选用管电流为 5mA 时，曝光时间则为 $t=H/i=30/5=6$min；

选用管电流为 10mA 时，曝光时间则为 $t=H/i=30/10=3$min；

选用管电流为 15mA 时，曝光时间则为 $t=H/i=30/15=2$min；

选用管电流为 20mA 时，曝光时间则为 $t=H/i=30/20=1.5$min。

在采用某一固定型号的 X 射线机检测工件时，管电流和曝光时间怎样搭配才算合理呢？可供参考的原则是：在可能条件下，尽量选用大的管电流和短的曝光时间，从而提高工作效率并减少散射线的作用时间，对提高底片的清晰度也是有利的。

对于 γ 射线，常用 γ 射线源的放射性活度与透照时间之积表示曝光量，即

$$H=At \tag{2-20}$$

式中 $A$——γ 射线源的放射性活度，贝克(Bq)；

$t$——曝光时间。

γ 射线曝光量的单位是贝克 · 分(Bq · min)或贝克 · 小时(Bq · h)。

放射性同位素的放射性活度不能人为控制，但它是随源最初的活度与半衰期的长短不断衰减的，所以在计算 γ 射线的曝光量时，必须先弄清楚计算时源的实际放射性活度。在已知源最初的放射性活度、半衰期和已衰变时间的情况下，可以通过计算的方法求得(给定时间)源的实际放射性活度。但最简单的方法是参考同位素源制造部门提供的衰变表或衰变曲线。

(2) 曝光量对影像质量的影响

曝光量是胶片或其他记录图像曝光的射线量，它包含两个因素，一是射线强度，二是曝光时间。它直接影响射线底片的黑度和影像的颗粒度，曝光量越大，感光的溴化银越多，在感光中心产生的银原子也越多，底片的黑度就越大。

由于射线光子分布的随机性和感光乳剂溴化银颗粒尺寸分布的随机性(在射线照相中称为噪声)，同一强度的射线在很短的时间内照射胶片，所得底片的黑度是不均匀的，细小缺陷可能会被埋没在这种不均匀的黑色影像中，无法辨认。随着曝光时间的延长，噪声的叠加(颗粒度减小)，缺陷的影像会渐渐凸显出来(细节缺陷的检出率提高)(见图 2-42)。

所以，曝光量必须达到一定的大小，才能保证缺陷检验。

(3) 曝光量的确定

对 X 射线，标准对曝光量值一般是以推荐的方式给出，其意义是直接保证胶片黑度达到技术级别要求时需要的射线量，间接限制透照电压的过高取值。

一般标准对(最小)曝光量都以推荐的方式给出(如英标)：

一般灵敏度技术：不小于 15mA · min；

较高灵敏度技术：不小于 20mA · min；

高灵敏度技术：不小于 30mA · min。

另外，曝光量的具体确定常采用第 2. 4. 3 节介绍的曝光曲线。

[注意]1. 这些推荐值是实验测定值，对钢透照，对应的焦距约为 700mm。如果焦距改变，应按平方反比定律对上述曝光量进行修正。

2. 标准以推荐的方式给出曝光量的值主要考虑是"透照时应尽可能选用较低的管电压"，同时认为，按照推荐的曝光量值确定的透照电压就符合"尽可能选用较低的管电压"要求。这个推荐值，对透照电压选用具有指导作用，也是实际经验的总结。

2. 4. 2. 3　焦距

焦距是指从放射源(焦点)至胶片的距离，用 $F$ 表示。是射线照相另一个基本透照参数，确定焦距时必须考虑的是：

① 所选取的焦距必须满足射线照相对几何不清晰度的规定；

② 所选取的焦距应给出射线强度比较均匀的适当大小的透照区。

前者限定了焦距的最小值，后者指导如何确定实际使用的焦距值。

根据几何不清晰度的计算公式 $U_g = \frac{dT}{F-T}$，如果限定几何不清晰度 $U_g$ 的最小值，从此式可以得到计算焦距最小值的公式：

$$F_{min} = T\left(1 + \frac{T}{U_g}\right) \tag{2-21}$$

式中　$F_{min}$——焦距最小值；

$d$——射线源焦点尺寸；

$T$——物体的透照厚度；

$U_g$——几何不清晰度。

焦距直接关系到射线照相的几何不清晰度，并影响其他透照参数的确定，对射线照相得到的影像质量，也就是对射线照相灵敏度具有重要影响。从此式可以看到，在确定焦距时应同时考虑物体的透照厚度、射线源的焦点尺寸、限定的几何不清晰度，在实际射线照相时还必须考虑有效透照区的大小，即选用的焦距必须给出射线强度均匀的、适当大小的透照区。因此，实际选用的焦距总是要大于上面确定的焦距最小值。选用的焦距值也不能过大，否则将会大大增加曝光量，这常常是不可行的。

射线源焦点 $d$ 的尺寸与焦点形状有关：方形焦点 $d=a$(边长)；圆焦点 $d=D$(直径)；长方形、椭圆形 $d=(a+b)/2$($a$、$b$ 分别为长方形的长边和短边，椭圆形的长轴和短轴)。

综上所述，透照参数选择时应考虑：

① 透照电压。不能高于允许的最高透照电压。

② 焦距。大于规定的最小焦距。

③ 曝光量。不小于推荐的最小值。

④ 透照条件与曝光曲线的条件不相同，应对透照参数进行修正。

### 2. 4. 3　曝光曲线

2. 4. 3. 1　曝光曲线概述

实际进行射线照相时确定透照参数经常采用曝光曲线，从曝光曲线给出的关系可方便地确定某种材料、某个厚度的工件，满足规定质量要求应选用的射线能量、焦距、曝光量等。曝光曲线是在一定条件下绘制的透照参数(射线能量、焦距、曝光量)与透照厚度之间关系的曲线。这些条件主要是：

① 透照材料；

② 射线源；

③ 胶片、暗室处理技术、增感等；

④ 射线照相质量要求。

一般曝光曲线必须通过试验制作，且每台 X 射线检测机的曝光曲线各不相同，不能通用。因为即使管电压、管电流相同，如果不是同一台 X 射线检测机，其线质和照射率也是不同的。即使是同一台 X 射线机，随着使用时间的增加，管子的灯丝和靶也要老化，从而引起射线照射率的变化。因此，每台 X 射线机都应制作曝光曲线，作为日常检测控制能量和曝光量的依据，并且实际使用中还要根据具体情况作适当修正。即给定的曝光曲线只适于在给定的条件下使用，如果使用时的条件与绘制的条件不一致，则必须对从曝光曲线得到的数据进行修正，或重新制作曝光曲线。

2.4.3.2　曝光曲线的类型

对 X 射线照相检验，常用的曝光曲线有两种类型。

第一种类型曝光曲线称为曝光量-厚度($E-T$)曝光曲线。以透照电压为参数，给出一定焦距下曝光量对数与透照厚度之间的关系，如图 2-46 所示。纵坐标是曝光量，单位是毫安・分(mA・min)，采用对数刻度尺，横坐标是透照厚度，常用毫米(mm)为单位，采用算术刻度尺。图中的曲线是在相同的焦距下对不同的透照电压画出来的，曝光量 $H$ 与材料厚度 $d$ 的关系为 $H=\mu d+C''$。$H$ 与 $d$ 呈线性关系。用各种不同的电压试验时，就可以得出一组斜率逐渐变化的曲线。从图中的曲线可以看到，采用某一透照电压但透照不同厚度时，曝光量相差得很大。由于曝光量既不能很大，也不能很小，所以某个透照电压实际上只适于透照一较小的厚度范围。

第二种类型曝光曲线称为管电压-厚度($V-T$)曝光曲线。以曝光量为参数，给出一定焦距下透照电压与透照厚度之间的关系，如图 2-47 所示。纵坐标是透照电压，单位为千伏(kV)，采用算术刻度尺；横坐标是透照厚度，单位常用毫米(mm)，采用算术刻度尺。图中曲线是在相司的焦距下对不同曝光量画出的。很显然，它不是直线。由于底片黑度要求一定，所以曝光量 $H$ 为一常数，如果被透照的材料固定，则 $d$ 增大时吸收系数 $\mu$ 必须减小。所以管电压要相应增大。

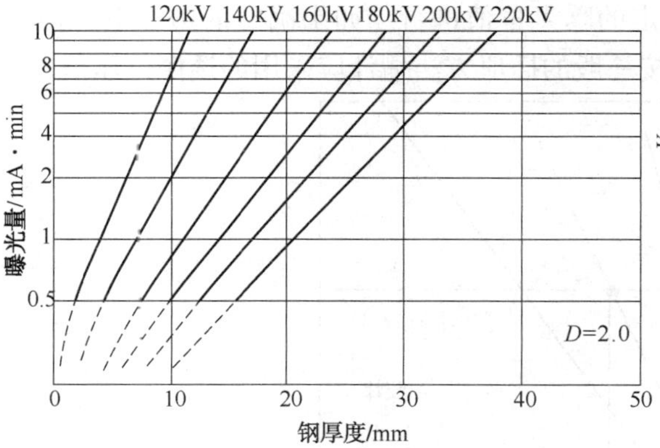


图 2-46　以透照电压为参数的曝光曲线($E-T$)

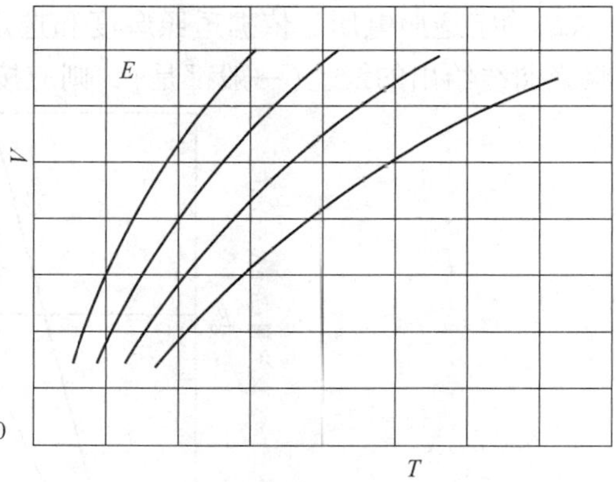


图 2-47　以曝光量为参数的曝光曲线($V-T$)

γ 射线曝光曲线的一般形式如图 2-48 所示，图 2-48(b)是以黑度为参数，对一个 γ 射线源画出的曝光量与透照厚度的关系曲线。图中纵坐标是曝光量，采用对数刻度尺，横坐标是透照厚度，采用算术刻度尺。另一种曝光曲线是以焦距为参数的曝光量与透照厚度的关系曲线，见图 2-48(a)。

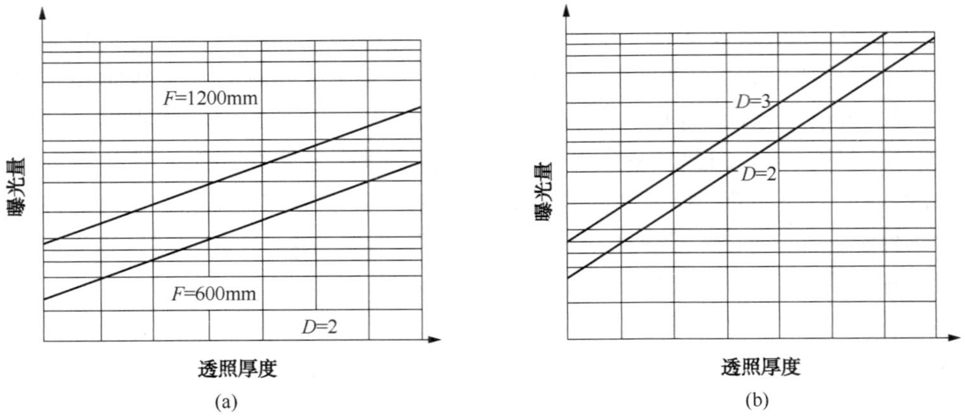


图 2-48　γ 射线曝光曲线

γ 射线源的放射性活度随时间不断减弱，因此在使用 γ 射线的曝光曲线时，必须知道 γ 射线源使用时的放射性活度。这可以按照放射性衰变规律绘制出适用于任何 γ 射线源的曲线，给出 γ 射线源放射性活度随时间改变的一般关系。

2.4.3.3　曝光曲线的应用

在实际射线照相检验工作中，曝光曲线主要用于直接确定透照参数。可能的情况可分为两种。

(1) 射线照相检验的条件与制作曝光曲线的条件完全一致

如果射线照相检验的条件与制作曝光曲线的条件完全一致，则可以简单地从曝光曲线直接查出所需要的透照参数。具体过程见图 2-49。

① 确定曝光量。根据技术级别，按照标准(或本单位工艺规程)规定的方法进行；如果标准无这方面的规定，则依据一般理论确定一个适于检验要求的曝光量。

② 确定透照电压。依据透照厚度和选定的曝光量值进行。如果确定的透照电压值点不在曝光曲线给出的线上(一般都是)，则应按一般的插值方法估计应采用的透照电压值。

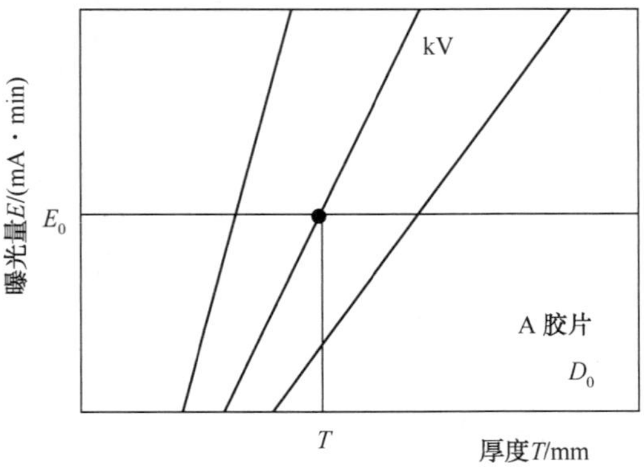


图 2-49　曝光曲线确定透照参数

例 2-7：有一个透照厚度为 60mm 的钢焊缝，用下面给出的曝光曲线(图 2-50)确定合适的透照电压和曝光量。

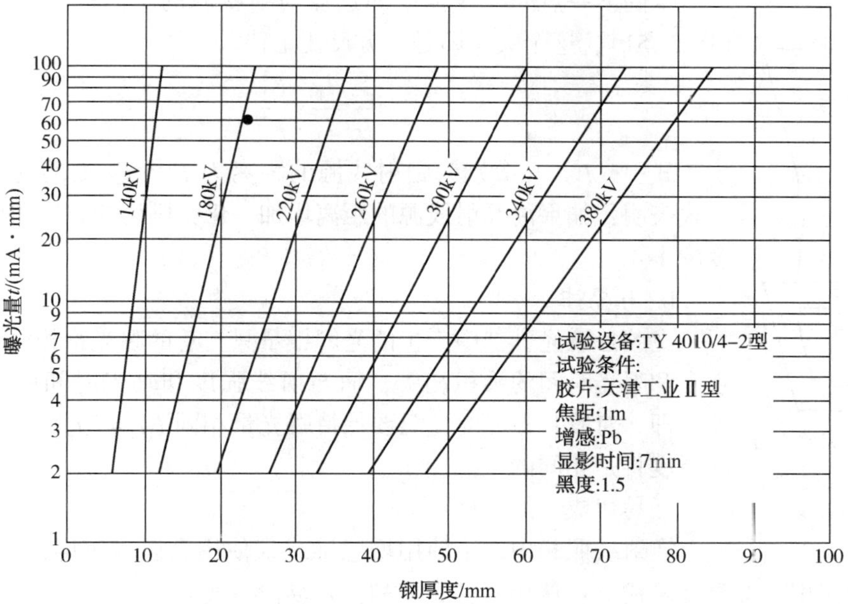


图 2-50　曝光曲线

从图中可以看出有三种选择：

| 选择序号 | 透照电压(kV) | 曝光量(mA·min) |
|---|---|---|
| 1 | 300 | 95 |
| 2 | 340 | 25 |
| 3 | 380 | 9 |

选择 1：电压低，但曝光量太大，效率太低；

选择 2：电压较低，曝光量适当，且符合标准技术要求；

选择 3：电压最高，曝光量太小(效率高)，且远低于标准技术要求。

从标准可查出：厚 60mm 的钢允许使用的最高透照电压 $U_{max}$≤500kV。

(2) 射线照相检验的条件与制作曝光曲线的条件不完全一致

实际射线照相检验的条件有时不同于制作曝光曲线的条件(如：焦距不同、黑度不同、胶片不同、材料不同)，这时候不能简单地直接从曝光曲线确定透照参数，而是必须对从曝光曲线得到的透照参数进行修正。在下面的讨论中，所采用的符号意义如下：

$E_0$——从曝光曲线直接得到的曝光量；

$E$——修正后的曝光量；

$V_0$——从曝光曲线直接得到的透照电压；

$V$——修正后的透照电压；

$F_0$——制作曝光曲线时采用的焦距；

$F$——射线照相时实际采用的焦距；

$D_0$——曝光曲线采用的底片黑度；

$D$——射线照相时底片采用的黑度。

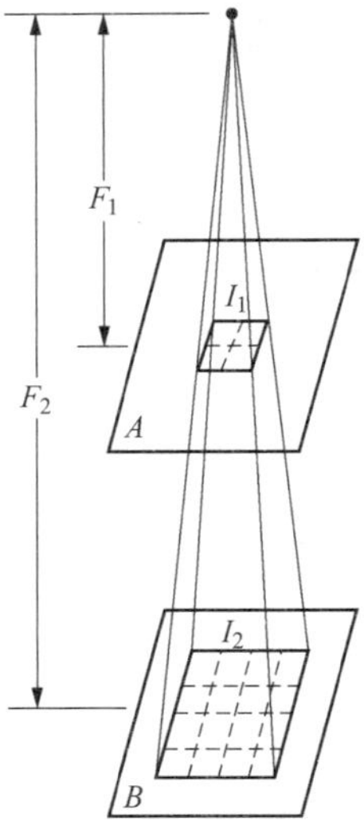

图 2-51　X 射线空间各点的分布强度与焦距的关系

① 焦距不同时的修正

a. 平方反比定律

空间某一点的射线强度和这点与射线源的距离的平方成反比关系(图 2-51)，这个关系即是平方反比定律。

$$\frac{I_1}{I_2}=\frac{F_2^2}{F_1^2}$$

式中，$I_1$、$I_2$ 分别为距射线源的距离为 $F_1$、$F_2$ 处的射线强度。关系式表明，如果离开射线源的距离增加一倍，则射线强度将降低为原强度的 1/4。

b. 互易律

在胶片感光乳剂中产生的光解银量只与总的曝光量相关，即与射线强度和曝光时间的乘积相关，而与射线强度和曝光时间的单独大小无关。即，对胶片曝光时，只要保持曝光量相同 $I_1t_1=I_2t_2$，则所得到底片的黑度将是相同的。

互易律成立的条件：

在射线照相中，不使用增感屏或仅使用金属增感屏，互易律成立；采用荧光增感屏，互易律不成立；使用可见光照相，互易律不成立。

c. 曝光因子

在某 X 射线辐照场中的 A 处和 B 处，若它们距源(焦点)的距离分别为 $F_1$ 和 $F_2$，根据射线强度的辐射分布规律(平方反比定律)，在 A 处和 B 处的射线照射量分别为 $i_1t_1/F_1^2$ 和 $i_2t_2/F_2^2$。若它们对同一胶片曝光，且有

$$i_1t_1/F_1^2=i_2t_2/F_2^2$$

我们把 $it/F^2$ 称作曝光因子，用 $M$ 表示。记作

$$M=\frac{it}{F^2}$$

同理，对 γ 射线有

$$M=\frac{At}{F^2}$$

式中，$i$——管电流；

$A$——源活度；

$t$——曝光时间；

$F$——焦距。

曝光因子应用条件：同源(X 或 γ)形成的辐照场中对同一胶片的辐照，要求底片得到相同的黑度值时，某一透照参数改变时其他参数的修正。

d. 修正方法

如果射线照相检验时实际使用的焦距不同于制作曝光曲线时的焦距，可以直接应用曝光因子对从曝光曲线得到的曝光量进行修正。

若透照时需要改变焦距，而管电压不变，则可用下式来计算曝光时间：

$f$ 改变，$U$ 不变时 $t=(F/F_0)^2t_0$

式中　$t_0$——曝光曲线所示时间；

$t$——焦距改变后所需时间；

$F_0$——曝光曲线所用焦距；

$F$——实际所用焦距。

具体修正方法为：先按相同焦距(与曝光曲线给出的焦距相同)的情况确定出透照参数；然后用平方反比定律(曝光因子)对曝光量值进行修正。

例 2-8：按图 2-50 给出的曝光曲线，确定采用 A 级技术、焦距为 120cm、透照厚度为 24mm 钢焊缝的透照电压和曝光量。

解题思路：

第一步，根据检验级别推荐的曝光量值确定在曝光曲线的焦距时需要的透照电压(直接从曝光曲线上查)。

若标准推荐 A 级技术检验时焦距为 1m 处曝光量不小于 15mA · min，查时取 15mA · min 作为曝光量确定应采用的透照电压。

从曝光曲线，对应于厚度为 24mm 的透照电压约为 205kV(<最高透照电压 280kV)。

第二步，用曝光因子修正，求焦距由 1m 改变为 120cm 时所需曝光量。

$$15\times1.2^2=21.6(\text{mA}\cdot\text{min})\approx22(\text{mA}\cdot\text{min})$$

这样，本问题从曝光曲线最后确定的透照电压为 205kV，曝光量为 22mA · min。所确定的透照电压未超过图 2-45 关于最高透照电压(约 280kV)的限制。

例 2-9：采用固定式 X 射线机透照一铸件，焦距为 700mm、管电流为 8mA，曝光时间需要 3min。现改用焦距 1000mm、管电流为 12mA，要求得到的底片黑度相同，求所需要的曝光时间。

解：记　$i_0=8\text{mA}$，$t_0=3\text{min}$，$F_0=700\text{mm}$；

$i=12\text{mA}$，$F=1000\text{mm}$

设 $t$ 为改变透照条件后的曝光时间，从曝光因子概念，应有

$$\frac{it}{F^2}=\frac{i_0t_0}{F_0^2}$$

$$t=\frac{i_0t_0F^2}{iF_0^2}$$

$$t=4.1(\text{min})$$

例 2-10：用活度为 60Ci 的 Ir(铱)-192γ 射线源，透照直径为 1.8m 的环焊缝，曝光时间需要 30min。若用活度为 90Ci 的 Ir-192γ 射线源，透照直径为 2.4m 的相同环焊缝，要求得到相同黑度的底片，求所需要的曝光时间。

解：记　$A_0=60\text{Ci}$，$t_0=30\text{min}$，$R_0=0.9\text{m}$；

$A=90\text{Ci}$，$R=1.2\text{m}$

设 $t$ 为改变透照条件后的曝光时间，从曝光因子概念，应有

$$\frac{At}{R^2}=\frac{A_0t_0}{R_0^2}$$

$$t=\frac{A_0t_0R^2}{AR_0^2}$$

$$t=35.6(\text{min})$$

② 黑度不同时的修正

如果底片采用的黑度不同于曝光曲线给定的黑度，对从曝光曲线得出的曝光量进行修正时，必须结合射线胶片的特性曲线。修正方法如下：

先从胶片特性曲线查出对应于黑度 $D_0$与 $D$ 的曝光量 $H_0$与 $H$[图 2-52(a)，实际一般是它们的常用对数值]；然后求出这两个曝光量之比

$$H/H_0$$

最后，将曝光曲线上得到的曝光量乘以这个比，即得到黑度改变后应选用的曝光量：

$$E = E_0 \frac{H}{H_0}$$

也就是

$$E = E_0 10^{(\lg H - \lg H_0)}$$

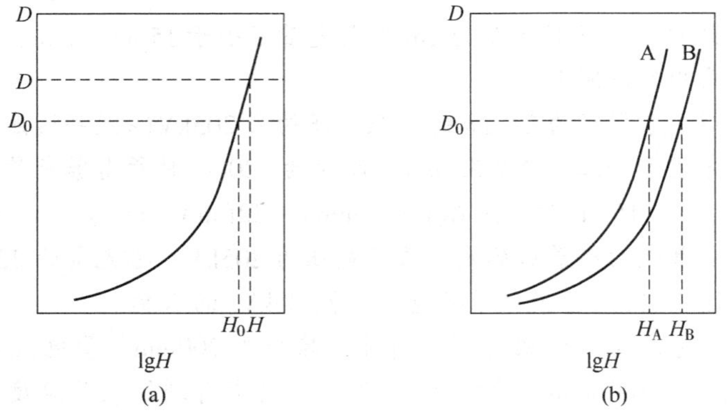


图 2-52　从胶片特性曲线确定曝光量比

③ 胶片不同时的修正

如果制作曝光曲线时使用的是 A 型胶片，实际射线照相时采用的是 B 型胶片，那么对从曝光曲线得到的透照参数应进行修正。修正时必须有这两种胶片的特性曲线。

先从胶片特性曲线查出黑度 $D$ 及应采用的曝光量 $H_A$、$H_B$[图 2-52(b)]，然后求出 $H_B$与 $H_A$之比(求此比的方法与求 $H/H_0$相同)，最后将从 A 型胶片曝光曲线上求出的曝光量乘以这个比值，即得到换用 B 型胶片时应采用的曝光量：

$$E = E_0 \frac{H_B}{H_A}$$

也就是

$$E = E_0 10^{(\lg H_B - \lg H_A)}$$

④ 材料不同时的修正

如果被透照的物体的材料不同于制作曝光曲线时的材料，显然，不能直接运用曝光曲线确定透照参数。为了从对一种材料制作的曝光曲线给出其他材料的透照参数，可借助于材料的射线照相等效厚度系数。表 2-11 给出了常见材料的射线照相等效厚度系数。

**表 2-11　部分材料的射线照相等效厚度系数**

| 材料 | X 射线 | | | | | | | γ射线 | |
|---|---|---|---|---|---|---|---|---|---|
| | 50kV | 100kV | 150kV | 200kV | 400kV | 2MeV | 6～31MeV | $Ir^{192}$ | $Co^{60}$ |
| 黏合剂 | 0.04 | | | | | | | | |
| 铝 | 1.0 | 1.0 | 0.12 | 0.14 | | | | 0.35 | 0.35 |
| 铝合金 | 1.4 | 1.2 | 0.13 | 0.14 | | | | 0.35 | 0.35 |

续表

| 材料 | X 射线 | | | | | | | γ射线 | |
|---|---|---|---|---|---|---|---|---|---|
| | 50kV | 100kV | 150kV | 200kV | 400kV | 2MeV | 6~31MeV | $Ir^{192}$ | $Co^{60}$ |
| 硼环氧树脂 | 0.75 | 1.0 | | | | | | | |
| 碳环氧树脂 | 0.07 | | | | | | | | |
| 玻璃纤维 | 0.35 | | | | | | | | |
| 镁 | 0.6 | 0.6 | 0.05 | 0.05 | | | | | |
| 钛 | 6.2 | 5.8 | 0.45 | 0.54 | 0.71 | 0.90 | 0.90 | 0.90 | 0.90 |
| 锆 | | | 2.3 | 2.0 | 1.5 | 1.0 | 1.2 | 1.2 | 1.0 |
| 不锈钢 | 12.0 | 12.0 | 1.0 | 1.0 | 1.0 | 1.0 | 1.0 | 1.0 | 1.0 |
| 钢 | 12.0 | 12.0 | 1.0 | 1.0 | 1.0 | 1.0 | 1.0 | 1.0 | 1.0 |

注：表中 50kV 和 100kV 以铝为基准，其余以钢为基准。

材料的射线照相等效厚度系数是指不同材料对射线吸收的等效性，表 2-11 中给出的等效厚度系数是以钢(铝)作为基准，即不同材料对射线的吸收都与钢(铝)进行比较。简单地说，可以看成 1mm 厚的任何材料相当于多么厚的钢(铝)。由于材料对射线的吸收不仅与材料本身的性质相关，而且也与射线能量相关，因此，对不同能量的射线等效厚度系数并不完全相同。表 2-11 中的数据清楚地说明了这一点。利用材料的射线照相等效厚度系数，可以把一种材料的厚度转换为另一种材料的厚度，这样也就能够把一种材料的曝光曲线应用到另一种材料。

### 2.4.4 散射线控制

#### 2.4.4.1 散射线的产生及分类

(1) 散射线的产生

射线入射到物体后，由于射线光量子与物质发生相互作用，一部分被吸收，一部分被散射，一部分沿直线穿透物体。因此，在透射射线中总包括下列成分：

① 一次射线。从射线源发出，沿直线穿透物体的透射射线。

② 散射线。射线与物体相互作用中产生的次级射线，散射线的能量低于一次射线，方向一般都不同于一次射线，有时也称它为二次射线。

在常规的射线照相检验中，散射线是有害的射线，应采取各种措施进行控制，减少它对底片影像质量的影响。产生散射线的物体称作散射源。

在射线照相中，散射线产生于射线照射的任何物体，包括被透照的工件、放置工件的台面或支架、胶片与胶片暗袋、工件周围的各种物体(如地面、墙壁、其他物体)，空气也是一种散射源。其中最主要的散射源是被透照的工件本身，其次是工件背面与周围物体，特别是原子序数比较低的物体。

图 2-53 是射线照相时散射线产生的示意图，从图中可以看到各种可能产生散射线的情况。对胶片来说，散射线可来自前方、后方、侧面等各个方向，来自后方和侧面的散射线常被称为“背散射线”，它们可从暗盒的背面入射到胶片，产生曝光作用。在不同方向散射线的强度也不同，在与射线方向成 90°的方向散射线强度最小。

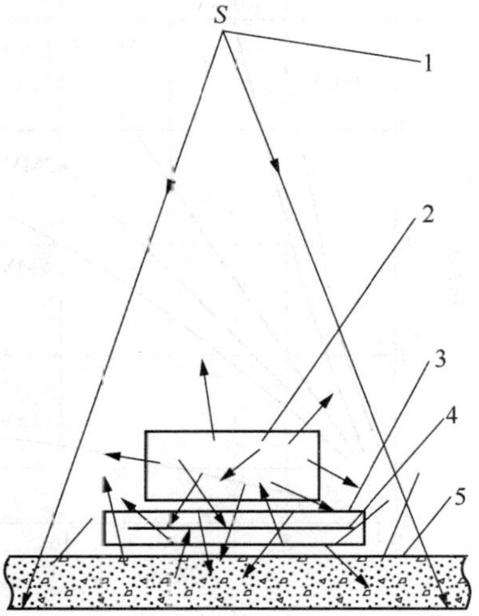

图 2-53 散射线产生示意图

1—射线源；2—工件；3—胶片暗盒；4—胶片；5—地面

散射线强度与射线能量有关，与射线照射物体的材料、厚度、面积也有关。从散射比来说，它们之间的关系简单地说可概括如下：

① 随着射线能量的提高散射比将降低，应注意的是这是对能量变化较大的一般结论；

② 随着透照厚度的增大散射比也增大；

③ 在较小的面积范围内，随着面积的增大散射比也增大，但当面积增大到一定程度后，散射比不再增大。

（2）散射线的分类

散射线的分类一般按散射线的方向来划分。来自暗盒前面的散射称为“前散射”，来自暗盒背面的散射称为“背散射”。还有一种散射叫“边蚀散射”，是指试件周围的射线向试件背后的胶片散射，这就是所谓的“边蚀”现象。如果散射比较大，影像的对比度将降低很多，也就是散射线会严重地影响小缺陷和裂纹性缺陷的检验。

产生边蚀的主要原因是在透照物体边界区射线产生的散射线，特别是软散射线部分，它们更容易被胶片吸收，产生的感光作用也更强。如果不采取防护措施，它们将使影像的边界区域变得很模糊，这就是边蚀。边蚀除了使边界影像模糊外，常会导致难以发现处于边界区中的较小缺陷。

2.4.4.2　散射比及其影响因素

（1）散射比 $n$

是由来自工件的散射线(前散射线)强度 $I_s$ 引出的一个系数：

$$I_s = nI$$

式中　$n$——散射比；

$I$——一次(直进，窄束)透射线强度。

（2）散射比的影响因素

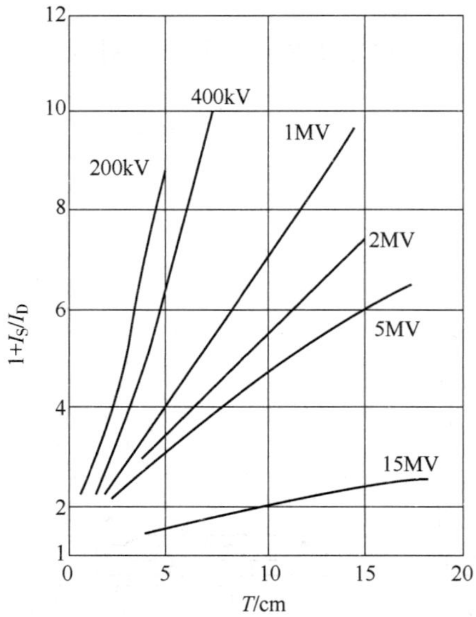


图 2-54　散射比与射线能量和钢厚度的关系

① 焦距对散射比的影响。在实际使用的焦距范围内，焦距的变化对散射比几乎没有影响。

② 照射场大小对散射比的影响。当照射场较小时，散射比随照射场的增大而增大。当照射场直径超过50mm后，照射场再增大，散射比也基本保持不变。因此，除非是用极小的照射场透照，照射场大小对散射比几乎没有影响。

③ 射线能量和试件厚度对散射比的影响。平板试件透照的散射比与射线能量和试件厚度的关系如图2-54所示。由图可知，在工业射线照相应用范围内散射比随射线能量增大而变小，而在相同射线能量下，散射比随钢厚度增大而增大。

另外，对有余高的焊缝试板透照时，焊缝中心部位的散射比与平板试件的散射比明显不同，焊缝中心散射比高于同厚度平板中的散射比，随着能量的增大，两者数值逐渐接近。

2.4.4.3　散射线的控制

散射线会使射线底片的灰雾度增大，影像对比度降低，对射线照相质量是有害的。但由于受射线照射的一切物体都是散射源，所以实际上散射无法消除，只能尽量设法减少而已。

控制散射线的措施有许多种，其中有些措施对照相质量产生多方面的影响，对这些措施要综合考虑，权衡选择。散射线的控制措施在实际工作中一般应从以下 8 个方面进行控制：选择合适的射线能量、使用铅箔增感屏、背防护铅板、铅罩和光阑与准直器、厚度补偿物、滤板、遮蔽物、修磨工件。如图 2-55 所示。

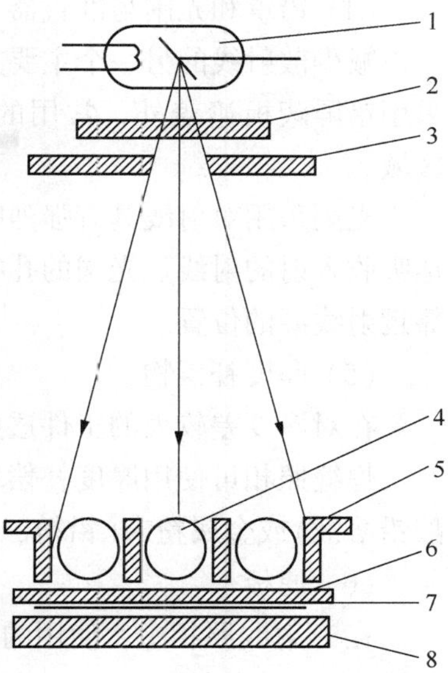

图 2-55　散射线防护方法

1—X 射线管；2—滤波板；3—光阑与准直器；4—工件；5—遮蔽铅板；6—前吸收铅板（箔）；7—胶片；8—后屏蔽铅板

（1）选择合适的射线能量

对厚度差较大的工件，例如余高较高的焊缝或小径管透照时，散射比随射线能量的增大而减小，因此可以通过提高射线能量的方法来减少散射线。

但射线能量值只能适当提高，以免对主因对比度和固有不清晰度产生明显不利的影响。

（2）使用铅箔增感屏

铅箔增感屏除了具有增感作用外，还具有吸收低能散射线的作用，使用增感屏是减少散射线最方便、最经济，也是最常用的方法。

选择较厚的铅箔减少散射线的效果较好，但会使增感效率降低，因此铅箔厚度也不能过大。实际使用的铅箔厚度与射线能量有关，且后屏的厚度一般大于前屏。

（3）背防护铅板

在实际射线照相检验中，采用铅屏蔽防护散射线是经常使用的措施。

主要的防护方法是用适当厚度的铅屏蔽板遮盖工件非透照区，用适当厚度的铅屏蔽板遮盖工件以外的胶片，采用适当的金属增感屏吸收来自工件的散射线，或者在工件与胶片之间放置适当厚度的铅屏蔽板，吸收从被透照工件产生的散射线。

使用背防护铅板的同时仍需使用铅箔增感后屏，否则背防护铅板被射线照射时激发的二次射线有可能到达胶片，对照相质量产生不利影响。

背防护铅板的厚度一般应大于 3mm。在胶片后方较近的地方存在物体时，必须放置背防护铅板，否则，散射线将会使射线照片无法达到规定的影像质量要求。在采用高能射线进行射线照相时，胶片暗袋后面附近不能存在物体，也不能放置背防护铅板，因为这时射线在背防护铅板上也能激发出较强的散射线和高能电子，它们将降低影像质量。

背防护铅板的厚度是否满足防护散射线的要求，可以采用下述的方法检验：在胶片暗袋背面贴附一厚度为 1.6mm 左右的铅字，在得到的射线照片上观察这个铅字的影像黑度，如果它的影像黑度低于背景的黑度，则说明背铅屏厚度应加大。

当暗盒背后近距离内没有导致强烈散射的物体时，可以不使用背防护铅板。

（4）铅罩和光阑与准直器

减少散射线的另一个主要方法是尽量减少物体被检验区以外受到射线照射的范围，除了采用铅屏蔽板遮盖外，常用的方法是用铅罩和光阑与准直器限制射线束大小，限制透照区域。

光阑采用对射线具有强烈吸收性能的材料制作。例如，采用铅板制作，其厚度应能有效地吸收入射的射线。光阑的孔径和孔的形状可按照透照区的大小和形状设计，光阑通常放在靠近射线源的位置。

（5）厚度补偿物

在对厚度差较大的工件透照时，可采用厚度补偿措施来减少散射线。

焊缝照相可使用厚度补偿块，形状不规则的小零件照相可使用流质吸收剂（醋酸铅加硝酸铅溶液）或金属粉末（铅粉、铁粉或铅粉）作为厚度补偿物。

（6）滤板

在 X 射线照相中，使用的 X 射线源一般都是连续谱 X 射线，因此总包含一定的长波（低能量），即通常所说的软 X 射线。当它们直接照射胶片或穿过薄的物体到达胶片时，可以被强烈吸收并产生散射线。为了减少射线中的这部分成分，常采用滤波的方法，即在 X 射线管窗口附近放置滤波片，射线从窗口出射之后首先要穿过滤波片，长波部分的 X 射线被吸收。滤波片就是适当厚度的某种金属材料平板，它的厚度应按射线能量选取，表 2-12 是典型的滤波片厚度。

**表 2-12 典型的滤波片厚度**

| 透照电压/kV | 材　料 | 厚度/mm | 透照电压/kV | 材　料 | 厚度/mm |
|---|---|---|---|---|---|
| 150 | 铅 | 0.25 | 400 | 铅 | 0.6~1.0 |
| 200~250 | 铅 | 0.5 | 1000 | 铅 | 1.0~1.5 |

例如，透照钢时，采用铜滤波板时其厚度应不超过透照厚度的 20%，若采用铅滤波板则厚度应不超过透照厚度的 3%；透照铝时，采用铜滤波板的厚度应不超过透照厚度的 4%，钢滤板的厚度应小于吸收曲线上“均匀点”对应的厚度。

所谓均匀点是指吸收曲线由曲开始变为直的那一点，吸收曲线变为直线即意味着射线束的波长已经“均匀化”，吸收系数不再随穿透厚度而变化。

在工件和胶片暗盒之间加滤板通常用于 $Ir^{192}$ 和 $Co^{60}$ γ 射线照相或高能 X 射线照相，作用是过滤工件中产生的低能散射线，尤其当存在边蚀散射时，加滤板的作用更明显。按透照厚度的不同，可选择 0.5~2mm 厚的铅箔作为滤板。当然，从滤波片也会产生散射线，但由于散射线的方向多偏离一次射线方向，且滤波片与胶片之间具有较大的距离，因此，除了有部分散射线偏离有效透照区外，按照平方反比定律，到达胶片的散射线强度也将大大降低。

（7）遮蔽物

当被透照的试件小于胶片时，应使用遮蔽物对直接处于射线照射的那部分胶片进行遮蔽，以减少边蚀散射。遮蔽物一般用铅制作，其形状和大小视被透照试件的情况确定，也可使用钢铁和一些特殊材料（如钡泥）制作遮蔽物。

（8）修磨工件

通过修整、打磨的方法减小工件厚度差也可以视为减少散射线的一项措施。例如，检查重要的焊缝时，将焊缝余高磨平后透照，可明显减小散射比，获得更佳的照相质量。

在射线照相检验中，必须严格地控制到达胶片散射线，否则可能使所进行的射线照相检验完全没有意义，不能有效地对缺陷完成检验。

除了上述的一般防护散射线方法外，对一些特殊问题还必须采用特殊的散射线防护方法。如当透照厚度较大的非金属材料工件时，特别是原子序数小的元素，可能必须采用特殊的散射线防护方法，如防散射栅格等。

## 2.5 典型工件的透照技术

### 2.5.1 平板工件透照技术

平板工件是指厚度均匀的工件，如铸件厚度相同的部分、母材厚度相同的平板对接焊缝等，都可视为平板工件。它是最基本形式的工件，它的射线照相技术也是最基本的透照技术。

#### 2.5.1.1 透照布置

平板工件射线照相检测的典型透照布置如图 2-43 所示，这也是射线照相检测最基本的透照布置。在这种透照布置中，射线源应位于被透照物体有效透照区的中心线附近，中心射线束应尽量垂直指向有效透照区的中心。

主要的防护散射线措施是：减少工件非检验区受到射线照射的范围，采用适当厚度的铅板(3~5mm)遮盖工件非透照区，在胶片暗盒后面放置较厚的铅板，可能时使用铅箔增感屏等。

胶片暗盒应尽量靠近被透照工件，减少胶片与工件表面之间的距离，以减少几何不清晰度。在放置胶片暗盒时应避免它受到较大的挤压，特别是局部受到过分的挤压或弯折。

透度计及识别标记等应放置在透照区的边缘，尽量避免它可能产生对缺陷评定的干扰，具体的放置位置应符合有关标准的规定和要求。

#### 2.5.1.2 有效透照区与胶片尺寸

对于平板工件，有效透照区(也就是一次有效透照范围)主要由焦距决定，采用较大的焦距一次可透照较大的范围，采用较小的焦距一次只能透照较小的区域。在射线照相的标准中一般对有效透照区的控制都做了规定。例如，我国标准 GB/T 3323—2005 对平板对接焊缝采用规定透照厚度比方式控制有效透照区。如前所述，焦距越大有效透照区也越大。选用的胶片尺寸并不能等于有效透照区尺寸。从图 2-56 可以看到，由于工件具有一定的厚度，使得射线照片上的有效评定区与有效透照区不相等。若记有效评定区为 $L_{eff}$，按照图 2-56 则有效评定区与有效透照区的关系为

$$L_{eff} = L_3 + \Delta L$$

即有效评定区要比有效透照区长 2 个 $\Delta L/2$ 的小长度，所增加的小长度为

$$\Delta L/2 = L_2 \tan\theta$$

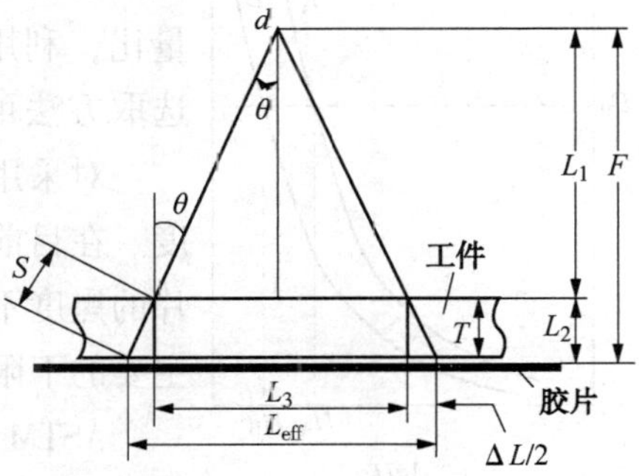


图 2-56 有效透照区示意图

或近似有 $$\Delta L = 2T\tan\theta$$

对于较长的焊缝或较大的其他平板工件，常需要分段或分部位采用多张胶片进行透照，这时候胶片之间应该存在一定的搭接长度，相邻胶片间的最小搭接长度即是上面得到的小长度。当然，实际的搭接长度都要大于这个长度。

#### 2.5.1.3 透照参数确定

平板工件透照参数的确定比较简单，一般都是依据工件的厚度直接从曝光曲线确定应选用的射线能量、焦距和曝光量。当然，所选用的这些透照参数应符合射线照相标准的有关规定。其中主要是：

① 透照电压(X 射线)不能高于允许的最高透照电压；

② 焦距应大于规定的焦距最小值(或符合对几何不清晰度的规定)；

③ 曝光量应不小于所推荐的最小值；

④ 如果透照条件与曝光曲线的条件不相同，则应对透照参数进行修正。

### 2.5.2 变截面工件透照技术

铸件射线照相检验时，经常遇到的主要问题之一是处理变截面工件透照技术。如果采用分段分部位进行透照，可以看作平板工件透照。如果要在一次透照区中包含不同的透照厚度，这种情况，一般称为变截面工件射线照相检验技术。处理这种问题的常用技术主要包括：双(多)胶片技术、适当提高透照电压(X 射线)、补偿方法等。当然，厚度的变化范围必须限制在适当的范围之内。

#### 2.5.2.1 双胶片技术

双胶片技术是在同一暗盒中放置两张感光度不同或感光度相同的胶片同时透照的技术。当采用两张感光度不同的胶片时，感光度较高的胶片应适于工件厚度较大部分的透照，感光度较低的胶片应适于工件厚度较小部分的透照。当采用两张感光度相同的胶片时，单张胶片观察时评定厚度小的区域，两张胶片叠加观察时评定厚度大的区域。

如果工件截面厚度变化不是太大，特别是主要由两个厚度组成时，则可以采用双胶片技术进行透照。

对采用两张感光度不同胶片的双胶片技术，应解决的问题是胶片的选用。简单地说，选用方法是利用曝光曲线和胶片的感光特性曲线。从曝光曲线确定应使用哪一种胶片和对应的厚度，并从曝光曲线确定两厚度的曝光量比，利用此比和胶片感光特性曲线确定应使用的另一种胶片。选取方法可参照图 2-57 进行。

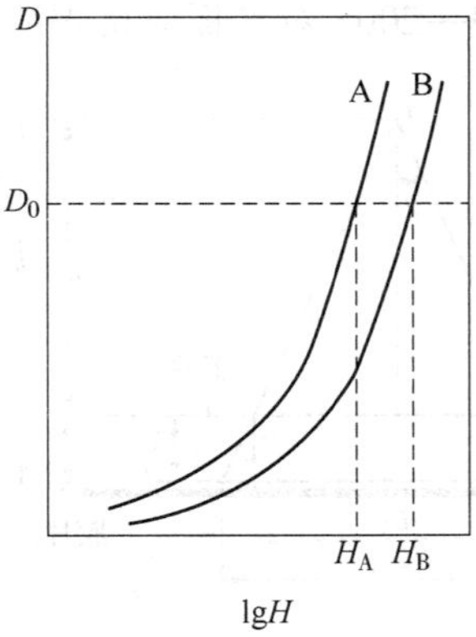


图 2-57 双胶片技术选取胶片方法

对采用两张感光度相同胶片的双胶片技术，应注意底片的黑度。在目前的多数标准中，均限定双片叠加观察区的黑度，该区单片的黑度不能低于标准规定的下限值。不同标准限定值可能不同，主要的下限限定值有：

| | |
|---|---|
| ASTM E1742—2011 | $D \geqslant 1.0$ |
| DIN EN444 | $D \geqslant 1.3$ |
| ISO 5579：1998 | $D \geqslant 1.3$ |
| GJB 1187A—2001 | $D \geqslant 1.2$ |

2.5.2.2　适当提高透照电压技术

对截面厚度变化比较小，特别是截面厚度是连续变化时，可采用适当提高透照电压技术进行透照。

从曝光曲线可以看出，不同透照电压的曝光曲线其厚度宽容度不同。标准中规定允许的底片黑度范围，相当于规定了允许的曝光量范围，这个范围对曝光曲线中不同透照电压对应的厚度差范围不同。从曝光曲线中可以看到，较高透照电压对应的厚度差范围较大，即厚度宽容度较大。

因此，当采用不同的透照电压进行透照时，对规定的黑度范围，采用较高的透照电压透照，就可以覆盖更大的厚度差范围。应注意的是，这肯定降低了射线照相对比度。适当提高透照电压技术，是处理在一次透照区中厚度连续变化较大问题经常采用的技术。

2.5.2.3　补偿技术

对截面厚度变化大或异形工件采用补偿技术进行透照是比较有效的方法。补偿是采用与被透照工件对射线吸收性质相同或相近的材料制成的补偿块、补偿粉、补偿液等，对工件的不同厚度部分进行填补，使工件的透照厚度转化为同样的厚度，这样，就可以按照厚度均匀的工件进行透照。

使用时主要应注意补偿物体中应不含有影响评定或可能造成误判的缺陷。

### 2.5.3　焊缝透照技术

按照 GB/T 3323.1—2019《焊缝无损检测 射线检测 第 1 部分：X 和伽玛射线的胶片技术》规定，射线透照方法按以下分类。

- 透照方法
  - 纵缝
    - 单壁透照
    - 双壁透照
  - 环缝
    - 单壁透照
      - 外透法
      - 内透法
        - 中心法
        - 偏心法
          - $F<R$
          - $F>R$
    - 双壁透照
      - 双壁单影
      - 双壁双影

2.5.3.1　环焊缝透照布置

环形对接接头常简称为环焊缝，它一般是指直径较大的管件、筒件、容器等的圆周焊缝。按照工件直径、壁厚大小的不同和结构的特点，可以采用不同的方法进行透照。概括起来环焊缝的透照布置可分为以下几种。

(1) 单壁外透法(胶片在内，射线由外向里穿过单层壁厚对焊缝进行透照)

适于大的圆筒状工件。如图 2-58 所示透照布置时，射线源置于焊缝的中心线上，中心射线束垂直指向被透照焊缝区中心。在这种透照布置中，胶片暗盒背面必须放置铅板，以屏蔽来自工件内壁其他部分的散射线。

(2) 单壁内透法(胶片在外，射线由里向外照射)

适于厚度大、管径小的工件。单壁内透法包括射线源在内的中心单壁透照方法(周向透照，图 2-59)和射线源在内的偏心单壁透照方法（图 2-60)。对环焊缝透照时，只要可能首先应选用周向透照布置。

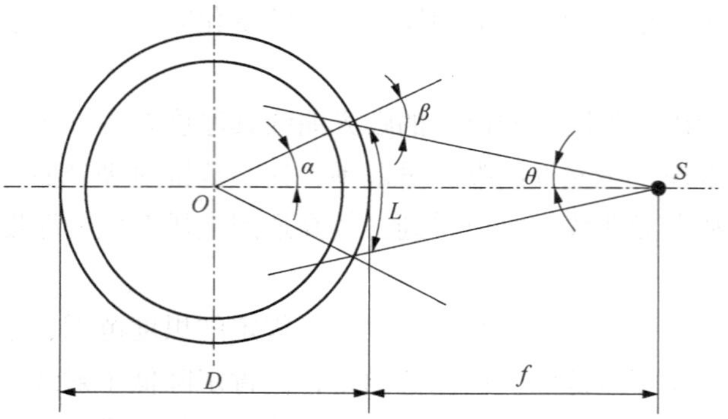


图 2-58　射线源在外单壁透照布置

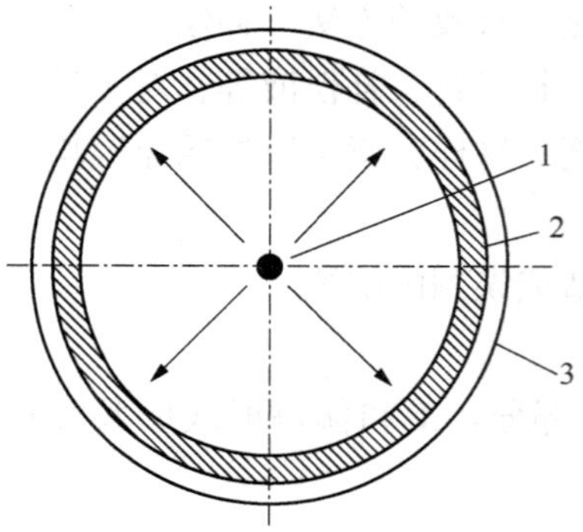


图 2-59　环焊缝的周向透照布置

1—射线源；2—焊缝；3—胶片

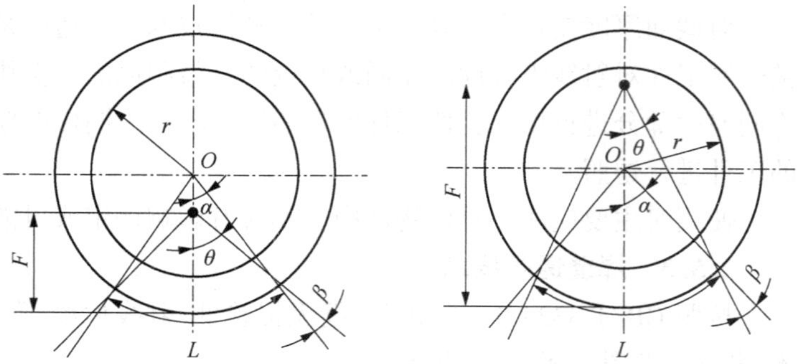


(a) $F<r$　　(b) $F>r$

图 2-60　环焊缝的偏心透照布置

（3）双壁单影透照方法

当环焊缝不可能采用单壁透照布置时，可采用射线源在外双壁透照布置(图 2-61)。这时候，射线源应偏离焊缝中心线一段距离，以保证源侧焊缝的影像不与透照焊缝的影像重叠，并具有适当的间距。一般偏移的距离应控制在源侧焊缝的影像刚刚移出被透照焊缝热影响区影像的边缘。可以缩小焦距，使上层管壁中的缺陷模糊，从而得到下层管壁的清晰图像。适于管径为 100~900mm。

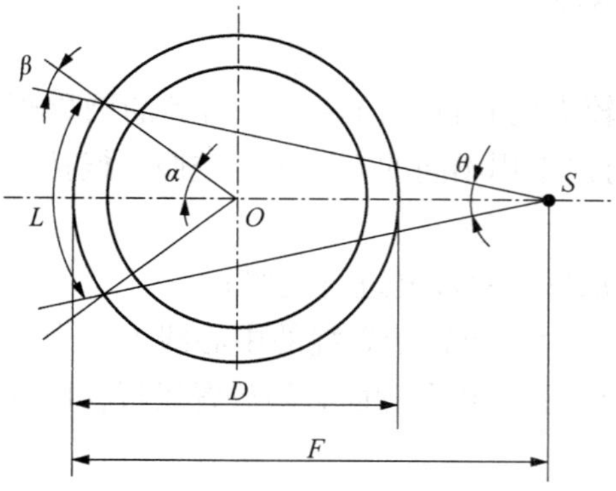


图 2-61　射线源在外双壁透照布置

（4）双壁双影透照方法

射线源在工件外侧，胶片放在射线源对面的工件外侧，射线透过双层壁厚把工件两侧都投影到胶片上的透照方法称为双壁双影法。

对小直径管对接接头，其透照布置主要是椭圆成像透照布置和垂直透照布置，图 2-62 和图 2-63 是透照布置的示意图。

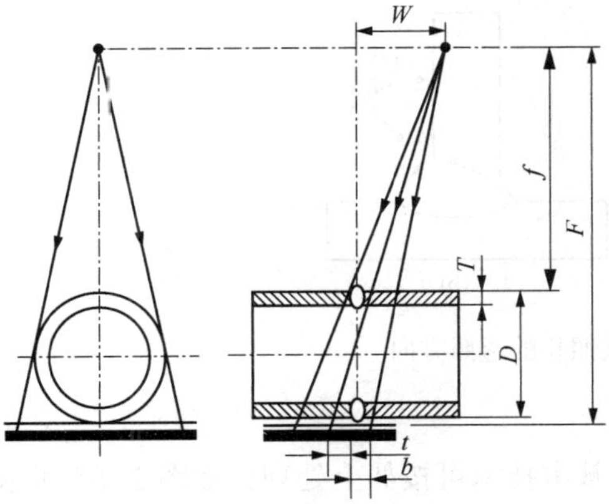


图 2-62　椭圆成像透照布置

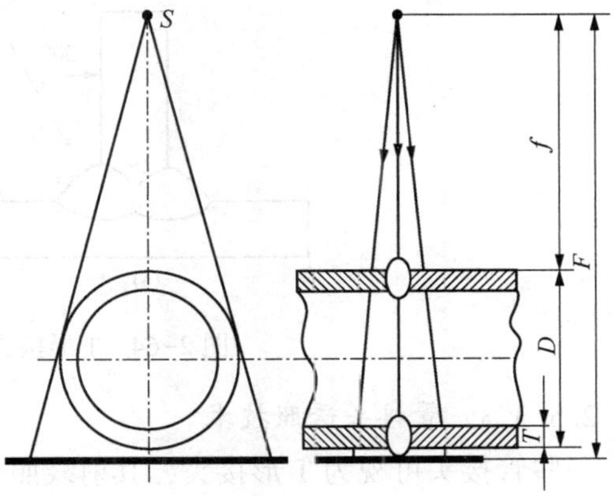


图 2-63　垂直透照布置

椭圆成像透照布置是源在外双壁透照的方式，但这时候射线穿过焊缝后在胶片上将形成整个环焊缝的影像，所得到的影像应呈现为椭圆形状，故称为椭圆成像透照，也称为双壁双影透照布置。

椭圆成像透照布置的基本要求是射线源布置在偏离焊缝中心面适当距离的位置；中心射线束一般指向环焊缝的中心。射线源偏移的距离应保证源侧焊缝和胶片侧焊缝的影像不互相重叠，并应具有适当的间距，以保证热影响区的射线照相影像不被干扰。两侧焊缝影像的间距(椭圆影像的短轴方向距离)常称为(椭圆影像)开口宽度，一般规定其值为 1 倍焊缝宽度。开口宽度不能过大，否则将影响对周向裂纹性缺陷的检验，如根部未焊透。在不干扰热影响区影像的条件下应尽量取较小的值。依据开口宽度值可以计算射线源应偏移的距离。

椭圆成像的透照次数一般规定为：

$T/D \leqslant 0.12$，相隔 90°进行 2 次透照；

$T/D > 0.12$，相隔 60°或 120°进行 3 次透照。

垂直透照布置时，射线源布置在焊缝中心面上适当距离的位置；中心射线束垂直指向环焊缝的中心轴线。当主要检验小直径管对接接头的根部未焊透缺陷或不符合椭圆成像透照条件时，则应采用垂直透照布置。外径小于等于 89mm 的管子对接焊缝可采用此法透照。垂直透照次数一般规定为相隔 60°或 120°进行 3 次垂直透照。

2.5.3.2　T 形接头透照技术

T 形接头射线照相问题，在基本方面仍属于变截面射线照相问题，技术方面的问题主要有两个方面，一是透照方向的选取，二是如何确定透照电压。

按照接头的坡口形式，T 形接头的透照方向基本选用两种，即 30°或 45°，如图 2-64 所示。采用不同的透照方向应取的透照厚度不同。

30°时透照厚度为

$$T_A = 1.1(T_1 + T_2)$$

45°时透照厚度为

$$T_A = 1.4(T_1 + T_2)$$

实际上在确定透照方向时，还应考虑对检验缺陷的要求。按上述的透照厚度可确定透照电压。对于形状规则的 T 形接头，可采用补偿块，使透照区厚度转化成比较均匀的状态。

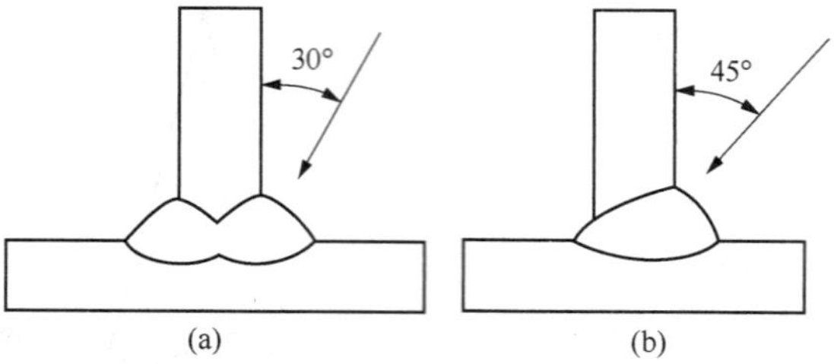


图 2-64　T 形接头射线照相的透照方向

2.5.3.3　管接头透照技术

一些管接头可视为 T 形接头，其射线照相的基本技术可按如上处理，如图 2-65 所示。

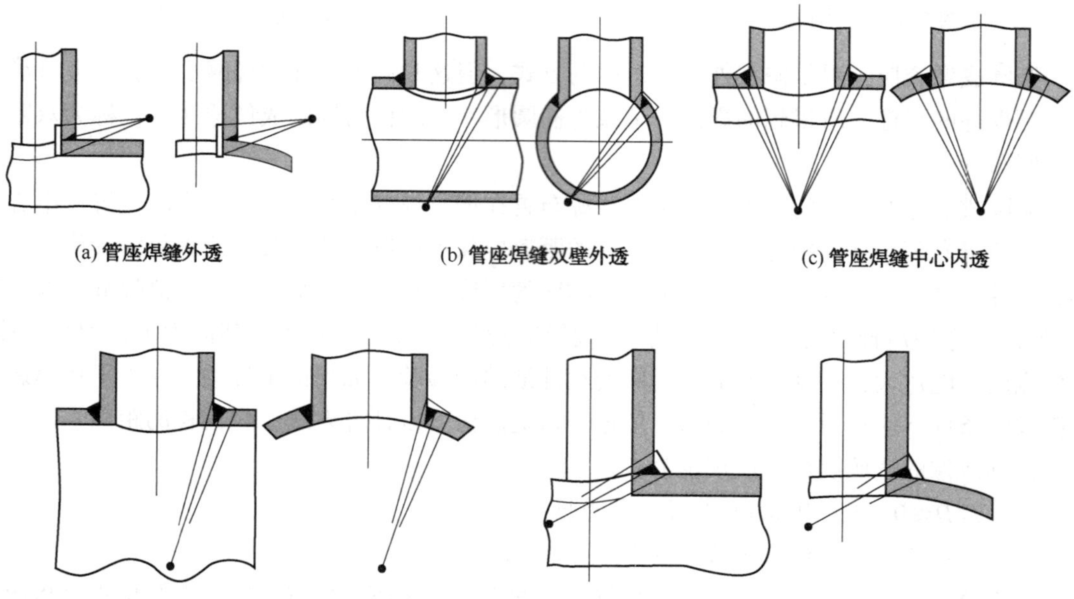


图 2-65　管接头透照方法

## 2.5.4　零件射线透照技术举例

2.5.4.1　发动机叶片射线照相检验技术

叶片是压气机或涡轮的重要零件，它在气流通道内实现气流动能转换与改变气流方向。叶片分为转子叶片(动叶)和静子叶片(静叶、整流叶片、导向叶片)两类，它基本由叶身和叶根(榫头)两部分组成。叶身具有一定的叶型，工作时处于气流通道内，通常可简单地分为进气边和排气边。叶根是叶片的安装部分，它与压气机盘或涡轮盘的榫槽牢固连接。

图 2-66　空心涡轮叶片外形示意图

叶片是现代航空发动机的重要零件，它的破坏会导致机毁人亡。因此，对叶片的质量要求十分严格。下面以空心涡轮叶片为例讨论叶片的射线照相检验技术问题。

图 2-66 是某空心涡轮叶片的外形示意图，图 2-67 是

它的截面形状，图 2-68 是该空心涡轮叶片内部主要结构图。空心涡轮叶片采用熔模铸造方法制造，铸造时空心涡轮叶片的孔道用预制的陶瓷型芯成形。

图 2-67　空心涡轮叶片截面(CT 图像)

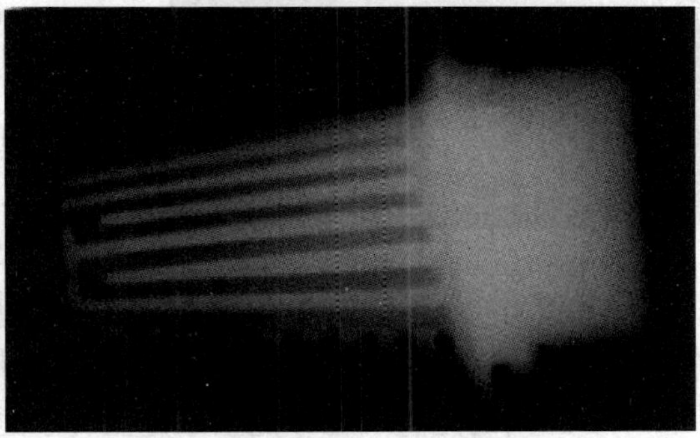

图 2-68　空心涡轮叶片内部结构

空心涡轮叶片可能存在的铸造缺陷主要有气孔、夹杂、疏松、裂纹及冷隔等。此外，由于型芯偏移可能引起壁厚不均匀；型芯断裂可使孔道内形成金属阻隔；由于除芯不彻底在孔道内会留有残余陶瓷型芯等。为了保证空心涡轮叶片的质量，对空心涡轮叶片的检验不仅是对铸造缺陷的检验，还需要对孔道内的多余物进行检验，对叶片壁厚进行测量。

从图 2-67 和图 2-68 可以看出，空心涡轮叶片的射线照相检验问题，显然是一个变截面射线照相检验问题。由于空心涡轮叶片的壁厚常为 0.5～1.0mm，且叶片型面复杂，造成厚度变化较大，因此，不能简单地采用双胶片技术和适当提高透照电压等一般的变截面射线照相检验技术处理，必须进一步采取技术措施。仅从一般射线照相检验技术考虑，最主要的是正确划分透照区、正确确定透照电压、选取适宜的胶片等。此外，必须考虑的是一次透照多个叶片的工艺技术问题。

以变截面射线照相检验技术为处理的基点，将整个叶片划分为三个透照区，即叶根区、进气边区和排气边区。这样一来，每个透照区的厚度就都控制在了一个适当的范围，也就是可以按变截面射线照相检验技术处理的一个范围。按照射线照相检验的一般理论，确定透照电压的透照厚度应选在透照厚度范围的中等偏厚厚度。以此厚度按曝光曲线确定所需的透照电压等透照参数，从理论上它可较好地保证透照区的底片黑度处于规定的范围。

考虑到叶片是重要的关键零件，为了保证检验质量，应选用细颗粒胶片。它既可以得到较高对比度的影像，又具有适当的宽容度。由于叶片本身的特点，不宜采用中颗粒的胶片，中颗粒胶片的射线照相检验技术难以保证检验质量，也较难达到国标的要求。

在实际的空心涡轮叶片射线照相检验中，一次常需透照多个叶片，在射线照相检验工艺上必须考虑这时常出现的问题。较好的处理方法是设计适当的工装，使每个叶片的透照区平面都处于与入射射线束相垂直的状况。否则，一次只能透照较少的叶片，有效透照区内射线束锥的半角应控制在 10°以内。在进行透照布置时，应注意使叶片透照区主要平面或曲面的切平面与胶片面平行并贴近，射线束尽可能与胶片平面垂直。

图 2-69 是某叶片中存在夹杂物的射线照相检验图片，对较小尺寸的残余型芯应采用热中子射线照相检验技术进行检验。叶片壁厚测量经常使用的方法是超声测厚和射线 CT 技术测厚。

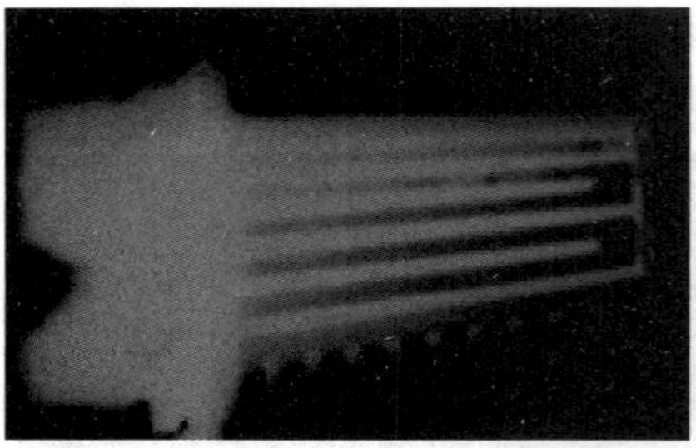

图 2-69　叶片残芯的图像

考虑到叶片的多样性，上述关于空心涡轮叶片的透照分区只适用于与其类似的叶片，而对于其他类型的叶片，区域的划分应根据叶片的结构及相关的技术条件加以确定。如有的叶片要对锁板进行检验，对带有叶冠的叶片，还应对叶冠进行检验等。

2.5.4.2　笼型转子射线照相检验技术

笼型转子的主要结构包括两部分：一部分是由一定形状的硅钢片叠合成的基本结构；另一部分是在硅钢片的孔中浇铸的导体，即笼型条。笼型条可能是直圆柱，也可能是具有一定倾斜的其他形状。图 2-70 画出的是直圆柱形笼型条笼型转子送检时的基本结构示意图，图中带有斜线部分即是笼型条。图 2-71 是笼型条具有倾角的笼型转子基本结构的射线照相图像。笼型转子的射线照相检验是检验铸造笼型条的铸造质量。

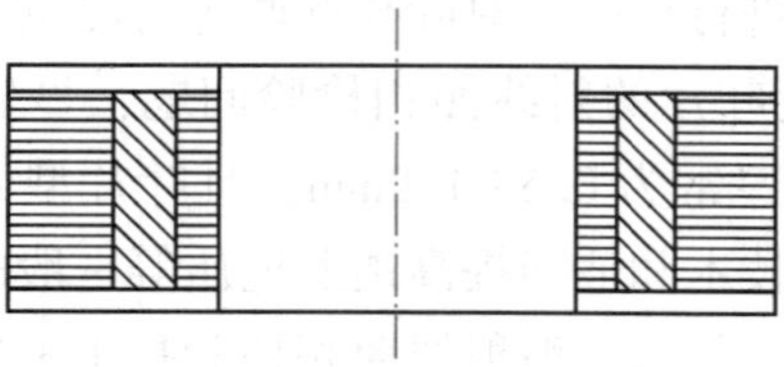

图 2-70　笼型转子基本结构示意图

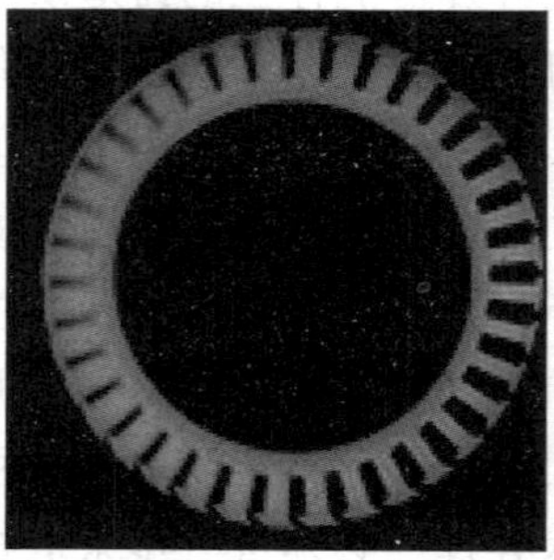

图 2-71　其他结构的笼型转子

笼型转子射线照相检验需要处理的主要技术问题是，一次检验多个笼型转子时设计有效透照区。图 2-72 给出的是同种规格笼型转子的射线照相图像，图 2-72(a)是处于平面透照区中心位置的笼型转子图像，图 2-72(b)是处于偏离中心一定距离位置的笼型转子图像。显然，图 2-72(b)中笼型条已出现严重变形的图像。

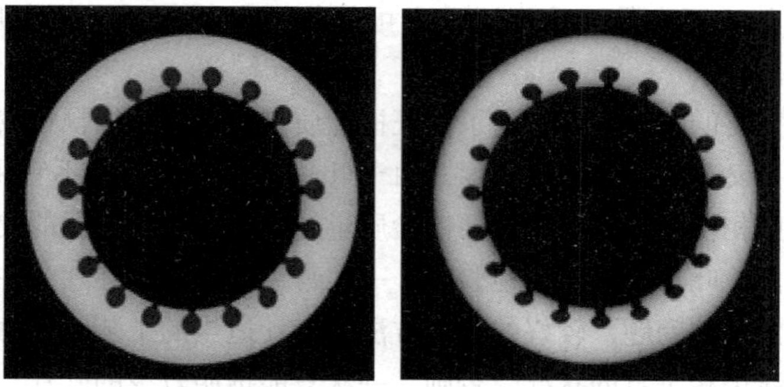

(a)　(b)

图 2-72　笼型转子射线照相检验图像

解决笼型条图像严重变形的最好方法，显然是设计合适的工装，使透照区中每个笼型转子都处于射线束垂直入射到笼型转子的中心这种状态，同时，正确选用焦距，使焦距与笼型转子的半径之比为一个很大的值，从而使笼型条高度的投影与笼型条直径之比很小，得到如

图 2-72(a)所给出的图像。

笼型条中可能出现的主要缺陷是缩孔和气孔。应注意的是由于笼型条的特定形状和较小的尺寸，这时的缩孔并不显示为一般铸件的缩孔形貌，而是常常显示为一般铸件的小片状夹渣形貌。

当不考虑设计工装时，则应根据选用的焦距和设定的笼型条变形值(即笼型条高度投影值与笼型条直径之比)限定有效透照区，以保证得到的笼型条图像能够有效地用于评定笼型条的铸造质量。

在条件具备时，采用扫描射线照相检验技术进行笼型转子的射线照相检验，应是更好的射线照相检验技术。

### 2.5.5 射线透照法检测及适用范围

#### 2.5.5.1 检测要求

① X 射线机应符合 JB/T 11278—2012《无损检测仪器 工业 X 射线探伤机 通用技术条件》要求，射线防护应符合 GB 18871—2002《电离辐射防护与辐射源安全基本标准》。

② 受检零件应做适当的编号和标记，以示区分。

③ 按要求尺寸，把选定的胶片(和增感屏)装入暗盒。暗盒材料常用黑纸和塑料。

④ 胶片应尽量紧贴工件、准确放置，以获得受检部位全部影像。当需要胶片搭接时，应有足够的重叠长度。

⑤ 透度计置于合适的位置，通常置于影像质量可能最差的部位。

⑥ 采用防护散射线的必要手段。

⑦ 对厚度差显著的零件，采取补偿办法。

⑧ 检查后的零件应在指定部位做上合格与否标记，发检测报告。

#### 2.5.5.2 适用范围

射线透照法对铸件、焊接件、组合件、金属材料、非金属材料及复合材料均适用。

对于金属铸件，可发现的缺陷类型包括：气孔、夹杂、疏松、针孔、偏析、裂纹、冷隔、未浇满、缩孔等。

对于焊接件，可发现的缺陷类型包括：气孔、夹渣、未焊透、未熔合、裂纹、咬边等。

用小焦点软 X 射线检查非金属材料的内部质量，如玻璃增强塑料中粗纱的松散、结扣、重叠不齐和方向错乱、混入的夹杂物；陶瓷增强塑料的气孔和裂纹，可取得较好的效果。

透照组合零件内部不同材料的布局，随各材料的密度差越大，效果越好。

## 2.6 暗室处理

### 2.6.1 概述

暗室处理是射线照相检测的基本技术环节，射线照片的质量不仅与透照过程有关，而且与暗室处理过程密切相关。

目前，暗室处理方法可分成自动处理和手工处理两类。自动处理采用胶片自动处理机和特殊的专用显影液、定影液、停显液配方，一般是在高温下进行处理，得到的射线照片质量好并且稳定。手工处理可分为盘式处理和槽式处理两种方式，槽式处理适于处理规格比较一致的胶片，盘式处理适于胶片规格不固定、变化情况较大的暗室处理。盘式处理要求操作人员应具有熟练的暗室操作技术和较高的操作水平，否则将难以得到质量良好的射线照片。

无论是自动处理还是手工处理，处理的基本过程是相同的，即都包括显影、停显(或中间水洗)、定影、水洗、干燥这五个基本过程，对于手工处理，在显影之前应增加浸水过程，即把待处理的胶片置于清水之中，使胶片表面都被水润湿，避免直接进行显影时因胶片表面局部附着小气泡或其他原因产生的显影液润湿不均匀，从而导致显影不均匀。

为了保证暗室处理的质量，暗室环境应满足一些基本要求。暗室应设计成分立的两部分，一部分是存放和切装胶片的工作室，另一部分是进行从显影至干燥的工作室。

暗室的环境条件的主要要求如下：

① 室温控制。特别在采用手工处理时，要求室温能控制在 20℃±5℃。

② 湿度控制。应控制湿度在适当范围，经常要求相对湿度为 30%~60%。

③ 通风。暗室应具有排风设备，其换气量应能达到 5~10 次/h。

④ 照明。暗室应有两种照明方式——白炽灯、安全红灯。

⑤ 墙壁与地面。应反光少，地面和局部墙壁应防水、防化学腐蚀。

此外，应有方便的水源、排水设施和足够的面积。

关于照明应说明的是，白炽灯用于暗室处理的准备工作照明，其亮度应较低，一般不要超过 25W，以利于尽快适应暗室处理工作状况。切装胶片和胶片冲洗处理过程必须在安全(红)灯照明下进行，否则将使胶片感光。安全(红)灯主要是指灯的颜色和亮度应保证胶片在切装和冲洗处理过程中不被感光。灯的颜色应为暗红色，一般用 15~25W 白炽灯加装滤色片构成。为保证灯的照明亮度适宜，应控制灯与工作台的距离，特别是安全(红)灯与显影、切装胶片工作台的距离。安全(红)灯的可靠性可如下检查：开启安全(红)灯，在不同的工作部位各放置一条胶片，并用硬纸板盖住，然后每经一定时间移动一下纸板，使胶片产生不同时间的曝光，最后按照规定的程序进行暗室处理，从得到的黑度与未曝光部分的黑度比较，以不产生灰雾黑度为准，即可确定安全(红)灯的可靠工作时间和距离。

暗室操作的基本要求：清洁、有序、细心、熟练。

暗室操作人员，在进行暗室操作之前应洗手，去除手上的汗液和污物，以保证不因手接触胶片而对胶片产生污染，必要时应戴乳胶手套。

### 2.6.2 胶片处理程序和操作要点

#### 2.6.2.1 显影

曝光以后在胶片的乳剂层中形成潜影，对通常采用的曝光量必须经过显影才能把潜影转化为可见的影像。显影就是以还原作用，从感光乳剂中感光的溴化银还原出金属银，使不可见的潜影转化为可见的影像。显影是暗室处理中最重要的环节，也是与影像质量关系最密切的暗室处理过程。

显影过程分为三步：首先，潜影中心(显影中心)吸附显影剂；其次，显影剂释放电子，电子转移到潜影中心；最后，电子与银的正离子结合形成银原子，并聚集在潜影中心。这个过程不断进行，使潜影转化为可见的银原子团影像。

通常使用的显影液含有四种主要组分：显影剂、保护剂、促进(加速)剂、抑制剂，此外还应有溶剂水。调整各个组分的比例，可以得到不同性能的显影液。

显影温度对显影液的显影能力具有明显影响，手工处理时显影液的显影温度一般为18~20℃。温度高时显影作用快，温度低时显影作用慢。温度过高可能使显影液中的药品分解失效，或造成显影液的过分氧化，主要危害是灰雾增大、影像颗粒变粗，而且可能损害乳剂层。显影温度过低，显影液的显影能力大大降低，甚至可能完全失去显影作用，造成影像的对比度(反差)降低。

显影时间与显影液配方相关，应按配方推荐的时间显影。对手工显影，正常的显影时间一般是4~6min，显影时间延长，可以增加底片黑度和影像对比度，但也会增大灰雾度和影像的颗粒度。显影时间过短，底片影像对比度降低，也会增大影像的颗粒度。显影时间过长或过短都不能得到良好的影像质量。

#### 2.6.2.2 停显或中间水洗

从显影液中取出胶片后，显影作用并不能立即停止，这时候胶片乳剂层中还残留着显影液，它们仍在继续进行显影作用，在这种情况下容易产生显影不均匀。如果这时立即将胶片放入定影液中，则可能产生二色性灰雾。同时，由于显影液带入定影液，还会损害定影液。二色性灰雾是极细的银粒沉淀，在反射光下呈现蓝绿色，在透射光下呈现粉红色。

为了立即终止显影液的作用，在显影之后应进行停显处理。即把从显影液中取出的胶片转移至停显液中，使胶片表面和乳剂层中残留的显影液与停显液发生相互作用，停止显影作用。常用的停显液是1.5%~5%的醋酸水溶液。停显时间约为0.5~1min。停显液的主要作用是其酸中和显影液的碱。

#### 2.6.2.3 定影

经过显影之后，胶片乳剂层中感光的卤化银还原为金属银，但大部分未感光的卤化银没有发生变化，还保留在乳剂层中。定影过程的作用是，将感光乳剂层中未感光也未被显影剂还原的卤化银从乳剂层中溶解掉，使显影形成的影像固定下来。

在定影过程中定影剂与卤化银发生化学反应，生成溶于水的银的络合物，但对已还原的金属银不发生作用。定影剂是定影液的主要组分，使用最广泛的定影剂是硫代硫酸钠(海波)。在定影过程中，硫代硫酸钠与卤化银发生反应，生成成分比较复杂的能溶于水的银的络合物。

定影过程的进行受温度影响较大，温度低时定影进行缓慢，温度高时定影进行快。但温度不能过高，温度过高可能造成定影液药品分解失效，使乳剂层膨胀加大，容易产生划伤和脱膜。定影液温度应与显影液相近，常控制在16~24℃。定影温度低，则定影过程进行慢。在一般情况下，希望定影温度与显影温度相同或相近。

完成定影所需要的时间与定影液中硫代硫酸钠的浓度、定影液老化的程度、定影温度都相关。如果定影时间短于定透时间，射线照片将呈现灰白雾状，影像明显不清晰。定影时间超过定透时间、胶片未感光部分也已呈现透明状态，也不能简单地认为定影过程已经完成。定影过程中硫代硫酸钠与卤化银的反应要经过多个阶段，中间阶段生成银的络合物是无色但稍溶于水的物质，因此，在胶片未感光的部分已呈现透明时，很可能这些反应生成物并未转移至定影液中，定影过程也未进行完毕。实验研究指出，定影时间应为通透时间的 2 倍。

2.6.2.4 水洗

定影以后在胶片的表面和内部都吸附着硫代硫酸钠和银的络合物，如果它们留在射线照片里，银的络合物会很快分解，硫代硫酸钠会缓慢地与空气中的水分、二氧化碳进行反应，最终产生棕黄色的硫化银，导致在底片上出现斑点，使底片变黄。水洗就是为了清除这些有害物质，使底片具有稳定的质量。

水洗的质量决定于水洗的温度、时间、方式。温度高可缩短水洗时间，但温度过高可能会损害乳剂层，水洗温度一般控制在 16~24℃。水洗时间一般需要 30min。

一般应用流动水洗方式进行水洗，使胶片总是接触新鲜清水，利于清除残留的有害物质。为节约用水推荐采用级联递进水洗方式，这种水洗方式是将从定影液中取出的胶片先放入第一个水槽，然后依次再放入第二、第三等水槽，而水则是从最后一个水槽进入，然后依次流入前方的水槽。它同时可以水洗多批胶片，但又不使处于不同水洗状况的胶片互相污染，既节约了用水，又可得到良好的水洗效果。

2.6.2.5 干燥

干燥是为了排除膨胀的乳剂层中的水分。为避免干燥在底片上可能产生的水迹，可在水洗后、干燥前进行润湿处理。即将水洗后的胶片浸入约 0.1%浓度的洗涤剂水溶液中约 30s，然后取出使水从胶片表面流掉，再进行干燥。干燥方法主要包括：自然干燥和烘箱干燥。

2.6.2.6 胶片自动处理

胶片自动处理是采用专用的自动洗片机进行从显影到干燥全过程的自动处理。胶片从进片口送入自动洗片机内，然后顺序通过显影、定影、水洗、干燥过程，从出片口送出一张处理质量良好的底片。完成上述全过程的处理的时间约为 7~14min 或更短些。

## 2.7 常见缺陷的影像特征及质量评定

### 2.7.1 概述

正确地识别射线照片上的影像，判断影像所代表的缺陷性质，需要丰富的实践经验和一定的理论基础。理论基础主要是应掌握一定的材料和工艺方面的知识，从而掌握主要的缺陷类型、缺陷形态和缺陷产生规律，没有这方面适当的知识很难正确识别缺陷影像。实践经验是正确识别影像和判断缺陷性质的另一个重要基础，只有经过较多的练习，才能逐步掌握缺陷识别技巧，因缺陷识别不是一个纯理论问题。此外，必须了解射线照相过程，特别是透照的具体方式，这为分析影像的形成和缺陷影像可能发生的变化提供了基础。

总之，对工件的材料、工艺知识掌握得越多，对工件射线照相过程了解得越清楚，具有的经验越丰富，就越容易正确地识别射线照片上缺陷影像。

在上述基础上，可以从下面三个方面对射线照片上的影像进行分析和判断：

① 影像的几何形状；

② 影像的黑度分布；

③ 影像的位置。

不同性质的缺陷具有不同的几何形状和空间分布特点。例如，气孔一般是球形，裂纹多为宽度很小，且变化的缝隙等。由于射线照片上缺陷的影像是缺陷的几何形状按照一定规律在平面上投影形成的图形，因此，射线照片上缺陷影像的形状与缺陷的几何形状密切相关。影像的几何形状常常是判断缺陷性质的最重要依据。判断一个影像是否是缺陷，缺陷的性质是什么，一般首先从影像的形状作出初步判断，然后，再从其他方面进行进一步的分析、论证。分析影像的几何形状应当从三方面进行：

① 单个或局部影像的基本形状；

② 多个或整体影像的分布形状；

③ 影像轮廓线的特点。

不同性质的缺陷，其影像的几何形状在上述三个方面可能产生差异。应注意的是，对不同透照布置，同一缺陷在射线照片上形成的影像的几何形状将发生变化。例如，球形可能变成椭圆形，裂纹可能呈现为鲜明的细线，也可能呈现为模糊的片状影像等。

影像的黑度分布是判断影像性质的另一个重要依据。不同性质的缺陷内在性质不同，气孔可认为内部不存在物质，夹杂物是不同于工件基体材料的物质等。这种不同产生了不同性质缺陷对射线的吸收不同，形成的缺陷影像黑度也就不同。在分析影像黑度特点时应考虑：

① 影像黑度相对于工件基体黑度的高低；

② 影像自身各部分黑度的分布特点。

在缺陷具有相同或相近的几何形状时，黑度分布的特点是判断影像性质的重要依据。缺陷影像在射线照片上的位置，也就是缺陷在工件中位置的反映，这是判断影像缺陷性质的另一个依据。缺陷在工件中出现的位置通常具有一定的规律，因此影像所在的位置也与缺陷性质有关。某些性质的缺陷只能出现在工件的特定位置，对这类性质的缺陷，影像的位置将是识别缺陷的重要依据。例如，焊缝中的根部未焊透一般出现在焊缝的中心线上，铸件中的缩孔常出现在壁厚变化较大的部位等。

实际识别射线照片上影像的缺陷性质，是从上述几个方面进行综合考虑，作出判断。

### 2.7.2 常见缺陷影像特征

#### 2.7.2.1 气孔和气泡

气孔和气泡是铸件或焊件中常见的缺陷，是气体停留在金属内部而形成的缺陷。铸件多聚集在上部，焊件以单个、多个密集或链状的形式分布在焊缝上。如气泡小而密集，则称为多孔性缺陷。一般呈圆形或椭圆形，也有不规则形状的，大小不一。

在底片上的影像轮廓清晰，边缘圆滑，如果气孔较大，还可看到其黑度中心部分较边缘要深一些。如图 2-73 所示。

#### 2.7.2.2 夹渣

夹渣是金属凝固过程中未能排除的熔渣。有非金属夹渣和金属夹渣两种。前者在底片上呈不规则而轮廓清晰的黑色块状条状和点状等，有时连续、密集，有时以单个出现，影像密度较均匀；后者是钨极氩弧焊中产生的钨夹渣，在底上呈白色的斑点，如图 2-74 所示。

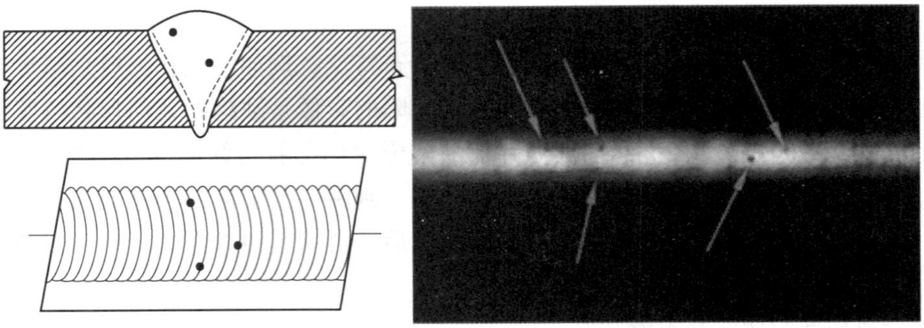

(a) 单个气孔

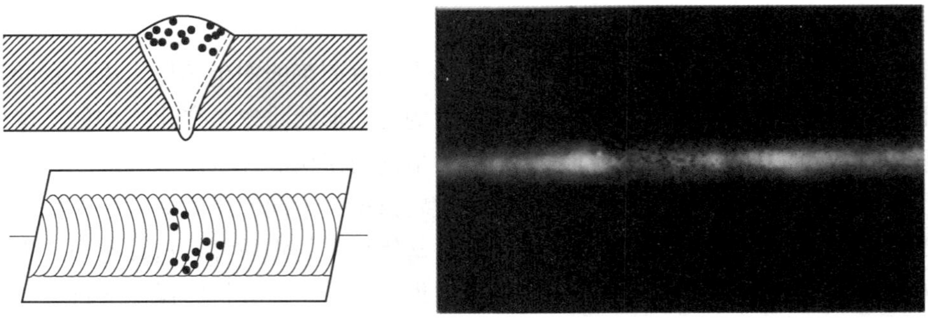

(b) 密集气孔

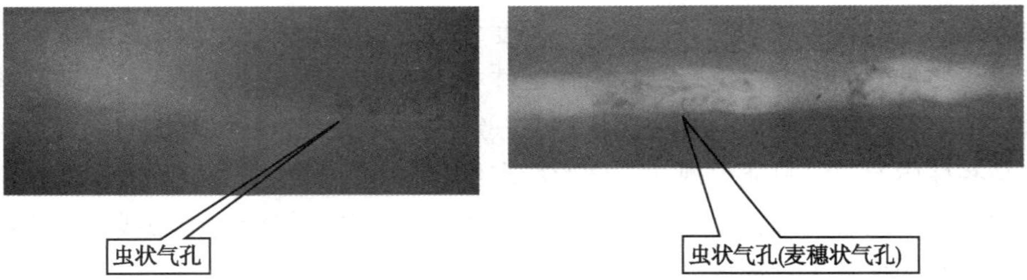


(c) 虫状气孔

图 2-73　各种气孔影像

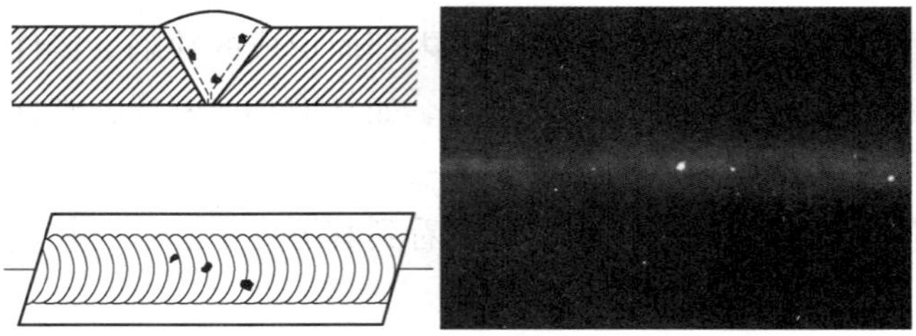

(a) 夹钨

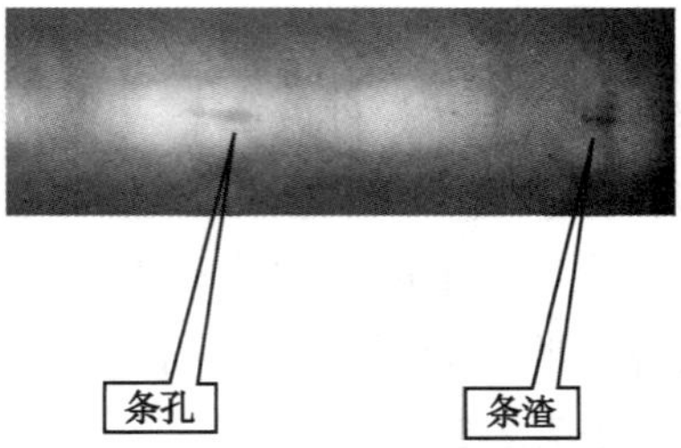


(b) 条孔和条渣

图 2-74　夹渣影像

2.7.2.3　未焊透

未焊透是指母材金属之间没有熔化，焊缝金属没有进入接头根部造成的缺陷。常因熔焊工艺选择不当造成。未焊透分为根部未焊透和中间未焊透两种，前者产生于单面焊缝的根部；后者产生于双面焊缝的中间部分。

未焊透的典型影像是细直黑线，两侧轮廓都很整齐，为坡口钝边痕迹，宽度恰好是钝边的间隙宽度。有时坡口钝边有部分融化，影像轮廓就变得不很整齐，线宽度和黑度局部发生变化，但只要能判断是出于焊缝根部的线性缺陷，仍判定为未焊透。图 2-75 为对接焊缝的未焊透影像。

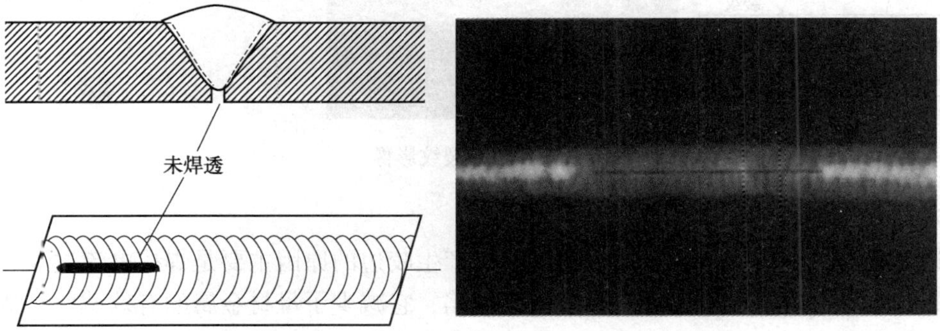


图 2-75　对接焊缝未焊透影像

2.7.2.4　未熔合

未熔合包括：根部未熔合、坡口未熔合和层间未熔合。根部未熔合的典型影像是连续或断续的黑线，线的一侧轮廓整齐且黑度较大，为坡口或钝边的痕迹，另一侧轮廓可能较规则，也可能不规则。根部未熔合在底片上的位置就是焊缝根部的投影位置，一般在焊缝的中间，因坡口形状或投影角度等原因可能偏向一边。坡口未熔合的典型影像是连续或断续的黑线，宽度不一，黑度不均匀，一侧轮廓较齐，黑度较大，另一侧轮廓不规则，黑度较小，在底片上的位置一般在中心至边缘的 1/2 处，沿焊缝纵向延伸。层间未熔合的典型影像是黑度不大的块状阴影，开关不规则，如伴有夹渣时，夹渣部位黑度较大。一般在射线照相检测中不易发现。图 2-76 为坡口未熔合影像。

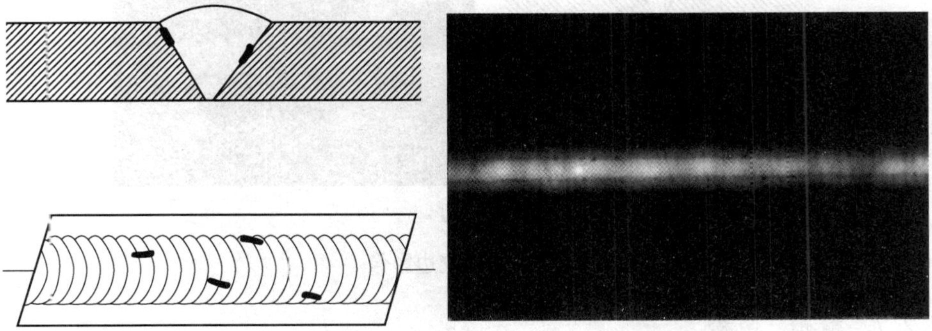

图 2-76　坡口未熔合影像

2.7.2.5　裂纹

裂纹主要是在熔焊冷却时因热应力和相变应力而产生的，也有在校正和疲劳过程中产生的，是危险性最大的一种缺陷。在铸、锻、焊、热处理中都可能产生。

裂纹影像较难辨认。因为断裂宽度、裂纹取向、断裂深度不同，使其影像有的较清晰，有的模糊不清。常见的有纵向裂纹、横向裂纹和弧坑裂纹，分布在焊缝上及热影响区内。尤其以起弧处、收弧处及接头处最易产生，方向有横向的、纵向的或任意方向的。

底片上裂纹和典型影像是轮廓分明的黑线或黑丝。其细节特征包括：黑线或黑丝上有微小的锯齿，有分叉，粗细和黑度有时有变化，有些裂纹影像呈较粗的黑线与较细的黑丝相互缠绕状；线的端部尖细，端头前方有时有丝状阴影延伸。图 2-77 为裂纹影像。

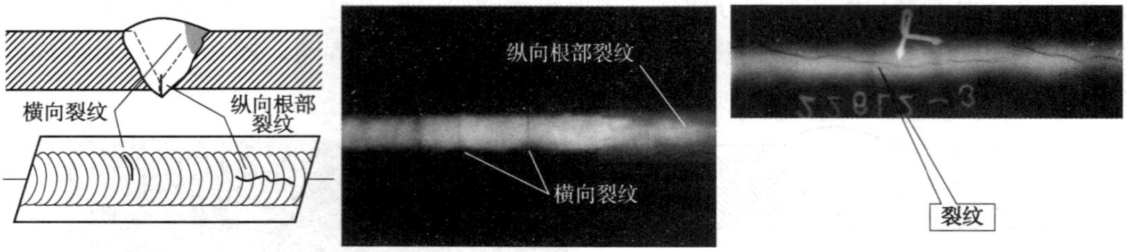


图 2-77 裂纹影像

2.7.2.6 咬边

咬边是在母材金属上沿焊趾产生的沟槽，产生咬边的原因主要是焊接电流过大、电弧过长、焊条角度不正确等。咬边是一种危险的缺陷，它减少了母材金属的有效截面，造成应力集中，容易引起裂纹。在底片上的影像类似于夹渣，但它一定出现在焊缝区两侧，因此容易识别。图 2-78 为咬边影像。

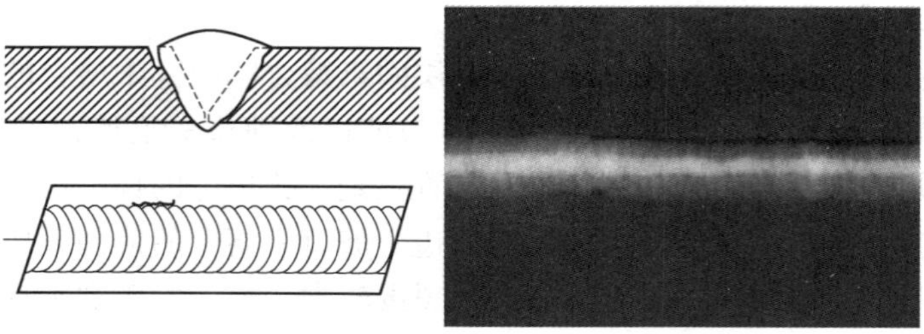

(a) 表面咬边

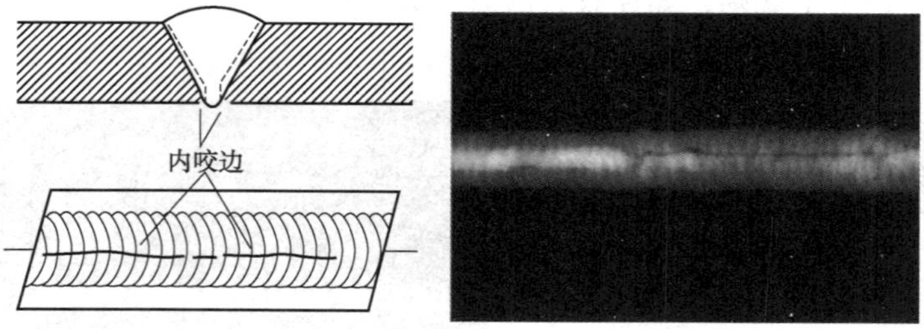


(b) 内咬边

图 2-78 咬边影像

2.7.2.7 缩孔、疏松

铸件中的缩孔均出现在最后凝固区。在底片上轮廓较清晰，呈暗黑色的斑纹，呈管状、喇叭状或树根状。疏松常与缩孔共存，在底片上呈灰黑色的云状斑块，边缘不规则又不明显。有时呈羽毛状或树枝状，延伸处色淡。

2.7.2.8 偏析

在底片上呈各种形状的斑点(纹)。其黑度因偏析元素密度而异。

以上仅举一些常见的缺陷。材料中可能出现的缺陷很多。只有经过长期实践并结合被检物的生产工艺过程分析，才能不断提高判别能力。另外必须指出，射线检验的灵敏度是有限的，因此底片上未发现缺陷，不能肯定说被检物完全无缺陷，因此有时要辅以其他检验手段。

### 2.7.3 伪缺陷的辨认

在透照和暗室处理过程中，由于操作不当，或胶片质量问题，往往在底片上造成伪缺陷。有的伪缺陷与真缺陷很相似，需仔细加以分辨。下面是几种常见的伪缺陷：

① 由于发生静电作用，使底片上产生暗色斑点，很容易与气孔或夹渣相混淆；

② 胶片曝光后弯曲引起月牙形黑影，有时容易与横向裂纹或未熔合相混淆；

③ 由于增感屏破损，底片上产生明亮的白斑，容易与钨夹渣混淆；

④ 由于增感屏划伤，底片上产生黑线条，容易与未焊透混淆。

2.7.3.1 压痕

压痕的表征为密度明显低于邻近区域的密度。是在曝光前某个胶片区域局部受力严重而产生的。产生压痕的主要原因在于暗袋准备过程中胶片处理的方式不当。在处理过程中，胶片某处可能被压(夹)紧在暗袋中。掉落到暗袋上的物体同样可能造成压痕。

检验压痕可以直接从同一包装盒中小心准备另一暗袋胶片，曝光并冲洗胶片，如果未见到与第一次所见一样的瑕疵，则第一次所见的斑痕很可能就是压痕。要避免压痕就需要严格遵守暗室操作规程，始终小心处理胶片，避免对胶片施以任何类型的压力(图 2-79)。

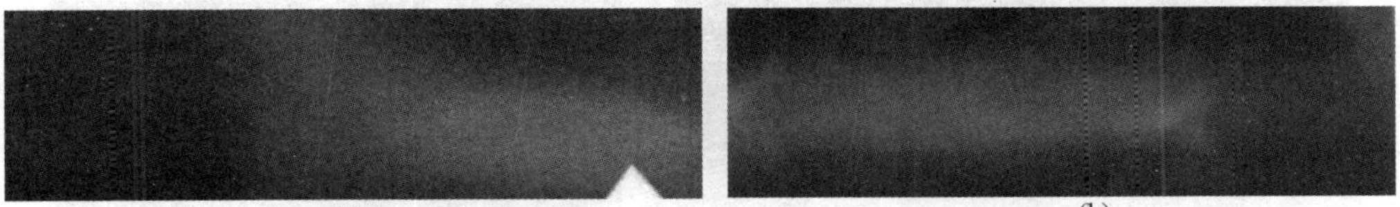

(a) (b)

图 2-79 压痕影像

2.7.3.2 折痕

折痕(曝光后)的表征为黑月牙显示，其密度高于邻近的胶片区域(黑度较高)。曝光后或冲洗过程中过度(或用力)弯曲胶片会使胶片出现折痕。折痕(曝光后)通常出现在卸下暗袋或洗片夹时在处理胶片不当的情况下发生。检测曝光后的折痕，可以将一些胶片曝光，然后有意识地将其卷曲或扭折，冲洗胶片，然后通过反射光检验胶片，有可能见到一个或多个月牙状的黑痕(图 2-80)。

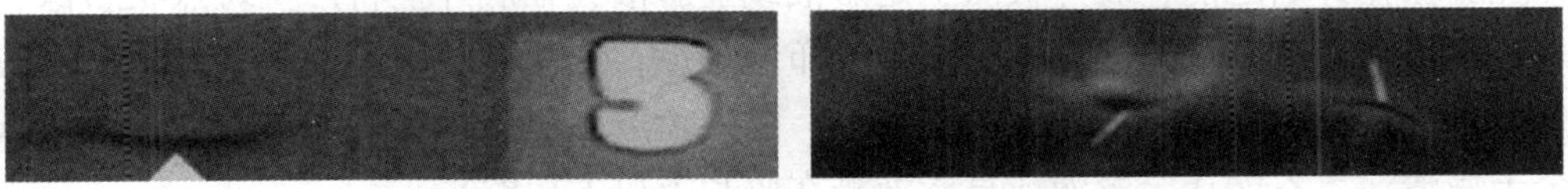

(a) (b)

图 2-80 折痕影像(曝光后)

折痕(曝光前)的表征为白月牙状显示，其密度低于邻近的胶片区域(黑度较低)。它们产生的原因是曝光前弯曲胶片用力过大或过猛都会导致这种类型的折痕。通常出现在从包装盒取出胶片或在曝光前装入暗袋时处理不当的情况下。要检验曝光前的折痕可以有意识地将某些胶片卷曲或扭折，使其曝光，然后按正常方法冲洗，然后检验胶片，这时可能会在胶片处理不当的地方见到一些颜色较淡的折痕(图 2-81)。

要避免折痕(曝光前和曝光后)就要严格遵守暗室操作规程，始终小心处理胶片，特别避免手指对胶片施以任何类型的压力。

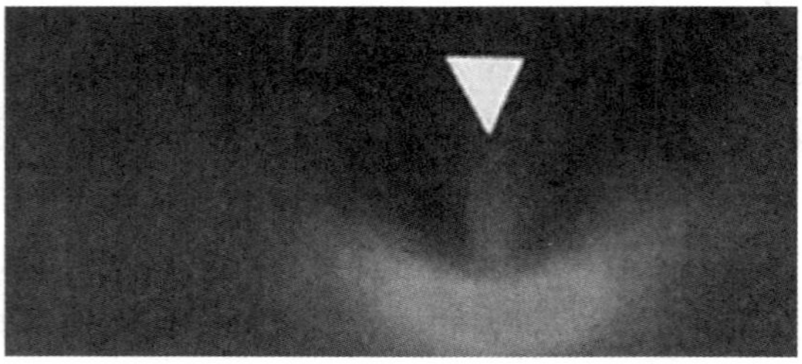

图 2-81　折痕影像(曝光前)

2.7.3.3　静电斑纹

在切装胶片时，如果胶片与胶片或胶片与某些物体发生摩擦产生了静电，将造成胶片感光，在底片上形成黑度高于背景黑度的静电斑纹。静电斑纹的表征为锯齿状分支黑线或不规则且密集的黑色小点(图 2-82)。

在相对湿度大于 40%的环境下保存胶片，从包装盒取出胶片时避免快速滑动或移动胶片可以避免静电斑纹。

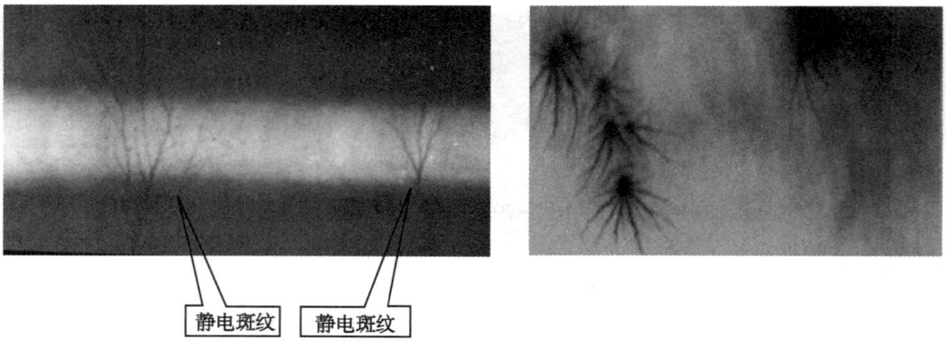


图 2-82　静电斑纹影像

2.7.3.4　定影液、显影液斑点

在显影操作开始之前，胶片被溅上定影液或显影液，在底片上将产生斑点状影像。定影液斑点黑度很低，具有平滑的轮廓和成片分布的特点，因而容易识别，不会与重金属夹杂物混淆。显影液斑点影像是黑度较大的小圆点。要避免产生斑点，在操作时保证胶片装卸区域的安全干燥清洁，不能让定影液或显影液溅在胶片上(图 2-83)。

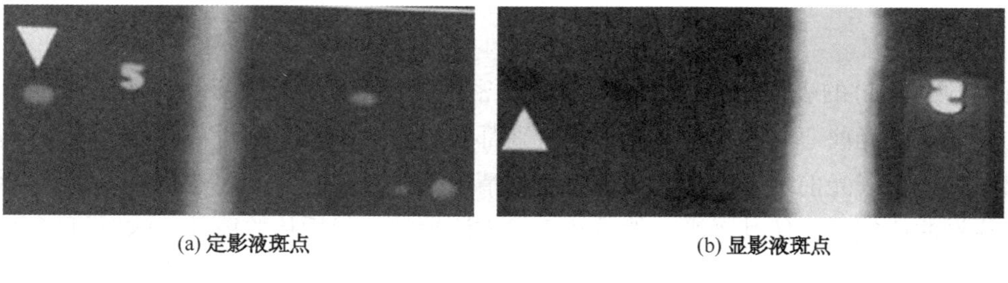


图 2-83　定影液、显影液斑点影像

2.7.3.5　增感屏、夹纸痕迹

当铅箔增感屏受到某种程度的擦伤或损坏时，就会见到铅箔增感屏上的擦痕，如果有杂质进入上面，也会产生这种现象。增感屏痕迹可能是一条暗纹，也可能是白色斑点。暗纹是由铅箔增感屏上的深擦痕引起的，而亮斑是由铅箔增感屏上的片状杂质引起的[图 2-84(a)]。可以通过近距离仔细观察铅箔增感屏，发现增感屏是否发生损坏，如果有任何损坏必须进行更换。如果无法确定是否有损坏，请用新的铅箔增感屏更换可疑的铅箔增感屏，然后利用胶片检测。要避免增感屏痕迹首先应避免擦伤铅箔增感屏，并始终保持工作区域的洁净。另外，如有可能，请使用铅封包装的胶片形式。

如果胶片和铅箔增感屏之间存在一张纸，并产生了投影，则会出现夹纸痕迹。夹纸痕迹是一块黑度较低的区域，并几乎覆盖整张胶片[图 2-84(b)]。透照时应确保在曝光前去掉全部衬纸。

(a) 增感屏痕迹　　(b) 夹纸痕迹

图 2-84　增感屏、夹纸痕迹影像

### 2.7.4　缺陷位置与尺寸的测定

2.7.4.1　缺陷所在位置深度的确定

根据缺陷在底片上的影像，只能判定缺陷在工件中的平面位置，也就是说，只能把缺陷位置以两个坐标表示出来。为了确定第三个坐标，即决定缺陷所在位置的深度，必须进行两次不同方向的照射，两次透照时焦距 $F$ 应保持不变(图 2-85)。

$$\frac{a}{b}=\frac{F-x}{x}\Rightarrow x=\frac{bF}{a+b}$$

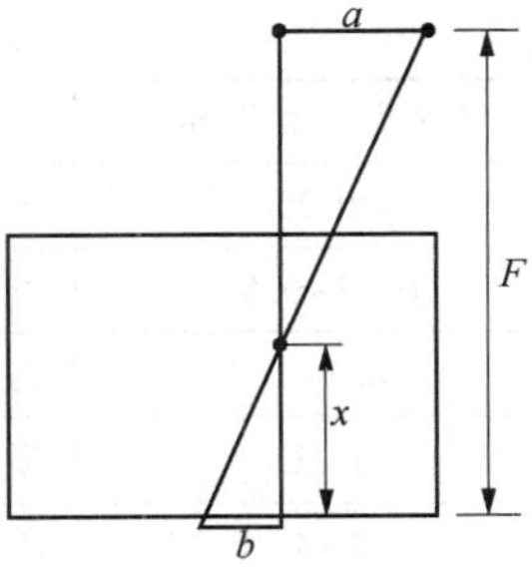


图 2-85　二次射线照相法确定缺陷的深度

2.7.4.2　缺陷在射线方向上的厚度确定

缺陷在射线束方向的厚度(如气孔直径或未焊透深度等)测定方法，可通过测量缺陷在底片上的影像黑度来估计。

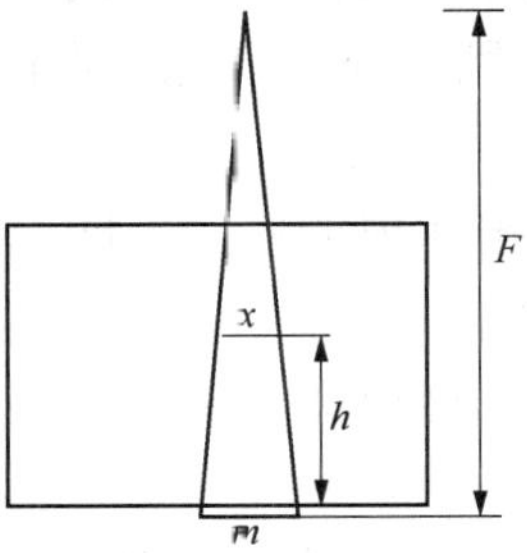


图 2-86　确定缺陷平面尺寸的示意图

2.7.4.3　缺陷平面尺寸的确定

图 2-86 为确定缺陷平面尺寸的示意图。

$$x=\frac{F-h}{F}m$$

### 2.7.5　被检物的质量评定

2.7.5.1　焊接件

根据 NB/T 47013—2015《承压设备无损检测》根据缺陷的性质和数量，将焊缝质量分为四级，其中Ⅰ级焊缝质量最高，依次下降。见表 2-13。

**表 2-13　焊缝的质量分级**

| 焊缝级别 | 要求内容 |
| --- | --- |
| Ⅰ级 | 焊缝内不允许有裂纹、未熔合、未焊透和条状夹渣存在 |
| Ⅱ级 | 焊缝内不允许有裂纹、未熔合、未焊透存在 |
| Ⅲ级 | 焊缝内不允许有裂纹、未熔合以及双面焊或相当于双面焊的全焊透对接焊缝和加垫板的单面焊中的未焊透。加垫板的单面焊中的未焊透允许长度按条状夹渣长度的Ⅲ级评定 |
| Ⅳ级 | 焊缝缺陷超过Ⅲ级 |

2.7.5.2　铸件

各工业部门都有各自部颁的标准，一些技术先进国家有铸件射线检验的国家标准。

质量评级标准的制订是一项非常重要又艰巨的工作，随着科学技术的发展，我国在总结经验及采用先进理论计算的基础上，不断修订和完善质量评级方法。

## 2.8　射线防护

射线防护是通过采取适当措施，减少射线对工作人员和其他人员的照射剂量，从各方面把射线剂量控制在国家规定允许的计量标准（$1\times10^{-3}$Sv/周）以下，以避免超剂量照射和减少射线对人体的影响（表 2-14）。

**表 2-14　一次全身大剂量辐射照射对身体的影响**

| 剂量当量水平/Sv | 对人体的影响 |
| --- | --- |
| <0.25 | 未观察到临床效应 |
| 0.25~0.5 | 可以引起血液的变化 |
| 0.5~1 | 血液发生变化且有一些损伤 |
| 1~2 | 损伤，并可能发生轻度急性放射病，容易治愈 |
| 2~4 | 明显损伤，能引起中度急性放射病，能治愈 |
| 4~5 | 能引起重度急性放射病，虽经治疗受照者有 50%可能在 30 天内死亡，其余 50%能恢复 |
| >6 | 引起极重度放射病，可能因此而死亡 |

辐射防护中应遵循的三项基本原则是：

① 正当化原则。在任何包含电离辐射照射的应用实践中，必须保证这种应用实践对人群和环境产生的危害小于这种应用实践给人群和环境带来的利益，否则这种应用实践是不应该实施的。

② 最优化原则。避免一切不必要的辐射照射，任何包含电离辐射照射的应用实践，在符合正当化原则的前提下，应保持在可以合理达到的最低辐射照射水平。

③ 限值化原则。在符合上述正当化与最优化原则的应用实践中，应保证个人所受到的照射剂量当量不超过规定的相应限值。

为了便于对人体所受的各种辐射剂量作统一衡量，将焦耳每千克命名为希沃特（或西伏），记为 Sv。Sv 表示人体对一切射线所吸收能量的剂量单位，1Sv = 1J/kg。

射线防护方法主要有屏蔽防护、距离防护和时间防护方法。俗称为射线防护的三大方法。

### 2.8.1 屏蔽防护法

屏蔽防护的原理是：射线穿透物质时强度会减弱，一定厚度的屏蔽物质能减弱射线的强度，在辐射源与人体之间设置足够厚的屏蔽物(屏蔽材料)，便可降低辐射水平，使人们在工作时所受到的剂量降低到最高允许剂量以下，确保人身安全，达到防护目的。屏蔽防护的要点是在射线源与人体之间放置一种能有效吸收射线的屏蔽材料。

一般根据X射线、γ射线与屏蔽物的相互作用来选择防护材料，屏蔽X射线和γ射线以密度大的物质为好，如贫化铀、铅、铁、重混凝土、铅玻璃等都可以用作防护材料。但从经济、方便角度出发，也可采用普通材料，如混凝土、岩石、砖、土、水等。对于X射线，常用的屏蔽材料是铅板和混凝土墙，或者是钡水泥(添加有硫酸钡，也称重晶石粉末的水泥)墙。屏蔽材料的厚度估算通常利用了半值层的概念。

$$I_0/I=2^n$$

$$d=nT_{1/2}$$

式中 $I_0$——屏蔽前的射线强度；

$I$——屏蔽后的射线强度；

$n$——半值层个数；

$d$——屏蔽层厚度；

$T_{1/2}$——半值层厚度。

在X射线检测中利用的是宽束X射线，表2-15给出了宽束X射线在铅和混凝土中的近似半值层厚度。注意：由于铅板的纯度及纯净度、混凝土的配方以及组织结构上必然存在的差异，因此表中给出的半值层厚度只能作为参考值，在实际应用中必须考虑增加保险量。屏蔽防护法是射线防护的主要方法。

**表2-15 宽束X射线在铅和混凝土中的近似半值层厚度**

| 宽束X射线的近似半值层厚度/mm | | | | | |
|---|---|---|---|---|---|
| 管电压 | 铅 | 混凝土 | 管电压 | 铅 | 混凝土 |
| 50kV | 0.06 | 4.3 | 250kV | 0.88 | 28.0 |
| 75kV | 0.17 | 8.4 | 300kV | 1.47 | 31.0 |
| 100kV | 0.27 | 16.0 | 400kV | 2.5 | 33.0 |
| 150kV | 0.30 | 22.4 | 1MV | 7.9 | 44.0 |
| 200kV | 0.52 | 25.0 | 2MV | 12.5 | 64.0 |

对于中子的屏蔽除能防护γ射线之外，还以特别选取含氢元素多的物质为宜(对含氢多的物质有很强的散射作用)。

例2-11：离250kV的X光机一定距离处测得照射率为200mR/h，若要将该点照射率降到10mR/h，试估算所需混凝土屏蔽厚度？

解：减弱倍数 $K=200/10=2^n$

$$n=\lg 20/\lg 2=4.3$$

由表2-15查得250kV时混凝土的 $T_{1/2}=28.0$mm，

所以 $d=nT_{1/2}=4.3\times 28.0=120$

答：所需混凝土厚度为120mm。

### 2.8.2 距离防护法

距离防护是外部辐射防护的一种有效方法，采用距离防护法基本原理是首先在将辐射源作为点源的情况下，辐射场中某点的照射量、吸收剂量均与该点和源的距离的平方成反比，我们把这种规律称为平方反比定律，即辐射强度随距离的平方成反比变化(在源辐射强度一定的情况下，剂量率或照射量与离源的距离的平方成反比)而变化。增加射线源与人体之间的距离便可减少剂量率或照射量，或者说在一定距离以外工作，使人们所受到的射线剂量在最高允许剂量以下，就能保证人身安全，从而达到防护目的。距离防护的要点是尽量增大人体与射线源的距离。

若离放射源的距离为 $R_1$ 处的剂量率为 $P_1$，在另一径向距离为 $R_2$ 处的剂量率为 $P_2$，则它们的关系为

$$P_2 = P_1 \frac{R_1^2}{R_2^2}$$

该公式说明，射线一定时，两点的射线强度与它们距离的平方成反比。显然，增大 $R_2$ 可有效地降低剂量率 $P_2$，在无防护或防护层不够时，这是一种特别有用的防护方法。不过要注意：上述的关系式适用于没有空气或固体材料的点射线源，实际上射线源都是有一定体积的，并非理想化的点源，而且还必须注意到辐射场中的空气或固体材料会使射线产生散射或吸收，不能忽略射源附近的墙壁或其他物体的散射影响，使得在实际应用时应适当增大距离以确保安全。距离防护在进行野外或流动性射线检测时是非常经济有效的方法。

例 2-12：距离一个特定的 γ 射线源 2m 处的剂量率是 400μSv/h，在距源多远处的剂量率为 25μSv/h？

解：

$$P_1 {R_1}^2 = P_2 R_2^2$$

$$400 \times 2^2 = 25 \times R_2^2$$

$$R_2 = 8$$

答：距源 8m 处的剂量率为 25μSv/h。

### 2.8.3 时间防护法

时间防护的原理是：在辐射场内的人员所受照射的累积剂量与时间成正比，因此，在照射率不变的情况下，缩短照射时间便可减少所接收的剂量，或者人们在限定的时间内工作，就可能使他们所受到的射线剂量在国家规定的最高允许剂量(一天 17mrem，毫雷姆，1rem = $10^{-2}$Sv)以下，确保人身安全，从而达到防护目的(仅在非常情况下采用此法)。时间防护的要点是尽量减少人体与射线的接触时间(缩短人体受照射的时间)。

根据人体接受的总剂量：$D=Pt$，其中，$P$ 为在人体上接受到的射线剂量率，$t$ 为接触射线的时间。因此可根据照射率的大小确定容许的受照射时间。

如每周每人控制在最大容许剂量 0.1rem 以内时，则应有 $D \leqslant 0.1$rem；如果人体在每透照一次时所接受到的射线剂量为 $P'$ 时，则控制每周内的透照次数 $N \leqslant 0.1/P'$，亦可以达到防护的目的。

例 2-13：已知辐射场中某点的剂量率为 50μSv/h，在不超过剂量限值的情况下，工作人员每周可从事工作多少时间(放射性工作人员年剂量限值为 50mSv)？

解：一年的工作时间按 50 周计算，每周剂量限值为 50mSv/50 = 1000μSv

因为 剂量 = 剂量率×时间

所以 $$1000=50t$$

$$t=1000/50=20$$

答：每周可以工作 20h。

## 2.9 实时射线照相技术介绍

常规射线照相检测技术采用射线胶片记录和显示射线照相的影像，由于胶片所记录的影像需要经过暗室处理才能呈现出来，因此很难进行实时在线检测。

实时射线照相检测技术采用监视器，在射线照相的同时就可以对工件的质量作出判断，即显示射线照相所得到的影像，这样，实时射线照相就可以在透照的同时对质量进行判断。这对于大批量生产的工件是非常有意义的。目前主要发展的是具有数字图像处理功能的实时射线照相系统。

较早的实时射线照相检测系统是射线穿过被检工件在荧光屏上形成可见影像，摄像管摄取这个图像，经电缆传送到监视器，在监视器上显现射线照相得到的工件影像，检测人员从监视器显示的影像对工件质量进行评定。这种方法的主要缺点是，灵敏度比常规射线照相低得多，影像质量差。

此后，建立的新的实时射线照相系统加进了图像增强器，在这个系统中，穿过工件的射线入射到图像增强器的前屏上，前屏以同样的分布和比例发射电子，形成电子图像。这些电子经过加速、聚焦，汇集在图像增强器的后屏上，形成高亮度(比通常荧光屏的亮度高 14000 倍)的可见光图像，摄像管摄取这个图像，并经电缆传送到监视器，在监视器上显示工件的射线照相影像(图 2-87)。

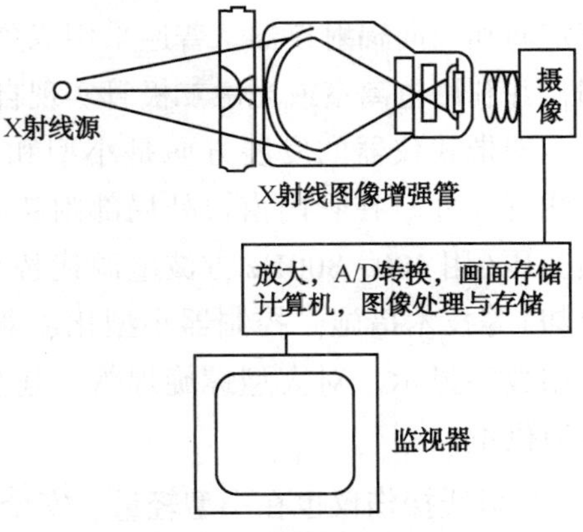


图 2-87　射线照相实时显示图像增强系统示意图

由于图像增强器的转换效率高、噪声低，具有较高的分辨率，这种实时射线照相检测系统具有了接近常规胶片射线照相技术的灵敏度。

近年来，随着大规模集成电路的发展，数字图像处理技术迅速发展，专用的图像处理器可以存储多幅数字图像，进行加、减、乘、除运算，运算速度可达 $10^7/s$，可以在微型计算机的控制下工作，构成数字图像处理系统。现在已推出了多种带有数字图像处理功能的实时射线照相检测系统。由于加入了图像处理，可以对所得到的射线照相影像进行一系列处理，降低噪声，提高图像信噪比，使这种系统的灵敏度在很大的厚度范围已达到了常规射线照相的灵敏度。

在进行实时射线照相时，正确选取放大倍数，确定射线源、工件、图像增强器的相对位置，对于得到良好的射线照相质量是很重要的。实验指出，工件一般不应放在紧靠图像增强器处，而是应放在一个适当的距离处，这时候的放大倍数将可以得到最好的影像质量。

实时射线照相检测技术主要应用在大批量生产工件的在线射线照相检测，相应地，这种技术常需要设计一整套辅助的检测装置图。

## 2.10 射线检测发展趋势

由于射线检测具有一系列的优点，因此用其他无损检测方法完全取代射线检测是不可能的。但是，射线检测发展的前景如何，一方面要看射线检测自身技术的发展；另一方面，也要看其他无损检测技术的发展情况。

目前，X 射线探伤机的管电压最高为 430kV，功率多数在 4kW 以下。管电压指标表示了穿透能力。在最大管电压下，对于钢材的穿透能力不超过 130mm。再厚的工件，必须使用 γ 射线探伤装置或加速器探伤装置。

管焦点是反映 X 射线探伤机性能的另一个重要指标。管焦点越小，获得的图像越清晰，它直接影响仪器的分辨本领和灵敏度。目前，大多数 X 射线机的焦点尺寸在(0.4mm×0.4mm)~(4.0mm×4.0mm)，有的具有双焦点。美、英等国还研制了微米级的微焦点 X 射线机。

为了适应球形、圆筒形等工件的检测，还研制了棒阳极、旋转阳极和圆周照射的 X 射线探伤机。

金属陶瓷管的出现使管头缩小了体积、减小了质量，提高了 X 射线管的强度和寿命。

在移动式和固定式 X 射线探伤设备中，普遍采用稳压电路，并在每个电压级别都可配有定向和周向辐射仪器。普遍采用双焦点。控制系统实现了电压、电流、曝光时间的精确控制，并利用电离室或光敏二极管实现自动曝光。

携带式仪器的发展方向是小型和轻量化。通常采用半波自整流电路，并尽量缩小 X 射线管尺寸。在管内窗口处局部附铅或采用贫化铀吸收散射线，采用 SF6 气体绝缘、高频变压(用 400~800Hz 方波电源代替 50Hz 正弦渡电源供电)以及阳极接地(便于 X 射线管冷却)等技术措施。控制器小型化、通用化，便于配套。电压、电流和曝光时间可以预选并用数字显示。对大型螺旋焊管，还生产出了管道爬行式小型 X 射线机，用长电缆或蓄电池供电。

γ 射线探伤仪也在小型轻量、安全防护等方面做了大量改进，已生产出检测钢管的半自动或全自动探伤仪。仪器还有单通道和多通道等不同类型。其放射源可以自动伸出和收回，以闪烁晶体做探测器，并配有信息处理与显示装置以及自动扫描装置等。

在高能射线方面，电子直线加速器和电子回旋加速器已得到普遍应用，为检测大厚铸件和焊缝提供了便利条件。

在显示方法中，除用胶片和电离探测器进行记录外，工业电视显示方法也广泛应用。此外，记忆电视也被引入射线检测过程，用于存储透视结果，以便随后观察和评价。计算机图像处理系统对底片和工业电视图像的处理已获得了令人满意的结果，大大提高了识别缺陷所需的清晰度和灵敏度。

为了实现某些生产线上的在线实时自动检测，已研制了各种程序控制单元。使工件能按程序在几个位置上处于静止状态接受检验。配合自动探伤传送装置，可以实现射线检测的全部自动化。

X 射线计算机层析摄影技术(computed tomography)在工业上已经开始应用，并且会越来越普及。

在射线检测灵敏度的理论分析方面，已用分辨力函数和调制传递函数（mxdulation transfer function）的概念，综合分析在图像产生过程中所有影响因素的作用，例如被检试件中辐射的传递、照相几何、线质与射线束特征、胶片与增感屏的组合、胶片的处理等。调制传递函数已开始用于评价图像质量和射线照相检测系统，包括评价工业电视装置、CT 扫描系统、闪光射线照相和中子照相等装置。工业 CT 结构原理示意见图 2-88。

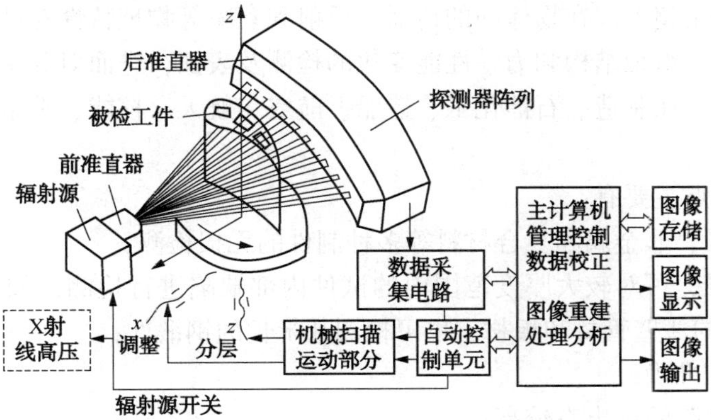


图 2-88　工业 CT 结构原理示意

## 复习思考题

1. 名词解释：射线检测、透照厚度、固有不清晰度、几何不清晰度、对比度、X 射线线质硬化、射线检测绝对灵敏度、射线检测相对灵敏度、黑度、半值厚度、主因衬度、光电效应、康普顿效应、电子对效应、瑞利散射、线衰减系数、质量衰减系数。

2. 假定射线对钢的线衰减系数 $\mu = 1.5359\text{cm}^{-1}$，$I_0 = 100$，计算：透过不同厚度钢（$d =$ 10mm；20mm；30mm）时的透射强度。

3. 连续谱射线穿过一定厚度的物体后发生了哪些变化？简述产生这些变化的原因。

4. 物体对某一能量射线的半值厚度是 2.3mm，若该射线穿过 10mm 厚度的物体，求透射射线强度与入射射线强度之比。

5. 根据主因衬度的概念讨论要使底片清晰，宜采用硬射线还是软射线？为什么？

6. 影响射线照相影像质量的基本因素有哪些？

7. 根据几何不清晰度的公式讨论怎样减小几何不清晰度？

8. 简要讨论产生射线照相影像不清晰度的主要原因。

9. 试述金属增感屏在射线照相中的作用与使用方法。

10. 透照基本参数有哪三个？怎样选择这些透照基本参数？

11. 写出射线穿过物质时的质量衰减系数的公式，说明质量衰减系数和哪些因素有关？

12. 画图说明射线检测时缺陷所在位置深度怎样确定？缺陷在射线方向上的厚度怎样确定？缺陷的平面尺寸怎样确定？

13. 射线防护方法有哪些？

# 第 3 章　超声检测

超声检测是利用超声波在物体中的传播、反射和衰减等物理特性对试件进行宏观缺陷检测、几何特性测量、组织结构和力学性能变化的检测及表征，进而对其特定应用性能进行评价的技术，广泛应用在制造、石油化工、造船、航空、航天、核能、军事工业、医疗器械以及海洋探测等领域。

超声检测的优点主要有：

① 适用于金属、非金属和复合材料等多种制件的无损检测；

② 穿透能力强，可对较大厚度范围内的试件内部缺陷进行检测，如对金属材料，可检测厚度为 1~2mm 的薄壁管材和板材，也可检测几米长的钢锻件；

③ 缺陷定位较准确；

④ 对面积型缺陷的检出率较高；

⑤ 灵敏度高，可检测试件内部尺寸很小的缺陷；

⑥ 检测成本低、速度快，设备轻便，对人体及环境无害，现场使用较方便。

超声检测的局限性主要有：

① 对试件中的缺陷进行精确的定性、定量仍须作深入研究；

② 对具有复杂形状或不规则外形的试件进行超声检测有困难；

③ 缺陷的位置、取向和形状对检测结果有一定影响；

④ 材质、晶粒度等对检测有较大影响；

⑤ 以常用的手工 A 型脉冲反射法检测时结果显示不直观，且检测结果无直接见证记录；

⑥ 评定结果在很大程度上受操作者技术水平和经验的影响及不能给出永久性记录。

超声检测的适用范围非常广：

① 从检测对象的材料来说，可用于金属、非金属和复合材料；

② 从检测对象的制造工艺来说，可用于锻件、铸件、焊接件、胶结件等；

③ 从检测对象的形状来说，可用于板材、棒材、管材等；

④ 从检测对象的尺寸来说，厚度可小至 1mm，也可大至几米；

⑤ 从缺陷部位来说，既可以是表面缺陷，也可以是内部缺陷。

## 3.1　超声检测的物理基础

### 3.1.1　超声波及其分类

#### 3.1.1.1　超声波及其特点

波动是物质的一种运动形式和能量的传递过程，振动是产生波动的根源。振动的传播过程为波。由机械振动在弹性介质中引起的波动过程叫机械波。弹性介质内的一切质点，是以弹性力互相联系着的，某质点在介质内振动，能激起周围质点的振动，这样就将振动传播到较远的质点。声波是一种能在气体、液体和固体中传播的弹性波，它是一种重要的机械波，按其频率大小，声波可分为次声波、声波、超声波和特超声波。

超声波是超声振动在弹性介质中传播的机械波，与声波和次声波在弹性介质中的传播类同。区别在于超声波的频率高于 20kHz，可听声波频率范围(人耳可听到的声波范围)是 20~20000Hz，频率低于或超过此范围时人们无法听到声音，次声波的频率低于 20Hz。

工业探伤上常用的超声波范围是 0.5~20MHz。其中金属探伤最常用的频率是 1~5MHz，较高的频率主要用于细晶材料和高灵敏度检测，较低的频率用于衰减较大和粗晶材料；探测水泥构建物采用的频率应小于 0.5MHz，如 100kHz，200kHz；探测玻璃陶瓷中 μm 级的小缺陷采用的频率为 100~200MHz，甚至更高。

声波的波长与频率成反比，与声波传播速度成正比。如下式：

$$\lambda = C/f \tag{3-1}$$

式中 $\lambda$——波长；

$C$——传播速度；

$f$——频率。

超声波波长很短，这决定了超声波具有一些重要特性，使其能广泛应用于无损检测。超声波的特点有：

① 方向性好。超声波具有像光波一样定向束射的特性。

② 穿透能力强。对于大多数介质而言，它具有较强的穿透能力。例如，在一些金属材料中，其穿透能力可达数米。

③ 能量高。超声检测的工作频率远高于声波的频率，超声波的能量远大于声波的能量。

④ 遇有界面时，将产生反射、折射和波型的转换。利用超声波在介质中传播时这些物理现象，经过巧妙的设计，使超声检测工作的灵活性、精确度得以大幅度提高。

⑤对人体无害。

3.1.1.2 超声波的分类

超声波的分类方法很多，如图 3-1 所示。主要有：按介质质点的振动方向与波的传播方向之间的关系分类，可分为纵波、横波、表面波、板波(S 型、A 型)；按波振面的形状分类，可分为平面波、柱面波、球面波；按振动的持续时间分类，可分为连续波、脉冲波。

- 按质点的振动方向与波的传播方向之间的关系分类
  - 纵波
  - 横波
  - 表面波
  - 板波
    - S型
    - A型
- 按波振面的形状分类
  - 平面波
  - 柱面波
  - 球面波
- 按振动的持续时间分类
  - 连续波
  - 脉冲波

图 3-1 超声波的分类

(1) 按介质质点振动方向与波传播方向的关系分类

① 纵波。介质中质点的振动方向与波的传播方向相同的波叫纵波，用字母“L”表示，

如图 3-2 所示。介质质点在交变拉压应力的作用下，质点之间产生相应的伸缩变形，从而形成了纵波，故纵波亦称为压缩波。纵波传播时，介质的质点疏密相间，故纵波又称为疏密波。

凡能承受拉伸或压缩应力的介质都能传播纵波。固体介质可以承受拉压应力的作用，因此可以传播纵波，液体和气体虽不能承受拉应力，但在压应力作用下产生容积的变化，因此液体和气体介质也可以传播纵波。所以，纵波能在任何介质中传播，如声音在空气中的传播是纵波。在工程技术上，纵波的产生和接收较容易，故得到广泛应用。

② 横波。介质中质点的振动方向垂直于波的传播方向的波叫横波，用字母“S”或“T”表示，如图 3-3 所示。横波的形成是由于介质质点受到交变切应力作用时，产生了切变形变，所以横波又叫作切变波。

液体和气体介质不能承受切应力，只有固体介质能够承受切应力，因而横波只能在固体介质中传播，不能在液体和气体介质中传播。

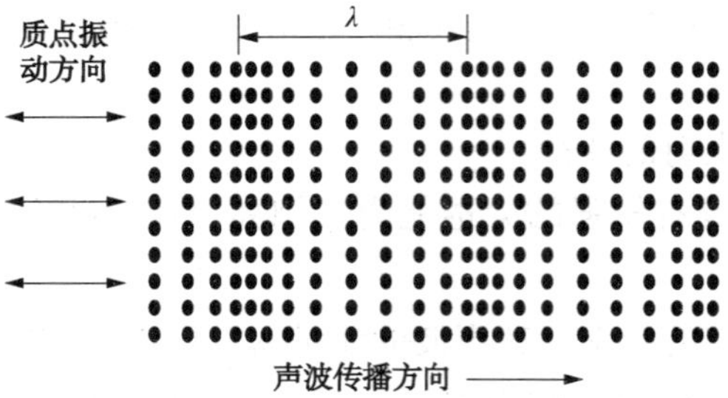


图 3-2　纵波示意图

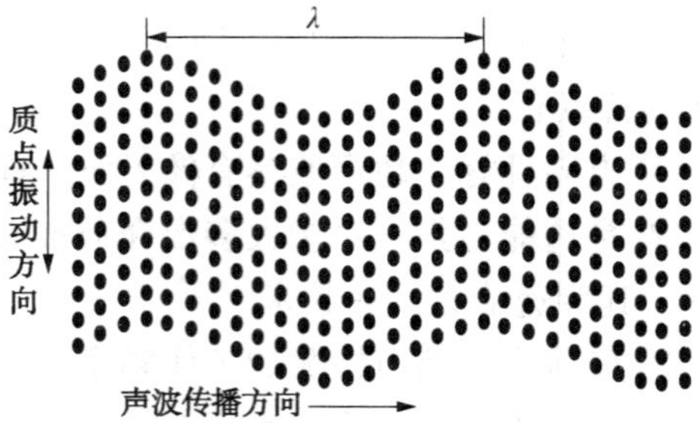


图 3-3　横波示意图

③ 表面波。当介质表面受到交变应力作用时，产生沿介质表面传播的波，称为表面波，常用字母“R”表示，如图 3-4 所示。表面波是瑞利于 1887 年首先提出来的，因此表面波又称瑞利波。

表面波在介质表面传播时，介质表面质点做椭圆运动，椭圆长轴垂直于波的传播方向，短轴平行于波的传播方向。椭圆运动可视为纵向振动与横向振动的合成，即纵波与横波的合成。因此表面波同横波一样只能在固体介质中传播，不能在液体或气体介质中传播。

表面波的能量随传播深度增加而迅速减弱。当传播深度超过 2 倍波长时，质点的振幅就已经很小了。因此，一般认为，表面波检测只能发现距工件表面 2 倍波长深度内的缺陷。

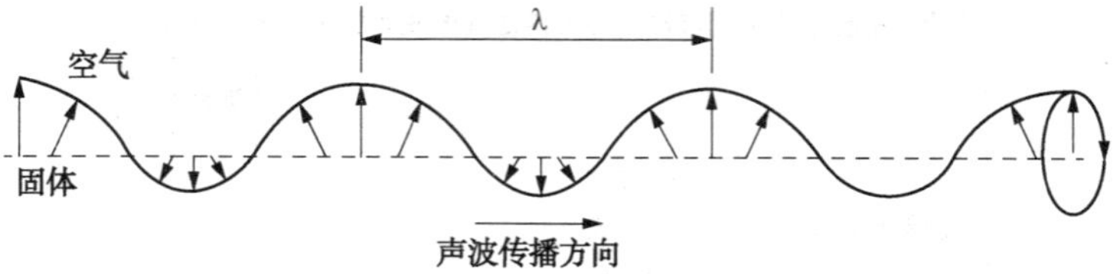


图 3-4　表面波示意图

④ 板波。在板厚与波长相当的薄板中传播的波，称为板波。1916 年由莱姆首先从理论上发现的，所以板波又叫莱姆波。主要用于薄板探伤等。

板波传播时声场遍及整个板的厚度。薄板两表面质点的振动为纵波和横波的组合，质点振动的轨迹为椭圆，在薄板的中间也有超声波传播。

板波按其传播方式又可分为对称型（S 型）和非对称型（A 型）两种，如图 3-5 所示。这是由质点相对于板的中间层做对称型还是非对称型运动来决定的。对称型(S 型)：薄板中心质点做纵向振动，上下表面质点做椭圆运动，振动相位相反并对称于中心。非对称型(A 型)：薄板中心质点做横向振动，上下表面质点做椭圆运动，相位相同，不对称。

各种类型波的比较见表 3-1。

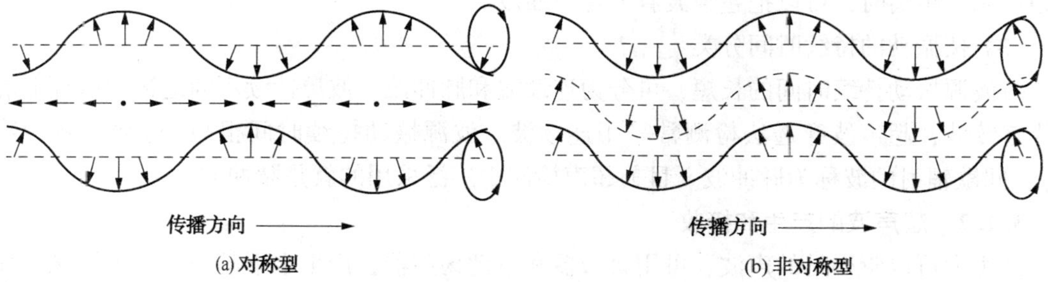


图 3-5　板波

**表 3-1　各种波的比较**

| 波的类型 | | 质点振动特点 | 传播介质 | 应用 |
|---|---|---|---|---|
| 纵波 | | 质点振动方向平行于波传播方向 | 固、液、气体介质 | 钢板、锻件探伤等 |
| 横波 | | 质点振动方向垂直于波传播方向 | 固体介质 | 焊缝、钢管探伤等 |
| 表面波 | | 质点做椭圆运动，椭圆长轴垂直于波传播方向，短轴平行于波传播方向 | 固体介质 | 钢管探伤等 |
| 板波 | 对称型(S 型) | 上下表面：椭圆运动；中心：纵向振动 | 固体介质(厚度与波长相当的薄板) | 薄板、薄壁钢管等($\delta$<6mm) |
| | 非对称型(A 型) | 上下表面：椭圆运动；中心：横向振动 | | |

(2) 按波阵面的形状分类

超声波由声源向周围传播的过程可用波阵面进行描述。在无限大且各向同性的介质中，振动向各方向传播，用波线表示传播的方向。将同一时刻介质中振动相位相同的所有质点所连成的面称为波阵面；某一时刻振动传播到达的距声源最远的各点所连成的面称为波前。在各向同性介质中波线垂直于波阵面。在任何时刻，波前总是距声源最远的一个波阵面。波前只有一个，而波阵面可以有任意多个。如图 3-6 所示。

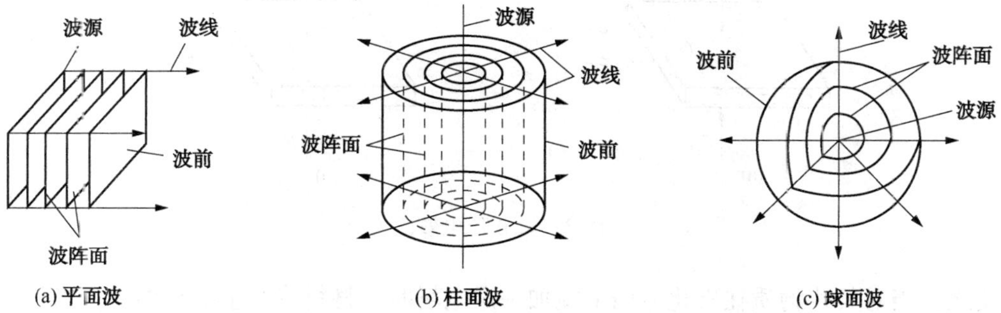


图 3-6　波线、波前与波阵面

根据波阵面的形状，可将超声波分为平面波、柱面波和球面波等。

平面波即波阵面为平面的波，而柱面波的波阵面为同轴圆柱面，球面波的波阵面为同心球面。当声源是一个点时，在各向同性介质中的波阵面为以声源为中心的球面。

可以证明，球面波中质点的振动幅度与距声源的距离成反比。当声源的尺寸远小于测量点距声源的距离时，可以把超声波看成是球面波。

（3）按振动的持续时间分类

按波源振动持续时间的长短，可分为连续波和脉冲波。波源持续不断地振动所辐射的波称为连续波，超声波穿透法检测常采用连续波。波源振动持续时间很短（通常是微秒数量级），间歇辐射的波称为脉冲波。目前超声检测中广泛采用的就是脉冲波。

### 3.1.2 超声波的产生和接收

产生人可以听得见的声波，可用警报器和电动扬声器；产生水下超声波，可用磁致伸缩换能器；产生超声波探伤所用的高频超声波，可用压电材料。压电材料主要采用水晶、钛酸钡、锆钛酸铅和硫酸锂（能将声能与电能相互转化）。要使这些压电材料能产生超声波，可把它切成能够在一定频率下共振的片子，这种片子叫作晶片。

将晶片两面镀银，作为电极；把高频电压加到这两个电极上时，晶片就在厚度方向产生伸缩。这样就把电振动转换成机械振动了。这种机械振动就是超声波，可传播到被检物中去。

反之，将高频机械振动（超声波）传到晶片上时，晶片就被振动，在晶片的两电极间就会产生频率与超声波相等、强度与超声波成正比的高频电压，经放大器放大后可识别。这就是超声波的接收。

在超声波检测中，超声波的发射与接收是由超声波探头完成的，有的是一个晶片（单晶探头）完成发射与接收，有的是两个晶片（双晶探头）分别完成发射与接收。晶片之所以能够完成超声波的发射和接收，是由于晶片材料具有压电效应。

某些物质，当沿着一定方向施加压力或拉力时，会发生形变，其内部就产生极化现象，同时，其外表面上产生极性相反的电荷；当外力撤掉后，又恢复到不带电的状态；当作用力方向反向时，电荷极性也相反；电荷量与外力大小成正比。这种现象叫正压电效应。即在交变拉压应力作用下，其表面产生交变电压的现象。这时声能转变为电能（超声波接收的原理）。如图 3-7 所示。

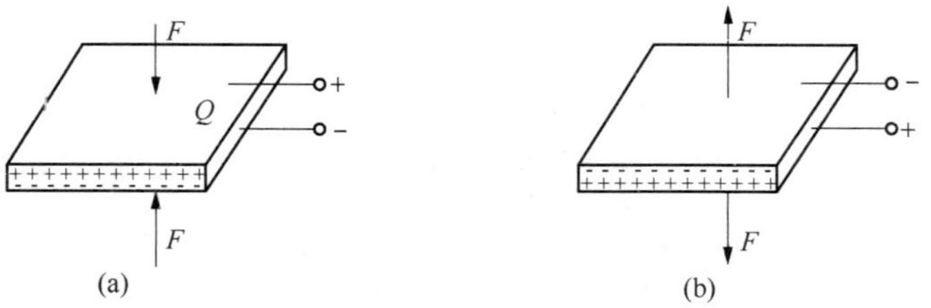


图 3-7 正压电效应

反之，当对某些物质在极化方向上施加一定电场时，材料将产生机械形变，当外电场撤销时，形变也消失，这叫逆压电效应，也叫电致伸缩。即压电晶体材料受到交变电压的作用时产生交变应变的现象。这时电能转变成机械能（超声波发射的原理）。压电效应的可逆性如图 3-8 所示。利用这一特性可实现机械能-电能的相互转换（声能与电能相互转化）。

图 3-8 压电效应的可逆性

### 3.1.3 超声波声速、波长和频率

声速表示声波在介质中传播的速度，用 $c$ 表示。它与超声波的波型有关，但更依赖于传声介质自身的特性。因此，声速又是一个表征介质声学特性的参量。了解受检材料的声速，对于缺陷的定位和定量分析都有重要的意义。波长是指声波每振动一次所走的距离，用 $\lambda$ 表示；频率是指每秒钟声波振动的次数，用 $f$ 来表示。三者之间的关系为

$$c=\lambda f \tag{3-2}$$

声速由介质决定，介质弹性振动的规律受材料密度、弹性模量和泊松比的约束，影响这些物理常数的因素都对声速有影响。声速又可分为相速度和群速度。

相速度：声波传播到介质的某一选定的相位点时，在传播方向上的声速。

群速度：在传播声波的包络面上，具有某种特性（如幅值最大）的点上，声波在传播方向上的速度。群速度是波群的能量传播速度。

非频散介质中，相速度等于群速度。相速度随频率变化而变化的现象被称为频散。

3.1.3.1 固体介质中的纵波、横波与表面波声速

固体介质不仅能传播纵波，而且可以传播横波和表面波等，但它们的声速是不相同的。主要是由介质的弹性性质、密度和泊松比决定的，而与频率无关，即它们各自的相速度和群速度相同，因此一般说到它们的声速都是指相速度。不同材料声速值有较大的差异。在给定的材料中，频率越高，波长越短。

（1）无限大固体介质中的声速

在各向同性的无限大弹性固体中（无限大固体介质是相对于波长而言的，当介质的尺寸远大于波长时，就可以视为无限大介质），声速可用下式计算：

$$c=K\sqrt{\frac{E}{\rho}} \tag{3-3}$$

式中 $E$——固体介质的杨氏弹性模量，MPa；

$\rho$——介质的密度，$kg/m^3$；

$K$——常数，与波阵面形状有关。

纵波声速：
$$c_L=\sqrt{\frac{E(1-\sigma)}{\rho(1+\sigma)(1-2\sigma)}} \tag{3-4}$$

横波声速：
$$c_S=\sqrt{\frac{G}{\rho}}=\sqrt{\frac{E}{2\rho(1+\sigma)}} \tag{3-5}$$

式中 $G$——固体介质的剪切弹性模量，MPa；

$\sigma$——介质的泊松比。

表面波声速：
$$c_R=\frac{0.87+1.12\sigma}{1+\sigma}\sqrt{\frac{G}{\rho}} \tag{3-6}$$

由式（3-4）~式（3-6）可知：

① 固体介质中的声速与介质的密度和弹性模量等有关，不同的介质，声速不同；介质的弹性模量愈大，密度愈小，则声速愈大。

② 声速还与波的类型有关，在同一固体介质中，纵波、横波和表面波的声速各不相同，在同一种固体材料中，纵波声速大于横波声速，横波声速又大于表面波声速。即有以下关系：$c_L>c_S>c_R$。

③ 对于钢材，$\mu\approx0.28$，$c_L\approx1.8c_S$，$c_R\approx0.9c_S$，即 $c_L:c_S:c_R\approx1.8:1:0.9$。

某些物质的密度、声速和特性阻抗大小如表 3-2 所示。

**表 3-2　某些材料的密度、声速和特性阻抗**

| 材　料 | 密度 $\rho$/($kg/m^3$) | 声　速 | | 特性阻抗*($z=\rho c_L$)/[$10^3$(Pa·s)/m] |
|---|---|---|---|---|
| | | 纵波 $c_L$/(km/s) | 横波 $c_S$/(km/s) | |
| 铝 | 2.7 | 6.32 | 3.13 | 17 |
| 黄铜 | 8.4 | 4.40 | 2.20 | 37 |
| 铸铁 | 6.9~7.3 | 3.5~5.8 | 2.2~3.2 | 25~42 |
| 铜 | 8.9 | 4.70 | 2.26 | 42 |
| 铅 | 11.4 | 2.16 | 0.70 | 25 |
| 钢 | 7.7 | 5.90 | 3.23 | 45 |
| 镍 | 8.8 | 5.63 | 2.96 | 50 |
| 银 | 10.5 | 3.60 | 1.59 | 38 |
| 锡 | 7.3 | 3.32 | 1.67 | 24 |
| 钨 | 19.1 | 5.46 | 2.62 | 104 |
| 锌 | 7.1 | 4.17 | 2.41 | 30 |
| 氧化铝 | 3.6~3.95 | 9~11 | 5.5~6.5 | 32~43 |
| 环氧树脂 | 1.1~1.25 | 2.4~2.9 | 1.1 | 2.7~3.6 |
| 陶瓷 | 2.4 | 5.6~6.2 | 3.5~3.7 | 13 |
| 石英玻璃 | 2.6 | 5.57 | 3.52 | 14.5 |
| 硫化橡胶 | 1.2 | 2.3 | — | 2.8 |
| 甘油 | 1.26 | 1.92 | — | 2.5 |
| 柴油 | 0.80 | 1.25 | — | 1.0 |
| 水 | 1.0 | 1.483 | — | 1.5 |

注：* 即无损检测界习惯用语“声阻抗”。

(2) 声速与温度、应力、均匀性的关系

① 一般固体中的声速随介质温度升高而降低。

② 固体介质的应力状况对声速有一定的影响，一般应力增加，声速增加，但增加缓慢。

③ 固体材料组织均匀性对声速的影响在铸铁中表现较为突出。铸铁表面与中心，由于冷却速度不同而具有不同的组织，表面冷却快，晶粒细，声速大；中心冷却慢，晶粒粗，声速小。此外，铸铁中石墨含量和尺寸对声速也有影响，石墨含量和尺寸增加，声速减少。

3.1.3.2　板波声速

板波的声速与其他波不同，其相速度随频率变化而变化，具有频散特性。

① 板波分为对称型(S 型)和非对称型(A 型)两类。由于板波传播时受到上、下界面的影响，因此其声速与纵波、横波、表面波不同，它不仅与介质的性质有关，而且与板厚 $b$、频率 $f$ 等有关，只有当板厚、频率、声速之间满足一定关系时，板波才能顺利传播。对于特定的板厚和频率组合，还可有多个对称型和非对称型的振动模式，每个模式具有不同的波速。

② 板波声速分为相速度和群速度。

a. 相速度是振动相位传播的速度，是对单一频率连续谐振波定义的传播速度。

b. 群速度是指多个相差不多的频率的波在同一介质中传播时互相合成后的包络线的传播速度。

c. 板波声速 $c_p$ 与 $f \cdot d$、$c_S$、$c_L$ 有关。对于确定的介质，$c_S$、$c_L$ 为定值，因此 $c_p$ 仅是 $f \cdot d$ 的函数。对于某一个 $c_p$ 值对应有无数个 $f \cdot d$ 值。

当 $f \cdot d$ 一定时，不同类型的板波相速度 $c_p$ 不同；当 $f \cdot d$ 一定时，不同类型的板波群速度 $c_g$ 不同。

d. 实际探伤中，若是频率单一的连续波，那么板波声速就是相速度；若是脉冲波，那么板波声速就是群速度。

3.1.3.3 液体、气体介质中的声速

(1) 液体、气体中声速的计算公式

① 由于液体和气体只能承受压应力，不能承受剪切应力，因此液体和气体介质中只能传播纵波，不能传播横波和表面波。液体和气体中的纵波波速为

$$c_L = \sqrt{\frac{B}{\rho}}$$

② 由公式可知，液体、气体介质中的纵波声速与液体的体积弹性模量 $B$(MPa)和密度 $\rho$ 有关，介质的体积弹性模量愈大，密度愈小，声速就愈大。

(2) 液体介质中的声速与温度的关系

① 几乎除水以外的所有液体，当温度升高时，体积弹性模量减小，声速降低。

② 水的温度在 74℃ 左右时声速达最大值，当温度低于 74℃ 时，声速随温度升高而增加；当温度高于 74℃ 时，声速随温度升高而降低。

纵波速度在气体中为每秒几百米，在液体中为 1~2km/s，在固体中为 3~6km/s。

### 3.1.4 波的叠加、干涉、衍射和惠更斯原理

3.1.4.1 波的叠加与干涉

(1) 波的叠加原理(波的独立性原理)

① 定义。当几列波在同一介质中传播时，如果在空间某处相遇，则相遇处质点的振动是各列波引起振动的合成，在任意时刻该质点的位移是各列波引起位移的矢量和。相遇后仍保持自己原有的频率、波长、振动方向等特性并按原来的传播方向继续前进，好像在各自的途中没有遇到其他波一样。

② 现象举例。石子落水，乐队合奏或几个人谈话。

(2) 波的干涉

① 定义。两列频率相同、振动方向相同、位相相同或位相差恒定的波相遇时，介质中某些地方的振动互相加强，而另一些地方的振动互相减弱或完全抵消的现象。产生干涉现象的波叫相干波，其波源称为相干波源。

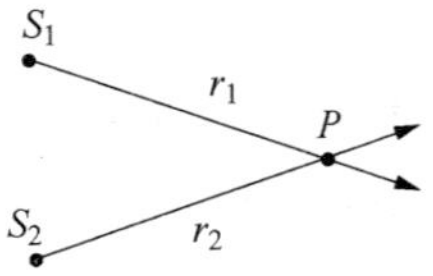

图 3-9　波的干涉

② 如图 3-9 所示，点波源 $S_1$、$S_2$在 $P$ 点引起的振动分别为

$$y_1 = A_1\cos\omega(t - r_1/c)$$

$$y_2 = A_2\cos\omega(t - r_2/c)$$

质点 $P$ 的合振动为

$$y = A\cos(\omega t + \varphi)$$

$$A = \sqrt{A_1^2 + A_2^2 + 2A_1A_2\cos\frac{2\pi}{\lambda}\delta}$$

式中，$A$ 为介质质点的振幅；$\omega$ 为介质质点振动的角频率；$t$ 为时间；$r$ 为质点距声源的距离；$c$ 为波的传播速度。由上可知：

a. 当 $\delta=n\lambda$（$n$ 为整数）时，$A=A_1+A_2$。这说明当两相干波的波程差等于波长的整数倍时，二者互相加强，合振幅达最大值。

b. 当 $\delta=(2n+1)\lambda/2$（$n$ 为整数）时，$A=|A_1-A_2|$。这说明当两相干波的波程差等于半波长的奇数倍时，二者互相抵消，合振幅达最小值。若 $A_1=A_2$，则 $A=0$，即二者完全抵消。

（3）驻波

① 定义。两列振幅相同的相干波在同一直线上沿相反方向传播时互相叠加而成的波，称为驻波。

② 形成驻波时，有的点振幅恒为 0，即这些点始终静止不动，称为波节。而有些点振动得到最大幅度的增大，振幅最大，称为波腹。波线上其余各点的振幅在 0 和 $2A$ 之间。可见，驻波波线上各点似乎在做分段振动。

3.1.4.2　*惠更斯原理和波的衍射*

（1）惠更斯原理

行进中的波阵面上任一点都可看作是新的次波源，而从波阵面上各点发出的许多次波所形成的包络面，就是原波面在一定时间内所传播到的新波面。

（2）波的衍射（绕射）

① 定义。波在传播过程中遇到与波长相当的障碍物时，能绕过障碍物边缘改变方向继续前进的现象。

② 特点。波的衍射使波的传播方向改变，从而使缺陷背后的声影缩小，反射波降低；波的绕射和障碍物尺寸 $D_f$ 及波长 $\lambda$ 的相对大小有关，当 $D_f \ll \lambda$ 时，波的绕射强，反射弱，缺陷回波很低，容易漏检。超声探伤灵敏度约为 $\lambda/2$，这是一个重要原因。当 $D_f \gg \lambda$ 时，反射强，绕射弱，声波几乎全反射。

③ 对探伤的利和弊。

有利：使超声波产生晶粒绕射顺利地在介质中传播。

不利：使一些小缺陷回波显著下降，以致造成漏检。

### 3.1.5　超声波的声场

3.1.5.1　*超声场的形状*

在某一瞬间，声波在介质中传播所达到的各质点组成的面，称为波阵面。从声源到波阵面这样一个充满声波的空间称为声场。当声源尺寸比波长大得多则形成圆锥形声场，如图 3-10所示。超声场中超声波的能量主要集中于以声轴为中心的某一角度范围内，这一范围称为主声束。这种声束集中向一个方向辐射的性质叫作声场的指向性。在主声束角度范围以外还存在一些能量很低的、只分布于声源附近的副瓣声束。

声源发出的主声束的锥体顶角 $2\theta_0$ 称为扩散角，当声源为圆形且直径为 $D$、半径为 $a$ 时，用指向角 $\theta_0$ 来描述主声束宽度(又称半扩散角)：

$$\sin\theta_0 = k\lambda/D = 1.22\lambda/D = 0.61\lambda/a \tag{3-7}$$

式中 $k$——与晶片形状有关的常数，对圆声源 $k=1.22$，方声源 $k=1.0$；

$D$——直径或边长。

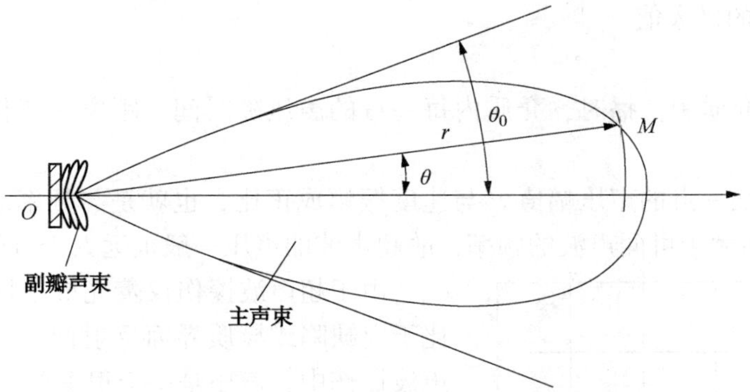


图 3-10 圆盘声源声场指向性示意图

指向角是代表主声束范围的角度，反映了声束的定向集中程度，也反映了声束随距离扩散的快慢。扩散角越小，声场的指向性越好。指向角越大，则声束指向性越差，声束扩散越快。声源的直径越大，波长越短，则声束指向角越小，指向性越好。

一般而言希望扩散角小，指向性好，对缺陷的灵敏性提高，定位精确。探测形状复杂的工件时，有时希望扩散角大一些，以便利用扩散声束来探测某一区域的缺陷。

由于超声能量主要集中于主声束，对于圆形晶片，可以认为在距声源一定距离内，超声能量未逸出以晶片直径所约束的范围，声束直径小于晶片直径。这一距离之内就称为非扩散区。非扩散区之外，则称为扩散区。如图3-11所示。

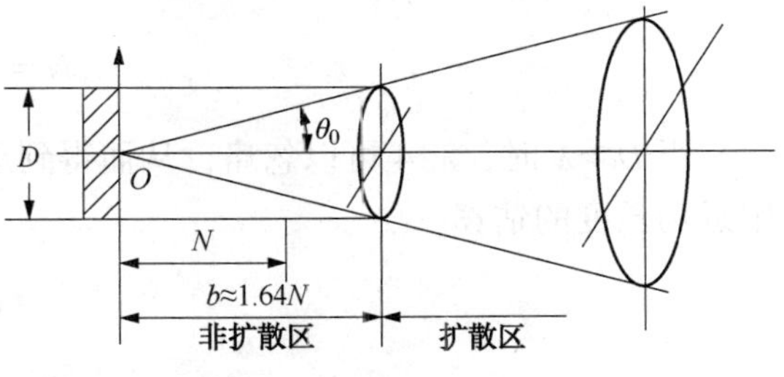


图 3-11 圆盘声源非扩散区示意图

3.1.5.2 超声场的特征量

为描述超声场，常用的物理量包括：声压、声强、声阻抗、质点振动位移和质点振动速度，称为超声场的特征量。

(1) 声压

当介质中有超声波传播时，由于介质质点振动，使介质中压强交替变化。超声场中某一点在某一瞬时所具有的压强 $P_1$ 与没有超声波存在时同一点的静态压强 $P_2$ 之差称为该点的声压，用 $P$ 表示，单位为 Pa，即 $P=P_1-P_2$。

对于平面余弦波，可以证明：

$$P = \rho cA\omega\cos\left[\omega\left(t-\frac{x}{2}\right)+\frac{\pi}{2}\right]$$

$$|P_m| = |\rho cA\omega|$$

式中 $\rho$——介质的密度；

$c$——介质中的声速；

$A$——介质质点的振幅；

$\omega$——介质质点振动的角频率；

$t$——时间；

$x$——质点距声源的距离；

$P_m$——声压的极大值。

由上式可知：

① 超声波在介质中传播时，介质内每一点的声压随时间、距离而变化，声压值一般以周期性交化。

② 超声场中某一点的声压幅值 $P$ 与速度振幅成正比，也就是与频率成正比。由于超声波的频率很高，远大于可闻声波的频率，故超声波的声压一般也远大于可闻声波的声压。

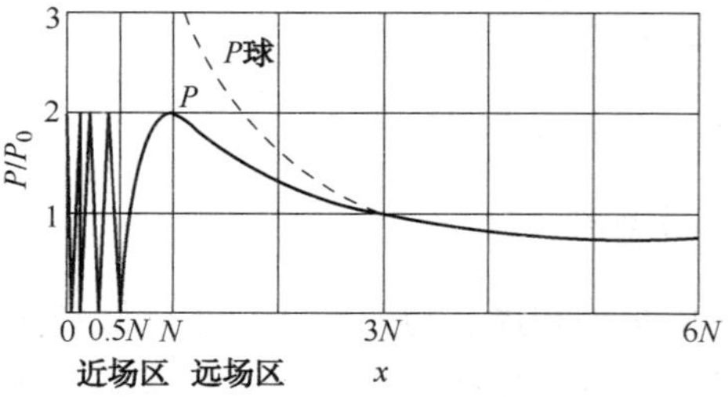


图 3-12　圆片声源轴线上的声压

由于超声波探伤仪荧光屏上回波高度的变化正比于由缺陷或异质界面反射回来的声压，所以在超声波探伤中，声压是一个很重要的物理量。

声场中声压的分布是不均匀的，任意一点的声压等于声源各点发出的声压在该点的叠加，假如为圆片状振源(声源)发射出的声场，其声场中心轴线上的声压如图 3-12 所示。

在靠近声源中心轴线上出现多次声压极大值和极小值的波动，最后的声压极大值距声源距离为 $N$，$N$ 的大小可用下式计算：

$$N=\frac{D^2}{4\lambda}-\frac{\lambda}{4}$$

当 $D\gg\lambda$ 时，$\lambda/4$ 可以忽略，从而得到近场长度的简化计算公式如下，可用于实际工作中近场长度的估算：

$$N=\frac{D^2}{4\lambda}$$

图 3-12 中标有“$P$ 球”的虚线为球面波声压随距离的变化曲线，可以看出，距离大于 $3N$ 以后，圆盘声源轴线上的声压幅值变化与球面波的曲线非常接近。

近场区：在声场中，称 $x<N$ 的区域为声源的近场区，最后一个声压最大值至声源的距离 $N$ 称为近场长度。在近场区内，由于声源表面上各点辐射至被考察点的波程差大，所引起的声源振幅差和相位差也大，且它们彼此相互干涉，结果是近场区的声源分布十分复杂，出现很多极大值与极小值。因此在近场区内如果有缺陷存在，其反射波极不规则，对缺陷的判断十分困难(探测盲区)。

远场区：在声场中，$x>N$ 的区域为声源的远场区。在远场区，声压随距离增加而减小，对于圆片形声源，可以到达距声源足够远处($x>6N$)，声源轴线上距离为 $x$ 处声压 $P$ 的最大值为

$$P_{max}=P_0\frac{\pi D^2}{4\lambda x}=P_0\frac{F_D}{\lambda x}$$

式中　$P_0$——声源表面的声压；

$x$——离声源的距离；

$D$——声源直径。

由于近场区的副辨波对靠近晶片缺陷的反射波有干扰，因此探伤一般在远场区进行。因此，$N$ 值大对探伤不利，由 $N=\frac{D^2}{4\lambda}$ 可知，为了减小 $N$，应减小 $D$、增大 $\lambda$。但这又使指向性变差，故选择超声波探头时二者应兼顾。

（2）声强

在超声场的传播方向上，单位时间内介质中单位截面上的声能叫声强，用 $I$ 表示，单位是瓦/厘米$^2$（W/cm$^2$）或焦耳/（厘米$^2$·秒）[J/(cm$^2$·s)]。以平面纵波在均匀的各向同性固体介质中传播时，有

$$I=\frac{1}{2}\rho cA^2\omega^2=\frac{1}{2}P_{\mathrm{m}}^2\frac{1}{\rho c}=\frac{1}{2}\rho cV_{\mathrm{m}}^2$$

$$\omega=2\pi f$$

由以上公式可知：

① 超声波传播过程中，单位体积元所具有的总能量周期性地变化，时而达最大，时而为零。这说明体积元在不断地接收和放出能量，超声波的能量是一层接一层地传播出去的。体积元的动能和势能同时最大，同时为0，这与单独的振动系统完全不同，单独的振动系统符合机械能守恒，动能最大时势能为0，势能最大时动能为0，动能与势能之和等于常数。这是因为机械能守恒的条件是系统只受到重力或弹性力作用。而这里介质中质点除受到弹性力外，还受到质点间摩擦力。因此不符合机械能守恒。

② 由于超声波的声强与频率平方成正比，而超声波的频率远大于可闻声波。因此超声波的声强也远大于可闻声波的声强。这是超声波能用于探伤的重要原因。例如，大炮的声强为 $10^{-4}$W/cm$^2$，已震耳欲聋，而超声波的声强可达 $10^5$W/cm$^2$，等于大炮声强的 $10^9$倍，又如一个 600W/cm$^2$超声波发生器，10min 可烧开一壶水，其能量相当于 700 万人集中在一起讲话 1.5h 所释放出来的能量总和。

③ 在同一介质中，超声波的声强与声压的平方成正比。

（3）声阻抗

声阻抗是介质的一种声学性能，超声场中任一点的声压与该处质点振动速度之比称为声阻抗，常用 $Z$ 表示。单位是克/（厘米$^2$·秒）[g/(cm$^2$·s)]或千克/（米$^2$·秒）[kg/(m$^2$·s)]。

$$Z=P/V=\rho cV/V=\rho c$$

声阻抗表示声场中介质对质点振动的阻碍作用。在同一声压下，介质的声阻抗越大，质点的振动速度就越小。实验证明，气体、液体与金属之间的特性声阻抗之比大约为 1∶3000∶8000。

材料的声阻抗与温度有关，一般材料的声阻抗随温度升高而降低。这是因为声阻抗 $Z=\rho c$，而大多数材料的密度 $\rho$ 和声速 $c$ 随温度增加而减少。

声波通过均质性介质时基本按直线持续传播；声波经两种介质时，其声阻抗差超过 0.1%即产生声学界面，引起反射。因此，声阻抗对介质交界面上超声波的传播特性有重要影响。当超声波由一介质传入另一介质，以及从二介质界面上反射的特性主要取决于这两种介质声阻抗之比。常见物质的声阻抗大小见表 3-2。

### 3.1.6 分贝与奈培

#### 3.1.6.1 分贝与奈培的概念

生产科学实验中，声强数量级往往相差悬殊，如引起听觉的声强范围为 $10^{-16}\sim10^{-4}$W/cm$^2$，最大值与最小值相差 12 个数量级。显然采用绝对量来度量是不方便的，但如果对其比值

(相对量)取对数来比较计算则可大大简化运算。分贝与奈培就是两个同量纲的量之比取对数后的单位。

通常规定引起听觉的最弱声强为 $I_1=10^{-16}W/cm^2$，将其作为声强的标准(在声学上称为“闻阈”，即 $f=1000Hz$ 时引起人耳听觉的声强最小值)，另一声强 $I_2$ 与标准声强 $I_1$ 之比的常用对数称为声强级，单位为贝尔(Bel)。

$$\Delta=\lg I_2/I_1(\text{Bel})$$

实际应用贝尔太大，故常取 1/10 贝尔即分贝(dB)来作单位。

$$\Delta=10\lg I_2/I_1=20\lg P_2/P_1(\text{dB})$$

通常说某处的噪声为多少分贝，就是以 $10^{-16}W/cm^2$ 为标准利用上式计算得到的。

各种声音的分贝数(表 3-3)大致如下：引起听觉的声强 $10^{-16}W/cm^2$(0dB)；树叶沙沙声 $10^{-15}W/cm^2$(10dB)；耳语 $10^{-14}W/cm^2$(20dB)；谈话 $10^{-11}W/cm^2$(50dB)；大炮声 $10^{-6}W/cm^2$(100dB)；超声波 $10^{+4}W/cm^2$(200dB)。

**表 3-3 声音与噪声对人的影响**

| | |
|---|---|
| 1dB | 人类耳朵刚刚能听到的声音 |
| 20dB 以下 | 认为是安静的，15dB 以下，认为是“死寂”的 |
| 20~40dB | 大约是情侣耳边的喃喃细语 |
| 40~60dB | 正常的交谈声音 |
| 60dB 以上 | 属于吵闹范围 |
| 70dB | 很吵的，而且开始损害听力神经(汽车噪声为 80~100dB) |
| 90dB 以上 | 会使听力受损 |
| 100~120dB | 如无意外，1min 人类即暂时性失聪(致聋) |

在超声波探伤中，当超声波探伤仪的垂直线性较好时，仪器示波屏上的波高 $H$ 与声压 $P$ 成正比。即任意两点的波高之比等于相应的声压之比，这时二者的分贝差：

$$\Delta=20\lg P_2/P_1=20\lg H_2/H_1$$

注：这里声压基准 $P_1$ 或波高基准 $H_1$ 可以任意选取。实际检测时，常按此式计算超声波探伤仪示波屏上任意两个波高的分贝差。

① 当 $H_2/H_1=1$ 时，$\Delta=0$dB，说明两波高相等时，二者的分贝差为零。

② 当 $H_2/H_1=2$ 时，$\Delta=6$dB，说明 $H_2$ 为 $H_1$ 的 2 倍时，$H_2$ 比 $H_1$ 高 6dB。

③ 当 $H_2/H_1=1/2$ 时，$\Delta=-6$dB，说明 $H_2$ 为 $H_1$ 的 1/2 时，$H_2$ 比 $H_1$ 低 6dB。

④ 常用声压(波高)比值对应的分贝值列于表 3-4。

**表 3-4 回波声压(波高)比值与分贝值关系**

| $P_2/P_1$ 或 $H_2/H_1$ | 10 | 4 | 2 | 1 | 1/2 | 1/4 | 1/10 |
|---|---|---|---|---|---|---|---|
| 分贝值/dB | 20 | 12 | 6 | 0 | -6 | -12 | -20 |

对 $P_2/P_1$ 或 $H_2/H_1$ 取自然对数，则其单位为奈培(NP)：

$$\Delta=20\ln P_2/P_1=20\ln H_1/H_2$$

奈培与分贝的转换：1NP=8.68dB，1dB=0.115NP。

3.1.6.2 分贝与奈培的应用

用分贝值表示回波幅度的相互关系，不仅可以简化运算，而且在确定基准波高以后，可直接用仪器衰减器的读数表示缺陷波相对波高。因此，分贝概念的引用对超声探伤有很重要的实用价值。

例 3-1：示波屏上一个波高为 80mm，另一个波高为 20mm，问前者比后者高多少分贝？

解：$$\Delta = 20\lg H_2/H_1 = 20\lg 80/20 = 12$$

答：前者比后者高 12dB。

例 3-2：示波屏上有 $A$、$B$、$C$ 三个波，其中 $A$ 波比 $B$ 波高 3dB，$C$ 波比 $B$ 波低 3dB，已知 $B$ 波高为 50mm，求 $A$、$C$ 波高各为多少？

解：由已知得 $$\Delta = 20\lg A/B = 3 \rightarrow A = 70.6(\text{mm})$$

又 $$\Delta = 20\lg C/B = -3 \rightarrow C = 35.4(\text{mm})$$

答：$A$、$C$ 波高分别为 70.6mm 和 35.4mm。

## 3.2 超声波在介质中的传播特性

### 3.2.1 超声波在界面上的反射、折射及波型转换

超声波在介质中传播遇到另一介质的界面时，会发生反射、透射、折射及波型转换现象，并按几何光学定律在原介质和第二介质中继续传播。

#### 3.2.1.1 超声波垂直入射到平界面上的反射与透射

超声波在无限大介质中传播时，将一直向前传播，不改变方向。但遇到异介质界面(声阻抗差异较大的异质界面)时，会产生反射和透射现象。

(1) 单一平界面

当超声波垂直入射到两种介质的界面时，一部分能量透过界面进入第二种介质，成为透射波(声强为 $I_t$)，波的传播方向不变；另一部分能量则被界面反射回来，沿与入射波相反的方向传播，成为反射波(声强为 $I_r$)。在界面上不发生折射和波型转换，如图 3-13 所示。声波的这一性质是超声波检测缺陷的物理基础。

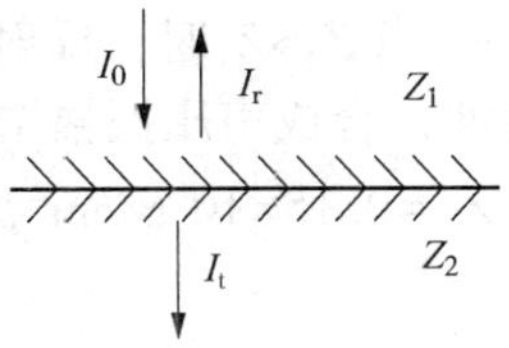

图 3-13 超声波垂直入射到平界面的反射与透射

现简要介绍当超声波垂直入射到光滑平界面时入射波、反射波和透射波之间的关系。

① 声压反射率与透射率。反射波声压 $P_r$ 与入射波声压 $P_0$ 的比值称为声压反射率 $r$，透射波声压 $P_t$ 和 $P_0$ 的比值称为声压透射率 $t$。

在界面两侧的声波，必须符合下列两个条件：

a. 界面两侧的总声压相等，即 $P_0+P_r=P_t$，否则界面会发生运动。

b. 界面两侧质点振动速度幅值相等，即 $(P_0-P_r)/Z_1=P_t/Z_2$，以保持波的连续性。

由上述两边界条件和声压反射率、透射率定义得

$$1+r=t$$

$$(1-r)/Z_1=t/Z_2$$

解上述联立方程得声压反射率 $r$ 和透射率 $t$ 分别为

$$r=\frac{P_r}{P_0}=\frac{Z_2-Z_1}{Z_2+Z_1}$$

$$t=\frac{P_t}{P_0}=\frac{2Z_2}{Z_2+Z_1}$$

式中　$Z_1$、$Z_2$——两种介质的声阻抗。

② 声强反射率与透射率。为了研究反射波和透射波的能量关系，引入声强反射率 $R$ 和声强透射率 $T$ 两个量。$R$ 为反射波声强($I_r$)和入射波声强($I_0$)之比；$T$ 为透射波声强($I_t$)和入射波声强($I_0$)之比。

$$R=\frac{I_r}{I_0}=\frac{\frac{P_r^2}{2Z_1}}{\frac{P_0^2}{2Z_1}}=\frac{P_r^2}{P_0^2}=r^2=\left(\frac{Z_2-Z_1}{Z_2+Z_1}\right)^2$$

$$T=\frac{I_t}{I_0}=\frac{\frac{P_t^2}{2Z_2}}{\frac{P_0^2}{2Z_1}}=\frac{Z_1}{Z_2}\cdot\frac{P_t^2}{P_0^2}=\frac{4Z_1Z_2}{(Z_1+Z_2)^2}$$

以上各式说明超声波垂直入射到平界面上时，声压或声强的分配比例仅与界面两侧介质的声阻抗有关。由以上几式可以导出：

$$T+R=1 \quad t-r=1$$

上述超声波纵波垂直入射到单一平界面上的声压、声强与其反射率、透射率的计算公式，同样适用于横波入射的情况。但在固-液、固-气界面上，横波将发生全反射，这是因为横波不能在液体和气体中传播。

③ 几种常见界面上的声压、声强反射和透射情况讨论。

a. 当 $Z_2>Z_1$时，反射波声压 $P_r$与入射波声压 $P_0$同相位。界面上反射波与入射波叠加类似驻波，合成声压振幅增大为 $P_0+P_r$，例如，超声波平面波垂直入射到水/钢界面。

$Z_1=0.15\times10^6\text{g/cm}^2$，$Z_2=4.5\times10^6\text{g/cm}^2$，则

$$r=\frac{P_r}{P_0}=\frac{Z_2-Z_1}{Z_2+Z_1}=\frac{4.5-0.15}{4.5+0.15}=0.935$$

$$t=\frac{P_t}{P_0}=\frac{2Z_2}{Z_2+Z_1}=\frac{2\times4.5}{4.5+0.15}=1.935$$

$$R=r^2=0.935^2=0.875$$

$$T=\frac{4Z_1Z_2}{(Z_1+Z_2)^2}=\frac{4\times0.15\times4.5}{(4.5+0.15)^2}=0.125$$

以上计算表明，超声波垂直入射到水/钢界面时，其声压反射率 $r=0.935$，声压透射率 $t=1.935$。粗略地看，$t>1$，似乎违反能量守恒，其实不然，因为声压是力的概念，而力只会平衡($P_0+P_r=P_t$)不会守恒，只有能量才会守恒。事实上，从声强方面看，这里 $R+T=0.875+0.125=1$，说明符合能量守恒。

b. 当 $Z_1>Z_2$时，即反射波声压 $P_r$与入射波声压 $P_0$相位相反，反射波与入射波合成声压振幅减小。例如超声波平面波垂直入射到钢/水界面。

$Z_1=4.5\times10^6\text{g/cm}^2$，$Z_2=0.15\times10^6\text{g/cm}^2$ 则

$$r=\frac{P_r}{P_0}=\frac{Z_2-Z_1}{Z_2+Z_1}=\frac{0.15-0.45}{0.15+0.45}=-0.935$$

$$t=\frac{P_t}{P_0}=\frac{2Z_2}{Z_2+Z_1}=\frac{2\times0.15}{4.5+0.15}=0.065$$

$$R=r^2=(-0.935)^2=0.875$$

$$T=1-R=1-0.875=0.125$$

以上计算表明，超声波垂直入射到钢/水界面时，声压透射率很低，声压反射率很高。声强反射率与透射率与超声波垂直入射到水/钢界面时相同。由此可见，超声波垂直入射到某界面时的声强反射率与透射率与从何种介质入射无关。

c. 当 $Z_1 \gg Z_2$时，（如钢/空气界面），$Z_1=4.5\times10^6 g/cm^2$，$Z_2=0.00004\times10^6 g/cm^2$ 则

$$r=\frac{P_r}{P_0}=\frac{Z_2-Z_1}{Z_2+Z_1}=\frac{0.00004-0.45}{0.00004+0.45}\approx-1$$

$$t=\frac{P_t}{P_0}=\frac{2Z_2}{Z_2+Z_1}=\frac{2\times0.00004}{0.00004+4.5}\approx0$$

$$R=r^2=(-1)^2=1$$

$$T=1-R=1-1=0$$

计算表明，当入射波介质声阻抗远大于透射波介质声阻抗时，声压反射率趋于-1，透射率趋于0，即声压几乎全反射，无透射，只是反射波声压与入射波声压有180°相位变化。

探伤过程中，探头和工件间如不施加耦合剂，则形成固(晶片)/气界面，超声波将无法进入工件。

d. 当 $Z_1\approx Z_2$时，即界面两侧介质的声阻抗近似相等。如钢的淬火部分与非淬火部分及普通碳钢焊缝的母材与填充金属之间的声阻抗相差很小，一般为1%左右。设 $Z_1=1$，$Z_2=0.99$，则

$$r=\frac{P_r}{P_0}=\frac{Z_2-Z_1}{Z_2+Z_1}=\frac{0.99-1.00}{0.99+1.00}=-0.005$$

$$t=\frac{P_t}{P_0}=\frac{2Z_2}{Z_2+Z_1}=\frac{2\times0.99}{0.99+1.00}=0.995$$

$$R=r^2=(-0.005)^2=2.5\times10^{-5}\approx0$$

$$T=1-R=0.999975\approx1$$

这说明超声波垂直入射到两种声阻抗相差很小的介质组成的界面时，几乎全透射，无反射。因此在焊缝探伤中，若母材与填充金属结合面没有任何缺陷，是不会产生界面回波的。

几种常见介质的声压反射率如表3-5所示。由表可知，超声波由钢中垂直射入钢与空气的界面时，可视为全反射。

**表3-5 常用介质的声压反射率**

| 物质 | $Z\times10^6$/(kg/m²·s) | 空气 | 酒精 | 变压器油 | 水 | 甘油 | 硬橡胶 | 有机玻璃 | 电木 | 玻璃 | 石英 | 铝 | 铅 | 铜 | 钢 | 镍 | 硬质合金 |
|---|---|---|---|---|---|---|---|---|---|---|---|---|---|---|---|---|---|
| 硬质合金 | 104 | 100 | 98 | 97 | 96 | 95 | 95 | 94 | 93 | 75 | 74 | 71 | 59 | 44 | 39 | 34 | 0 |
| 镍 | 49.3 | 100 | 96 | 95 | 94 | 91 | 89 | 88 | 87 | 56 | 53 | 49 | 32 | 12 | 4 | 0 | |
| 钢 | 45.3 | 100 | 95 | 95 | 94 | 90 | 88 | 86 | 85 | 53 | 50 | 45 | 28 | 7 | 0 | | |
| 铜 | 39.3 | 100 | 95 | 94 | 93 | 89 | 87 | 85 | 83 | 47 | 44 | 39 | 20 | 0 | | | |
| 铅 | 25.5 | 100 | 92 | 90 | 89 | 83 | 80 | 77 | 75 | 29 | 25 | 20 | 0 | | | | |
| 铝 | 17.1 | 100 | 88 | 86 | 84 | 75 | 72 | 68 | 65 | 10 | 6 | 0 | | | | | |
| 石英 | 15.2 | 100 | 87 | 84 | 82 | 73 | 69 | 64 | 62 | 4 | 0 | | | | | | |

续表

| 物质 | Z×10⁶/(kg/m²·s) | 空气 | 酒精 | 变压器油 | 水 | 甘油 | 硬橡胶 | 有机玻璃 | 电木 | 玻璃 | 石英 | 铝 | 铅 | 铜 | 钢 | 镍 | 硬质合金 |
|---|---|---|---|---|---|---|---|---|---|---|---|---|---|---|---|---|---|
| 玻璃 | 14 | 100 | 85 | 83 | 81 | 71 | 67 | 62 | 59 | 0 | | | | | | | |
| 电木 | 3.0 | 100 | 53 | 47 | 41 | 20 | 13 | 4 | 0 | | | | | | | | |
| 有机玻璃 | 3.3 | 100 | 50 | 44 | 37 | 16 | 8 | 0 | | | | | | | | | |
| 硬橡胶 | 2.8 | 100 | 44 | 37 | 30 | 8 | 0 | | | | | | | | | | |
| 甘油 | 2.4 | 100 | 37 | 30 | 23 | 0 | | | | | | | | | | | |
| 水 | 1.5 | 100 | 15 | 7 | 0 | | | | | | | | | | | | |
| 变压器油 | 1.3 | 100 | 8 | 0 | | | | | | | | | | | | | |
| 酒精 | 1.1 | 100 | 0 | | | | | | | | | | | | | | |
| 空气 | 0.0004 | 0 | | | | | | | | | | | | | | | |

（2）薄层界面的反射与透射

在进行超声检测时，经常遇到很薄的耦合层和缺陷薄层，如探头与工件之间的耦合介质层；工件内部的裂隙和层状异物等。这些都可以归纳为超声波在薄层界面的反射和透射问题。

超声波通过一定厚度的异质薄层时，反射和透射情况与单一的平界面不同。异质薄层很薄，进入薄层内的超声波会在薄层两侧界面引起多次反射和透射，形成一系列的反射波和透射波。当超声波脉冲宽度相对于薄层较窄时，薄层两侧的各次反射波、透射波互不干涉。当脉冲宽度相对于薄层较宽时，薄层两侧的各次反射波、透射波互相叠加产生干涉。

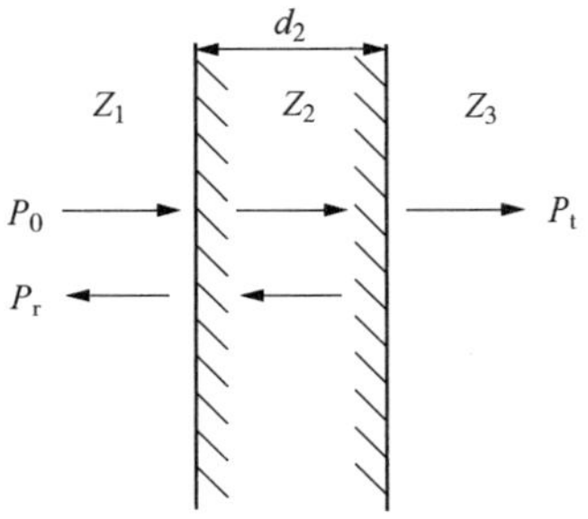


图 3-14　超声波在两个界面上的反射与透射

如图 3-14 所示，超声波由声阻抗为 $Z_1$ 的第一介质入射到 $Z_1$ 和 $Z_2$ 的交界面，然后通过声阻抗为 $Z_2$ 的第二介质薄层射到 $Z_2$ 和 $Z_3$ 的交界面，最后进入声阻抗为 $Z_3$ 的第三介质。当然在有三层介质时，很多情况是第一介质和第三介质为同一种介质（超声波检测即是这种情况）。

超声波通过异质薄层时的声压反射率和透射率不仅与介质声阻抗和薄层声阻抗有关，而且与薄层厚度同其波长之比 $d_2/\lambda_2$ 有关。

① 均匀介质中的异质薄层（$Z_1=Z_3\neq Z_2$）

对于 $Z_1=Z_3\neq Z_2$，即均匀介质中的异质薄层，其声压反射率与透射率为

$$r=\sqrt{\frac{\frac{1}{4}\left(m-\frac{1}{m}\right)^2\sin^2\frac{2\pi d_2}{\lambda_2}}{1-\frac{1}{4}\left(m-\frac{1}{m}\right)^2\sin^2\frac{2\pi d_2}{\lambda_2}}}$$

$$t=\sqrt{\frac{1}{1-\frac{1}{4}\left(m-\frac{1}{m}\right)^2\sin^2\frac{2\pi d_2}{\lambda_2}}}$$

式中，$m=Z_2/Z_1$。

由以上公式可知：

a. 当 $d_2=n\cdot\frac{\lambda_2}{2}$（$n$ 为整数）时，$r\approx0$，$t\approx1$。这说明当薄层两侧介质声阻抗相等，薄层厚度为其半波长的整数倍时，超声波全透射，几乎无反射（$r\approx0$），好像不存在异质薄层一样。这种透声层常称为半波透声层。

b. 当 $d_2=(2n+1)\cdot\frac{\lambda_2}{4}$（$n$ 为整数）时，即异质薄层厚度等于其 1/4 波长的奇数倍时，声压透射率 $t$ 最低，声压反射率 $r$ 最高。

超声波垂直入射到钢和铝中，如果钢和铝中存在一个充满空气或水的缝隙时，声压反射率与透射率有如下情况：

a. 当 $f=1\text{MHz}$ 时，钢中厚度为 $d=10^{-5}\text{mm}$ 的气隙几乎能 100%反射。两块紧贴在一起的十分精密的块规之间的间隙也有 $10^{-5}\text{mm}$。可见超声波对探测含有气体介质的裂纹等缺陷的灵敏度是很高的。

b. 当材料中的气隙或水隙厚度一定时，频率增加，声压反射率也随之增加。例如，对钢中的气隙 $d=10^{-7}\text{mm}$ 时，$f=1\text{MHz}$，$r=20\%$；$f=5\text{MHz}$，$r=60\%$。可见提高超声波探伤频率对于提高探伤灵敏度是有利的。

② 薄层两侧介质不同的双界面

对于 $Z_1\neq Z_3\neq Z_2$，即非均匀介质中的薄层，例如，晶片-保护膜-工件，其声压透射率为

$$t=\frac{4Z_1Z_3}{(Z_1+Z_3)^2\cos^2\frac{2\pi d_2}{\lambda_2}+\left(Z_2+\frac{Z_1Z_3}{Z_2}\right)^2\sin^2\frac{2\pi d_2}{\lambda_2}}$$

由上式可知：

a. 当 $d_2=n\cdot\frac{\lambda_2}{2}$（$n$ 为整数）时，$t=\frac{4Z_1Z_3}{(Z_1+Z_3)^2}$。

表明超声波垂直入射到两侧介质声阻抗不同的薄层时，若薄层厚度等于半波长的整数倍，则通过薄层的声压透射率与薄层的性质无关，好像不存在薄层一样。

b. 当 $d_2=(2n+1)\cdot\frac{\lambda_2}{4}$（$n$ 为整数）时，$t=\frac{4Z_1Z_3}{\left(Z_2+\frac{Z_1Z_3}{Z_2}\right)^2}$。

表明超声波垂直入射到两侧介质声阻抗不同的薄层时，若薄层厚度等于 $\lambda_2/4$ 的奇数倍，薄层声阻抗为其两侧介质声阻抗几何平均值时，即 $Z_2=\sqrt{Z_1Z_3}$，其声压透射率等于 1，超声波全透射。这对于直探头保护膜的设计具有重要的指导意义。

c. 当 $d_2<\lambda_2/4$ 时，薄层愈薄，声压透射率愈大。

d. 若层面两侧介质为声阻抗不同的两种介质，而它们的声阻抗均远大于层面的声阻抗时，（例如，探头与工件之间存在空气层的情况）亦可证明，此时超声波难以透过层面。这就是在探头和工件之间施以耦合剂的原因。

#### 3.2.1.2 超声波倾斜入射到界面时的反射和折射

当超声波相对于界面入射点法线以一定的角度倾斜入射到两种不同介质的界面上时，在

界面上会产生反射、折射和波型转换现象。入射声波与入射点法线之间的夹角称为入射角。光的折射是由于光在不同介质的传播速度不同而引起的。所谓波型转换是指当超声波倾斜入射到界面时，除产生同种类型的反射和折射波外，还会产生不同类型的反射和折射波的现象（图 3-15）。

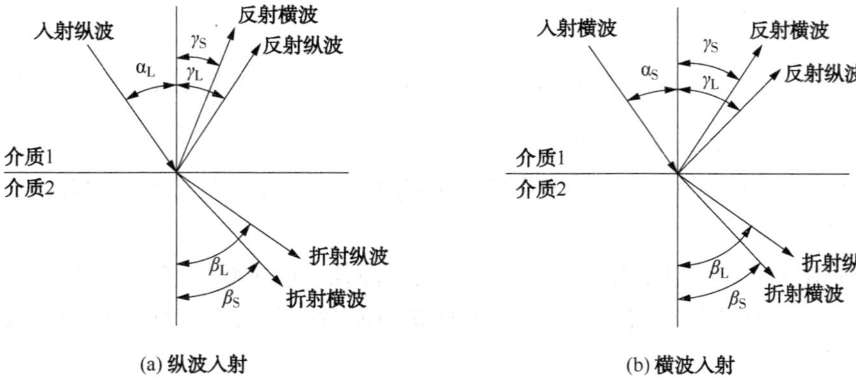


图 3-15　超声波倾斜入射到界面时的反射和折射

（1）反射

当纵波 $L$ 以入射角 $\alpha_L$ 倾斜入射到固/固界面(如第一介质为有机玻璃，第二介质为钢)时，将会在介质 1 中于入射点法线的另一侧产生与法线成一定夹角 $\gamma_L$ 的反射纵波。$\gamma_L$ 称为反射角。入射纵波与反射纵波之间的关系符合几何光学的反射定律，即 $\alpha_L=\gamma_L$。

与光的反射不同的是，当介质 1 为固体时，界面上既产生反射纵波，同时又发生波型转换并产生反射横波，即反射后同时产生纵波与横波两种波型。这时，横波反射角 $\gamma_S$ 与纵波入射角 $\alpha_L$ 之间的关系符合光学中的斯涅耳定律：

$$\frac{\sin\alpha_L}{c_{L1}}=\frac{\sin\gamma_S}{c_{S1}}$$

斯涅耳定律(光的折射定律)：光入射到不同介质的界面上会发生反射和折射。其中入射光和折射光位于同一个平面上，并且与界面法线的夹角满足如下关系：$n_1\sin\theta_1=n_2\sin\theta_2$。其中，$n_1$ 和 $n_2$ 分别是两个介质的折射率，$\theta_1$ 和 $\theta_2$ 分别是入射光(或折射光)与界面法线的夹角，叫作入射角和折射角。

若入射声波为横波，也会产生同样的现象，这时横波入射角 $\alpha_S$ 与横波反射角 $\gamma_S$ 相等。介质 1 为固体时纵波反射角与横波入射角之间的关系为

$$\frac{\sin\alpha_S}{c_{S1}}=\frac{\sin\gamma_L}{c_{L1}}$$

由于固体中纵波声速总是大于横波声速，因此，无论是纵波入射还是横波入射，均有 $\gamma_L>\gamma_S$。当介质 1 为液体或气体时，则入射波和反射波只能为纵波。

（2）折射

当两种介质声速不同时，透射部分的声波会发生传播方向的改变，称为折射。不论是纵波入射还是横波入射，只要介质 2 为固体，则介质 2 中除有与入射波相同波型的折射波外，均可因在界面发生波型转换而产生与入射波不同波型的折射波。这时，介质 2 中可能同时存在纵波与横波。折射角与入射角之间的关系符合斯涅耳定律。

$$\frac{\sin\alpha_L}{c_{L1}}=\frac{\sin\gamma_L}{c_{L1}}=\frac{\sin\gamma_S}{c_{S1}}=\frac{\sin\beta_L}{c_{L2}}=\frac{\sin\beta_S}{c_{S2}}$$

折射角相对于入射角的大小和折射波声速与入射波声速的比率有关。同时，由于纵波声速总是大于横波声速，因此纵波折射角 $\beta_L$ 要大于横波折射角 $\beta_S$。

(3) 临界角

① 第一临界角 $\alpha_{\mathrm{I}}$。当入射波为纵波，且 $c_{L2}>c_{L1}$ 时，折射角大于入射角，使纵波折射角达到 90°的纵波入射角称为第一临界角，用符号 $\alpha_{\mathrm{I}}$ 表示。

当纵波入射角大于第一临界角时，$\beta_L\geqslant 90°$，第二介质中不再有折射纵波，只有折射横波。

由 $\frac{\sin\alpha_L}{c_{L1}}=\frac{\sin\beta_L}{c_{L2}}$，可得 $\alpha_{\mathrm{I}}=\arcsin\frac{c_{L1}}{c_{L2}}$。

② 第二临界角 $\alpha_{\mathrm{II}}$。当入射波为纵波，第二介质为固体，且 $c_{S2}>c_{L1}$ 时，使横波折射角达到 90°的纵波入射角为第二临界角，用符号 $\alpha_{\mathrm{II}}$ 表示。

当纵波入射角大于第二临界角时，即 $\beta_S\geqslant 90°$，介质 2 中既无折射横波也无折射纵波。

通常在超声检测中，临界角主要应用于第二介质为固体，而第一介质为固体或液体的情况。这种情况下，可利用入射角在第一临界角和第二临界角之间的范围，在固体中产生一定角度范围内的纯横波，对试件进行检测。或者第二介质中既无折射纵波，又无折射横波，介质的表面将产生表面波。

由 $\frac{\sin\alpha_L}{c_{L1}}=\frac{\sin\beta_S}{c_{S2}}$，可得 $\alpha_{\mathrm{II}}=\arcsin\frac{c_{L1}}{c_{S2}}$。

总结：

a. 当 $\alpha_L<\alpha_{\mathrm{I}}$ 时，第二介质中既有折射纵波又有折射横波。

b. 当 $\alpha_L$ 在 $\alpha_{\mathrm{I}}\sim\alpha_{\mathrm{II}}$ 时，第二介质中只有折射横波，没有折射纵波。这就是常用横波探头的制作原理。

c. 当 $\alpha_L\geqslant\alpha_{\mathrm{II}}$ 时，第二介质中既无折射纵波，又无折射横波。这时在其介质的表面存在表面波 $R$，这就是常用表面波探头的制作原理。

例 3-3：纵波倾斜入射到有机玻璃/钢界面时。有机玻璃中：$c_{L1}=2730\text{m/s}$；钢中：$c_{L2}=5900\text{m/s}$，$c_{S2}=3230\text{m/s}$。则第一、第二临界角分别为多少？

$$\alpha_{\mathrm{I}}=\arcsin\frac{c_{L1}}{c_{L2}}=\arcsin\frac{2730}{5900}=27.6°$$

$$\alpha_{\mathrm{II}}=\arcsin\frac{c_{L1}}{c_{S2}}=\arcsin\frac{2730}{3230}=57.7°$$

由此可见有机玻璃横波探头 $\alpha_L$ 为 27.6°~57.7°，有机玻璃表面波探头 $\alpha_L\geqslant 57.7°$。

③ 第三临界角 $\alpha_{\mathrm{III}}$。第三临界角是在固体介质与另一种介质的界面上，用横波作为入射波时产生的。使纵波反射角达到 90°时的横波入射角称为第三临界角，用 $\alpha_{\mathrm{III}}$ 表示。

由 $\frac{\sin\alpha_S}{c_{S1}}=\frac{\sin\gamma_L}{c_{L1}}$，可得 $\alpha_{\mathrm{III}}=\arcsin\frac{c_{S1}}{c_{L1}}$。

当 $\alpha_S\geqslant\alpha_{\mathrm{III}}$ 时，第一介质中只有反射横波，没有反射纵波，即横波全反射。

例 3-4：对于钢 $c_{L1}=5900\text{m/s}$，$c_{S1}=3230\text{m/s}$，计算其第三临界角。

$$\alpha_{\mathrm{III}}=\arcsin\frac{c_{S1}}{c_{L1}}=\arcsin\frac{3230}{5900}=33.2°$$

当 $\alpha_S\geqslant 33.2°$时，钢中横波全反射。

（4）声压反射率

超声波反射、折射定律只讨论了各种反射波、折射波的方向问题，未涉及声压反射率和透射率问题。由于倾斜入射时，声压反射率、透射率不仅与介质的声阻抗有关，而且与入射角有关，其理论计算公式十分复杂，这里只介绍结论。

① 纵波倾斜入射到钢/空气界面的反射。当纵波倾斜入射到钢/空气界面时，纵波声压反射率 $r_{LL}\left(r_{LL}=\dfrac{P_{rL}}{P_{oL}}\right)$ 与横波声压反射率 $r_{LS}\left(r_{LS}=\dfrac{P_{rS}}{P_{oL}}\right)$ 随入射角 $\alpha_L$ 的变化而变化。当 $\alpha_L=60°$ 左右时，$r_{LL}$很低，$r_{LS}$较高。原因是纵波倾斜入射，当 $\alpha_L=60°$左右时产生一个较强的变型反射横波。

② 横波倾斜入射到钢/空气界面的反射。横波倾斜入射到钢/空气界面时，横波声压反射率 $r_{SS}\left(r_{SS}=\dfrac{P_{rS}}{P_{oS}}\right)$ 与纵波声压反射率 $r_{SL}\left(r_{SL}=\dfrac{P_{rL}}{P_{oS}}\right)$ 随入射角 $\alpha_S$的变化而变化。当 $\alpha_S=30°$时，$r_{SS}$很低，$r_{SL}$较高。当 $\alpha_S \geqslant 33.2°$时，$r_{SS}=100\%$，即钢中横波全反射。

（5）端角反射

在利用超声检测时，当工件的两个相邻表面构成直角，超声波束倾斜射向任一表面时，即构成了端角反射情况。在这种情况下，当不考虑波型转换时，同类型的反射波和入射波总是相互平行，方向相反；不同类型的反射波和入射波互不平行，且难以被发射探头接受。

### 3.2.2 超声波的聚焦和发散

由于超声波长往往远小于曲面尺寸，且入射角较小，因此，超声波在曲面镜和透镜上的聚焦和发散作用的讨论，可以应用几何光学原理。

#### 3.2.2.1 弯曲镜面反射

(1)平面波入射至弯曲面上的反射回波

图 3-16 分别表示了平面波入射于凹曲面和凸曲面上的两种情况，运用几何光学作图原理可以得到它们反射后将会聚于一个焦点 $F$ 上，焦距 $f=r/2$。其中，$r$ 为凹曲面和凸曲面的曲率半径。由图可知，对凹曲面来说，这个焦点是真实的，对凸曲面来说，则在其后面出现虚焦点，反射声波成像是从虚焦点辐射出来的。

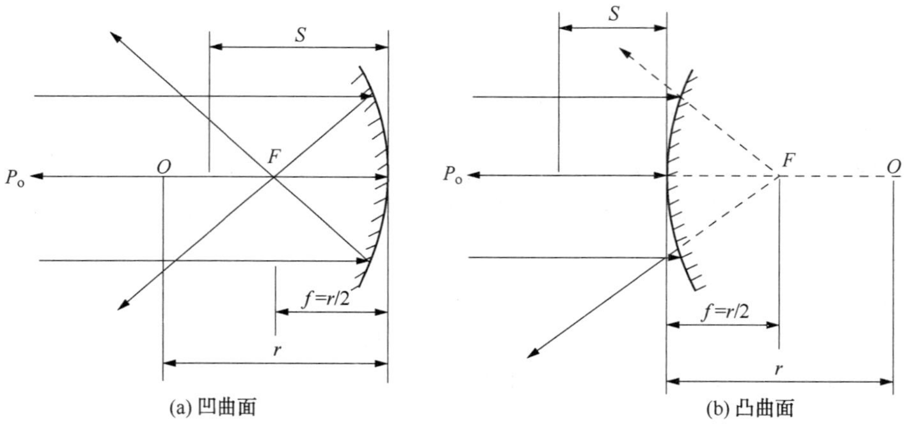


图 3-16 平面波入射至凹、凸曲面时的反射

上述分析对球面和圆柱曲面均适用，球面具有焦点，柱面具有焦轴。平面波入射于球面上产生球面反射波，在柱面上则产生柱面反射波。

(2) 球面波入射至弯曲镜面反射的回波

图 3-17 分别表示出了球面波入射于凹曲面和凸曲面上的两种情况，同理可用几何作图法得到它们反射后的会聚和发散。

凹曲面反射波的交点叫作实像点，凸曲面反射波在曲面背后延长线上的交点叫作虚像点，$b$ 为像距，$a$ 为物距，$f$ 为焦距，$r$ 为曲率半径。它们之间的关系为

$$\frac{1}{b}\pm\frac{1}{a}=\frac{1}{f}=\frac{2}{r}$$

式中，正号适用于凹曲面，负号用于凸曲面，焦距恒为正值。

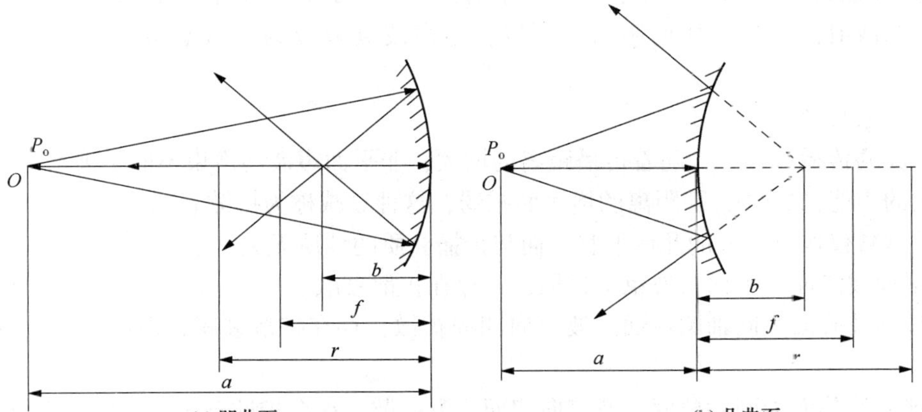


图 3-17　球面波入射至凹、凸曲面时的反射

### 3.2.2.2　平面波透过曲面透镜后的聚焦和发散

平面波入射至凹曲面透镜或凸曲面透镜时它们的透射波是会聚还是会发散，主要取决于曲面两边介质的声速，图 3-18 为平面波入射至曲面透镜时的几种情况。

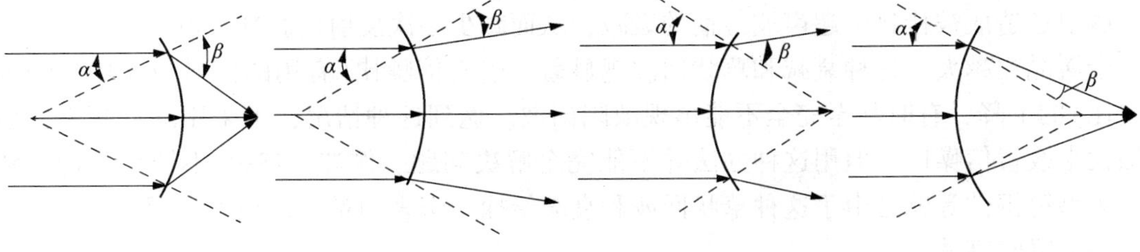


图 3-18　平面波入射至曲面透镜时的几种情况

上述现象是制作聚焦探头(水浸和接触式)的基础。例如，水浸法探伤用的聚焦探头通常由有机玻璃或环氧树脂做声波聚焦透镜。透镜与晶片接触的声入射面为平面，透镜的声透射面为凹曲面(球面或柱面)。

透镜曲率半径 $R$、水中焦距 $F$、透镜与第二介质声速之间关系式有

$$F=R\left(\frac{c_1}{c_1-c_2}\right)=R\left(\frac{n}{n-1}\right)$$

式中，$n=\frac{c_1}{c_2}$。

如果声透镜材料为环氧树脂($c_1=2730\text{m/s}$)，则声透镜曲率半径可简化为 $R\approx 0.45F$。

### 3.2.3 超声波在传播过程中的衰减

#### 3.2.3.1 超声波衰减的原因

超声波在介质中传播时，随着传播距离的增加能量逐渐减弱的现象叫作超声波的衰减。在传声介质中，单位距离内某一频率下声波能量的衰减值叫作该频率下该介质的衰减系数 $\alpha$，单位为 dB/m 或 dB/cm。

引起衰减的原因主要有三个：一是声束的扩散；二是由于材料中的晶粒或其他微小颗粒引起声波的散射；三是介质的吸收。所以，超声波衰减分为扩散衰减、散射衰减、吸收衰减。

(1) 扩散衰减

在声波的传播过程中，随着传播距离的增大，非平面声波的声束不断扩展增大，因此单位面积上的声能(或声压)随距离的增大而减弱，这种衰减称为扩散衰减。

扩散衰减仅取决于波的几何形状，而与传播介质的性质无关。

① 平面波阵面为平面，波束不扩散，不存在扩散衰减。

② 柱面波阵面为同轴圆柱面。波束向四周扩散，存在扩散衰减，声压与距离的平方根成反比。

③ 球面波阵面为同心球面，波束向四面八方扩散，存在扩散衰减，声压与距离成反比。

(2) 散射衰减

由于实际材料不可能是绝对均匀的，例如，材料中有外来杂质、金属中的第二相析出、晶粒的任意取向等均会导致整个材料声阻抗不均，从而引起超声波的散射。被散射的超声波在介质中沿着复杂的路径传播下去，最终变成热能，这种衰减称为散射衰减。

例如，金属是小晶粒的集合体，随着晶粒方向的不同，在其中的声速也有所不同，所以当超声波射到各个晶粒时，会引起微小的散射。这些散射波在观测时就呈现为草状回波。此外，散射还造成被检物中超声波传播的衰减，从而减少多次反射的脉冲次数。

金属晶粒越大，这种衰减和草状回波越显著，引起信噪比(有用的信号与无用的噪声杂波之比)的下降，有时甚至完全不能出现缺陷回波。遇到这种情况，可采用降低频率，使波长加大来改善信噪比。但用这种办法并不能完全解决问题。例如，18-8 不锈钢的铸件和焊缝、大型铸钢件等就是由于这种草状回波和衰减给探伤带来困难，甚至不能探伤。

(3) 吸收衰减

超声波在介质中传播时，由于介质的黏滞性而造成质点之间的内摩擦，从而使一部分声能转变成热能。同时，由于介质的热传导，介质的稠密和稀疏部分之间进行热交换，从而导致声能的损耗，以及由于分子弛豫造成的吸收，从而造成超声波能量减弱的现象，叫作超声波的吸收衰减。

固体介质中，吸收衰减相对于散射衰减几乎可忽略不计，但对液体介质，吸收衰减是主要的衰减方式。在超声检测中，谈到超声波在材料中的衰减时，通常关心的是散射衰减和吸收衰减，而不包括扩散衰减。

除了以上三种衰减外，还有位错引起的衰减，磁畴壁引起的衰减和残余应力引起的衰减等。

3.2.3.2　衰减方程与衰减系数

（1）衰减方程

平面波不存在扩散衰减，只存在介质衰减，其声压衰减方程为 $P_x=P_0e^{-\alpha x}$，球面波与柱面波既存在扩散衰减，又存在介质衰减，它们的声压衰减方程分别为

球面波：
$$P_x=\frac{P_0}{x}e^{-\alpha x}$$

柱面波：
$$P_x=\frac{P_0}{\sqrt{x}}e^{-\alpha x}$$

式中　$x$——距声源的距离；

$\alpha$——衰减系数；

$P_x$——距离声源 $x$ 处的声压；

$P_0$——声源处的声压。

（2）衰减系数

① 衰减系数 $\alpha$ 只考虑了介质的散射和吸收衰减，未涉及扩散衰减。对于金属材料等固体介质而言，介质衰减系数 $\alpha$ 等于散射衰减系数 $\alpha_s$ 和吸收衰减系数 $\alpha_a$ 之和。

$$\alpha=\alpha_a+\alpha_s$$

$$\alpha_a=c_1f$$

$$\alpha_s=\begin{cases}c_2Fd^3f^4 & (d<\lambda)\\ c_3Fd^2 & (d\approx\lambda)\\ c_4F/d & (d>\lambda)\end{cases}$$

式中　$c_1$、$c_2$、$c_3$、$c_4$——系数；

$d$——晶粒尺寸；

$F$——波阵面的面积。

② 由以上公式可知：

a. 介质的吸收衰减与频率成正比。

b. 介质的散射衰减与 $f$、$d$、$F$ 有关，当 $d<\lambda$ 时，散射衰减系数与 $f^4$、$d^3$ 成正比。在实际探伤中，当介质晶粒较粗大时，若采用较高的频率，将会引起严重衰减，示波屏出现大量草状波，使信噪比明显下降，超声波穿透能力显著降低。这就是晶粒较大的奥氏体钢和一些铸件探伤的困难所在。

c. 对于液体介质而言，主要是介质的吸收衰减。

$$\alpha=\alpha_s=\frac{8\pi^2f^2\eta}{2\rho c^3}$$

式中　$\eta$——黏滞系数；

$f$——超声波频率；

$\rho$——介质的密度；

$c$——超声波传播速度。

由上式可知，液体介质的衰减系数 $\alpha$ 与介质的黏滞系数和频率平方成正比，与介质中

的密度和波速立方成反比。由于 $\eta$、$\rho$、$c$ 与温度有关，所以 $\alpha$ 也与温度有关。一般 $\alpha$ 随温度的升高而降低。这是因为温度升高，分子热运动加剧，有利于超声波的传播。

以上讨论说明，介质的衰减与介质的性质密切相关，因此在实际工作中有时根据底波的次数来衡量材料衰减情况，从而判定材料晶粒大小、缺陷密集程度、石墨含量以及水中泥沙含量等。

3.2.3.3　衰减系数的测定

(1) 薄板工件衰减系数的测定

对于厚度较小、上下底面互相平行、表面光洁的薄板工件。可用直探头波在薄板表面，使声波在上下表面往复反射，在示波屏上出现多次底波。由于介质衰减和反射损失，使底波高度依次减少。其介质衰减系数 $\alpha$(dB/mm) 按下式计算：

$$\alpha=\frac{20\lg B_m/B_n-\delta}{2(n-m)x}$$

式中　$B_m$、$B_n$——第 $m$、第 $n$ 次底波高度；

$\delta$——反射损失；

$x$——工件厚度。

(2) 厚板或粗圆柱体衰减系数的测定

对于厚度大于 200mm 的板材或轴类零件，可根据第一、二次底波 $B_1$、$B_2$ 高度来测试衰减系数。$B_1$、$B_2$ 高度差由扩散衰减、介质衰减、反射损失引起。这时介质衰减系数 $\alpha$ 按下式计算：

$$\alpha=\frac{20\lg B_1/B_2-6-\delta}{2x}$$

例如，某工件厚度 $x=500$mm，测得 $B_1=80\%$，$B_2=20\%$，反射损失 $\delta=0.5$dB，则工件的衰减系数为

$$\alpha=\frac{20\lg B_1/B_2-6-\delta}{2x}=\frac{20\lg 80/20-6-0.5}{2\times 500}=0.05$$

## 3.3　超声检测装置

超声检测设备和器材包括超声波检测仪、探头、试块、耦合剂和机械扫查装置等。

超声波检测仪和探头对超声检测系统的性能起着关键性的作用，是产生超声波并对经材料中传播后的超声波信号进行接收、处理、显示的部分。由这些设备组成一个综合的超声检测系统，系统的总体性能不仅受到各个分设备的影响，还在很大程度上取决于它们之间的配合。

随着工业生产自动化程度的提高，对检测的可靠性、速度提出了更高的要求，以往的手工检测越来越多地被自动检测系统取代。

### 3.3.1　超声波检测仪

超声波检测仪是超声检测的主体设备，是专门用于超声检测的一种电子仪器，它的作用是产生电振荡并加于换能器——探头，激励探头发射超声波，同时将工件送回的电信号进行放大处理后以一定方式显示出来，从而得到被探测工件内部有无缺陷及缺陷的位置和大小等信息。它是根据超声波传播原理、电声转换原理和无线电测量原理设计的，种类繁多，性能也不尽相同，脉冲式超声波检测仪应用最广泛。

(1) 按照超声波特征分类

可将检测仪分为脉冲波、连续波和调频波检测仪三种。

① 脉冲波超声波检测仪。通过探头向工件周期性地发射不连续且频率不变的超声波，要根据超声波的传播时间及幅度判断工件中的缺陷位置和大小，是目前使用最广泛的检测仪(图 3-19)。

② 连续波超声波检测仪。这类仪器是连续地发射和接收频率、振幅都不变的超声信号，根据透过工件的超声波变化判断工件中有无缺陷及缺陷大小，这类仪器灵敏度低，且不能确定缺陷位置，因而已大多被脉冲波检测仪所代替(图 3-20)。

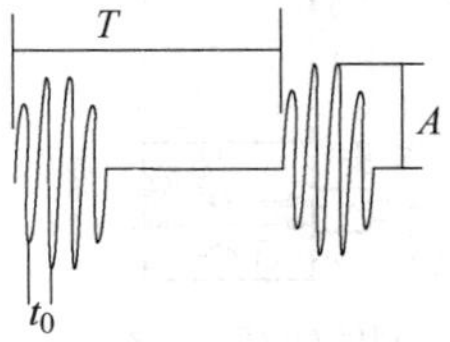


图 3-19　脉冲超声波示意图

T—重复周期；$t_0$—标称频率，$f_0=1/t_0$；A—振幅强度

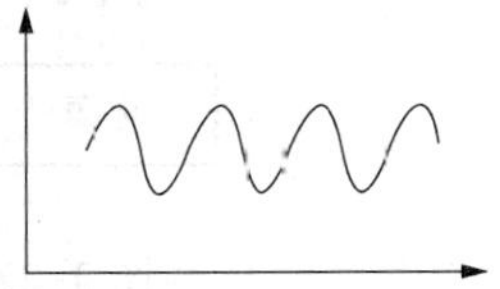

图 3-20　连续超声波示意图

③ 调频波超声波检测仪。这类仪器通过探头向工件中发射连续的、频率周期性变化的超声波，根据发射波与反射波的差频变化情况判断工件中有无缺陷。但只适合检查与探测面平行的缺陷，所以也大多被脉冲波检测仪所代替(图 3-21)。

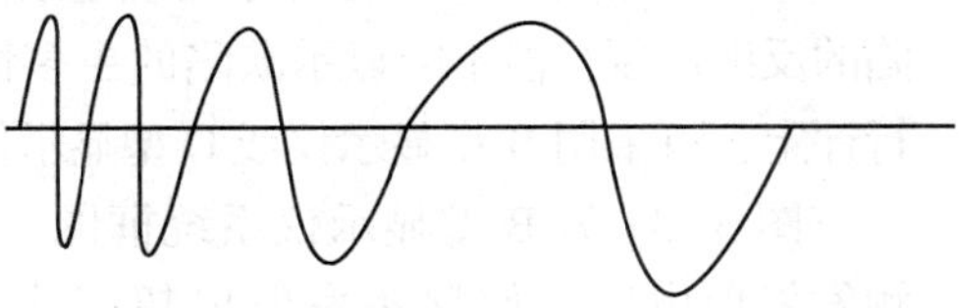

图 3-21　调频超声波示意图

(2) 按缺陷显示方式分类

脉冲式检测仪按回波信号的显示方式和显示内容又可分为 A 型显示、B 型显示和 C 型显示三种类型，见表 3-6。

**表 3-6　三种超声检测仪显示方法和显示内容的比较**

| 类　型 | 显示方法 | 主要显示内容 |
|---|---|---|
| A 型显示 | 示波器 | 缺陷深度及缺陷反射信号幅值 |
| B 型显示 | 示波器 | 缺陷深度及其在横截面上的分布 |
| C 型显示 | 示波器或记录仪 | 缺陷在平面视图上的分布 |

① A 型显示仪。图 3-22 为 A 型脉冲反射式超声检测仪的原理图，其工作原理为：同步电路产生周期性的同步脉冲信号，一方面它触发发射电路，产生一个持续时间极短的电脉冲加到探头内的压电换能器上，激励晶片产生脉冲超声波；另一方面，同步脉冲经扫描延迟，在时间上适当延迟后控制扫描发生器产生线性较好的锯齿波，经 X 轴放大器放大后加到示波管 X 轴偏转板上，使光点从左到右随时间做线性的移动。超声波透过耦合剂射入试件，在试件内传播的超声波遇到界面或缺陷时即产生反射，这种超声回波可由探头接收转变成电脉冲输入高频放大器，经检波电路再由视频放大器进一步放大后加到示波管的 Y 轴偏转板上。这时，光点不仅在水平线上按时间做线性移动而且还要受 Y 轴偏转板上电压的影响做垂直运动，从而在水平扫描线的相应位置上产生始波(表面反射波)、缺陷波 F、底波 B。根据反射回波在水平扫描线上

的位置可确定试件中界面或缺陷与换能器间的距离，即缺陷的埋藏深度；荧光屏上显示的波高一般与换能器接收到的超声声压成正比，故可据此评定反射回波的声压大小，即可以估算缺陷当量的大小。

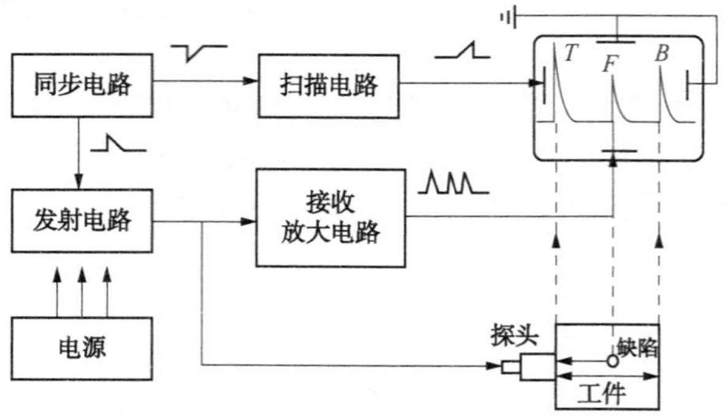


图 3-22　A 型脉冲反射式超声波检测仪的原理图

A 型显示是一种波型显示，屏幕的横坐标代表声波的传播时间(或距离)，纵坐标代表反射波的声压幅度。可以认为该方式显示的是沿探头发射声束方向上一条线上的不同点的回波信息。图 3-23 为 A 型显示原理图，$T$ 表示发射脉冲，$F$ 表示来自缺陷的回波，$B$ 表示底面回波。A 型显示的缺点为难以判断缺陷的几何形状，缺乏直观性。

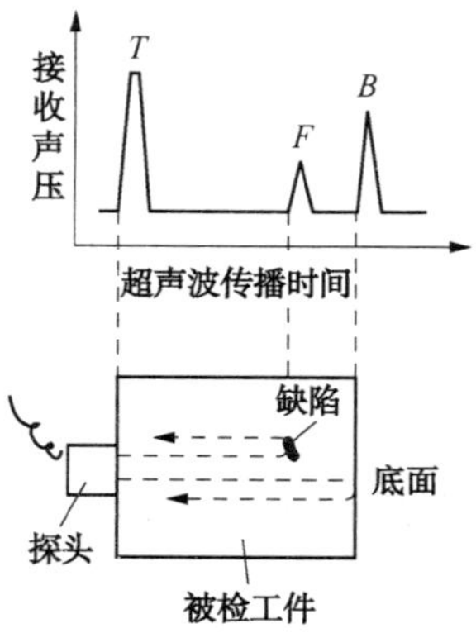


图 3-23　A 型显示原理图

② B 型显示仪。A 型显示可确定缺陷在试件中的埋藏深度及缺陷的反射声压，但不能显示缺陷的更多情况。为了更好地对缺陷进行评定，可采用 B 型显示仪或 C 型显示仪。

图 3-34 为 B 型显示仪系统框图，其工作原理是：同步信号触发发射电路，使探头发射出超声波，还瞬时触发 $Y$ 轴扫描电路，将锯齿波电压加到示波管的 $Y$ 轴偏转板上。随探头位置变化而变化的直流电位加到 $X$ 轴偏转板上。探头接收到回波信号经接收电路放大后，加到示波管的栅极，进行扫描亮度调制。由于在 B 型显示中所用示波管的荧光屏是由长余辉磷光物质组成的，在电子束停止射落到屏上很久之后仍能继续发光；这样，当探头在试件上沿一直线移动时，在屏上可展示出沿探头扫查线所取的横截面上，前表面、后表面及内部反射界面的位置取向和深度。

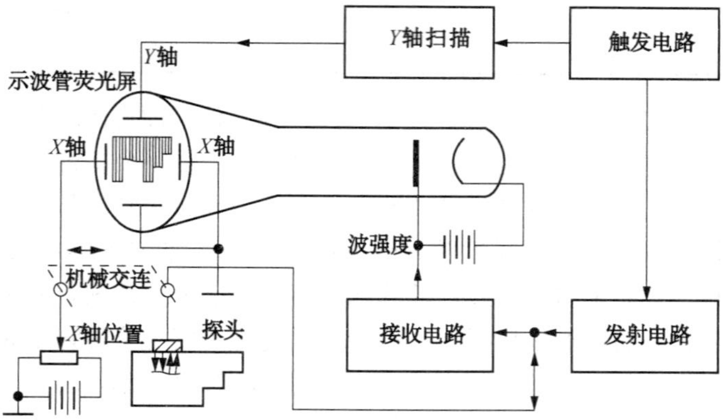


图 3-24　B 型显示仪系统框图

图 3-25 为 B 型显示仪的显示原理图，它显示的是试件纵断面的一个二维截面图，屏幕纵坐标代表探头在探测面上沿一直线移动扫查的位置坐标，横坐标是声传播的时间（或距离）。该方式可以直观地显示出被探工件任一纵截面上缺陷的分布及缺陷的深度等信息。

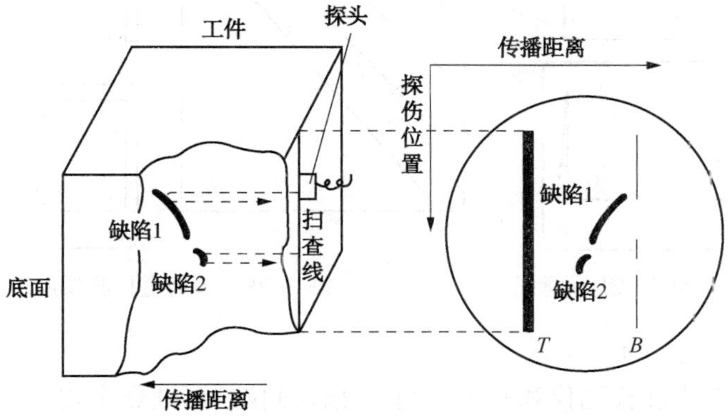


图 3-25 B 型显示原理图

③ C 型显示仪。在 C 型扫描系统中有一电子深度门，门的前沿及宽度都是可以调节的，换能器在某一部位所接收到的回波，被接纳到接收电路中去放大，但只有落在门范围之内的才能作为亮度调制信号加到示波管的栅极上，并在荧光屏上形成一亮点，亮点在屏上的位置与换能器在试件上的位置是相对应的。通常，深度门被调到使前表面反射及背面反射刚被排除在外。这样，当换能器在试件表面按一定的形式（螺旋形、平行线）移动以对整个试件表面作出扫查后，在屏上即可得到整个体积内缺陷或界面的顶视图。

通过将深度门调成较窄的宽度，可以记录来自试件内平行扫描面的某一层中的回波，而将来自其他部分的信号排除在显示之外。

图 3-26 为 C 型显示原理图，显示的是试件横断面的一个平面投影图，探头在试件表面做二维扫查，屏幕的二维坐标对应探头的扫查位置。探头在每一位置接收的信号幅度以光点辉度表示。该方式可形象地显示工件内部缺陷的平面投影图像，但不能显示缺陷的深度。

早期 C 型显示的缺点是只能检测出缺陷的长度和宽度而不能测出缺陷的埋藏深度，现改用彩色荧光屏显示，以不同颜色来表示埋藏深度，弥补了上述的不足。

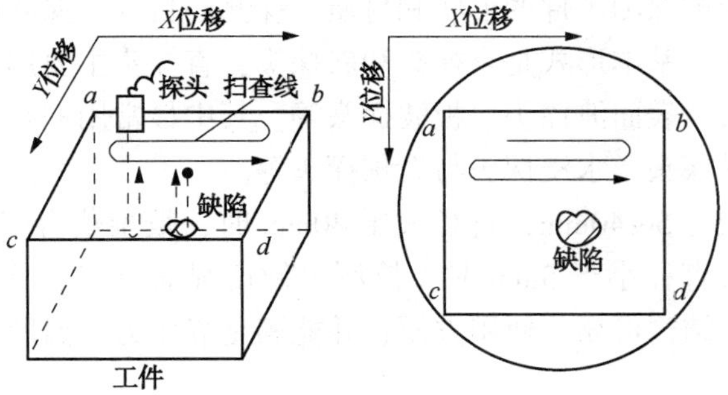


图 3-26 C 型显示原理图

（3）按超声波的通道分类

可分为单通道和多通道检测仪。

① 单通道检测仪。这种仪器由一个或一对探头单独工作，是目前超声波检测中应用最广泛的仪器。如图 3-27 所示。

② 多通道检测仪。这种仪器由多个或多对探头交替工作，每一通道相当于一台单通道

探伤仪，适用于自动化检测。如图 3-28 所示。

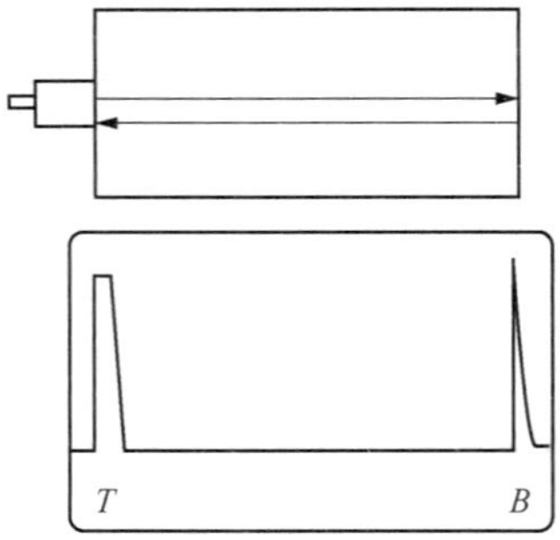


图 3-27　单通道检测仪原理示意图

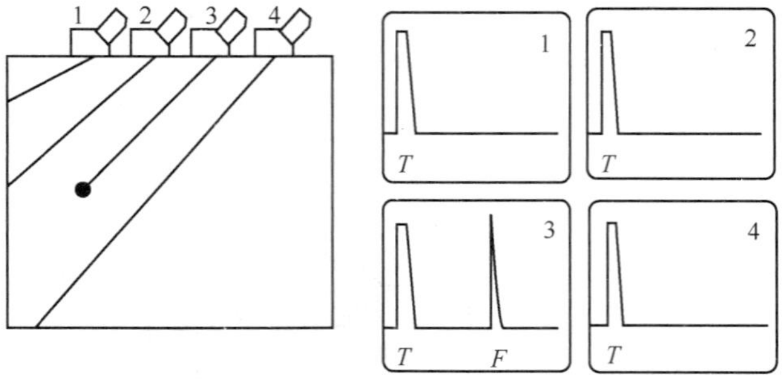


图 3-28　多通道检测仪原理示意图

（4）按是否数字化分类

可分为数字式超声波检测仪和模拟式超声波检测仪。所谓数字式主要指发射、接收电路的参数控制和接收信号的处理、显示均采用数字方式的仪器。数字式超声波检测仪是计算机技术和传统超声检测技术相结合的产物。它具有传统模拟式检测仪的基本功能，同时又增加了数字化带来的先进功能，即实现了仪器功能的精确、自动控制，信号获取和处理的数字化和自动化，检测结果的可记录性和可再现性。

以上分类中，模拟式和数字式 A 型脉冲反射式超声波检测仪在工程实际中应用最为广泛，其型号有 CTS-22、CTS-21、JTS-5、CST-3 等。

### 3.3.2　超声波探头

#### 3.3.2.1　探头的种类和结构

能将其他形式的能量转换成超声频振动形式能量的器件均可用来发射超声波，当其具有可逆效应时又可用来接收超声波，这类元件称为超声换能器，又称为探头。探头是组成检测系统最重要的组件，其性能的好坏直接影响超声检测的效果。探头主要由压电晶片组成，种类很多，根据波型探头可分为有纵波探头、横波探头、表面波探头、板波探头等；根据波束可以分为聚焦探头与非聚焦探头；根据晶片数可分为单晶探头、双晶探头；根据耦合方式分为接触式探头和液（水）浸探头。

超声波检测中由于被探测工件的形状和材质、探测的目的、探测的条件不同，因而要使用各种不同形式的探头。基本形式是直探头和斜探头，直探头主要用于发射和接收纵波，斜探头常用的有横波探头、表面波探头、板波探头等。其中最常用的是接触式纵波直探头、接触式横波斜探头、双晶探头、水浸探头与聚焦探头等。

大多数探头的直径为 5~40mm，直径大于 40mm 时，很难获得与之对应的平整接触面，一般不采用。而当探头直径小于 5mm 时，检测灵敏度显著下降，不宜采用。选择探头时，应综合考虑性能稳定、结构可靠、使用方便，并能满足静压力、温度等条件的要求。下面介绍几种常用的典型探头。

（1）直探头（纵波探头）

直探头可发射和接收纵波，故又称为纵波探头。主要用于探测与探测面平行的缺陷，如板材、锻件检测等。基本结构如图 3-29 所示，主要由压电晶片、阻尼块和保护膜组成。压电晶片多为圆片形，其厚度与超声频率成反比，直径与半扩散角成反比。晶片的两面敷有银层，作为导电极板。为避免晶片磨损，通常粘有硬质材料作为保护膜。阻尼块用钨粉、环氧树脂和固化剂等浇注，它的作用是晶片在受激励振荡后立即停下来，使脉冲宽度变小，减小盲区和提高分辨力，吸收背面的杂波，支撑固定晶片。

直探头的典型型号如 2.5P14-D，其中 2.5 表示超声波频率为 2.5MHz，P 表示晶片材料为锆钛酸铅，14 表示圆形晶片直径为 14mm，D 为系列代号。

直探头特点有：

① 适用于探测晶片正下方与声束方向垂直的缺陷；

② 探测深度较大，适用范围较广；

③ 检测灵敏度高。

（2）斜探头

斜探头又可分为纵波斜探头（$\alpha_L<\alpha_I$）、横波斜探头（$\alpha_L$为 $\alpha_I\sim\alpha_{II}$）和表面波斜探头（$\alpha_L\geqslant\alpha_{II}$）。这里仅介绍横波斜探头。横波斜探头是利用横波检测，主要是用于检测与探测面垂直或成一定角度的缺陷，如焊接汽轮机叶轮等。

横波斜探头的结构如图 3-30 所示，主要由压电晶片、阻尼块和斜楔组成。斜楔的作用是实现波型转换，使被探工件中只存在折射横波。斜楔的纵波声速必须小于工件中的纵波波速，要耐磨、易加工，对超声波的衰减系数小。晶片产生纵波，经斜楔倾斜入射到被检工件中转换为横波。若斜楔为有机玻璃，工件为钢，斜探头的入射角在 28°~61°时，在钢中可产生横波。斜楔形状的设计应使超声波在斜楔中传播时不得返回晶片，以免出现杂波。

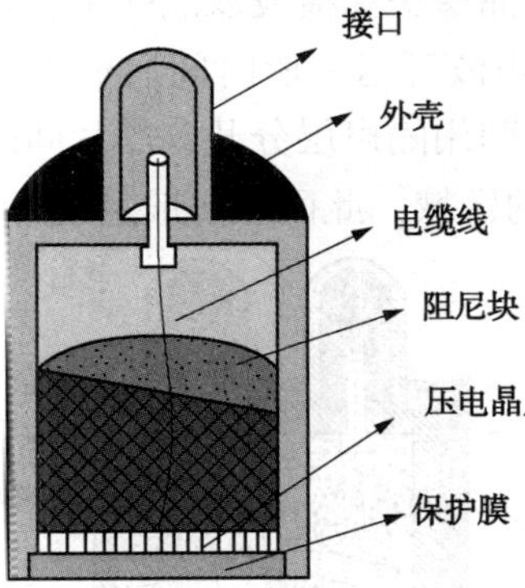

图 3-29　直探头结构示意图

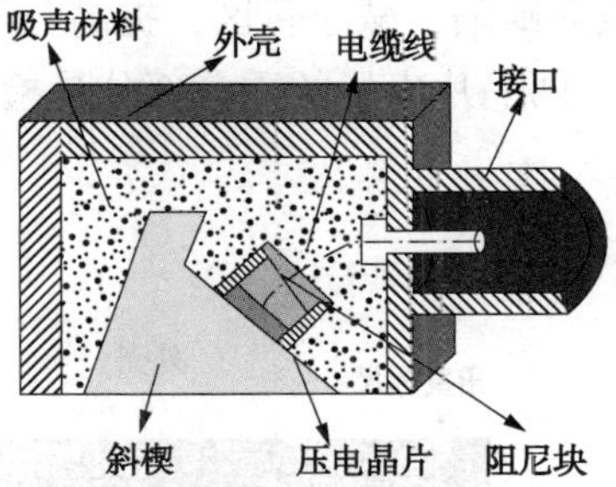

图 3-30　斜探头结构示意图

斜探头折射角的正切值称为斜探头的 $K$ 值。斜探头角度规格是按 $K$ 值为简单数值而系列化的，如 $K$ 等于 1、1.5、2、2.5……，利用 $K$ 值在检测中进行缺陷定位、定量计算十分简便。

斜探头的典型型号如 5P8×12K2.0-D、5P13×13K2.0-D，其中 5 代表超声波频率为 5MHz，P 代表晶体材料为锆钛酸铅，8×12 与 13×13 分别代表晶片形状为矩形 8mm×12mm 或方形 13mm×13mm，K2.0 代表斜探头横波折射角的正切值为 2.0，即 $\tan\beta_S=2.0$，D 为系列代号。

直探头在液体中倾斜入射至工件时，在一定的角度下，也能产生横波。在水浸法横波检测中，常利用此方法来产生横波。

斜探头特点有：

① 适合探测探头斜下方不同角度方向的缺陷；

② 探测深度较小，适用于直探头难以探测的部位；

③ 检测灵敏度较高。

（3）表面波探头

表面波探头可发射和接收表面波。它是斜探头的一个特例。即当入射角达到横波临界角时，在工件中产生表面波。直探头在液体中倾斜入射至工件时，在特定角度下也能产生表面波。

（4）板波探头

板波探头可发射和接收莱姆波（板波）。它也是斜探头的一个特例。当纵波从第一介质（有机玻璃或水）倾斜入射到第二介质（工件）中，入射角满足下面条件时，即可产生莱姆波。

$$\sin\alpha = c_L / c_P$$

式中 $c_L$——第一介质的纵波声速；

$c_P$——莱姆波某种模的相速度；

$\alpha$——入射角。

（5）可变角探头

它可以通过转动压电晶片使入射角连续变化，从而实现纵波、横波、表面波和板波检测。其结构示意图如图 3-31 所示。使用时可根据需要调整角度，以产生不同的波型。

可变角探头特点有：

① 晶片产生超声波的入射方向可以改变；

② 一个探头可进行多个方向上的探测，是一种多功能探头。

（6）双晶探头

双晶探头又称组合式或分割式探头。两块压电晶片装在一个探头架内，一个晶片发射声波，另一个晶片接收声波，根据入射角不同分为纵波双晶探头和横波双晶探头，其结构如图 3-32 所示。晶片下的延时块（有机玻璃或环氧树脂）使声波延迟一段时间后射入工件，从而可检测近表面缺陷，减小盲区，提高分辨力。两晶片之间用隔声层分开，晶片间的倾角通常为 3°~18°。两晶片声场的重叠部分是检测灵敏度最高的区域，此区域一般呈菱形。

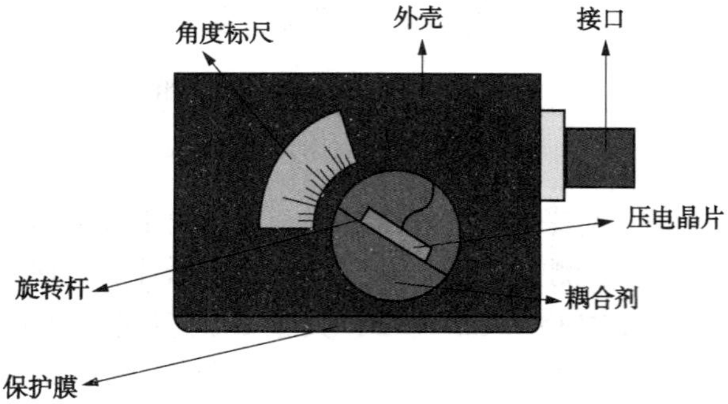


图 3-31　可变角探头结构示意图

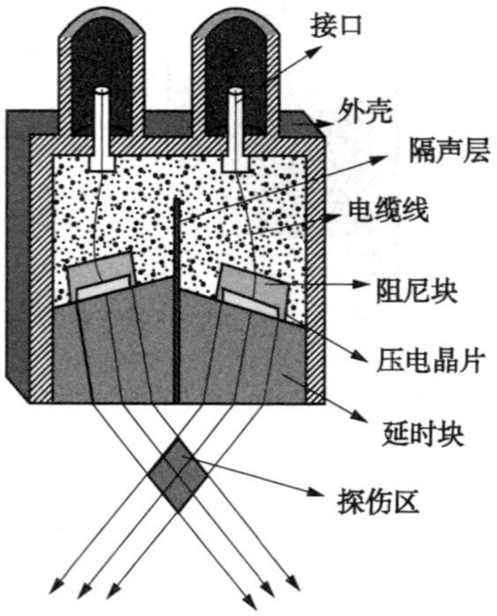


图 3-32　双晶探头结构示意图

双晶探头主要用于检测近表面缺陷。根据工件选择合适的工作频率、晶片尺寸和探测深度。

双晶探头特点有：

① 双晶片声场重叠区域灵敏度最高，一般用于定向定位检测；

② 探测深度较小；

③ 检测灵敏度较高；

④ 杂波少、盲区小；

⑤ 工件中近场区小；

⑥ 探测范围可调。

(7) 水浸探头

它可浸在水中探伤，不与工件接触，其结构与直探头相似，但不需要保护膜。

(8) 聚焦探头

聚焦探头分为点聚焦和线聚焦。点聚焦理想焦点为一点，其声透镜为球面；线聚焦理想焦点为一条线，其声透镜为柱面。将超声波聚焦成细束(线状或点状)，可提高检测灵敏度和分辨力。聚焦探头发射纵波，在水浸法检测中，调整入射角可在工件中产生横波、表面波或莱姆波。其结构如图 3-33 所示。

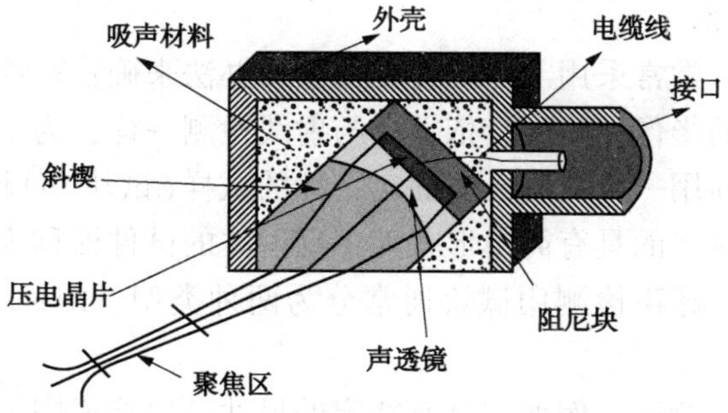


图 3-33　聚焦探头结构示意图

聚焦探头特点：具有良好的方向性，适用于探测曲面零件与晶片垂直方向上一定深度的缺陷。

3.3.2.2　*探头表示方法*

探头型号组成项目及排列顺序如图 3-34 所示。

基本频率 — 晶片材料 — 晶片尺寸 — 探头种类 — 特征

图 3-34　探头型号组成

基本频率：用阿拉伯数字表示，单位为 MHz。

晶片材料：用化学元素缩写符号表示，见表 3-7。

晶片尺寸：用阿拉伯数字表示，单位为 mm。其中圆晶片用直径表示；矩形晶片用长×宽表示；分割探头晶片用分割前的尺寸表示。

探头种类：用汉语拼音缩写字母表示，见表 3-7。直探头也可不标出。

探头特征：斜探头钢中折射角正切值(*K* 值)用阿拉伯数字表示；钢中折射角用阿拉伯数字表示，单位为(°)；分割探头钢中声束相交区深度用阿拉伯数字表示，单位为 mm；水浸探头水中焦距用阿拉伯数字表示，单位为 mm；DJ 表示点聚焦，XJ 表示线聚焦。图 3-35 为探头型号示例。

**表 3-7　晶片材料和探头种类代号**

| 晶片材料 | 代　号 | 探头种类 | 代　号 |
|---|---|---|---|
| 锆钛酸铅陶瓷 | P | 直探头 | Z |
| 钛酸钡陶瓷 | B | 斜探头(用 K 表示) | K |
| 钛酸铅陶瓷 | T | 斜探头(用折射角表示) | X |
| 铌酸锂单晶 | L | 联合双探头(分割探头) | FG |
| 碘酸锂单晶 | I | 水浸探头 | SJ |
| 石英单晶 | Q | 表面波探头 | BM |
| 其他压电材料 | N | 可变角探头 | KB |

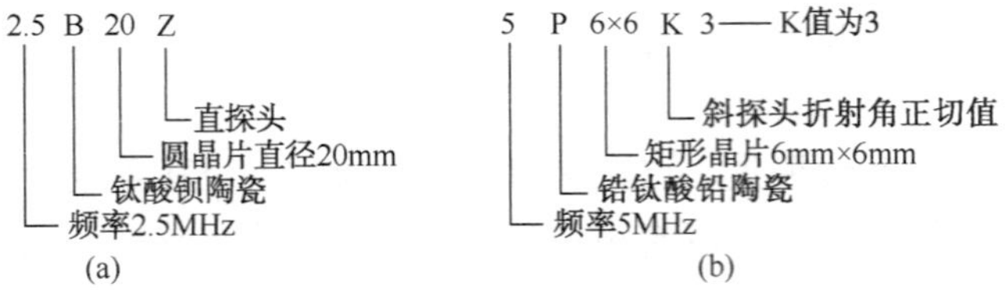


图 3-35　探头型号示例

### 3.3.3　试块与耦合剂

在无损检测技术中，常常采用与已知量相比较的办法来确定被检物的状况。例如，在射线检测中，是以透度计的影像作为比较依据。与射线检测一样，为了保证检测结果的准确性与重复性、可比性，必须用一个具有已知固定特性的试样(试块)对超声检测系统进行校准。这种按一定的用途设计制作的具有简单形状人工反射体的试件即称为试块。超声检测中就是以试块作为比较依据的。超声检测用试块通常分为两种类型，即标准试块(校准试块)和对比试块(参考试块)。

试块上有各种已知的特征，例如它具有特定的尺寸，以造成固定的声学特性；或者它带有某一尺寸的平底孔、凹槽、狭缝等。超声波检测技术的发展，一直与试块的研制、使用分不开。

标准试块(校准试块)：用以测试检测仪的性能、调整检测灵敏度和声速的测定范围。

对比试块(参考试块)：针对特定条件(如特殊厚度与形状)而设计的非标准试块，一般要求该试块的材质和热处理工艺与被检对象基本相同。

3.3.3.1　试块的用途

试块在超声波检测技术中的用途可归纳为下述四个方面：

(1) 确定合适的检测方法

有时在探伤之前，就预先知道或大概知道缺陷可能发生在什么部位，仅仅需要探测某一部位有无缺陷。可以应用在某个部位带有某种人工缺陷(平底孔、凹槽等)的试块来摸索合适的检测方法。一般来说，在这样的试块上摸索到的规律，也适用于与试块材质、尺寸相同的工件。

(2) 确定检测灵敏度

超声波检测灵敏度是一个重要参数，因此在超声波检测前，常用试块上某一特定的人工反射体来调整检测和校验灵敏度。大多数检测仪都有较大的灵敏度调整范围，以便能够探测不同种类、不同厚度的工件。在每次检测时使用的灵敏度各不相同，为了确定检测时所采用的灵敏度，用试块上人工缺陷波高表示检测灵敏度，这是最常用的一种定量地表示灵敏度的方法。

(3) 评判缺陷的大小

为了评价工件中某一深度处缺陷的大小，可以利用试块绘出距离—波幅—当量曲线(实用 AVG 曲线)来对缺陷定量，特别是 $3N$ 以内的缺陷，采用试块比较法仍然是最有效的定量方法。这种采用与同一深度处的各种人工缺陷波高相比较的方法，就是人们熟知的当量法，是目前常用的定量方法之一。此外，还可利用试块来测量材料的声速、衰减性能等。

当量法：由于实际缺陷形状是各种各样的，甚至可能是不规则的，在进行理论分析时，常采用几种简化的规则形状模型来进行计算。有些形状可在试样上人工制作，从而可作为人工模拟反射体，用于仪器的调整和缺陷的评价。规则形状反射体主要包括大平面、圆形或方形平面、球形反射体和圆柱形反射体。具体的规则反射体回波声压公式可查阅有关资料。当对实际缺陷大小进行计算时，往往得到的是该缺陷相当于多大的规则反射体，把这个大小称为缺陷的当量尺寸。

(4) 校验仪器及测试探头性能

可以用电子仪器来测试超声波检测仪的性能，但是对于使用者来说往往不具备这种测试手段。因此，为方便起见，人们常采用试块来校验仪器和测试探头性能。超声波检测仪和探头的一些重要性能包括：垂直线性、水平线性、动态范围、灵敏度余量、分辨力、盲区、探头的入射点、*K* 值等，都可用利用试块来测试。

NB/T 47013—2015 标准中，对壁厚为 8~120mm 的焊缝，规定采用如下三种试块，其型号为：CSK-ⅠA；CSK-ⅡA；CSK-ⅢA，其材质需与被探工件相同或相近。

3.3.3.2　试块的种类和结构

(1) IIW 试块

IIW 试块是国际焊接学会标准试块，该试块是荷兰代表首先提出来的，故又称荷兰试块，因形状似船形又称船形试块。其结构如图 3-36 所示。

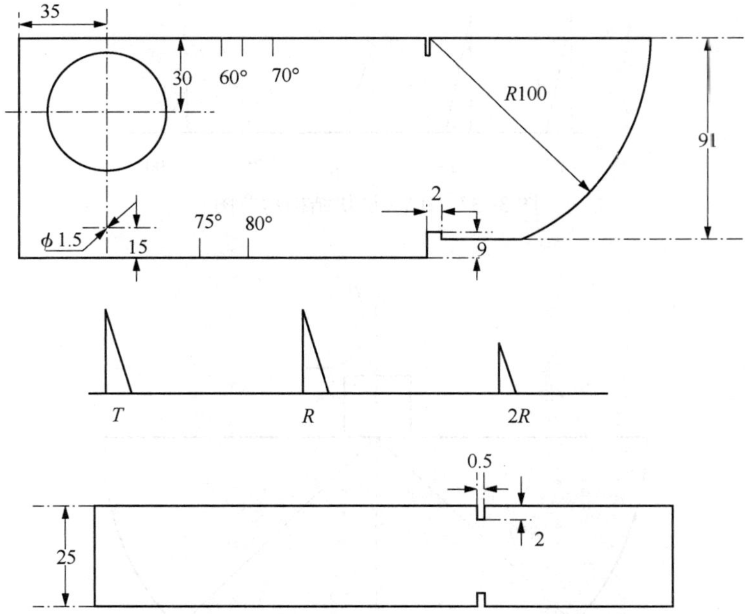


图 3-36　IIW 试块结构示意图

(2) IIW2 试块(牛角试块)

IIW2 试块也是国际焊接学会标准试块，由于外形像牛角，故俗称牛角试块。与 IIW 试块相比，IIW2 试块体积小，质量小，形状简单，易加工，便于携带，但功能较 IIW 试块要少。其结构如图 3-37 所示。

(3) 半圆试块

半圆试块是便于携带的调校型试块，材质与 IIW 试块相同，分中心开切口槽与不开槽两种。其结构如图 3-38 所示。

（4）CSK-ⅠA 试块

CSK-ⅠA 试块是国内自主设计的标准试块，功能与 IIW 试块相同。增加了 *R*50 的反射面。其结构如图 3-39 所示。

（5）CSK-ⅢA 试块(参考试块)

CSK-ⅢA 试块结构如图 3-40 所示。

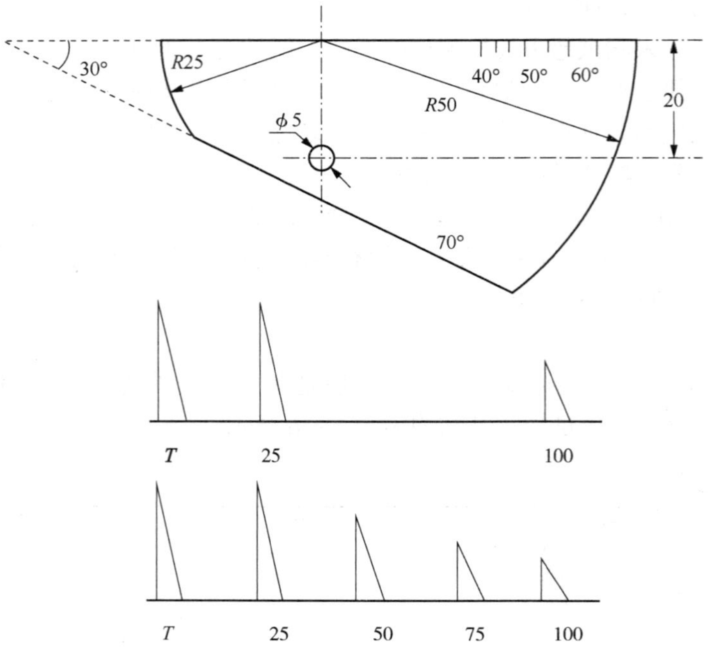


图 3-37　IIW2 试块结构示意图

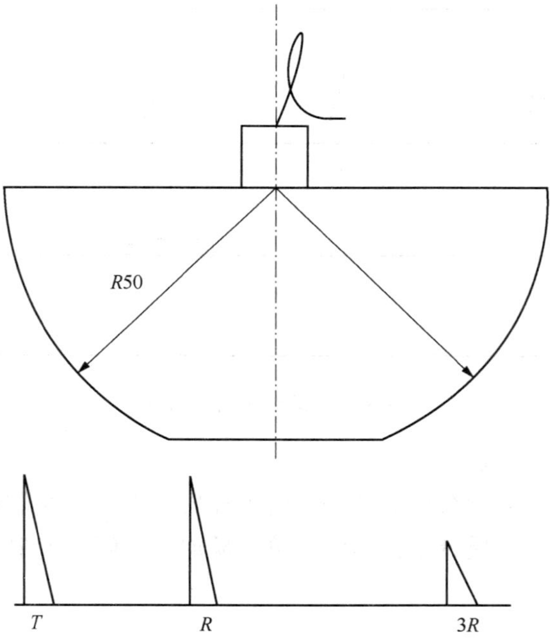


图 3-38　半圆试块结构示意图

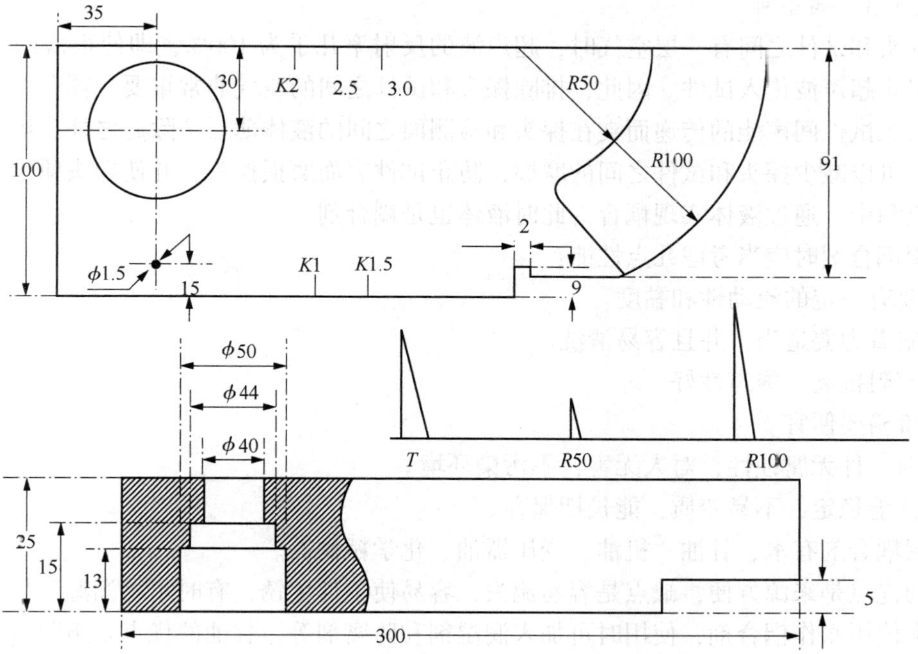


图 3-39　CSK-ⅠA 试块结构示意图

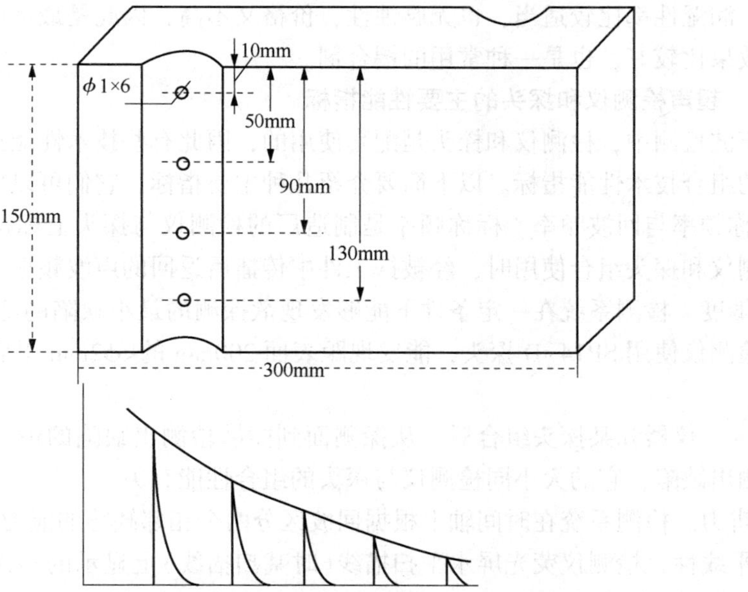


图 3-40　CSK-ⅢA 试块结构示意图

试块在使用过程中，应当注意正确使用和维护：

① 首先应在适当部位编号，以防混淆。

② 试块在使用和搬运过程中应注意保护，防止碰伤或擦伤。

③ 使用试块时要注意清除反射体内的油污和锈蚀。常用蘸油细布，将锈蚀部位抛光，或者用合适的去锈剂处理。

④ 底孔在清洗干净后用尼龙塞或胶合剂封口。

⑤ 注意防止试块锈蚀，如果使用后停放时间较长，要涂敷防锈剂。

⑥ 要注意防止试块变形，如，要避免火烤，平板试块应尽可能立放，防止重压。

3.3.3.3　耦合剂

当探头和试件之间有一层空气时，超声波的反射率几乎为100%，即使很薄的一层空气也可以阻止超声波传入试件。因此，排除探头和试件之间的空气非常重要。耦合剂就是为了改善探头和试件间声能的传递而夹在探头和检测面之间的液体薄层。除此之外，耦合剂有润滑作用，可以减少探头和试件之间的摩擦，防止试件表面磨损探头，并使探头便于移动。在液浸法检测中，通过液体实现耦合，此时液体也是耦合剂。

选用耦合剂时应当考虑几点性能：

① 要有一定的流动性和黏度。

② 附着力要适当，并且容易清洗。

③ 声阻抗高，透声性好。

④ 价格要便宜。

⑤ 对工件无腐蚀性，对人无害，不污染环境。

⑥ 性能稳定，不易变质，能长期保存。

常用耦合剂有水、甘油、机油、变压器油、化学糨糊等。

水的优点是来源方便，缺点是容易流失，容易使工件生锈，有时不易润湿工件。液浸检测中最常使用水作耦合剂，使用时可加入润湿剂和防腐剂等。甘油的优点是声阻抗大，耦合效果好，缺点是要用水稀释，容易使工件形成腐蚀坑，价格比较贵。机油和变压器油的附着力、黏度、润湿性都比较适当，也无腐蚀性，价格又不高，因此是最常用的耦合剂。化学糨糊的耦合效果比较好，也是一种常用的耦合剂。

### 3.3.4　超声检测仪和探头的主要性能指标

在超声波检测中，检测仪和探头是配套使用的，因此有些技术性能指标，实际上是检测仪和探头的组合技术性能指标。以下简要介绍几种主要指标，它们可以用仪器测试。

① 标称频率与回波频率。标称频率是制造厂的检测仪与探头上标识的频率。回波频率是指当检测仪和探头组合使用时，经被探工件中传播后返回的声波频率。

② 灵敏度。检测系统在一定条件下能够发现欲探测的最小缺陷的能力。例如：CTS-22型超声波检测仪使用SP14-D探头，能发现距表面200mm的 $<\phi 2$mm平底孔，灵敏度余量不小于40dB。

③ 盲区。仪器和某探头组合后，从探测面到能够检测出缺陷的最小距离，即在此距离内无法检测出缺陷，它的大小同检测仪与探头的组合性能有关。

④ 分辨力。检测系统在时间轴上根据回波区分两个相邻缺陷的能力。

⑤ 水平线性。检测仪荧光屏水平扫描线(时基扫描线)上显示的多次底波之间的间隔距离相等的程度，它代表检测仪水平扫描速度的均匀程度。水平线性差是指水平扫描线单位长度所代表的时间(或探测距离)是不均匀的，会影响对缺陷的定位。

⑥ 垂直线性。检测仪荧光屏上反射波高度与接收到的信号成正比关系的程度，会影响对缺陷的定量分析。

⑦ 入射点。声束轴线与检测面的交点。

⑧ 动态范围。荧光屏上回波高度从垂直极限的80%衰减到消失时所需的衰减量。动态范围大，对小缺陷的检出能力强。

⑨ 信噪比。所要探测的最小缺陷的信号幅度与杂波幅度之比。

## 3.4 超声检测基本技术

超声检测方法可采用多种检测技术，每种检测技术在实施过程中，都有其需要考虑的特殊问题，其检测过程也各有特点。但各种超声检测技术又都存在着通用的技术问题。例如，检测的过程都可归纳为以下几个步骤：

① 试件的准备。

② 检测条件的确定，包括超声波检测仪、探头、试块等的选择。

③ 检测仪器的调整。

④ 扫查。

⑤ 缺陷的评定。

⑥ 结果记录与报告的编写。

### 3.4.1 检测条件的确定

#### 3.4.1.1 超声波检测仪的选择

探伤用仪器的选择应从检测对象的材料和缺陷存在的状况来考虑，如果仪器选得不正确，不但导致不可靠的检测结果，而且在经济上也带来很大损失。仪器的选择应从选择最合适的探头开始，因为探头的性能是检测缺陷的关键，而检测装置本身则应使探头的性能获得最充分的发挥。在考虑检测操作要求的同时，要决定是否需要自动化，以及考虑选择试块、辅助工具和耦合介质等。

一般市场上出售的 A 型脉冲反射式超声波检测仪已具备一些基本功能，其基本性能参数(垂直线性、水平线性等)也能满足通常超声检测的要求。对于给定的任务，在选择超声波检测仪时，主要考虑的是该任务的特殊要求，可从以下几方面进行考虑：

① 所需采用的超声频率特别高或特别低时，应注意频带宽度。

② 对薄试件和近表面缺陷检测时，应注意发射脉冲是否可调为窄脉冲。

③ 检测大厚度试件或高衰减材料时，选择发射功率大、增益范围大、电噪声低的超声波检测仪，有助于提高穿透能力和小缺陷显示能力。

④ 对衰减小或厚度大的试件，选用重复频率可调为较低数值的超声波检测仪，可避免幻象波的干扰。

⑤ 室外现场检测时，应选择质量小，荧光屏亮度好，抗干扰能力强的便携式超声波检测仪。

⑥ 自动快速扫查时应选择最高重复频率高的超声波检测仪。

#### 3.4.1.2 探头的选择

选择探头时，对缺陷的状况应做如下考虑：超声波波束轴线要尽可能与缺陷主要扩展方向正交，用斜探头检测时，要选择合适的折射角。因此在进行超声检测之前，应了解被检工件的材料特性、外形结构和检测技术要求；熟悉工件在加工的各个过程中可能产生的缺陷和部位，以作为分析缺陷性质的依据；根据检测目的和技术条件选择合适的仪器和探头，并进行仪器性能的测试；选择合适的检测方法和耦合剂及其探测条件，如适当的频率等。

(1) 结构形式

探头的结构形式主要根据板厚来确定。板较厚时，常选用单晶直探头。板较薄时可选用双晶直探头，因为双晶直探头主要用于检测厚度为 6~20mm 的钢板。

（2）频率

超声波的频率在很大程度上决定了其对缺陷的探测能力。对同种材料而言，频率愈高，超声波衰减愈大；对同一频率而言，晶粒愈粗，衰减愈大。对细晶粒材料而言，选择较高频率可提高检测灵敏度，因为频率高，波长短，检测小缺陷的能力强，同时频率愈高，指向性愈好，可提高分辨力，并能提高缺陷的定位准确度。但是，提高频率会降低穿透能力和增大衰减，因此，对粗晶和不致密材料及厚度大的工件，应选用较低的探测频率。

综上所述，频率的选择可以这样考虑：对于小缺陷、近表面缺陷或薄件的检测，可以选择较高频率；对于大厚度试件、高衰减材料，应选择较低频率。在灵敏度满足要求的情况下，选择宽带探头可提高分辨力和信噪比。针对具体对象，适用的频率需在上述考虑当中取得一个最佳的平衡，既要保证所需尺寸缺陷的检出，并满足分辨力的要求，也要保证在整个检测范围内具有足够的灵敏度与信噪比。

（3）晶片尺寸

探头晶片尺寸对检测的影响主要通过其对声场特性的影响体现出来。多数情况下，检测大厚度的试件时，采用大直径探头较为有利；检测厚度较小的试件时，则采用小直径探头较为合理。应根据具体情况，选择满足检测要求的探头。

（4）斜探头折射角（$K$值）

对横波斜探头来说，为了使工件中的折射角度范围能覆盖到90°，探头斜楔中的声速应小于工件中的声速。由于一般斜探头主要用于横波，因此设计时要求斜楔中的纵波速度小于工件中的横波速度。对钢来说常用有机玻璃或聚乙烯做斜楔。斜楔采用有机玻璃的另一个优点是具有明显的衰减特性，有利于消除干扰反射波。

折射角为45°~70°的斜探头，由于干扰反射波引起的麻烦最少，而且在这个角度范围内的所有换能器具有大致相同的灵敏度，换能器的方向特征也不失真，因此应用最广。

### 3.4.2 超声波检测方法分类及特点

超声波检测的实质是：首先将工件被检部位置于一个超声场中，工件若无不连续分布（如无缺陷等），则超声场在连续介质中的分布是正常的。若工件中存在不连续分布（如有缺陷等），则超声波在异质界面上产生反射、折射和透射，使超声场的正常分布受到干扰。使用一定的方法测出这种异常分布相对于正常分布的变化，并找出它们之间的变化规律，这就是超声波检测的任务。

由于使用的仪器及超声波波型、探头数量、耦合方法、缺陷显示方法等不同，超声波检测的方法也不同，如果将它们逐一分类，一般可有以下几种：按缺陷显示方法分有A型显示法、B型显示法、C型显示法；按超声波传播方式分有连续波法、脉冲波法；按工作原理分有穿透法、脉冲反射法；按波型分有纵波法、横波法、表面波法、板波法；按超声波耦合方式分有直接接触法、液浸法；按探头数量分有单探头法、双探头法、多探头法。

下面仅以实际检测中较为常用的方法进行介绍。

#### 3.4.2.1 脉冲反射法和穿透法的检测原理及特点

超声波在传播过程中遇到缺陷会产生反射、透射及缺陷后侧声影，按以上这些引起声场异常变化的不同原理，可将检测方法分为脉冲反射法和穿透法（又称阴影法），前者以检测缺陷的反射声压（或声能）大小来确定缺陷量值，后者以测定缺陷对超声波的正常传播的遮挡所造成的声影大小来确定缺陷的量值。图3-41和图3-42所示为这两者的工作原理图。

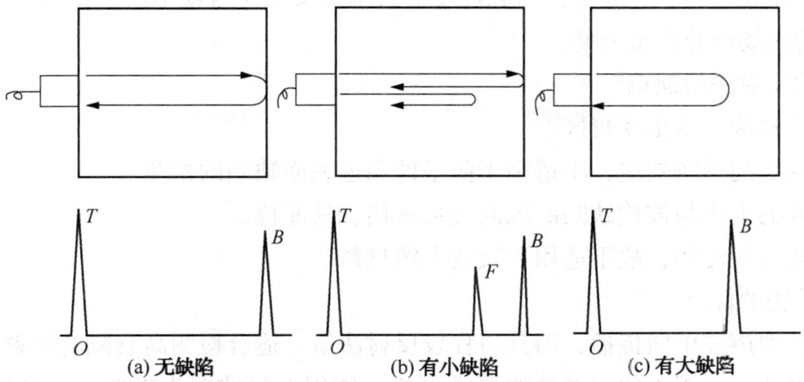


图 3-41　脉冲反射法检测原理

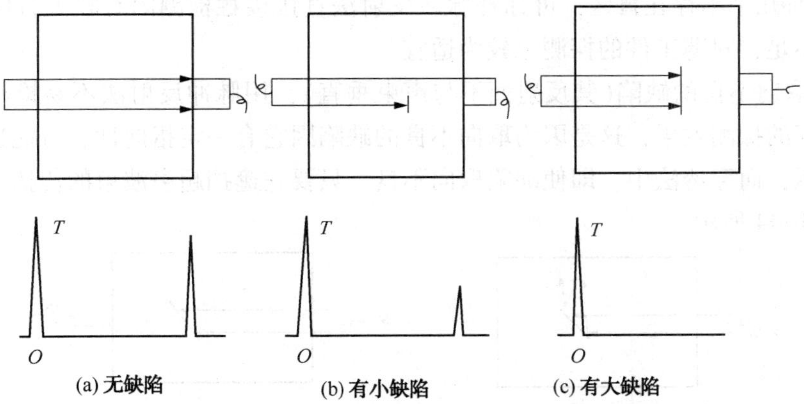


图 3-42　穿透法检测原理

（1）脉冲反射法的优点

① 灵敏度高。对于穿透法，只有当超声声压变化大于 20%时才有可能检测，它相当于声压只降低 2dB。由于探头晶片尺寸有一定大小及缺陷本身的声衍射现象，要获得大于 20%声压变化量，缺陷对声传播遮挡面积已相当大了。对于脉冲反射法，缺陷反射波声压仅是入射声压的 1%时，就已经能够检出，此时，与缺陷反射声压相对应的反射面积是很小的。

② 缺陷定位准确度高。脉冲反射法可利用缺陷反射波的传播时间，通过扫描速度（时间轴比例）调节，对缺陷进行正确定位。而穿透法只能以观察接收波型高低来确定缺陷面积，而波型所处位置不能表示缺陷声程，即处于不同部位的相同面积的缺陷，其接收波型高度相等，位置不变，如图 3-43 所示。

③ 适用于多种检测技术。脉冲反射法适用性广，配以不同的探头和耦合方式可进行纵波、横波、表面波、板波及直接接触、液浸法等多种检测技术检测，以适应从多方面对各类工件缺陷的探测。

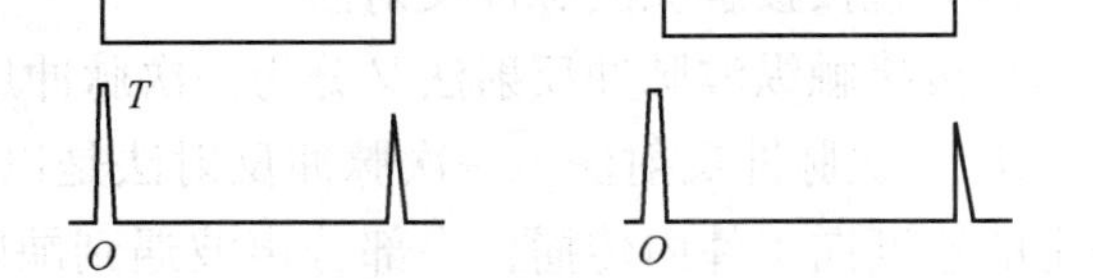


图 3-43　穿透法探测处于不同部位的缺陷

④ 不需要专门扫查装置现场，手工操作方便。穿透法中为保持发收二探头的相

对位置，往往需要专用扫查装置，而脉冲反射法单探头工作时就不需要任何扫查装置，从而为各种场合的现场作业带来方便。

(2) 脉冲反射法的缺点

① 单探头检测，易出现盲区。

② 由于探头的近场效应，不适用于薄壁件和近表面缺陷的检测。

③ 缺陷波的大小与被检缺陷的取向关系密切，易漏检。

④ 因声波往返传播，故不适用于衰减大的材料。

(3) 穿透法的优点

① 在试件中声波单向传播，因其声程较反射法短，适合检测高衰减的材料。

② 对发射和接收探头的相对位置要求严格，须用专门的探头支架。对形状简单的批量工件操作、简单方便，易实现连续自动检测且检查速度快。

③ 检测时几乎不存在盲区，可弥补脉冲反射法直接接触检测因有较大盲区而不能发现表面缺陷的不足，对薄工件的探测也较为适宜。

④ 对于取向不良的缺陷(其反射面不与声束垂直)，用脉冲反射法不易检测时，用穿透法反而有较好的探测效果，这是因为取向不良的缺陷因它有一定指向性，可能造成探头接收不到反射声压；而穿透法中，即使缺陷取向不良，只要它遮挡超声波束的传播，缺陷就能被发现，如图 3-44 所示。

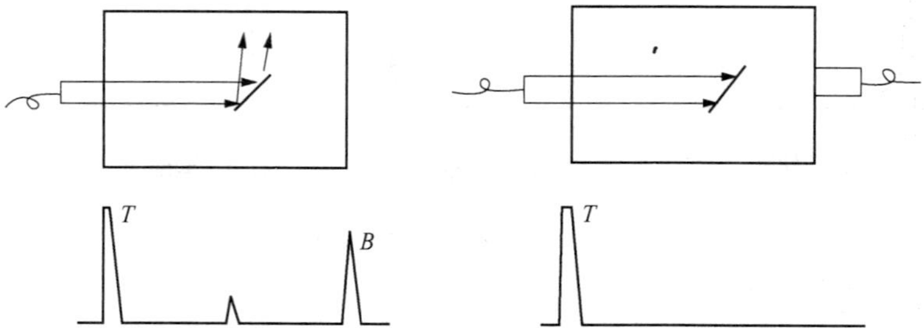

(a) 脉冲反射法 (b) 穿透法

图 3-44 取向不良缺陷的影响

(4) 透射法的缺点

① 一对探头单发单收，只能判断缺陷的大小和有无，不能确定缺陷的方位。

② 当缺陷尺寸小于探头波束宽度时，该方法的探测灵敏度低。

脉冲反射法是目前运用最广泛的一种探测方法，就其本身来说，它又可分为许多种方法，下面我们将择要加以介绍。

3.4.2.2 常用脉冲反射法

接触法是探头与试件直接接触，中间可涂少量的耦合剂。对被检工件表面粗糙度要求较严。直探头和斜探头(包括横波、表面波、板波)都可采用接触法。

(1) 直接接触纵波脉冲反射法

直接接触纵波脉冲反射法又分为一次脉冲反射法和多次脉冲反射法。

① 一次脉冲反射法。一次脉冲反射法是以一次底波为依据进行检测的方法。超声波以一定的速度向工件内传播，一部分声波遇到缺陷时反射回来；另一部分声波继续传至工件底面后也反射回来。发射波、缺陷波和底波经过放大后在荧光屏上显示。由发射波、缺

陷波和底波在时间基线上的位置，即可求出缺陷的部位。由缺陷波的幅度可判断缺陷的大小，具体方法有当量法，以底波强度为基础的定量法，以波束指向性为基础的定量法，AVG 曲线定量法和作图法等。关于缺陷的定性，主要根据缺陷波的形状，有时需移动探头，观察波型的变化，并结合冶金、焊接等工艺特点分析缺陷的性质。一次脉冲反射法如图 3-45 所示。

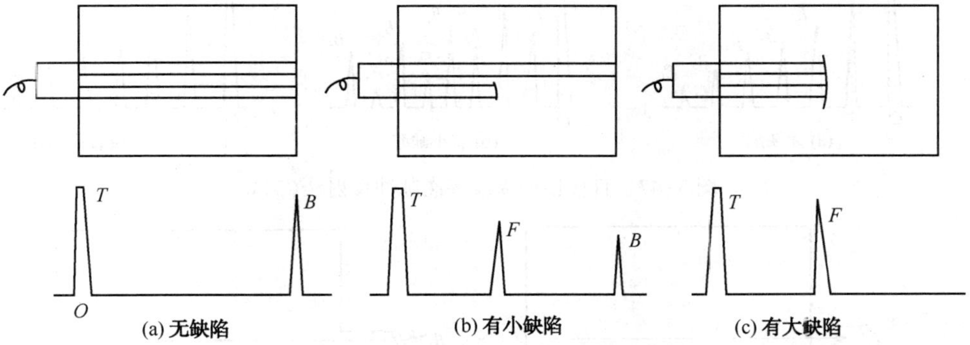


图 3-45　直接接触纵波一次脉冲反射法

当工件中无缺陷时，荧光屏上只有始波 $T$ 与一次底波 $B$。当工件中有小缺陷时，始波与底波之间出现缺陷 $F$，缺陷波高与其反射面积有关，此时底波幅度会有下降。当工件中缺陷大于声束直径时，底波消失，荧光屏上只有始波和缺陷波。

② 多次脉冲反射法。这是以多次底面脉冲回波为依据进行检测的一种方法，此种方法适用于结构致密性较差的工件。超声波在具有平行表面的工件中传播，若无缺陷时，声波经底面反射回探头，一部分能量被探头接收，得到一次底波 $B_1$；另一部分能量又折回底面再被探头接收，得到二次底波 $B_2$，剩余能量再折回探头，如此往复多次，得到底面多次回波，直至声能完全耗尽为止。根据多次底波波幅递减的快慢，可用以判断工件材质衰减情况及有无对声能吸收大的缺陷(图 3-46)，也可以用来判断工件中缺陷的严重程度，如图 3-47 所示。

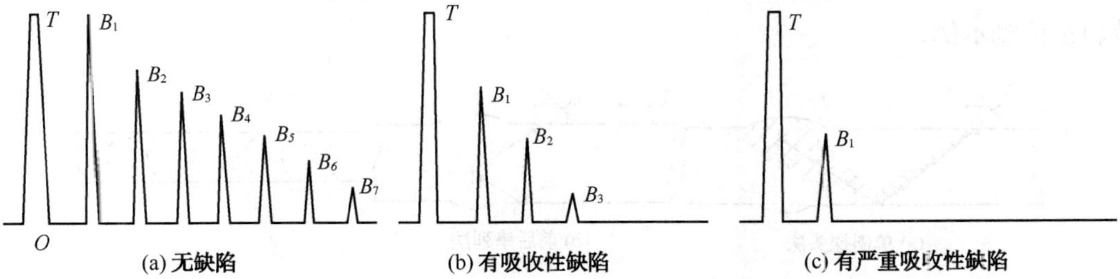


图 3-46　直接接触纵波多次脉冲反射法(一)

③ 组合双探头脉冲反射法。组合双探头由一发一收两晶片和有机玻璃延迟块组成，可用来减小盲区，有利于发现近表面缺陷，如图 3-48 所示。

(2) 直接接触斜角检测法

在脉冲反射法检测中，将晶片安装在具有一定入射角的有机玻璃斜楔上，使纵波以一定倾斜角度入射，经波型转换后在工件中获得横波、表面波或板波的检测方法统称为斜角检测法。斜角检测法可以检测直探头纵波无法发现的缺陷，可适应不同形状工件和不同方位缺陷的探测。

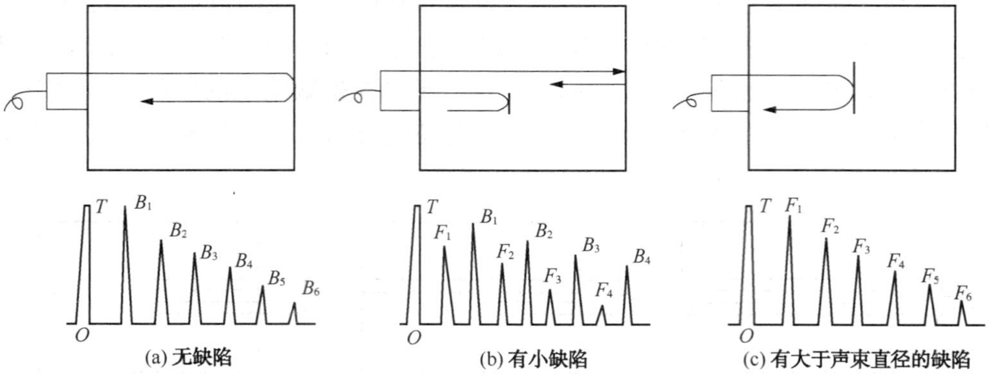


图 3-47 直接接触纵波多次脉冲反射法(二)

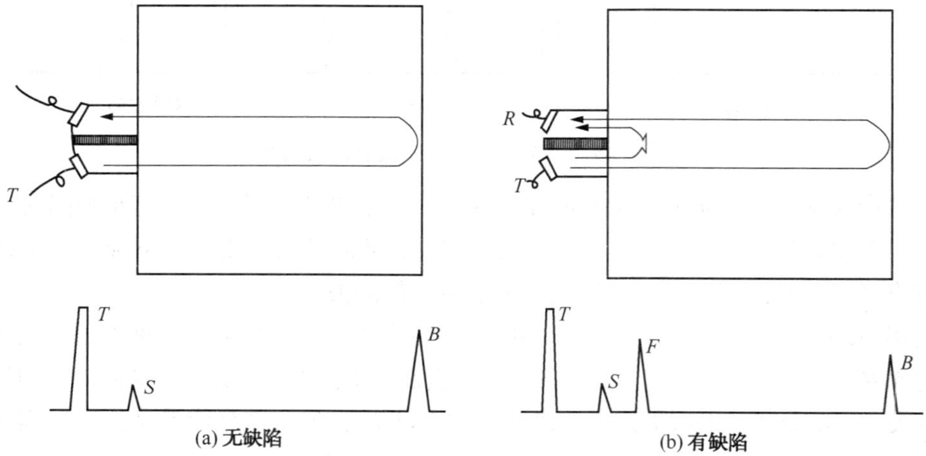


图 3-48 直接接触纵波组合双探头脉冲反射法

① 横波检测法。以有机玻璃为斜楔的斜探头，为得到单一折射横波，其纵波入射角应大于第一临界角，小于第二临界角。对于钢工件而言，入射角应为 27.2°<α<57.6°。图 3-49 为横波斜角检测示例。

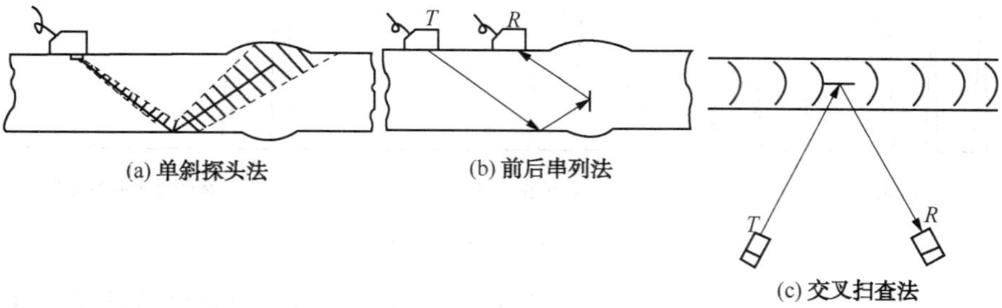


图 3-49 横波斜角法

横波法通常用单探头检测。横波入射到工件后，当所遇缺陷与声束垂直或夹角较大时，声波发生反射，在荧光屏上出现缺陷波。

在对板材检测时，如探头离板的端面较近，会出现端面反射波($B$)，如遇到很大的缺陷时，端面反射波可能消失。如探头离端面较远时，声能在板内逐渐衰减完，也不会出现端面反射波，如图 3-50 所示。

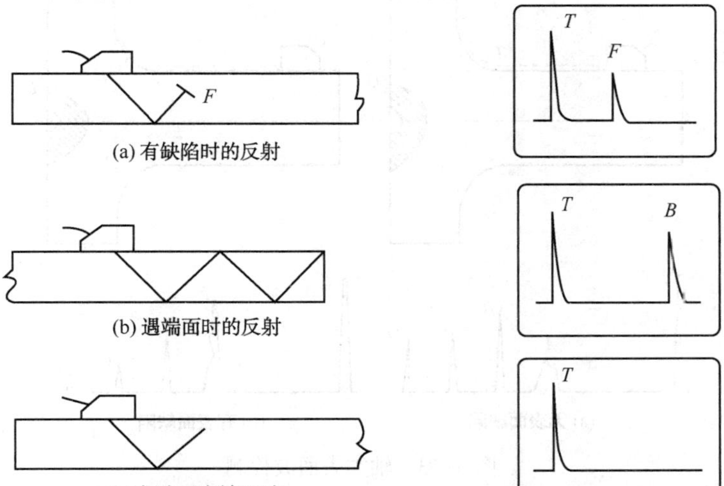


(a) 有缺陷时的反射

(b) 遇端面时的反射

(c) 探头远离端面时

图 3-50　横波单探头法

横波检测也可使用双探头法。可以单收单发，如图 3-51 为用横波单收单发法检测焊缝的示例。也可以双收双发(图 3-52)，这时应调整两个探头的相对位置，使一个探头发射的声波在工件内传播后恰为另一个探头所接收。该接收波称为直通波($K$)，两个直通波重合在一起。两个探头收到的缺陷波各为 $F_1$ 和 $F_2$，伴于直通波 $K$ 的两侧，此时，缺陷即位于两探头间距的中心线上。

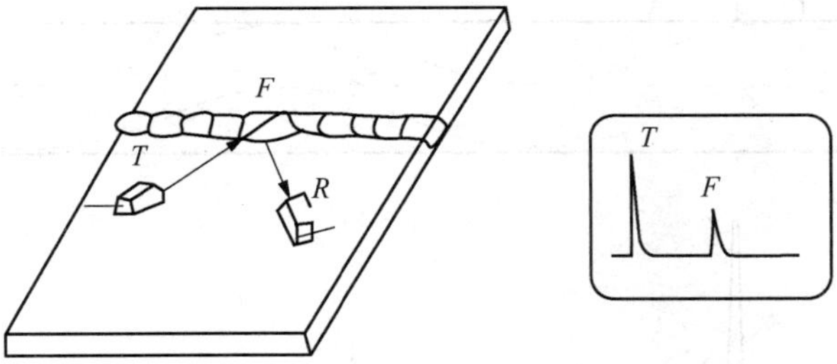


图 3-51　横波单收单发检测焊缝

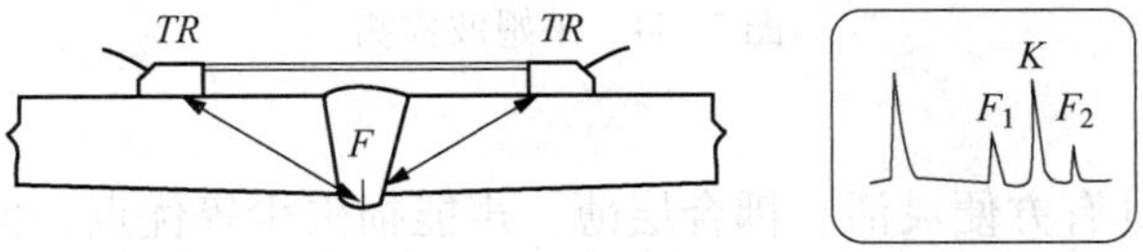


图 3-52　横波双收双发检测焊缝

② 表面波检测法。当斜探头有机玻璃斜楔入射角大于第二临界角时，折射声波全部沿着工件表面传播，形成表面波。

表面波沿工件表面传播，遇转角或棱角时将有强烈反射回波，曲率越大反射越强。工件上位于表面的缺陷也相当于有一定曲率的棱角，也有强烈的反射。利用这一原理可用于工件表面检测。图 3-53 为轴类表面波检测示例。

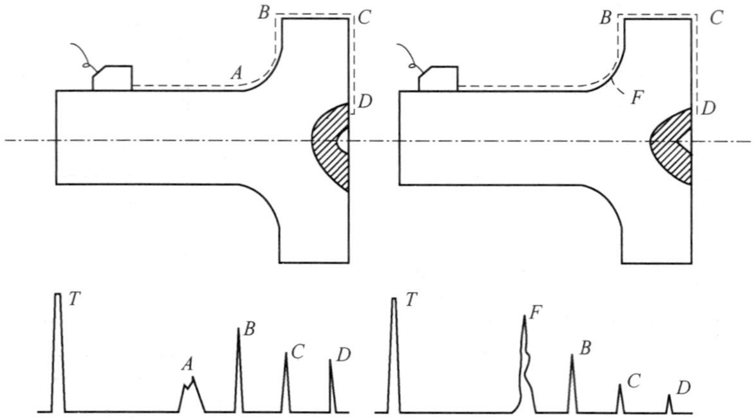


(a) **无表面缺陷**　　(b) **有表面缺陷**

图 3-53　轴类表面波检测

③ 板波(莱姆波)检测法。当介质中传播的声波波长与其板厚 $t$ 相当时，则一定入射角的纵波会在薄板中激励出板波(莱姆波)。莱姆波有对称型和非对称型之分，它可在薄板两表面之间传播，用于探测 0.5~5mm 薄板中的分层、裂纹等缺陷。

图 3-54 为莱姆波检测示例。板材中无缺陷时荧光屏上只有板端面反射波；若有缺陷时，在相应位置出现缺陷波，其板端面反射波波幅降低。对不同板厚，其入射角不同，故可用可变角探头进行检测。

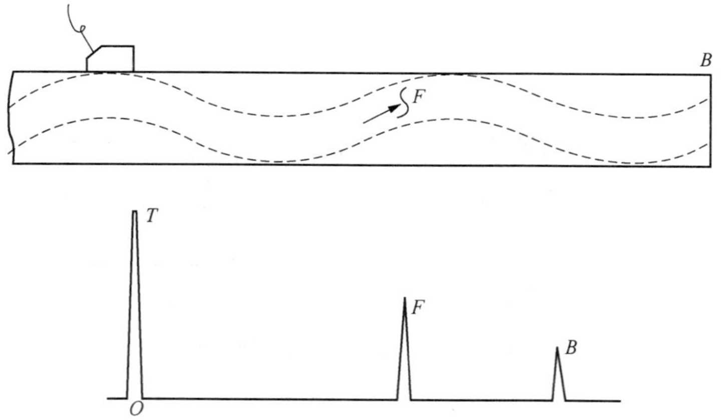


图 3-54　莱姆波检测

(3) 液浸法检测

直接接触法虽然具有方便灵活、耦合层薄、声能损失少等优点，但实际检测时由于探头上所施压力大小、耦合层厚度、接触面积大小、工件表面凹坑的填充程度均难以控制，因此，它们的综合影响难以估量。再则，直接接触法探头容易磨损，探测速度慢，因而对某些批量规则工件宜采用液浸法检测，便于实现自动化，提高检查速度。

液浸法就是探头与探测面之间有一层液体传声层，通常以水作为耦合介质，所以也叫水浸法。用液浸法纵波检测时，当超声束达到液体与工件的界面时会产生界面波。由于水中声速是钢中声速的 1/4，声波从水中入射钢件时，产生折射后波束变宽。为了提高检测灵敏度，常用聚焦探头。

液浸法还适用于横波、表面波和板波检测。由于探头不直接与工件接触，因而易于实现自动化检测，也适宜检测表面粗糙的工件。

① 液浸法的分类及其检测图形。根据工件和探头的浸没形式，一般可分为全没液浸法(探头与工件全部浸入液体)、局部液浸法(探头与工件之间局部充以液本)和间隙法，局部液浸法有通水式、喷液式和满溢式。

全没液浸法和局部液浸法的检测图形是相同的，如图 3-55(e)所示。图中 $S_1$和 $S_2$分别为液层与工件之间一次界面回波和二次界面回波；$B_1$、$B_2$、$B_3$、为工件底面多次回波；$F_1$、$F_2$、$F_3$为缺陷多次回波。

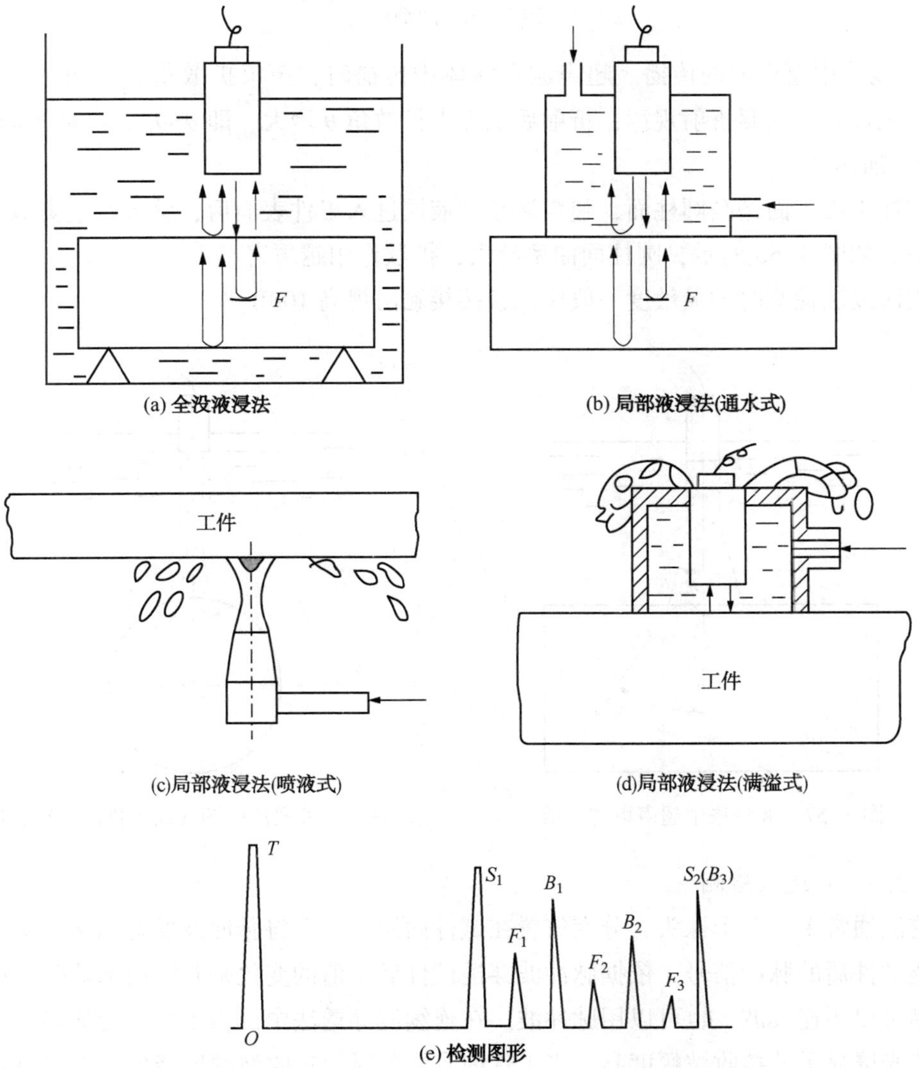


图 3-55　液浸脉冲多次反射法

间隙法如图 3-56 所示，探头与工件之间也有液(水)层，不过水层很薄，厚度为 0.3~0.8mm，因此，它的检测图形上没有上述两种液浸法带来的界面回波 $S$，而与直接接触检测法图形相同，其特点是耦合层可调节，且不易磨损探头。

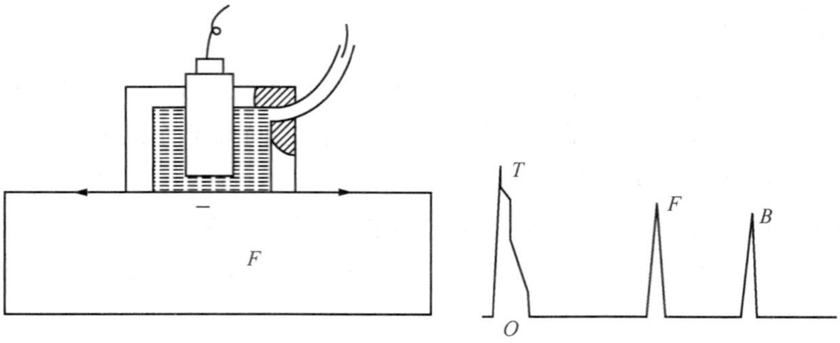


图 3-56　间隙法

② 液浸法中超声波的传播。超声波在液体中传播时，声束扩散角 $\theta_W$ 较小，指向性好，一旦射入工件后，依照折射规律，折射后工件中扩散角 $\theta$ 增大，即 $\theta>\theta_W$，声束指向性变差，如图 3-57 所示。

若被探工件表面是凸圆柱面，超声波经过液层进入工件表面后，就会产生类似凸透镜的扩散现象，如图 3-58 所示，圆柱面曲率越大，扩散作用越厉害。

采用液浸法检测时的灵敏度一般应比直接接触法提高 10dB。

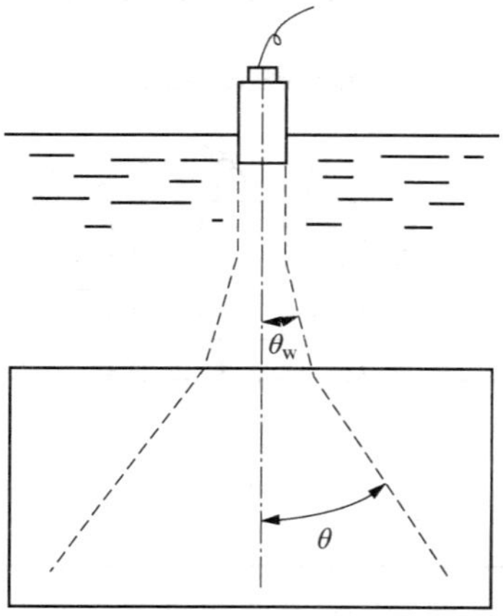


图 3-57　液浸法中超声束的扩散

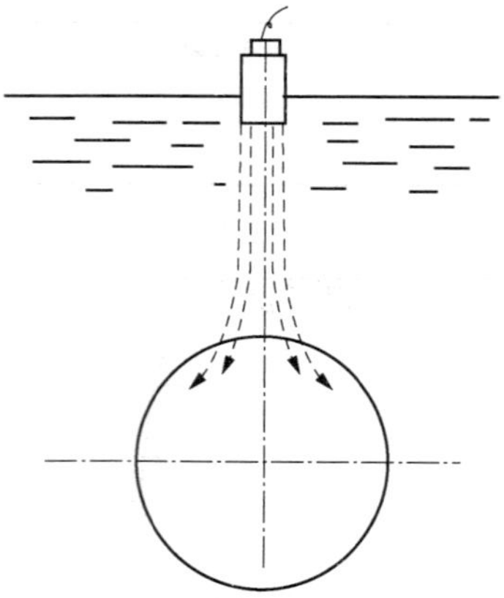

图 3-58　液浸法中圆柱面工件的声束扩散

3.4.2.3　穿透法检测

穿透法通常采用两个探头，分别放置在试件两侧，一个将脉冲波发射到试件中，另一个接收穿透试件后的脉冲信号，依据脉冲波穿透试件后幅值的变化来判断内部缺陷的情况。穿透法检测可以用连续波，也可以用脉冲波。在连续波穿透法中，当工件内无缺陷时，接收能量大，荧光屏显示的接收波幅度高；当工件内有缺陷时，接收波幅度降低；如果有很大的缺陷将声波全部阻挡，荧光屏上接收波消失。如图 3-59 所示。

穿透检测法灵敏度低，不能检测小缺陷，也不能对缺陷定位，但适宜检测超声衰减大的材料，同时也避免了盲区。

3.4.2.4　共振法测厚

应用共振现象对试件进行检测的方法叫共振法。当试件的厚度为声波半波长的整数倍

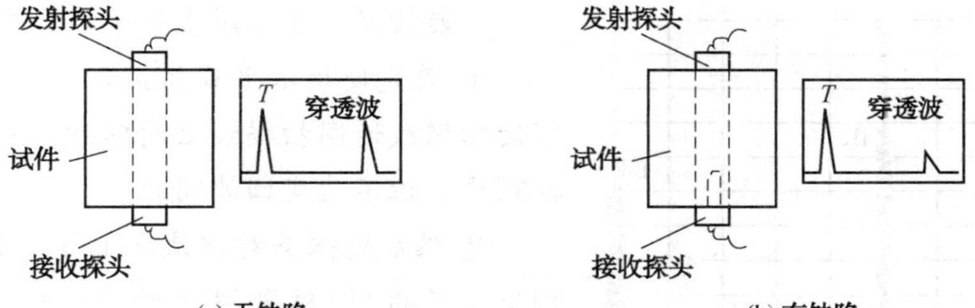


图 3-59　直射声束穿透法

时，由于入射波和反射波的相位相同而发生共振。在测得超声波的共振频率和共振次数后，可计算试件的厚度：

$$\delta = n\frac{\lambda}{2} = \frac{nc}{2f}$$

当试件中有较大的缺陷或厚度改变时，共振点偏移甚至共振现象消失，因此共振法常用于壁厚的测量(测量准确度可达 0.1mm，甚至 μm 级)，不用来检测缺陷。

# 3.5　仪器扫描速度的调节

仪器扫描速度调节也称时基线调节或探测范围调节，俗称定标。我们把仪器示波屏上时基扫描线的水平刻度 $\tau$ 与实际声程 $x$(单程)的比例关系($\tau : x = 1 : n$)称为扫描速度。

扫描速度的大小是可以调节的，调节时要保证以下两点：

① 要使时基线显示的范围足以包含需要检测的深度范围。

示波屏的大小、水平刻度值是一定的，但是被检工件的厚度是不同的，要在屏上显示整个被检工件的厚度，就要根据具体情况来调节扫描速度。如果厚度小，可调节扫描速度为 1∶1；如果厚度变大，可调节扫描速度为 1∶3，否则显示屏上就有可能不能够显示整个工件的厚度。这就相当于，在同一张纸上，如果绘制一个市、一个省或者整个国家，比例尺是不同的。

② 要使扫描速度 1∶$n$ 中的 $n$ 为整数，比如 1∶3，而不能是 1∶2.9 或者 1∶3.1，否则在定位缺陷时就不准确。

所以，调节扫描速度的目的是：保证在确定的检测范围内发现规定尺寸的缺陷，并确定缺陷的位置和大小。

下面重点介绍纵波和横波检测时，扫描速度的调节。

### 3.5.1　纵波扫描速度的调节

纵波扫描速度调节的具体步骤分为两步：

第一步，调零位。所谓零位调节是指，由于检测时超声波传播时间包含了波在探头楔块、保护膜和耦合剂中的传播时间，为了得到缺陷在工件中的位置参数，必须将始波适当左移，使时基线零点与工件中的距离零点对应。

第二步，调扫描线比例，也就是校准时基线与超声波传播距离的比例。

下面以具体例子来解释。

例 3-2：探测厚度为 100mm 工件，请利用 IIW 试块调节扫描速度为 1∶4。

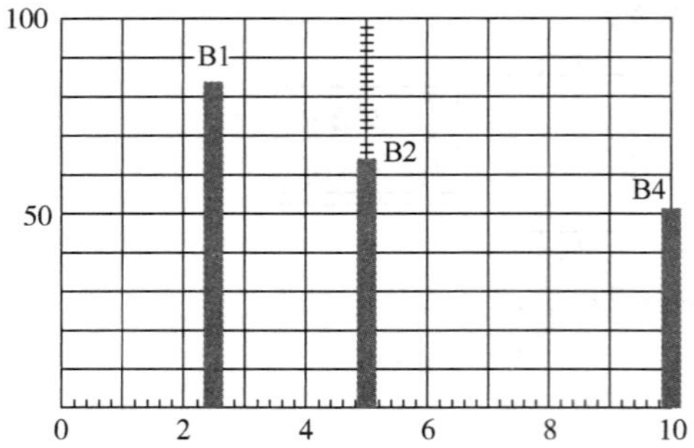

图 3-60　纵波扫描速度 1∶4 调节的超声波位置显示

一般情况下显示屏上水平刻度有 100 个小格。

① 首先使用水平旋钮调零位：调节水平旋钮，可使扫描线连同扫描线上的回波一起，左右移动一段距离，但不改变回波间距。

② 然后将探头对准试块上厚为 100mm 的底面，调节仪器的“深度微调”“脉冲移位”旋钮，使底波 B2、B4 分别对准水平刻度 50、100，如图 3-60 所示。

这时，扫描线水平刻度值与实际声程的比例正好为 1∶4。

### 3.5.2　横波扫描速度的调节

如图 3-61 所示，横波检测时，斜探头的折射角是已知的。所以缺陷的位置可由声程 $S$ 来确定，也可由缺陷的水平距离 $L$，或者缺陷的深度 $h$ 来确定。所以，横波扫描速度的调节方法有三种：声程调节法、水平调节法和深度调节法。

3.5.2.1　*声程调节法*

仪器水平刻度按声程调节，即仪器水平刻度表示声程。调节方法是使示波屏上的水平刻度值 $\tau$ 与横波声程 $S$ 成比例，即 $\tau : S=1 : n$。这时仪器示波屏上直接显示横波声程。也就是说示波屏上的刻度值乘以 $n$，代表横波声程 $S$。

按声程调节横波扫描速度可在 IIW、CSK-IA、IIW2、半圆试块以及其他试块或工件上进行。

（1）利用 IIW 试块调节

如图 3-62 所示，利用 IIW 试块上半径为 100mm 的圆弧，当斜探头位于圆弧中心位置，对准圆弧时，声程是 100mm，如果把圆弧回波 B1 调到示波屏上水平刻度值 100 的位置，那么扫描速度为 1∶1。如果回波 B1 调到刻度 50 扫描速度为 1∶2；如果回波 B1 调到刻度 25 扫描速度为 1∶4。

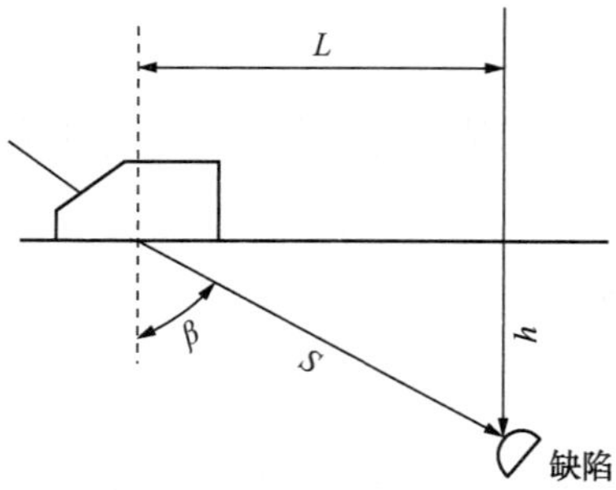

图 3-61　横波检测时缺陷定位示意图

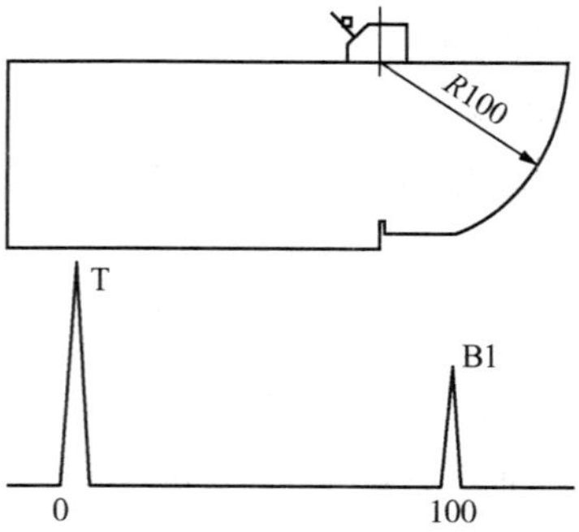

图 3-62　利用 IIW 试块调节声程扫描速度示意图

（2）利用 CSK-IA 试块调节

如图 3-63 所示，CSK-IA 试块有两个圆弧，半径分别是 50mm、100mm，当斜探头位于圆弧中心位置时，反射底波也有对应的两个，如果把半径为 50mm 的一次底波调到示波屏上水平刻度值 50 的位置，半径为 100mm 的一次底波调到示波屏上水平刻度值 100 的位置，那么扫描速度是 1:1。如果 R50、R100 的一次底波分别调到示波屏上水平刻度值 25、50 的位置，那么扫描速度为 1:2。

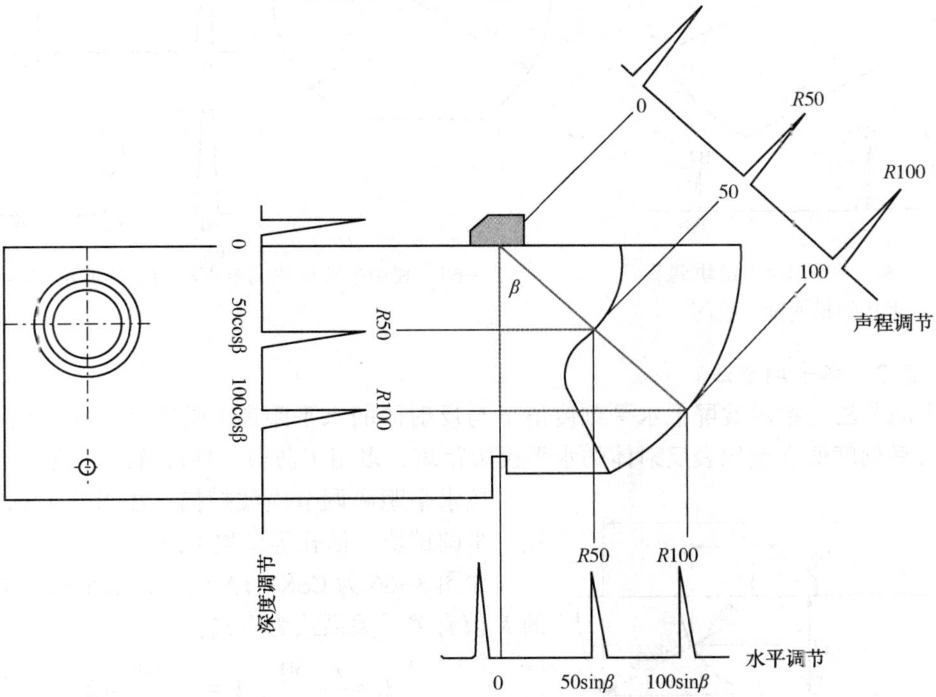


图 3-63　利用 CSK-IA 试块调节声程扫描速度示意图

（3）利用 IIW2 试块调节

如图 3-64 所示，IIW2 试块有两个圆弧，半径分别是 25mm 和 50mm，当斜探头位于圆弧中心位置，对准半径 25mm 弧面时，圆弧反射波间距为 25mm、75mm、75mm，因为当半径为 25mm 的圆弧回波到试块的上表面时，一部分被探头接收形成一次回波，一部分经过反射到达半径为 50mm 的圆弧面，再反射到达试块的上表面，由于波的传播方向不是探头晶片接收的方向，所以探头不能接收回波，而是又一次反射到半径为 25mm 的圆弧面上，再反射回试块的上表面，这时探头才能接收，形成第二次回波，所以，一次回波和二次回波之间的声程应该是 25+50=75mm。以此类推，圆弧反射波间距为 25mm、75mm、75mm。所以，如果调节扫描速度为 1:1，那么一次回波和二次回波调到水平刻度 25、100 处即可。

（4）利用半圆试块调节

如图 3-65 所示，半圆试块的两个圆弧的半径均为 50mm，和 IIW2 试块类似，当斜探头位于圆弧中心位置，对准半径 50mm 弧面时，圆弧反射波间距为 50mm、100mm、100mm；如果调节扫描速度为 1:1，那么一次回波和二次回波应该调到水平刻度 50、150 处。由于显示屏只有 100 格，应该先使 B1、B2 分别对准水平刻度 0、100，然后用水平旋钮使 B1 对准水平刻度 50 即可。

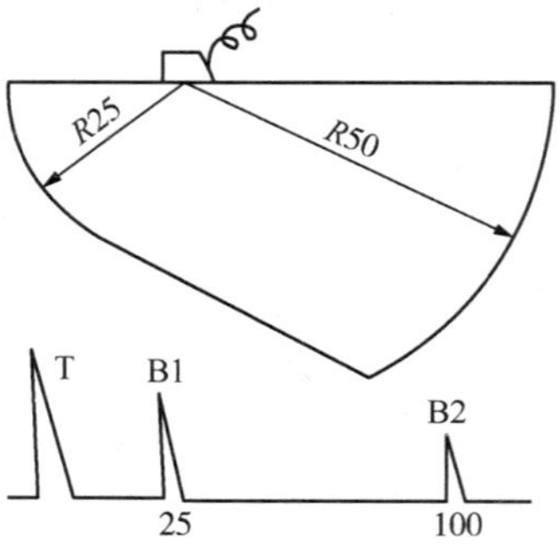


图 3-64　利用 IIW2 试块调节声程扫描速度示意图

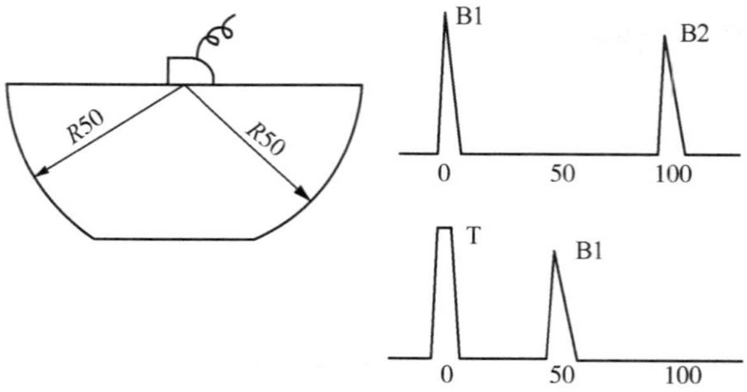


图 3-65　利用半圆试块调节声程扫描速度示意图

3.5.2.2　水平调节法

水平调节法是指示波屏上水平刻度值 $\tau$ 与反射体的水平距离 $l$ 成比例，即 $\tau:l=1:n$。示波屏水平刻度值直接代表反射体的水平投影距离，多用于薄板工件焊缝的横波检测。

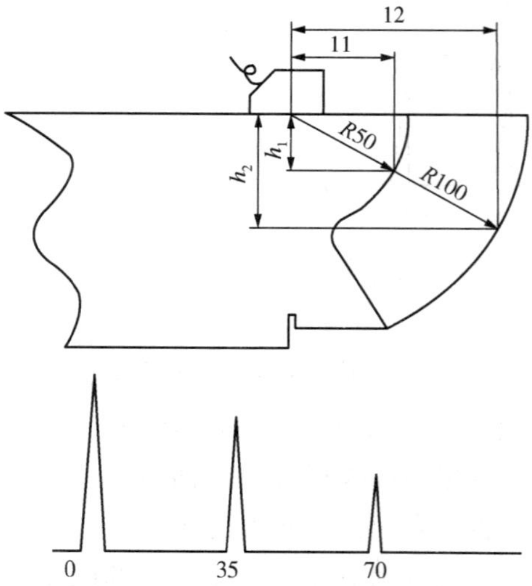


图 3-66　利用 CSK-ⅠA 试块调节水平扫描速度示意图

按水平距离调节横波扫描速度可在 CSK-ⅠA 试块、半圆试块、横孔等试块上进行。

如图 3-66 为 CSK-ⅠA 试块，水平距离 $l$ 和探头的 $K$ 值有关。关系式为下式：

$$l_1=\frac{K\times 50}{\sqrt{1+K^2}},\ l_2=\frac{K\times 100}{\sqrt{1+K^2}}=2l_1$$

当 $K=1$ 时，$l_1=35\text{mm}$、$l_2=70\text{mm}$，如果 $n=1$，那么，调节仪器使 B1、B2 分别对准水平刻度值 35、70，此时扫描速度 1∶1 就调好了。

3.5.2.3　深度调节法

深度调节法是使示波屏上的水平刻度值 $\tau$ 与反射体深度 $h$ 成比例，即 $\tau:h=1:n$，这时示波屏水平刻度值直接显示深度距离。常用于较厚工件焊缝的横波检测。

深度调节横波扫描速度同样也可以在 CSK-ⅠA 试块、半圆试块和横孔试块等试块上调节。

如图 3-66 所示，反射体深度 $h$ 和探头的 $K$ 值有关。关系式为下式：

$$h_1=\frac{50}{\sqrt{1+K^2}},\ h_2=\frac{100}{\sqrt{1+K^2}}=2h_1$$

如果 $K=2$ 时，$h_1=22.4\text{mm}$、$h_2=44.8\text{mm}$，如果 $n=1$，那么，调节仪器使 B1、B2 分别对准水平刻度值 22.4、44.8，此时扫描速度 1∶1 就调好了。若要实现 1∶2 定标，调节仪器使 B1、B2 分别对准水平刻度值 11.2 和 22.4。

## 3.6　缺陷定位

缺陷位置的确定是超声检测的主要任务之一。检测中发现缺陷波以后，应根据示波屏上缺陷波的位置以及扫描速度来确定缺陷在工件中的位置。在常规超声检测中，缺陷定位方法有纵波直探头定位和横波斜探头定位二种方法。

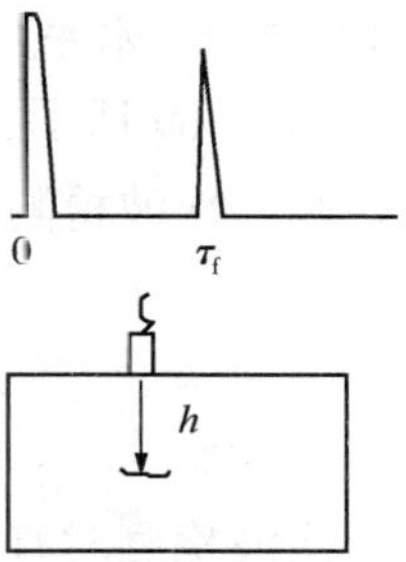


图 3-67　纵波直探头定位示意图

**3.6.1　纵波直探头定位**

纵波直探头检测时，若探头波束轴线无偏离，则发现缺陷时，缺陷位于探头下方中心轴线上，深度可根据缺陷反射波最高时，探头位置及仪器显示的缺陷反射波声程来确定，如图 3-67 所示。仪器按 1∶$n$ 调节纵波扫描速度，缺陷波前沿所对应的水平刻度值为 $\tau_f$，则缺陷至探头的距离 $h$ 为：$h=n\tau_f$。

例 3-3：用纵波直探头检测某工件，仪器按 1∶2 调节纵波扫描速度，检测中示波屏上水平刻度值 70 处出现一缺陷波，那么此缺陷至探头的距离是多少？

解：$h=n\tau_f=2\times70=140\text{mm}$

答：缺陷至探头的距离有 140mm。

**3.6.2　横波斜探头检测平板时缺陷定位**

横波斜探头检测时，波束轴线在探测面处发生折射，工件中缺陷的位置由探头的折射角和声程确定，或者由缺陷的水平方向和垂直方向的投影来确定。由于横波扫描速度可按声程、水平、深度来调节，因此缺陷是按声程、水平、深度来定位的。

3.6.2.1　*声程定位法*

声程定位时，首先根据扫描速度确定折射方向的声程，但是在描述缺陷位置时，还是需要换算成水平距离和深度。如图 3-68(a)是横波检测平板工件时一次波遇到缺陷时的情况。所谓一次波，是指在遇到缺陷前，超声波没有经过板材底面的反射。此时，入射点到缺陷的声程为：$x_f=n\tau_f$。则水平距离和深度分别为：

$$l_f=x_f\sin\beta=n\tau_f\sin\beta$$

$$d_f=x_f\cos\beta=n\tau_f\cos\beta$$

图 3-68(b)是横波检测平板工件时二次波遇到缺陷时的情况，也就是说遇到缺陷前，超声波经过一次板材底面的反射才遇到缺陷。此时，入射点到缺陷的声程为：$x_f=n\tau_f$。则水平距离和深度分别为

$$l_f=x_f\sin\beta=n\tau_f\sin\beta$$

$$d_f=2T-x_f\cos\beta=2T-n\tau_f\cos\beta$$

式中，$T$ 是工件厚度，$\beta$ 是折射角

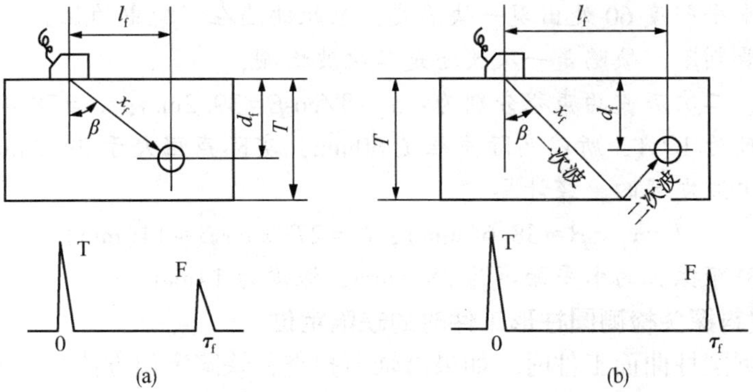


图 3-68　模波斜探头检测平板时声程法缺陷定位

3.6.2.2　水平定位法

如图3-69所示，仪器如果按水平扫描速度1∶$n$调节，缺陷水平刻度为$\tau_f$，采用$K$值探头。则一次波检测时有

$$\begin{cases} l=n\cdot\tau_f \\ h=\dfrac{l}{\mathrm{tg}\beta}=\dfrac{n\cdot\tau_f}{K} \end{cases}$$

二次波检测时有

$$\begin{cases} l=n\cdot\tau_f \\ h=2T-\dfrac{l}{K}=2T-\dfrac{n\cdot\tau_f}{K} \end{cases}$$

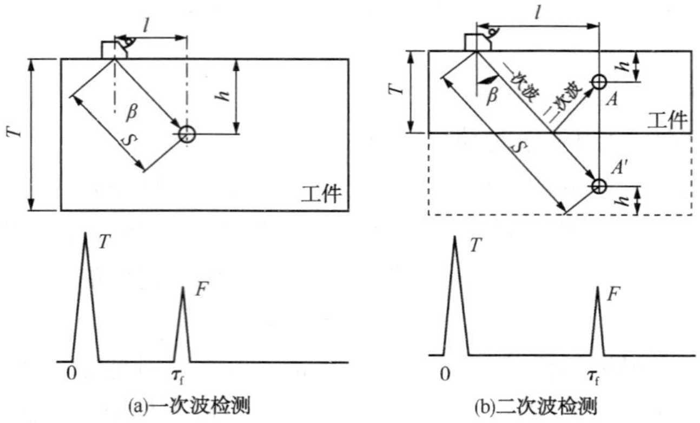


图3-69　横波斜探头检测平板时水平法缺陷定位

3.6.2.3　深度定位法

如图3-69所示，仪器如果按深度扫描速度1∶$n$调节，缺陷水平刻度为$\tau_f$，采用$K$值探头。则一次波检测时有

$$\begin{cases} h=n\cdot\tau_f \\ l=K\cdot h=K\cdot n\cdot\tau_f \end{cases}$$

二次波检测时有

$$\begin{cases} h=2T-n\tau_f \\ l=Kn\tau_f \end{cases}$$

例3-4：用$\beta=40°$的探头探测$T=30$mm的对接焊缝，仪器按声程1∶1调节扫描速度，检测中在示波屏水平刻度60处出现一缺陷波，求此缺陷在焊缝中的位置。

解：首先需要判断，缺陷是一次波还是二次波检测，

由已知得一、二次底波的声程分别为：$x_1=T/\cos\beta=39.2$mm；$x_2=78.4$mm

由于扫描速度为1∶1，所以实际声程是60mm，实际声程大于39.2mm，小于78.4mm；可见此缺陷是二次波发现的，经计算

$$l_f=x_f\sin\beta\approx38.6(\text{mm})；\ h_f=2T-x_f\cos\beta\approx14(\text{mm})$$

所以，此缺陷距探头的水平距离为38.6mm，深度为14mm。

### 3.6.3　横波斜探头检测圆柱形工件时的缺陷定位

当用横波检测圆柱曲面工件时，如果沿轴向扫查，缺陷定位方法与平面检测时相同，如果沿周向扫查，则缺陷的定位比较复杂。分外壁和内壁检测两种情况。

3.6.3.1　外壁周向检测

如图 3-70 所示，外壁周向检测圆柱曲面工件时，缺陷位置由缺陷距离探头的弧长距离 $L$ 和弧长 $L$ 处缺陷埋藏深度 $H$ 确定。显然，$H$ 和弧长 $L$ 与仪器显示的深度 $h$ 和水平距离 $l$ 是有较大差别的。但是它们之间也可以根据几何关系建立下式的联系。

$$\begin{cases} H=R-BO=R-\sqrt{l^2+CO^2}=R-\sqrt{l^2+(R-h)^2} \\ \widehat{L}=R\theta=R\cdot \mathrm{arctg}\dfrac{l}{R-h}(\theta\text{ 为弧度}) \end{cases}$$

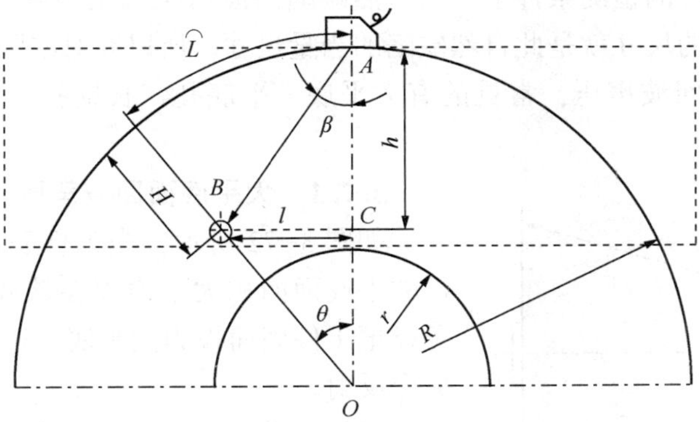


图 3-70　外壁周向检测示意图

这样，就可以根据扫描速度计算弧长 $L$ 和距外表面的深度 $H$。

3.6.3.2　内壁周向检测

如图 3-71 所示，内壁周向检测圆柱曲面工件时，缺陷位置由缺陷距离探头的弧长距离 $L$ 和弧长 $L$ 处缺陷埋藏深度 $H$ 确定。同样地，$H$ 和 $L$ 与仪器显示的深度 $h$ 和水平距离 $l$ 也是有较大差别的。根据几何关系可得下式：

$$\begin{cases} H=\sqrt{l^2+(r+h)^2}-r \\ \widehat{L}=r\theta=r\cdot \mathrm{arctg}\dfrac{l}{r+h}(\theta\text{ 为弧度}) \end{cases}$$

同样可以根据扫描速度计算出弧长 $L$ 和距内表面的深度 $H$。

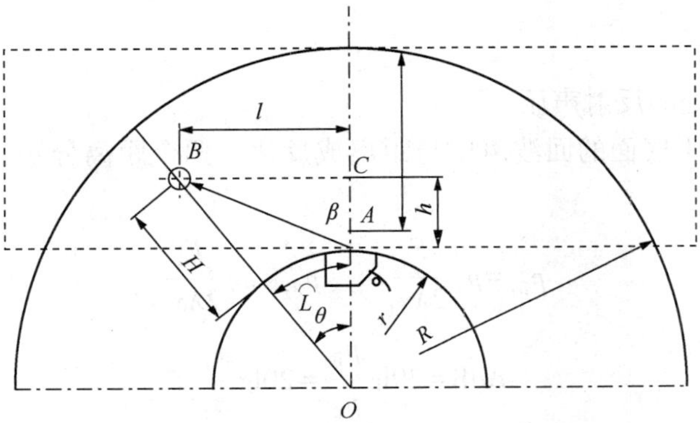


图 3-71　内壁周向检测示意图

## 3.7 规则反射体的回波声压

在实际超声检测中常用的超声波检测法是反射法。反射法是根据缺陷反射的回波声压的高低来评价缺陷的大小。然而工件中缺陷的形状、性质各不相同，目前的检测技术还难以确定缺陷的真实大小和形状。回波声压相同的缺陷的实际大小也可能相差很大，为此，引用当量法。

当量法是指在同样的检测条件下，当自然缺陷回波与某人工规则反射体的回波等高时，则该人工规则反射体的尺寸就是此自然缺陷的当量尺寸。所以要对缺陷进行定量，就要先了解各种规则反射体的回波声压，常见的有大平底、平底孔、长横孔、短横孔、球孔、圆柱体等。

### 3.7.1 大平底面回波声压

如图 3-72 所示，当工件底面与探测面平行且工件的平底面面积大于声束在该底面处的横截面积时，可以把工件底面视为大平底，声波在底面的反射可看成全反射。

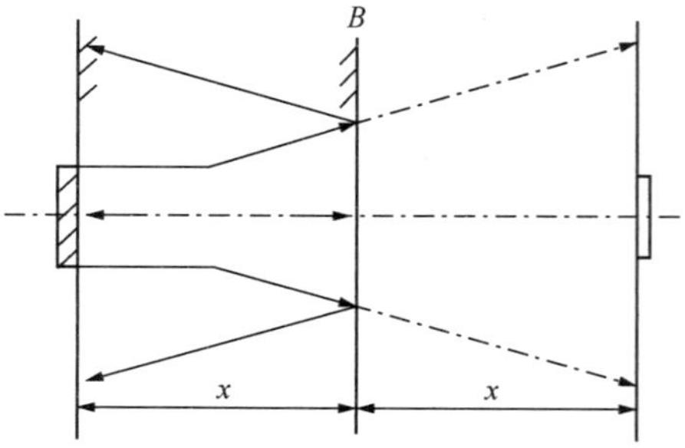

图 3-72 大平底面回波声压

工件大平底 $B$ 距声源的距离为 $x$，$x \geqslant 3N$，则晶片垂直入射到底面的声压为

$$p_x = p_0 \frac{F_s}{\lambda x}$$

设大平底返回到晶片的回波声压为 $p_B$，则晶片接收到的声压传播声程为 $2x$，所以大平底的回波声压为：

$$p_B = p_0 \frac{F_s}{2\lambda x}$$

式中 $p_x$——声程 $x$ 处的入射声压；

$p_0$——声源的起始声压；

$F_s$——声源面积；

$x$——声程；

$\lambda$——波长；

$p_B$——声程 $x$ 处的反射声压。

由上式可知，大平底面的回波声压与距离成反比。两个距离分别为 $x_1$ 和 $x_2$ 的大平底面回波分贝差为下式：

$$p_{B_1} = p_0 \frac{F_s}{2\lambda x_1} \qquad p_{B_2} = p_0 \frac{F_s}{2\lambda x_2}$$

$$\Delta dB = 20\lg \frac{p_{B_2}}{p_{B_1}} = 20\lg \frac{x_1}{x_2}$$

当 $x_2 = 2x_1$ 时，$\Delta_{12} = 6dB$，说明大平底距离增加一倍，其回波高度下降 6dB。

### 3.7.2 平底孔回波声压

如图 3-73 所示，在 $x \geqslant 3N$ 处有直径为 $\phi$ 的一平底孔，则晶片垂直入射到平底孔的声压为

$$p_x = p_0 \frac{F_s}{\lambda x}$$

根据惠更斯原理，可以把平底孔当作一个新的圆盘声源，那么声压 $p_x$ 是新波源的起始声压，所以，晶片接收到的平底孔回波声压为

$$p_f = p_0 \frac{F_s F_f}{\lambda^2 x^2}$$

式中 $F_s$——声源面积；

$F_f$——平底孔截面积。

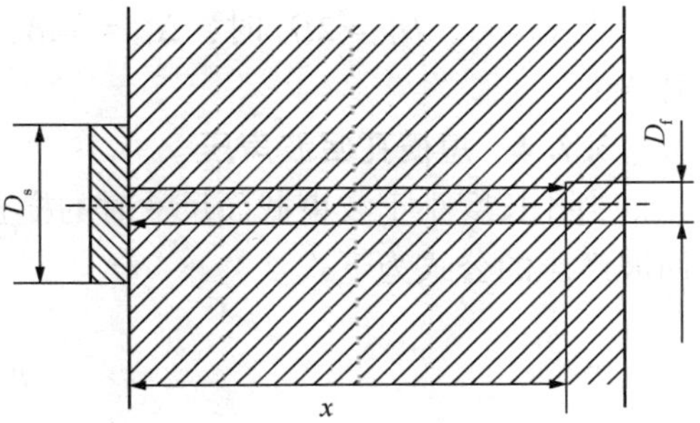

图 3-73 平底孔回波声压

由平底孔回波声压公式可知，平底孔缺陷的回波声压与平底孔面积成正比，与距离的平方成反比。任意两个距离、直径不同的平底孔回波分贝差为

$$\Delta_{12} = 20\lg \frac{p_{f1}}{p_{f2}} = 40\lg \frac{D_{f1} x_2}{D_{f2} x_1}$$

当 $D_{f1} = D_{f2}$，$x_2 = 2x_1$ 时，$\Delta_{12} = 20\lg \frac{p_{f1}}{p_{f2}} = 40\lg \frac{x_2}{x_1} = 40\lg 2 = 12\text{dB}$。即平底孔直径一定，距离增加一倍时，其回波下降 12dB。

当 $x_1 = x_2$，$D_{f1} = 2D_{f2}$ 时，$\Delta_{12} = 20\lg \frac{p_{f1}}{p_{f2}} = 40\lg \frac{D_{f1}}{D_{f2}} = 40\lg 2 = 12\text{dB}$。即平底孔距离一定，直径增加一倍时，其回波升高 12dB。

例 3-5：已知 150mm 处的 $\phi 3$ 当量缺陷回波比基准高度高 4dB，求 200mm 处，$\phi 4$ 缺陷的回波高度比基准波差多少 dB？

解：$\phi 4$ 与 $\phi 3$ 两个缺陷的回波差为

$$20\lg \frac{p_{\phi 1}}{p_{\phi 2}} = 40\lg \frac{x_2 \phi_1}{x_1 \phi_2} = 40\lg \frac{3 \times 200}{4 \times 150} = 0$$

经计算，$\phi 4$ 与 $\phi 3$ 两个缺陷的回波差为 0，所以 $\phi 4$ 与基准高度差也是 4dB。

### 3.7.3 长横孔回波声压

当孔的直径较小，长度大于波束截面尺寸时的横孔称为长横孔(图 3-74)。

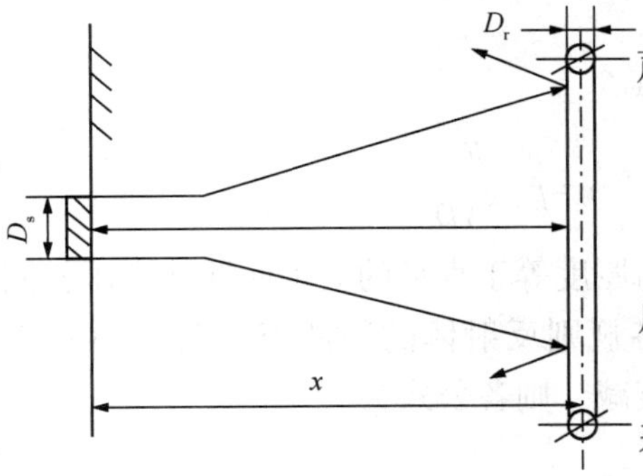

图 3-74 长横孔回波声压

根据同样的原理计算出距离为 $x$ 处的长横孔回波声压，公式为下式：

$$p_f = \frac{p_0 F_s}{2\lambda x} \sqrt{\frac{D_f}{2x}}$$

所以，长横孔回波声压与长横孔直径的平方根成正比，与距离的二分之三次方成反比。

任意两个距离、直径不同的长横孔，回波分贝差为：

$$\Delta_{12} = 20\lg \frac{p_{f1}}{p_{f2}} = 10\lg \frac{D_{f1} x_2^3}{D_{f2} x_1^3}$$

当 $D_{f1} = D_{f2}$，$x_2 = 2x_1$ 时，$\Delta_{12} = 9\text{dB}$，即长横孔直径一定，距离增加一倍时，其回波下降 9dB。

当 $x_1=x_2$，$D_{f1}=2D_{f2}$ 时，$\Delta_{12}=3\text{dB}$，即长横孔距离一定，直径增加一倍时，其回波上升 3dB。

### 3.7.4 短横孔回波声压

当孔长度小于波束截面尺寸时的横孔称为短横孔(图 3-75)。计算距离为 $x$ 处的短横孔回波声压的公式为下式：

$$p_f=\frac{p_0F_s}{\lambda x}\frac{l_f}{2x}\sqrt{\frac{D_f}{\lambda}}$$

所以，短横孔回波声压与短横孔的长度成正比，与直径的平方根成正比，与距离的平方成反比。同样，可以计算，任意两个距离、长度和直径不同的短横孔的回波分贝差为

$$\Delta_{12}=20\lg\frac{p_{f1}}{p_{f2}}=20\lg\frac{D_{f1}x_2^2}{D_{f2}x_1^2}$$

### 3.7.5 球孔回波声压

如图 3-76，可计算球孔的回波声压公式为

$$p_f=\frac{p_0F_s}{\lambda x}\frac{D_f}{4x}$$

所以，球孔回波声压与球孔的直径成正比，与距离的平方成反比。

任意两个直径、距离不同的球孔的回波分贝差为

$$\Delta_{12}=20\lg\frac{p_{f1}}{p_{f2}}=20\lg\frac{D_{f1}x_2^2}{D_{f2}x_1^2}$$

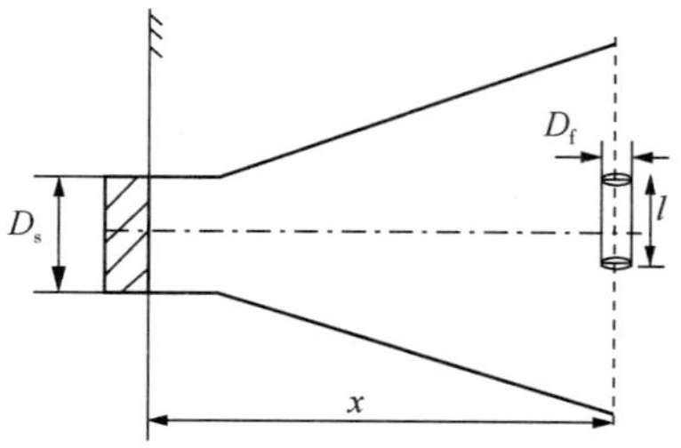


图 3-75　短横孔回波声压

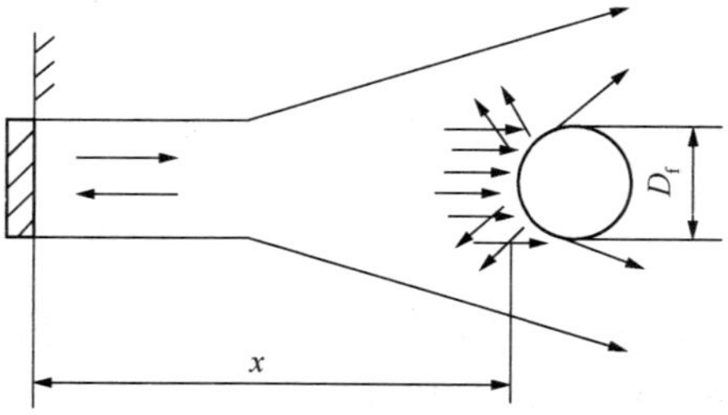


图 3-76　球孔回波声压

### 3.7.6 实心圆柱体的回波声压

如图 3-77，计算实心圆柱体的回波声压的公式为

$$p=p_0\frac{F_s}{2\lambda D}$$

可见，其回波声压与厚度等于直径的大平底回波声压相同。

要注意的是，以上各规则反射体的回波声压公式均未考虑介质衰减，若考虑介质衰减，则各公式为

平底孔：$p_f=\frac{p_0F_sF_f}{\lambda^2x^2}e^{\frac{-2\alpha x}{8.68}}$

长横孔：$p_f=\frac{p_0F_s}{2\lambda x}\sqrt{\frac{D_f}{2x}}e^{\frac{-2\alpha x}{8.68}}$

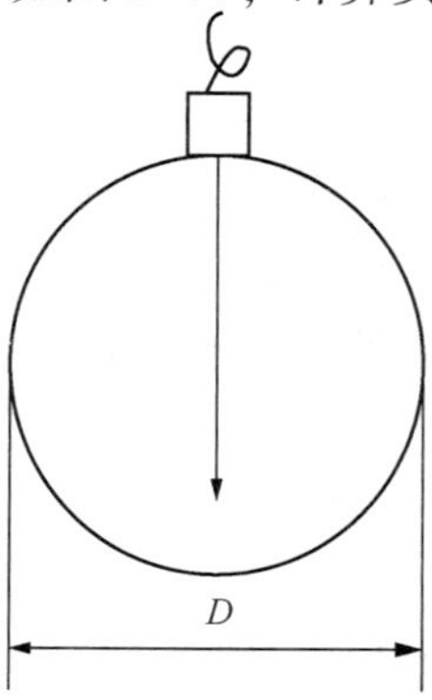


图 3-77　实心圆柱体回波声压

短横孔：$p_f=\dfrac{p_0F_s}{\lambda x}\dfrac{l_f}{2x}\sqrt{\dfrac{D_f}{\lambda}}e^{\frac{-2\alpha x}{8.68}}$

球孔：$p_f=\dfrac{p_0F_s}{\lambda x}\dfrac{D_f}{4x}e^{\frac{-2\alpha x}{8.68}}$

大平底与实心圆柱体：$p_B=\dfrac{p_0F_s}{2\lambda x}e^{\frac{-2\alpha x}{8.68}}$

式中，$\alpha$ 为介质单程衰减系数，单位为 dB/mm。

## 3.8 灵敏度的调节

检测灵敏度是指在确定的声程范围内，发现规定大小缺陷的能力。比如检测厚度为300mm 的板材，要发现大于等于直径为 2mm 的缺陷，那么 300mm 处发现直径 2mm 的缺陷就是检测灵敏度，一般根据产品技术要求或有关标准确定。

实际检测中，粗探时会适当提高灵敏度，主要是为了提高扫查速度而又不致引起漏检，这种适当提高后的灵敏度叫作搜索灵敏度或扫查灵敏度。

纵波检测时，调节检测灵敏度的常用方法有试块调整法和工件底波调整法两种。

### 3.8.1 试块调整法

试块调整法，是利用试块调整灵敏度，这种方法操作简单方便，适用于各种检测方法和检测对象。但需要加工有不同声程、不同当量尺寸人工缺陷的试块，所以成本较高，因为试块多，携带也不便。同时还要考虑工件与试块因耦合和衰减不同，而引起的声能传输损耗差，需要进行补偿。纵波试块调整时，存在两种常用情况。

第一种情况是试块的灵敏度、反射体；检测距离，与被检工件相同，这时可直接调灵敏度。具体操作是，将探头对准试块上的人工缺陷，调整仪器上的有关灵敏度旋钮，使示波屏上人工缺陷的最高反射回波达到基准高，这时灵敏度就调好了。

第二种情况是试块上的反射体、灵敏度要求；检测距离与被检工件不同，这时就要用上节讲到的规则反射体回波声压公式进行计算，然后再调灵敏度。

例 3-6：用频率为 2.5MHz、直径 20mm 的纵波探头、检测厚度为 500mm 的钢件，要求 $\geqslant\phi3$ 的缺陷不漏检，传输修正值为 3dB，工件与试块的材料衰减系数 $\alpha=0.005$dB/mm，选用材质与工件相同的 200mm/$\phi2$ 的人工平底孔试块，如何调节检测灵敏度？已知，钢中纵波声速等于 5900m/s。

答：这道题中需要调节的灵敏度为 500mm 处能发现 $\phi3$ 的缺陷，另外题目中试块已经选好，是材质与工件相同的 200mm/$\phi2$ 的人工平底孔试块。

第一步：计算检测距离是否符合 $\geqslant3N$ 的情况；因为这是可以利用公式计算的前提。

$\lambda=C_L/f$，$C_L=5900$m/s，频率为 2.5MHz，计算得波长 $\lambda=2.36$mm

$N=D_S^2/4\lambda$，从题目中可知，晶片直径 $D_S$ 等于 20mm，代入计算可得

$N=42$(mm)；$3N=126$(mm)

所以，试块中的平底孔深度和工件厚度均大于 3N，可用试块计算法来调节检测灵敏度。

第二步：计算出 200mm 处 $\phi2$ 的人工平底孔，和 500mm 处 $\phi3$ 的缺陷之间回波分贝差；根据规则反射体回波声压公式进行计算：

$$\Delta dB = 40\lg \frac{d_1}{d_2} \cdot \frac{x_2}{x_1} + 2\alpha(x_2 - x_1)$$

式中，$x_1$、$d_1$是试块的声程和平底孔直径，所以$x_1$等于200、$d_1$等于2；$x_2$、$d_2$是被检工件的声程和缺陷直径，所以$x_2$等于500、$d_2$等于3；题目中已知衰减系数等于0.005。可得回波分贝差=12(dB)，加上传输修正值3dB，共需增益15dB。

第三步：将探头对准200mm/$\phi$2的人工平底孔，调节旋钮，使其最高回波达到基准波高并保留一定的衰减余量，在此基础上，再增益15dB。这时500/$\phi$3的灵敏度就调好了。

### 3.8.2 工件底波调整法

对于具有平行底面或圆柱曲底面的工件进行纵波检测，当声程不小于3$N$时，由于底面回波高度与规则反射体的回波高度存在一定关系，因此可以利用工件底波来调整检测灵敏度。

利用工件底波调整检测灵敏度的特点有：

(1) 不需要加工任何试块，也不需要进行补偿；

(2) 该方法一般只用于纵波检测；

(3) 要求工件厚度不低于3$N$，具有平行底面或圆柱曲底面；

(4) 底面应光洁干净。若底面粗糙或有水、油时，由于底面反射率降低，这样调整的灵敏度将会偏高。

下面举例说明工件底波调整法调节检测灵敏度的步骤。

例3-7：用频率为2.5MHz、直径20mm的纵波探头，检测厚度为300mm的钢件，要求≥$\phi$3的缺陷不漏检，问利用工件大平底如何调节检测灵敏度？已知钢中$c_L$=5900m/s。

答：这道题中需要调节的灵敏度为300mm处能发现$\phi$3的缺陷。

第一步：计算检测距离是否≥3$N$；$\lambda = c_L/f = 2.36$(mm)；$N = D_S^2/4\lambda = 42$(mm)

可见工件厚度大于3$N$，可以用计算法来调节检测灵敏度。

第二步：根据公式计算出，工件大平底与所要求的300mm/$\phi$3的灵敏度之间的回波分贝差。

$$\Delta_{12} = 20\lg \frac{p_B}{p_\phi} = 20\lg \frac{2\lambda x}{\pi D_\phi^2} = 20\lg \frac{2\times 2.36\times 300}{3.14\times 3^2} = 34\text{dB}$$

式中，$p_B$为工件大平底的回波声压，$P_\phi$为300mm处直径为3mm的平底孔回波声压，$x$为工件厚度，$D_\phi$是灵敏度要求的平底孔直径。

第三步：将探头对准工件大平底，使底面最高回波达到基准波高，并保留一定的衰减余量；然后再增益34dB。这时300/$\phi$3的灵敏度就调好了。

## 3.9 缺陷的定量和定性

### 3.9.1 缺陷的定量

缺陷的定量包括确定缺陷的大小和数量，而缺陷的大小指缺陷的面积和长度。目前，在工业超声波检测中，对缺陷定量的方法很多，但都有一定的局限性。常用的定量方法有当量法、底波高度法和测长法三种。对于缺陷尺寸小于声束截面的采用当量法和底波高度法，对于缺陷尺寸大于声束截面的采用测长法。

3.9.1.1 当量法

当量法即根据缺陷反射回波声压的高低来评价缺陷的大小。然而工件中的缺陷形状、性质各不相同，目前的检测技术还很难确定缺陷的真实大小和形状，回波声压相同的缺陷，实际大小也有可能相差较大。为此，引用当量法，是指在同样探测条件下，当自然缺陷回波与某人工规则反射体回波等高时，则该人工规则反射体的尺寸就是此自然缺陷的当量尺寸。自然缺陷的实际尺寸往往大于当量尺寸。常用的当量法有当量试块比较法、当量计算法和当量AVG曲线法。

（1）当量试块比较法

当量试块比较法是超声波检测中应用最早的一种当量方法，是将工件中的自然缺陷回波与试块上的人工缺陷回波进行比较，来对缺陷定量的方法。检测中发现缺陷时，将工件中的自然缺陷回波与试块上同声程处的人工缺陷回波进行比较，当这两个回波等高时，该人工缺陷的尺寸就是此自然缺陷的当量大小。

此方法的优点是直观，明确，可靠。缺点是需要制作一系列含有不同声程、不同尺寸的人工缺陷，成本高，操作烦琐，不适用现场检测。所以此方法应用不多，仅在检测距离 $x<3N$ 的情况，或者是对特别重要零件的精确定量时应用。

（2）当量计算法

当检测距离 $x\geqslant 3N$ 时，规则反射体的回波声压变化规律基本符合理论回波声压公式。当量计算法是利用各种规则反射体的回波声压公式，和实际检测中测得的缺陷波高，来计算缺陷的当量大小。应用当量计算法对缺陷定量不需要任何试块，是目前比较常用的一种定量方法。

下面以纵波检测为例，介绍平底孔当量计算法的应用。

例 3-8：用 2.5P20Z 纵波直探头检测厚度为 400mm 的钢锻件，已知纵波声速为 5900m/s，在 170mm 处发现一缺陷，其回波比底波低 10dB。问：

① 如何用底波调整 $\phi$2mm 灵敏度？

② 求此缺陷的当量平底孔尺寸。

答：第一步：计算检测距离是否符合≥3N，先确认是否可用当量计算法。

$\lambda=c_L/f=5.9/2.5=2.36(\text{mm})$；$N=D_S^2/4\lambda=20^2/(4\times2.36)=42(\text{mm})$；

$3N=126(\text{mm})$，缺陷处声程和工件厚度均大于 $3N$，可以用当量计算法。

第二步：用工件底波调整法调整 $\phi$2mm 的灵敏度。计算同声程的大平底与平底孔声压分贝差：

$$\Delta_{Bf}=20\lg\frac{p_B}{p_f}=20\lg\frac{2\lambda x_f^2}{\pi x_B D_f^2}=44\text{dB}$$

式中，$p_B$ 为工件大平底的回波声压，$p_f$ 为 400mm 处 $\phi$2 平底孔的回波声压，$x_f$ 为灵敏度要求的 400mm 声程，$x_B$ 为工件厚度 400mm，$D_f$ 是灵敏度要求的平底孔直径 2mm，代入公式即可计算出同声程的大平底与平底孔声压分贝差为 44 分贝。

将探头对准工件大平底，使底面最高回波达到基准波高，再增益 44dB。这时 400/$\phi$2 的灵敏度就调好了。

第三步，根据题目可知，缺陷比大平底声波低 10dB。

$$\Delta_{Bf}=20\lg\frac{p_B}{p_f}=20\lg\frac{2\lambda x_f^2}{\pi D_f^2 x_B}=10\text{dB}$$

根据公式，$p_B$为工件大平底的回波声压，$p_f$为 170mm 处缺陷的回波声压，$x_f$为缺陷的声程 170mm，$x_B$为工件厚度 400mm，$D_f$是缺陷的平底孔尺寸。代入计算可得 $D_f = 5.86$mm。所以缺陷的当量平底孔尺寸为 $\phi$5.86mm。

（3）当量 AVG 曲线法

AVG 曲线是描述规则反射体的距离–回波高度–当量大小的关系曲线，它是德文距离、增益和大小的缩写。AVG 曲线可以用于缺陷定量和灵敏度调整。

AVG 曲线有多种类型，根据应用特点可分为通用 AVG 曲线和实用 AVG 曲线；通用 AVG 曲线由于采用了归一化距离和归一化缺陷当量大小，因此通用性好，适用不同规格的探头。实用 AVG 曲线只适用特定探头。根据波型可分为纵波 AVG 曲线、横波 AVG 曲线。根据反射体种类可分为平底孔 AVG 曲线、横孔 AVG 曲线等。

图 3–78 为纵波平底孔通用 AVG 曲线，横坐标 A 采用归一化处理 $A = x/N$，式中 $x$ 是实际声程，$N$ 是近场长度。纵坐标是波高分贝。图中的每一条曲线代表不同的 $G$ 值，$G = D_f/D_s$，$D_f$是缺陷的当量尺寸，$D_s$是晶片直径。曲线的波高，$A$>3 的部分是由回波声压公式计算得到，$A$<3 的部分由实测得到。通用 AVG 曲线的缺点是归一化计算比较复杂。

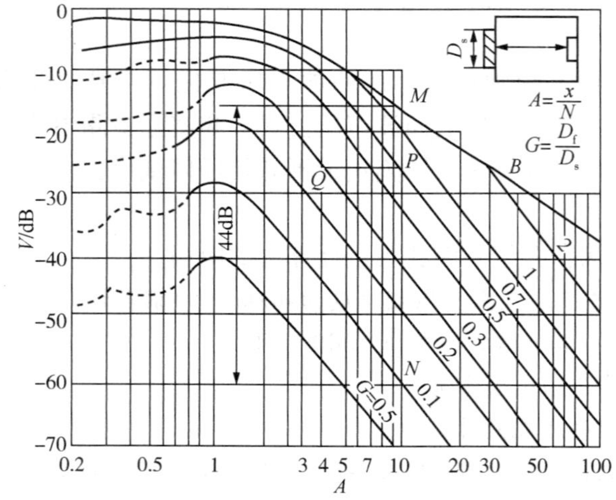


图 3–78　纵波平底孔通用 AVG 曲线

AVG 曲线可以用来调整检测灵敏度和对缺陷进行定量。下面举例说明如何应用。

例 3–9：用 2.5MHz，$\phi$20mm 直探头探测厚为 400mm 钢制饼形锻件，已知钢中 $c_L$ = 5900m/s。检测中在 170mm 处发现一缺陷，其回波比底波低 10dB。

① 如何利用底波调整 $\phi$2 平底孔灵敏度？②求此缺陷的当量平底孔尺寸为多少？

答：①调灵敏度。

第一步：计算 $N$ 值，$\lambda = c_L/f = 5.9/2.5 = 2.36$(mm)；$N = D_s^2/4\lambda = 42.4$mm；

第二步：计算归一化距离和归一化缺陷当量大小。

$$A = \frac{x}{N} = \frac{400}{42.4} = 9.4$$

$$G = \frac{D_f}{D_s} = \frac{2}{20} = 0.1$$

第三步：查 AVG 曲线，如图 3–78 所示，过 $A = 9.4$ 处作垂线交 $G = 0.1$ 线于 $N$ 点，交 $B$

线于 $M$ 点，则 MN 对应分贝值为 400mm 处大平底与 $\phi2$ 平底孔的回波分贝差，$\Delta=[B]-[\phi2]=44\text{dB}$。

第四步，调“衰减器”和“增益”使第一次底波 B1 达基准波高，然后去掉 44dB，这时 400mm 处 $\phi2$ 平底孔回波正好达基准波高。

② 对缺陷定量。

第一步：计算缺陷的归一化距离 $A_f$。

$$A_f=\frac{x_f}{N}=\frac{170}{42.4}=4$$

第二步：求缺陷归一化当量大小 $G_f$。

过 $A_f=4$ 作垂线，过比 $M$ 点低 10dB 的 $P$ 点所作的水平线，两条线相交于 $Q$ 点，则 $Q$ 点对应的 $G$ 值为所求的 $G_f=0.3$。

第三步，求缺陷的当量尺寸。$D_f=G_fD_s=0.3\times20=6(\text{mm})$

下面介绍实用 AVG 曲线，图 3-79 是纵波平底孔实用 AVG 曲线，横坐标表示实际声程，纵坐标表示规则反射体相对波高。

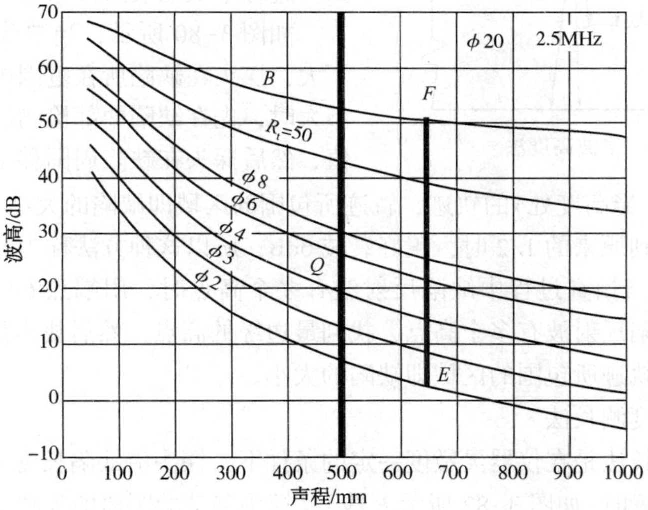


图 3-79 纵波平底孔实用 AVG 曲线

实用 AVG 曲线的波高，$x\geq3N$ 部分，可由理论公式计算得到，还可白实测 CS-Ⅱ试块得到，或由通用 AVG 进行转换得到，但 $x<3N$ 的区域只能通过实测得到，需要注明探头的尺寸和频率。实用 AVG 曲线同样可用于调整检测灵敏度和对缺陷定量，而且比通用 AVG 曲线方便，不需要归一化计算。

下面举例说明实用 AVG 曲线的应用。

例 3-10：用 2.5MHz、$\phi$20mm 直探头探测饼形钢锻件，锻件厚 650mm，探伤中在 500mm 处发现一缺陷，缺陷波高比大平底回波低 31dB。问：①如何利用底波调整 $\phi2$ 灵敏度？②求缺陷的当量大小？

答：①灵敏度的调整。

如图 3-79 所示，在 $x=650$mm 处作垂线交 $\phi2$ 曲线于 $E$ 点、交 $B$ 曲线于 $F$ 点，则 $EF$ 对应的分贝值 48，就表示该处大平底与 $\phi2$ 平底孔回波分贝差。

② 对缺陷定量。

在 $x_f=500mm$ 处作垂线，与比 $F$ 点低 31dB 的水平线相交于 $Q$ 点，则 $Q$ 点所对应的曲线的当量尺寸 $\phi4$ 就是所求缺陷的当量大小。

3.9.1.2　测长法

测长法是根据缺陷波高与探头移动距离来确定缺陷的尺寸，按规定的方法测定的缺陷长度称为缺陷的指示长度。当工件中缺陷尺寸大于声束截面时，一般采用测长法来确定缺陷的长度。测长法有三种，分别是相对灵敏度测长法、绝对灵敏度测长法和端点峰值法。

（1）相对灵敏度测长法

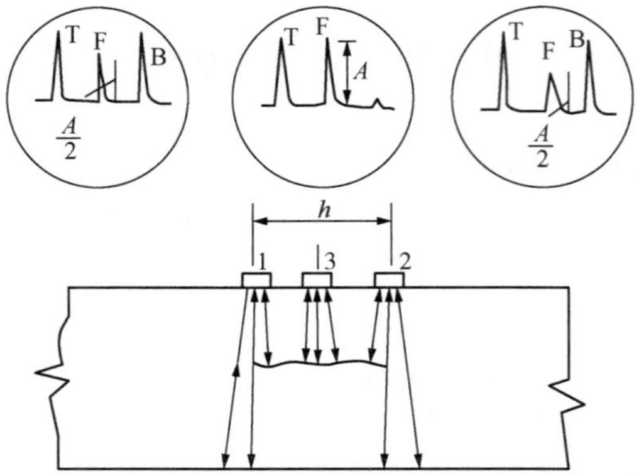

图 3-80　半波高度法

相对灵敏度测长法是以缺陷最高回波为相对基准、沿缺陷的长度方向移动探头，降低一定的分贝值，来测定缺陷的长度。降低的分贝值有 3dB、6dB、10dB、12dB、20dB 等几种。常用的是 6dB 法和端点 6dB 法。

6dB 法：又叫半波高度法，这种方法适合于扫查过程中缺陷反射波只有一个高点的情况。

如图 3-80 所示，当缺陷离探测面距离相差不大，探头在缺陷所在范围内反射讯号幅度变化不大时，先在缺陷中部检测取得反射讯号的最高值，然后探头在缺陷周围移动，找出返回半声压（最大回波脉冲的一半高度处）的轨迹，轨迹所包围的区域即缺陷的大小。

由于声压降低到原来的 1/2 时，正好衰减 6dB，所以这种方法称为 6dB 法。

端点 6dB 法：当扫查过程中缺陷反射波有多个高点时，用端点 6dB 法。如图 3-81 所示，扫查过程中缺陷反射波有多个高点，找到最边缘的高点，然后找出最边缘最大回波的一半高度处的轨迹，轨迹所包围的区域即缺陷的大小。

（2）绝对灵敏度测长法

绝对灵敏度测长法是在仪器灵敏度一定的条件下，探头沿缺陷长度方向平行移动，当缺陷波高降到规定位置时（如图 3-82 所示 $B$ 线），探头移动的距离即为缺陷的指示长度。图中缺陷的指示长度为 $l_f$。

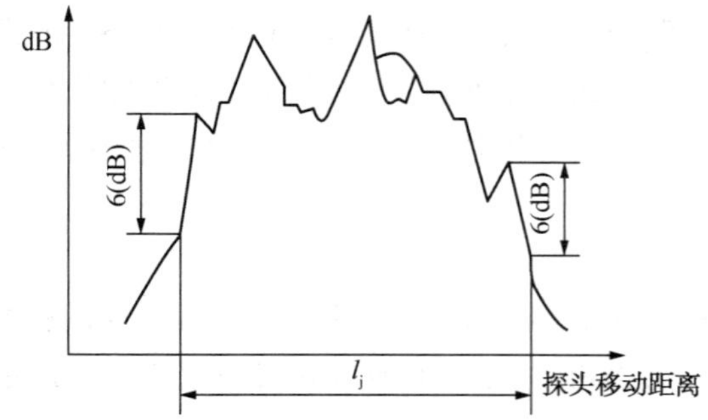

图 3-81　端点 6dB 法

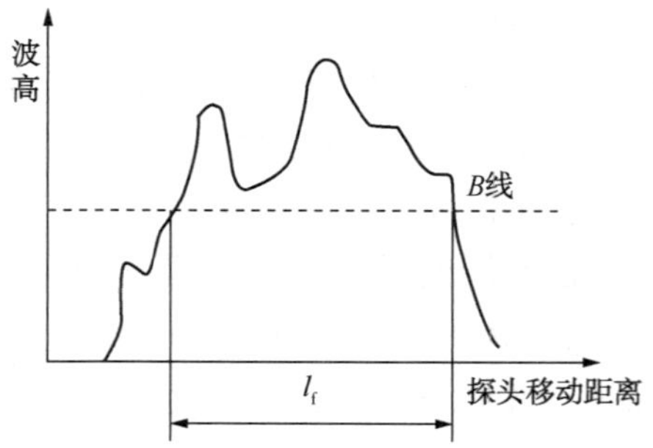

图 3-82　绝对灵敏度测长法

（3）端点峰值法

探头在测长扫查过程中，当发现缺陷反射波峰值起伏变化，有多个高点时，则可以用缺陷两端反射波极大值之间探头的移动长度来确定为缺陷的指示长度(图 3-83)。与端点 6dB 法相比测出的缺陷长度要小一些。

对于以上几种方法测得缺陷长度的比较，如图 3-84 所示。

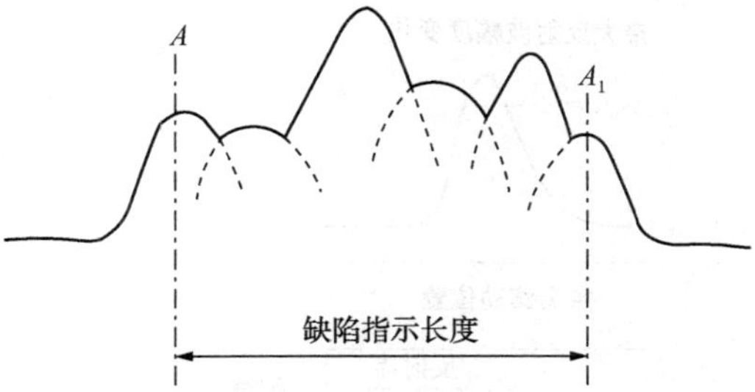


图 3-83　端点峰值法

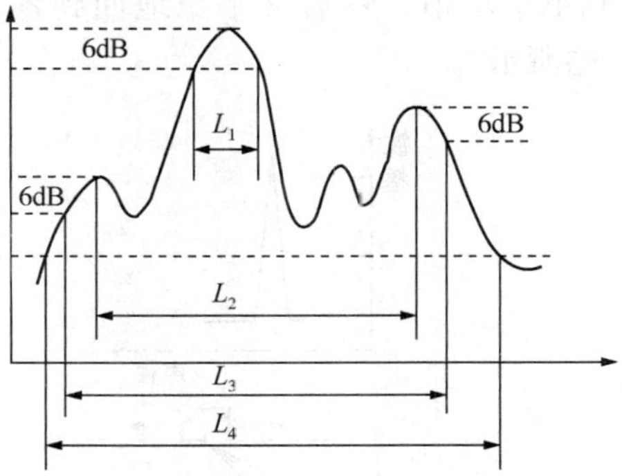


图 3-84　缺陷长度比较

$L_1$—6dB 法(半波高度法)；$L_2$—端点峰值法；

$L_3$—端点 6dB 法；$L_4$—绝对灵敏度测长法

通常它们的关系是 $L_1<L_2<L_3<L_4$

3.9.1.3　底波高度法

底波高度法是利用缺陷波与底波的相对波高，来衡量缺陷相对大小的方法。可用于测定缺陷的相对大小、密集程度、材质晶粒和石墨化程度等。

① $F/B_f$法。在一定的灵敏度条件下，以缺陷波高 $F$ 与缺陷处底波高 $B_f$之比，来衡量缺陷的相对大小。

② $F/B_G$法。在一定的灵敏度条件下，以缺陷波高 $F$ 与无缺陷处底波高 $B_G$之比，来衡量缺陷的相对大小。

③ $B_G/B_f$法。当工件中存在倾斜的面状小缺陷，或密集小缺陷时，缺陷回波 $F$ 可能不高，但由于缺陷的遮挡，缺陷处底波 $B_f$却下降较多，为了评定这种类型的缺陷，需要采用这种方法来衡量缺陷的相对大小。即在一定的灵敏度条件下，以无缺陷处底波高 $B_G$与缺陷处底波高 $B_f$之比来评定缺陷的相对大小。

底波高度法不用试块，可以直接利用底波调节灵敏度和比较缺陷的相对大小。操作方便，但不能给出缺陷的当量尺寸，同样大小的缺陷，会因与探测面的距离不同而有不同的结果。此外底波高度法只适用于具有平行底面的工件。

### 3.9.2　缺陷的定性

定性即确定缺陷的性质，用超声检测方法确定缺陷的性质是比较复杂的问题。目前尚无有效的检测手段，为了确定缺陷的性质，在探测前必须对被测工件的外形、结构、材料的组织状态、加工状态、施工工艺和施工过程中容易产生的缺陷进行了解，并将检测情况(如缺陷位置、大小、方向等)及理论上可能产生的情况进行综合分析，才能得出正确的结果。

缺陷性质不仅可利用缺陷反射波幅变化测定(静态波型)，还可观察其动态波型的变化推定。探头移动时，球状或粗糙表面缺陷的反射波变化缓慢。为验证此类缺陷不仅要使探头沿直线运动，而且还需使探头回转改变声束瞄准方向。

缺陷类型识别的一般方法：采用多种声束方向做多种扫查，如前后、左右、环绕、转动扫查；通过对各种超声信息综合评定进行识别。

(1) 点状缺陷回波特征(气孔、小夹渣等体积性缺陷)

荧光屏上显示静态波型为单个尖锐回波，探头前后、左右移动时，回波幅度平稳地由零上升到单个峰值，然后又平稳地回到零。这是小于声场直径的点状缺陷的波型特征，如图 3-85所示。

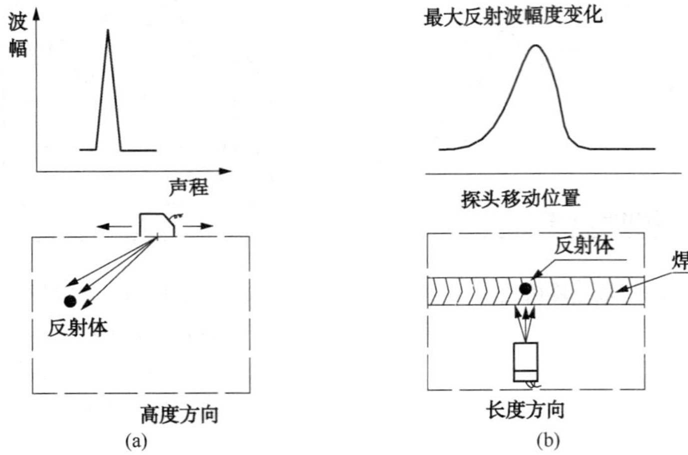


图 3-85　点状反射体回波动态波型

(2) 线性缺陷回波特征(线性条状夹渣、未焊透、未熔合等)

探头在各个不同的位置检测时，荧光屏上显示静态单个尖锐回波，探头前后和左右扫查缺陷时，回波峰值平稳地由零升到峰值，当探头继续扫查时，波峰基本不变，或在±4dB的范围内变化，并保持一段平直部分，然后又平稳地下降到零。这是有一定长度和高度的光滑反射体波型，如图 3-86 所示。

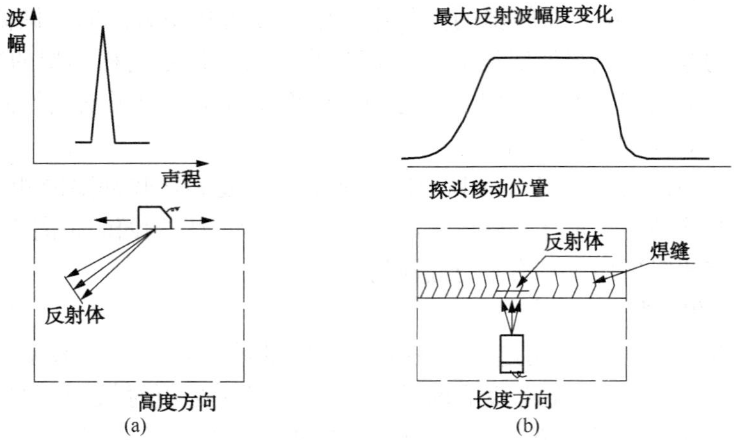


图 3-86　光滑面状反射体反射波型

(3) 体积状缺陷回波特征(不规则大夹渣)

当声束接近垂直入射至缺陷并扫查检测缺陷时，荧光屏上均显示单个锯齿形回波，静态波型不圆滑。探头前后、左右移动时，回波幅度随机起伏较大(波幅差>±6dB)，这种缺陷在多方向或多种声束角度探头探测时，仍能探测到，回波高度呈不规则变化。这是一个有一定长度和高度的不规则粗糙反射体的波型，如图 3-87 所示。

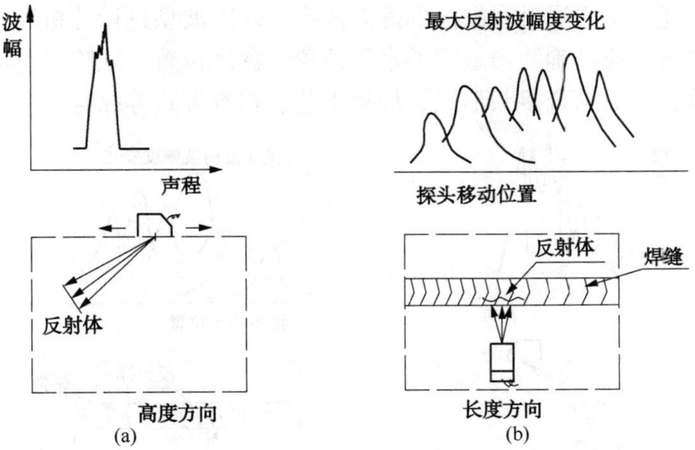


图 3-87　接近垂直入射不规则大反射体的波型

(4) 平面状缺陷回波特征(裂纹、面状未熔合、面状未焊透)

当声束倾斜入射至缺陷并扫查检测缺陷时，探头在不同位置检测时，荧光屏上显示一个参差不齐的回波，并呈钟形脉冲包络，该钟形脉冲包络中有一系列连续信号，并出现很多小尖峰。探头前后、左右扫查时，回波类似条状或体积型缺陷，每个波峰在脉冲包络中移动，波幅由零逐渐升到最大值，然后又下降到零，信号幅度随机起伏(≥±6dB)。倾斜入射不规则粗糙反射体的波型，如图 3-88 所示。对表面光滑的缺陷作转动和环绕扫查，与缺陷平面相垂直时，两侧回波高度迅速下降。对表面粗糙缺陷，环绕扫查两侧回波高度的变化不规则。

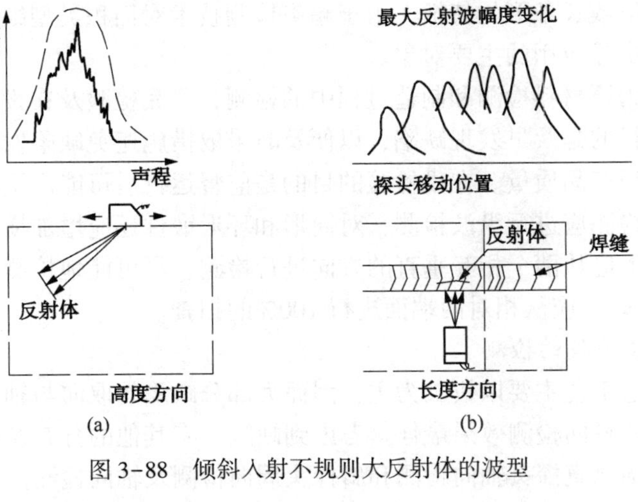


图 3-88　倾斜入射不规则大反射体的波型

(5) 多重缺陷回波特征(密集气孔或再热裂纹等)

探头在不同位置检测缺陷时，荧光屏上显示出现位置不同，次序也不规则的缺陷回波(一群密集缺陷回波)，探头移动时，回波信号此起彼伏，忽高忽低，若可分辨，则每一个单独回波信号均显示点缺陷回波特征，这是密集型缺陷所产生的反射动态波型，如图 3-89 所示。

缺陷波型只作为缺陷定性参考依据之一，无损检查人员对材料的冶炼、制造、热处理工艺、使用状态、用途等必须有全面的了解，通过对材料内部反射体面积大小、分布位置等全面分析，方能作出准确的评估。

所以，利用上述方法先通过对缺陷的静态波型、动态波型进行分析，大致定出焊缝中各种缺陷的类型。之后，应准确测出缺陷的水平位置、深度位置、缺陷自身高度、长度、缺陷倾斜度等具体参数，然后结合接头形式、焊接工艺、扫查方式等综合判断缺陷的性质。

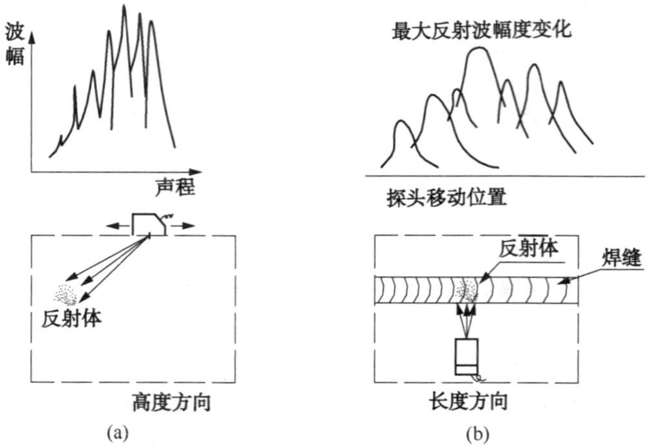


图 3-89　密集型反射体反射波型

# 3.10　超声检测应用实例

## 3.10.1　锻件检测

锻件的种类和规格很多，常见的类型有：饼盘件、环形件、轴类件和筒形件等。锻件中的缺陷多呈现面积形或长条形的特征。由于超声检测技术对面积类型缺陷检测最为有利，因此锻件是超声检测实际应用的主要对象。

锻件检测可分为原材料检测和制造过程中的检测，产品检验及在役检验。原材料检测和制造过程中检测的目的是及早发现缺陷，以便及时采取措施避免缺陷发展扩大造成报废。产品检验的目的是保证产品质量。在役检验的目的是监督运行后可能产生或发展的缺陷，主要是疲劳裂纹。锻件检测应进行纵波检测，对筒形和环形锻件还应增加横波检测。

纵波检测原则上应从两个相互垂直的方向进行检测，尽可能地检测到锻件的全体积；锻件厚度超过 400mm 时，应从相对两端面进行 100%的扫查。

### 3.10.1.1　轴类锻件的检测

轴类锻件的锻造工艺主要以拔长为主，因而大部分缺陷的取向与轴线平行，此类缺陷的检测以纵波直探头从径向检测效果最佳。考虑到缺陷会有其他的分布及取向，因此轴类锻件检测，必要时还应辅以直探头轴向检测和斜探头周向检测及轴向检测。

(1) 直探头径向和轴向检测

如图 3-90 所示，直探头作径向检测时将探头置于轴的外缘，沿外缘作全面扫查，以发现轴类锻件中常见的纵向缺陷。直探头作轴向检测时，探头置于轴的端头，并在轴端作全面扫查，以检出与轴线相垂直的横向缺陷。但当轴的长度太长或轴有多个直径不等的轴段时，会有声束扫查不到的死区，因而此方法有一定的局限性。

(2) 斜探头周向及轴向检测

锻件中若存在片状轴向(尺寸较小且接近圆周面)及径向缺陷或轴上有几个不同直径的轴段，用直探头径向及轴向检测都难以检出的，则必须使用斜探头在轴的外圆作周向及轴向检测。考虑到缺陷的取向，检测时探头应作正、反两个方向的全面扫查，如图 3-91 所示。

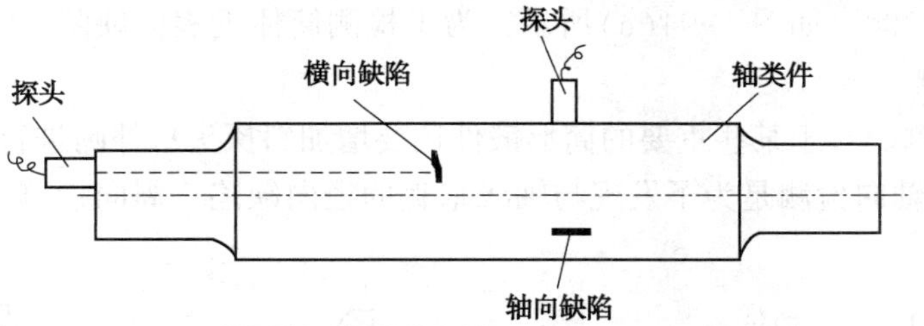

图 3-90　轴类锻件直探头径向、轴向检测

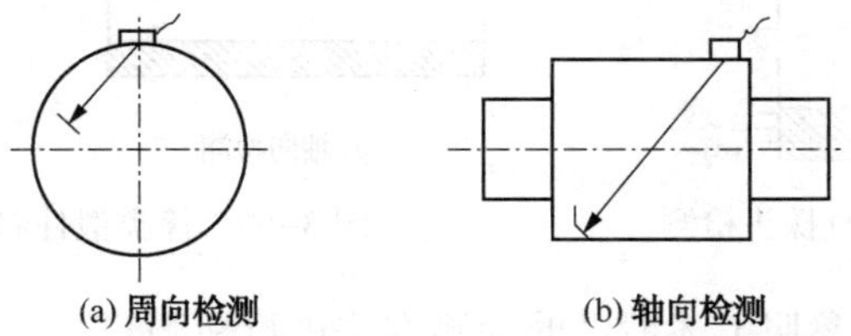

图 3-91　轴类锻件斜探头周向、轴向检测

（3）长方体锻件检测

长方体锻件的锻造工艺主要是以镦粗为主，拔长为辅，缺陷主要平行于锻件长的端面。采用直探头在垂直的两端面进行检测为主，以检测与端面平行的缺陷，如图 3-92 中①、③位置所示。锻件侧面检测为辅，以检测与端面垂直的缺陷，如图 3-92 中②位置所示。

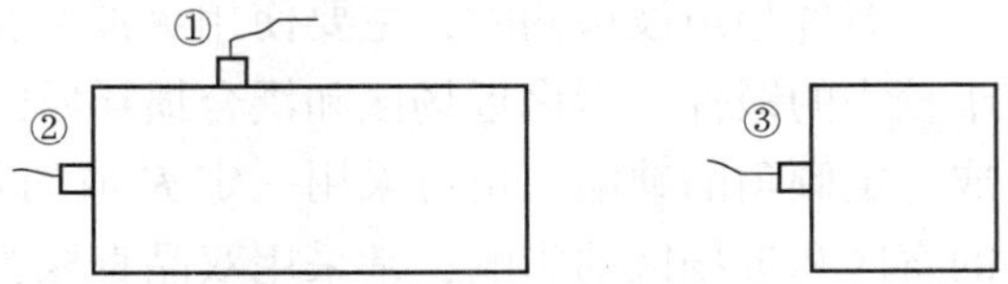

图 3-92　长方体锻件检测

（4）饼类、碗类锻件的检测

饼类和碗类的锻造工艺主要以镦粗为主，缺陷的分布主要平行于端面，所以用直探头在端面检测是检出缺陷的最佳方法。

对于饼类锻件，从端面进行检测为主，以检测出与端面平行的缺陷；锻件侧面检测为辅，以检测与端面垂直的轴向缺陷。如图 3-93(a)所示。

碗类锻件的检测，参照饼类及长方体的方法进行检测。如图 3-93(b)所示。

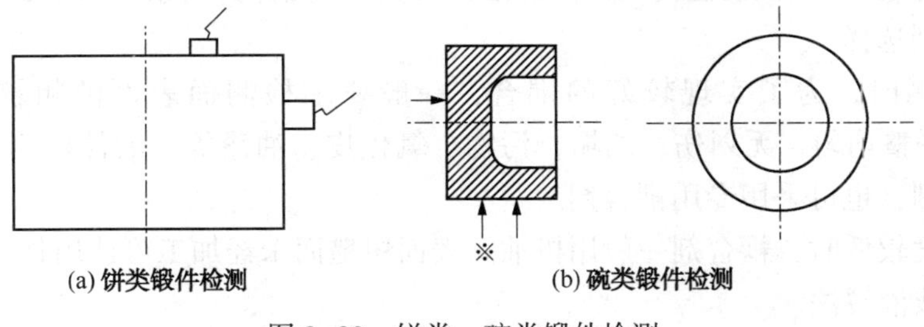

图 3-93　饼类、碗类锻件检测

（5）筒类锻件的检测

筒类锻件的锻造工艺是先镦粗，后冲压，再滚压。因此，缺陷的取向比轴类锻件中缺陷的取向复杂。但由于铸锭中质量最差的中心部分冲孔时已被去除，因而筒类锻件的质量一般较好。其缺陷的主要取向仍与筒类的外圆表面平行，所以筒类锻件的检测仍以直探头外圆面检测为主，但对于筒壁较厚的筒类锻件，须增加斜探头检测。

① 直探头检测。如图 3-94(a)和图 3-94(b)所示，用直探头从筒体外圆面或端面进行检

测。外圆检测主要是发现与轴线平行的周向缺陷。端面检测主要是发现与轴线垂直的横向缺陷。

② 双晶探头检测。如图 3-94(c)所示，为了检测筒体近表面缺陷，需采用双晶探头从外圆面或端面检测。

③ 斜探头检测。对于某些重要的筒形锻件还要增加斜探头从外圆进行轴向和周向检测，如图 3-95 所示。轴向检测是为了发现与轴线垂直的径向缺陷。周向检测是为了发现与轴线平行的径向缺陷。

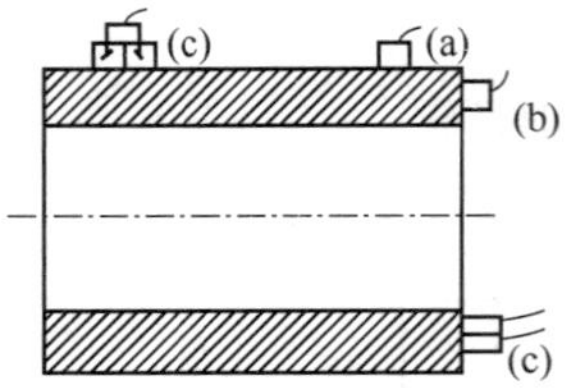

图 3-94　筒类锻件直探头检测

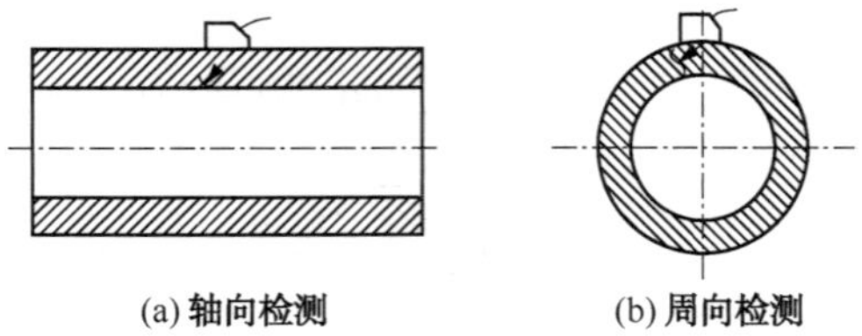

图 3-95　筒类锻件斜探头检测

其他类型的锻件，可参照上述锻件的检测方法进行检测。

3.10.1.2　检测条件的选择

锻件检测采用脉冲反射式超声波检测仪(模拟式仪器或数字式仪器)进行检测，一般情况下以纵波直探头检测为主，对有特殊要求的锻件，应辅以纵波双晶探头或横波探头进行检测。

(1) 探头的选择

锻件超声波检测时，主要使用纵波直探头，晶片尺寸为 $\phi$14~25mm，常用 $\phi$20mm。对于较小的锻件，考虑近场区和耦合损耗原因，一般采用小晶片探头。有时为了检测与检测面成一定倾角的缺陷，也可采用一定 $K$ 值的斜探头进行检测。对于近距离缺陷，由于直探头的盲区和近场区的影响，常采用双晶直探头检测。

一般碳钢、合金钢和低合金钢锻件经过热处理，锻件的晶粒一般比较细小，因此可选用较高的检测频率，单晶直探头采用 2.5~5.0MHz。对于少数材质晶粒粗大衰减严重的锻件，为了避免声波衰减及“林状回波”，提高信噪比，应选用较低的频率，一般为 1.0~2.5MHz。

探测距离较大，使用频率应适当低些。在探测近距离或微小缺陷时，可用 5MHz；质量要求较高的锻件(在采用液浸法时)频率可用 10MHz。双晶探头的频率采用 5MHz。

(2) 耦合剂选择

在锻件检测时，为了实现较好的耦合，一般要求检测面表面的粗糙度 $Ra$ 不高于 8.3μm，表面平整均匀，无划伤、油垢、污物、氧化皮、油漆等。锻件检测时，常用机油、糨糊等作耦合剂，也可采用专用耦合剂。

表面粗糙度较低时，耦合剂一般用机油。表面粗糙而未经加工可选用甘油作耦合剂，或用间接接触法或液浸法。

(3) 扫查方式的选择及扫描速度的调节

① 扫查方式的选择。在检测过程中，锻件检测时，原则上应在两个相互垂直的检测面上进行全面扫查。扫查覆盖面应为探头晶片直径的 15%。其移动速度通常为 50~100mm/s；移动线的距离通常不超过晶片尺寸的一半。

② 扫描速度的调节。

a. 锻件检测前，一般根据锻件要求的检测范围来调节扫描速度，以便发现缺陷，并对缺陷定位。

b. 扫描速度的调节可在试块上进行，也可在锻件上尺寸已知的部位上进行，在试块上调节扫描速度时，试块的材质应与工件相同或声学性能相近。

c. 扫描速度的调节方法是根据检测范围利用已知尺寸的试块或工件上的两次不同反射体反射回波(或一个反射体的两次反射回波)的前沿，分别对准相应的水平刻度值即可。注意，不能利用一次反射波与始波进行扫描速度的调节。

调节扫描速度时，一般要求第一次的底波的前沿位置不超过水平极限刻度的80%，以利于观察一次底波后的某些信号情况。

d. 锻件检测一般情况下是采用纵波进行检测，因此扫描速度以纵波声程按1：$n$的比例进行调节。

例3-11：超声波检测200mm厚的工件，如何校准扫描速度？

① 根据工件的厚度选择扫描比例：

若取1：1，则有$\tau$：200=1：1；$\tau$=200，超出显示屏范围，说明此比例不行；

若取1：2，则有$\tau$：200=1：2；$\tau$=100，在显示屏范围，可取此比例。

或根据显示屏的范围确定比例，显示屏的范围为100，则100：200=1：2，即检测此工件的扫描比例为1：2。

注意：扫描比例选择时，是根据被检工件的厚度且保证底波在显示屏范围内进行确定。

② 具体调节的方法步骤：

可利用尺寸为100mm的平底SCK-ⅠA试块(图3-39)进行调节。

a. 确定B1、B2波的位置：$\tau$：100=1：2；$\tau$=50，即B1波在显示屏50的位置，同理B2波在100的位置。

b. 校准：调节时将直探头对准SCK-ⅠA试块上厚度为100mm的底面，调节仪器上的相关旋钮将B1、B2的前沿同时分别对准显示屏上水平刻度值50、100，此时，时基扫描线的比例正好为1：2。

(4) 材质衰减系数的测定

在锻件尺寸较大时，材质的衰减对缺陷定量有一定的影响。特别是材质衰减严重时，影响更加明显。因此，在锻件检测中应进行材质衰减系数的测定。衰减系数$\alpha$(dB/mm)可利用下式计算：

$$\alpha=(B1-B2-6)/2x$$

式中　B1-B2——无缺陷处第一、第二次波高的分贝差；

$x$——底波声程(单程)。

测定衰减系数时，应选取表面相对光洁且无缺陷处，一般选取三处进行测试，取平均值。

(5) 试块选择

锻件检测中，要根据探头和检测面的情况选择试块。

① 单直探头标准试块，采用CSⅠ试块(表3-8)。

**表3-8　CSⅠ标准试块尺寸**　　mm

| 试块序号 | CSⅠ-1 | CSⅠ-2 | CSⅠ-3 | CSⅠ-4 |
|---|---|---|---|---|
| $L$ | 50 | 100 | 150 | 200 |
| $D$ | 50 | 60 | 80 | 80 |

② 双晶直探头试块：

a. 工件检测距离小于45mm时，应采用CSⅡ标准试块。

b. CSⅡ试块的尺寸符合表3-9的规定。

③ 检测面是曲面时，应采用CSⅢ标准试块来测定由于曲率不同而引起的声能损失并予以补偿。

**表3-9 CSⅡ标准试块尺寸** mm

| 试块序号 | 孔径 | 检测距离 $L$ | | | | | | | | |
|---|---|---|---|---|---|---|---|---|---|---|
| | | 1 | 2 | 3 | 4 | 5 | 6 | 7 | 8 | 9 |
| CSⅡ-1 | $\phi 2$ | 5 | 10 | 15 | 20 | 25 | 30 | 35 | 40 | 45 |
| CSⅡ-2 | $\phi 3$ | | | | | | | | | |
| CSⅡ-3 | $\phi 4$ | | | | | | | | | |
| CSⅡ-4 | $\phi 6$ | | | | | | | | | |

(6) 检测时机

锻件超声波检测应在热处理后进行，因为热处理可以细化晶粒，减少衰减。此外，还可以发现热处理过程中产生的缺陷。

对于带孔、槽和台阶的锻件，超声波检测应在孔、槽、台阶加工前进行。因为孔、槽、台阶对检测不利，容易产生各种非缺陷反射波。

当热处理后材质衰减仍较大且对于检测结果有较大影响时，应重新进行热处理。

(7) 灵敏度的选择及灵敏度的调节

探测灵敏度的选择应根据工件要求标准而定。锻件检测灵敏度是根据锻件技术要求或有关标准确定的。一般不低于$\phi 2$平底孔当量直径。

调节锻件检测灵敏度的方法有两种，一种是波高比较法，另一种是曲线比较法。

① 波高比较法。有底波调节法与试块调节法两种。

a. 底波调节法

当锻件被检部位厚度≥$3N$，且锻件具有平行底面或圆柱曲底面时，常用底波来调节检测灵敏度。底波调节首先要计算或查AVG曲线求得底面反射波与某平底孔反射波的分贝差，然后再进行调节。

计算：对于平底面或实心圆柱体底面，同距离$x$处底波与平底孔反射波的分贝差为

$$\Delta = 20\lg\frac{P_B}{P_f} = 20\lg\frac{2\lambda x}{\pi D_f^2}$$

式中 $\lambda$——波长；

$x$——被检部位的厚度；

$D_f$——平底孔直径。

对于空心圆柱体，同距离$x$处圆柱曲底面与平底孔反射波的分贝差为

$$\Delta = 20\lg\frac{P_B}{P_f} = 20\lg\frac{2\lambda x}{\pi D_f^2} \pm 10\lg\frac{d}{D}$$

式中 $d$——空心圆柱体内径；

$D$——空心圆柱体外径；

“+”——外圆径向检测，内孔凸柱面反射；

“-”——内孔径向检测，外圆凹柱面反射。

调节：探头对准工件完好区的底面，找到最高反射回波，在保证衰减器有效储存5~10dB及以上时，调“增益”使底波B1达基准波高，然后用“衰减器”增益Δ，这时灵敏度就调节完成。实际检测时为了便于发现缺陷可再增益5~10dB作为检测灵敏度，即扫查灵敏度。

例3-12：用2.5P20Z探头径向检测$\phi$500mm的实心圆柱体锻件，$c_L=5900$m/s，问如何利用底面回波调节500/$\phi_2$灵敏度？

解：由题意得

$$\lambda=\frac{c}{f}=\frac{5.9\times10^6}{2.5\times10^6}=2.36$$

计算：500mm处底波与$\phi$2平底孔反射波分贝差为

$$\Delta=20\lg\frac{2\lambda x}{\pi D_f^2}=20\lg\frac{2\times2.36\times500}{3.14\times2^2}=45.5$$

调节：探头对准工件完好区圆柱底面，找出最高反射回波，在保证衰减器有效储存量后，使底波B1达基准80%高，然后用“衰减器”增益46dB，这时$\phi_2$灵敏度就调节好了。

例3-13：用2.5P20Z探头径向检测外径为$\phi$1000mm，内径为$\phi$100mm的空心圆柱体锻件，$c_L=5900$m/s，问如何利用内孔回波调节450/$\phi_2$灵敏度？

解：由题意得

$$\lambda=\frac{c}{f}=\frac{5.9\times10^6}{2.5\times10^6}=2.36$$

$$D=1000\text{mm},\ d=100\text{mm},\ x=\frac{D-d}{2}=\frac{1000-100}{2}=450\text{mm}$$

计算：450mm处内孔反射波与$\phi$2平底孔反射波分贝差为

$$\Delta=20\lg\frac{2\lambda x}{\pi D_f^2}+10\lg\frac{d}{D}=20\lg\frac{2\times2.36\times450}{3.14\times2^2}+10\lg\frac{100}{1000}=34.5$$

调节：探头对准完好的内孔表面，找出最高反射回波，调“增益”使底波B1达基准50%高，然后用“衰减器”增益35dB作为检测灵敏度，此时，450/$\phi_2$的检测灵敏度的调节就完成了。必要时再增益6dB作为扫查灵敏度。

注意：采用底波法(计算法)调节灵敏度时，因在工件上进行调节且平底孔与工件底面的声程相同，所以不用考虑材质衰减差。灵敏度调节与实际扫查在同一面上，因此不用考虑表面耦合补偿。

b. 试块调节法

单直探头检测：当锻件的厚度$x<3N$，或由于几何形状所限或底面粗糙时，应利用具有人工反射体的试块来调节检测灵敏度，如CSⅠ系列试块。调节时将探头对准所需试块的平底孔，调“增益”使平底孔反射波达基准高即可。

值得注意的是，当试块表面形状、粗糙度与锻件不同时，要进行耦合补偿。当试块与工件的材质衰减相差较大时，还要考虑介质衰减补偿。

例3-14：用2.5P20Z探头检测厚度为50mm的小锻件，采用CSⅠ系列试块调节50/$\phi_2$灵敏度，试块与锻件表面耦合差3dB，问如何调节灵敏度？

解：利用CSⅠ系列试块调节灵敏度的方法如下：

将探头对准CSⅠ-1试块$\phi_2$平底孔距离为50mm，调“增益”使$\phi_2$回波达50%高(或用“衰减器”)，将$\phi_2$平底孔反射波调至满显示屏的50%左右，再用“增益”将回波调至50%高

（注意：此时仪器有效灵敏度余量必须储存 3dB+10dB 以上余量），然后再用“衰减器”增益 3dB，这时 $50/\phi_2$ 灵敏度就调节好了。

② 曲线比较法。采用双晶直探头检测时，应用数字式仪器，根据双晶直探头平底孔试块来调节检测灵敏度。先根据需要选择相应的平底孔试块，并测试一组距离不同直径相同平底孔的反射波，使其每个孔的最高反射波达基准波高，确认后记录相应的读数值，所有孔测试完毕后进行最终确认，从而得到一条平底孔距离–波幅曲线。并以此方法测出其他孔径的曲线，从而得到一组平底孔的距离–波幅曲线并以此作为灵敏度校核及工件的检测灵敏度。

注意：

a. 采用试块法调节检测灵敏度时，应保证试块的材质与被检工件的材质相同或声学性能相近。

b. 试块与被检工件表面状态不同时，应进行表面状态耦合损失的测定，在试块上调节灵敏度后，将表面耦合损失补偿后再进行工件的超声波检测。

c. 当工件的反射面粗糙或粘有其他油性物质时，应将工件反射面进行清洗或修理，以避免声波在此面上的反射损失。否则应进行反射损失的测定，并在实际检测中进行补偿。

d. 使用模拟式仪器进行双晶直探头检测时，其距离–波幅曲线的绘制可采用面板曲线或 dB 曲线进行。

（8）锻件缺陷大小的测定

在锻件检测中，对于尺寸小于声束截面的缺陷一般采用当量法定量。若缺陷位于 $x\geqslant 3N$ 区域内时，常用当量计算法和当量 AVG 曲线法确定缺陷的当量大小；若缺陷位于 $x<3N$ 区域内时，常用试块比较法或实测 AVG 曲线法确定缺陷的当量大小。对于尺寸大于声束截面的缺陷一般采用测长法确定缺陷的指示面积，常用的测长法有 6dB 法和端点 6dB 法。必要时还可采用底波高度法来确定缺陷的相对大小。下面重点介绍当量计算法和 6dB 法在锻件检测中的应用。

① 当量计算法（适用于尺寸小于声束截面的缺陷）。

当量计算法是利用各种规则反射体的反射波声压公式和实际检测中测得的结果（缺陷的位置和波高）来计算缺陷的当量大小。当量计算法是目前锻件检测中应用最广的一种定量方法。用当量计算法定量时，要考虑调节检测灵敏度的基准。

当用平底面和实心圆柱体曲底面调节灵敏度时，不同距离处的大平底与平底孔回波分贝差为

$$\Delta_{\mathrm{Bf}}=20\lg\frac{p_{\mathrm{g}}}{p_{\mathrm{f}}}=20\lg\frac{2\lambda x_{\mathrm{f}}^{2}}{\pi D_{\mathrm{f}}^{2}x_{\mathrm{B}}}-2\alpha(x_{\mathrm{B}}-x_{\mathrm{f}})$$

式中 $x_{\mathrm{f}}$——平底孔缺陷至检测面的距离，$x_{\mathrm{f}}\geqslant 3N$；

$x_{\mathrm{B}}$——锻件底面至检测面的距离；

$\alpha$——材质衰减系数；

$\lambda$——波长；

$D_{\mathrm{f}}$——平底孔缺陷的当量直径；

$\Delta_{\mathrm{Bf}}$——底波与平底孔缺陷的反射波分贝差。

不同平底孔回波分贝差为

$$\Delta_{12}=20\lg\frac{p_{\mathrm{f1}}}{p_{\mathrm{f2}}}=40\lg\frac{D_{\mathrm{f1}}x_{1}}{D_{\mathrm{f2}}x_{1}}-2\alpha(x_{1}-x_{2})$$

式中　$\Delta_{12}$——平底孔 1、2 的分贝差；

$D_{f1}$、$D_{f2}$——平底孔 1、2 的当量直径；

$x_1$、$x_2$——平底孔 1、2 的距离。

当用空心圆柱体内孔或外圆曲底面调节灵敏度时，当量计算公式为

$$\Delta_{Bf}=20\lg\frac{P_B}{P_f}=20\lg\frac{2\lambda x_f^2}{\pi D_f^2 x_B}\pm 10\lg\frac{d}{D}-2\alpha(x_B-x_f)$$

式中　$d$——空心圆柱体的内径；

$D$——空心圆柱体的外径；

"+"——外圆径向检测，内孔凸柱面反射；

"-"——内孔径向检测，外圆凹柱面反射；

$\Delta_{Bf}$——圆柱曲底面与平底孔缺陷的回波分贝差。

例 3-15：用 2.5P20Z 探头检测 $\phi600$ 的实心圆柱体锻件，$c_L=5900\text{m/s}$，$\alpha=0.005\text{dB/mm}$。利用锻件底波调节 $600/\phi2$ 灵敏度，底波达基准高时衰减读数为 50dB，检测中在 400mm 处发现一缺陷，缺陷波达基准高时衰减器读数为 30dB，求此缺陷的当量平底孔直径。

解：由题意得

$$\lambda=\frac{c}{f}=\frac{5.9\times10^6}{2.5\times10^6}=2.36$$

$$N=D^2/4\lambda=20^2/(4\times2.36)=42.37$$

$3N=3\times42.37=127.11\leqslant400$，可进行计算

$$\Delta_{Bf}=20\lg\frac{2\lambda x_f^2}{\pi D_f^2 x_B}-2\alpha(x_B-x_f)$$

$x_B=600\text{mm}$，$x_f=400\text{mm}$，$\Delta_{Bf}=50-30=20\text{dB}$，$\alpha=0.005\text{dB/mm}$，代入公式得

$$20\lg=\frac{2\lambda x_f^2}{\pi D_f^2 x_B}=\Delta_{Bf}+2a(x_B-x_f)=20+2\times0.005\times200=22$$

$$\lg\frac{2\lambda x_f^2}{\pi D_f^2 x_B}=22/20=1.1$$

$$\frac{2\lambda x_f^2}{\pi D_f^2 x_B}=10^{1.1}$$

$$D_f=\sqrt{\frac{2\lambda x_f^2}{\pi x_B\cdot10^{1.1}}}=\sqrt{\frac{2\times2.36\times400^2}{3.14\times600\times10^{1.1}}}=5.6$$

答：此缺陷的当量平底孔直径为 $\phi5.6\text{mm}$。

例 3-16：用 2.5P20Z 探头沿外圆径向检测外径为 $\phi1000\text{mm}$、内径为 $\phi100\text{mm}$ 的空心圆柱体锻件，$c_L=5900\text{m/s}$，$\alpha=0.005\text{dB/mm}$，检测中在 200mm 处发现一缺陷，其反射波比内孔反射波低 12dB，求此缺陷的当量大小？

解：由题意得

$$\lambda=\frac{c}{f}=\frac{5.9\times10^6}{2.5\times10^6}=2.36$$

$$N=D^2/4\lambda=20^2/(4\times2.36)=42.37$$

$3N=3\times 42.37=127.11\leqslant 200$，可进行计算

$$\Delta_{Bf}=20\lg\frac{2\lambda x_f^2}{\pi D_f^2 x_B}-10\lg\frac{d}{D}-2\alpha(x_B-x_f)$$

$$D=1000\text{mm},\ d=100\text{mm},\ x_B=\frac{D-d}{2}=\frac{1000-100}{2}=450\text{mm}$$

$$x_f=200\text{mm},\ \alpha=0.005\text{dB/mm},\ \Delta_{Bf}=12\text{dB}$$

代入公式得 $20\lg\frac{2\lambda x_f^2}{\pi D_f^2 x_B}=10\lg\frac{D}{d}+2\alpha(x_B-x_f)+\Delta_{Bf}=10\lg\frac{1000}{100}+2\times 0.005\times 250+12=24.5$

$$\lg\frac{2\lambda x_f^2}{\pi D_f^2 x_B}=24.5/20=1.225$$

$$\frac{2\lambda x_f^2}{\pi D_f^2 x_B}=10^{1.225}$$

$$D_f=\sqrt{\frac{2\lambda x_f^2}{\pi x_B\cdot 10^{1.225}}}=\sqrt{\frac{2\times 2.36\times 200^2}{3.14\times 450\times 10^{1.225}}}=2.8$$

答：此缺陷的当量平底孔直径为 $\phi$2.8mm。

② 测长法(适用于尺寸大于声束截面的缺陷)。

当缺陷的尺寸大于声束截面尺寸时采用半波高度法(6dB 法)测量缺陷的指示长度或指示面积。

在平面检测中，超声波检测过程中发现缺陷的尺寸大于声束截面时采用 6dB 法测定缺陷的指示面积或指示长度。测量时以缺陷的最高波为准，探头以直线向两侧移动，当缺陷波高降到一半时探头中心所在的点为边界点，两边界点连线的距离就是缺陷的指示长度，如探头向各方向移动当缺陷波高降到一半时，测试的各点为缺陷的边界点，所有边界点的连线即为缺陷的指示面积，如图 3-96 所示。

对圆柱形锻件进行周向检测时，探头的移动距离是测量长度而不再是缺陷的指示长度了，这时要按几何关系来确定缺陷的指示长度，如图 3-97 所示。

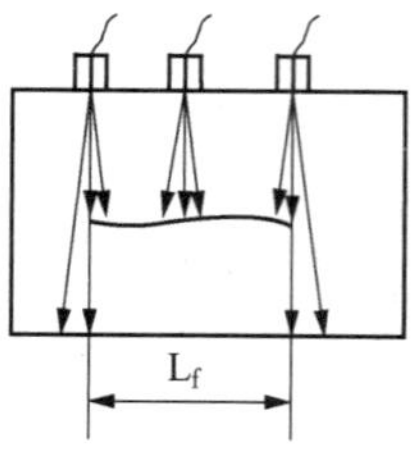


图 3-96　平面检测 6dB 测长法

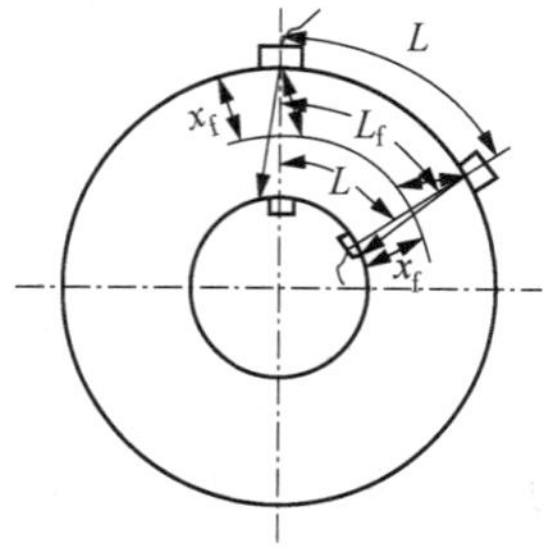


图 3-97　圆弧面检测 6dB 测长法

外圆周向检测测长时，缺陷的指示长度 $L_f$ 为

$$L_f=L(R-x_f)/R$$

式中　$L$——探头移动的外圆弧长(测量长度)；

$R$——圆柱体外半径；

$x_f$——缺陷的声程(缺陷的埋藏深度)。

内孔周向检测测长时，缺陷的指示长度 $L_f$ 为

$$L_f = L(r - x_f)/r$$

式中 $L$——探头移动的内圆弧长(测量长度)；

$r$——圆柱体内半径。

(9) 锻件质量级别的评定

锻件检测中常见的缺陷有单个缺陷和密集缺陷两大类，实际检测中根据锻件中单个缺陷的当量尺寸、底波降低情况和密集缺陷面积占检测面积的百分比不同将锻件质量分为Ⅰ级、Ⅱ级、Ⅲ级、Ⅳ级、Ⅴ级五种，其中Ⅰ级最高，Ⅴ级最低。底波降低量等级见表3-10，单个缺陷等级见表3-11，密集缺陷等级见表3-12。

**表3-10　由缺陷引起底波降低量的质量分级**

| 等　级 | Ⅰ级 | Ⅱ级 | Ⅲ级 | Ⅳ级 | Ⅴ级 |
|---|---|---|---|---|---|
| 底波降低量 BG/BF | ≤8 | >8~14 | >14~20 | >20~26 | >26 |

注：本表仅适用于声程大于近场区长度的缺陷。

**表3-11　单个缺陷的质量分级**

| 等　级 | Ⅰ级 | Ⅱ级 | Ⅲ级 | Ⅳ级 | Ⅴ级 |
|---|---|---|---|---|---|
| 缺陷当量直径 | ≤$\phi$4 | $\phi$4+(>0~8dB) | $\phi$4+(>8~12dB) | $\phi$4+(>12~16dB) | >$\phi$4+16dB |

**表3-12　密集区缺陷的质量分级**

| 等　级 | Ⅰ级 | Ⅱ级 | Ⅲ级 | Ⅳ级 | Ⅴ级 |
|---|---|---|---|---|---|
| 密集区缺陷占检测总面积的百分比/% | 0 | >0~5 | >5~10 | >10~20 | >20 |

当缺陷被检测人员判定为危害性缺陷时，锻件的质量等级为Ⅴ级。

### 3.10.2　铸件超声波检测

铸件有晶粒粗大、组织不均匀、组织不致密、表面粗糙及形状复杂等特点。铸件这些特点，为超声波检测带来了不利的影响，形成了超声波检测的特殊性和局限性。

#### 3.10.2.1　铸件超声波检测的特点

(1) 超声波透声性差

铸件中晶粒的粗大、组织的不均匀与不致密及粗糙的表面，使超声波产生散射与吸收衰减，造成声能损失严重。与锻件相比，铸件可检测的厚度减小，检测灵敏度低。

(2) 超声波声耦合差

铸件表面粗糙，声耦合差，声束指向不好，且探头磨损严重。铸件检测中常采用高黏度耦合剂改善这种不良的耦合条件。

(3) 干扰杂波严重

铸件中不致密和不均匀的组织，以及粗大的晶粒界面，使超声波产生严重的散射，被探头接收后，在显示屏上显示为较强的草状杂波信号；粗糙的铸件表面也会产生一些反射波；铸件的复杂形状，易产生轮廓反射波及迟到波。这些干扰信号影响对缺陷波的正确判断与识别。

(4) 缺陷检测要求较低

铸件中一般允许存在的缺陷尺寸较大，数量较多，特别是工艺性的检测，有的只要求检

出危险性的缺陷，以便修补处理。

3.10.2.2　铸件检测条件的选择

铸件检测采用脉冲反射式超声波检测仪(模拟式仪器或数字式仪器)进行检测，一般情况下以纵波直探头检测为主，对于有特殊要求的铸件，应辅以纵波双晶探头或横波探头进行检测。

(1) 探头

铸钢件晶粒比较粗大，衰减严重，宜选用较低的频率，一般为0.5~2.5MHz。对于厚度不大又经过热处理的铸钢件，可选用2.0~2.5MHz；对于厚度较大和未经过热处理的铸钢件，可选用0.5~2.0MHz。

纵波直探头的直径一般为$\phi$10~$\phi$30，横波斜探头的折射角常为45°、60°、70°等。

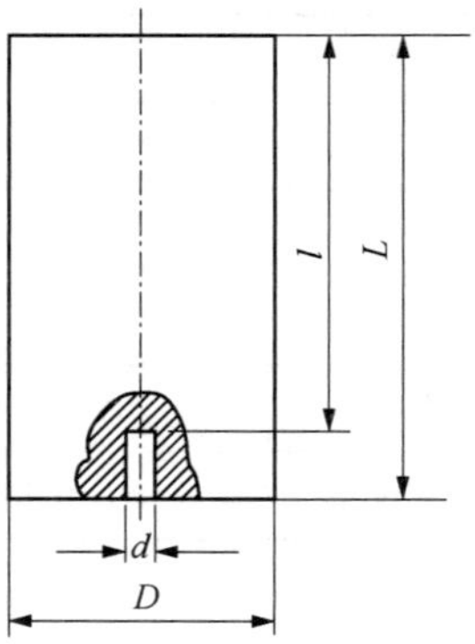

图3-98　平底孔对比试块

(2) 试块

铸件检测常用图3-98所示的系列平底孔对比试块。试块材质与被检铸件相似，不允许存在$\phi$2平底孔缺陷。试块平底孔直径$d$分别为$\phi$3、$\phi$4、$\phi$6三种。平底孔声程$L$为25mm、50mm、75mm、100mm、150mm、200mm六种。该试块用于测试距离-波幅曲线和调节检测灵敏度(纵波直探头)。

(3) 检测表面与耦合剂

铸件表面粗糙，耦合条件差，检测前应对其表面进行打磨清理，粗糙度$R_a$不大于12.5μm。

铸件检测时，常用黏度较大的耦合剂，如糨糊、黄油、甘油、水玻璃等，或采用带软保护膜的探头。采用液浸法进行检测也是解决耦合条件差的方法之一。

(4) 透声性测试

铸件晶粒较粗，组织不致密，对声波吸收和散射严重，透声性差，对检测结果影响较大。一般检测前要测试其透声性。铸件透声性可用纵波直探头来测试。测试时将探头对准工件底面，用衰减器测出底波$B_1$与$B_2$的分贝差，为了减少测试误差，一般测三点后取平均值。测得的分贝差愈大，说明透声性愈差。国家标准规定：当分贝差>8dB时，则认为透声性差，不适于超声波检测，此时应选低频探头或不能采用超声波进行检测。

(5) 铸件内外层的划分

铸件缺陷至表面的距离不同，其危害不一样。一般外层比内层危害大。为此，按铸件厚度划分为外层、内层、外层等三层。当其厚度<90mm时，每层各占1/3，当其厚度≥90mm时，两外层厚度各为30mm，其余为内层。

(6) 检测灵敏度校准与设定

检测灵敏度根据一组平底孔试块测定的距离-波幅曲线进行调节，并根据对铸件的质量验收要求进行确定。

(7) 检测面及扫查方式确定

铸件检测时，为保证各方向缺陷的检出，应尽可能从相对两端面进行扫查，铸件较厚(或透声性能较差)时，应不定期从相对端面进行扫查。

扫查方式采用100%扫查，相邻两次扫查的重叠区域应不小于晶片直径的15%。扫查时，探头的移动速度应≤150mm/s。

3.10.2.3 缺陷的判别与测定

① 铸件质量级别的评定按相应标准的规定执行。

② 铸件标准的特点：

a. 缺陷位置分内、外层，外层质量要求比内层严格。

b. 缺陷分片状和非片状，片状缺陷要求比非片状缺陷严格。

### 3.10.3 板材超声波检测

3.10.3.1 检测方法

从超声波检测的角度，板材可分为：薄板 $\delta<6mm$；中厚板 $6mm\leqslant\delta\leqslant40mm$；厚板 $\delta>40mm$。

薄板常用板波检测法。中厚板一般采用脉冲反射式垂直入射法检测，耦合方式有直接接触法和水浸法。采用的探头有聚焦或非聚焦的单晶直探头、双晶直探头。

采用单晶直探头检测，在调节检测仪扫描线时，一般采用多次底波反射法，即在示波屏上显示多次反射底波。这样不仅可以根据缺陷波来判定缺陷情况，而且可根据底波衰减情况来判定缺陷情况。只有当板厚很大时才采用一次底波或二次底波法。一次底波法示波屏上只出现钢板界面回波与一次底波，只考虑界面回波与底波 $B_1$ 之间的缺陷波。

采用底波多次反射法检测应满足下面三个条件：

① 工件的检测面与底面互相平行，确保产生多次反射(如工件加工倾斜就不合适)。

② 钢板材质晶粒度必须均匀，保证无缺陷处底面多次反射波次数的稳定(各次相同)。

③ 材质对超声波的衰减要小。保证反射底波有足够数量，以利于检测观察。一般碳钢、不锈钢均能满足这些条件。

3.10.3.2 板材超声波检测过程

（1）表面要求

钢板检测时表面为轧制面，当表面比较粗糙或氧化皮较为严重时，应做适当的处理，如用钢丝刷及打磨等。一般选取钢板的任意一个轧制面进行检测，如有需要也可选上、下两个轧制面进行检测。

（2）探头选择

探头的频率一般为2.5~5MHz，这是因为钢板的晶粒细，较高的频率可以获得较高的分辨力。一般探头的直径为 $\phi10\sim\phi30mm$，对于较大面积的钢板为提高工作效率可采用较大直径的探头，对于较薄的钢板为减小近场区影响应使用双晶直探头或采用小直径的探头，探头选用应符合表3-13的要求。

**表3-13 板材超声波检测探头选用**

| 板厚/mm | 采用探头 | 公称频率/MHz | 探头晶片尺寸 |
|---|---|---|---|
| 6~20 | 双晶直探头 | 5 | 晶片面积不小于150mm$^2$ |
| >20~40 | 单晶直探头 | 5 | $\phi$14~20mm |
| >40~250 | 单晶直探头 | 2.5 | $\phi$20~25mm |

探头的结构形式主要根据板厚来确定。板厚较大时，常选用单晶直探头。板材较薄时可选用双晶直探头，因为双晶直探头主要用于检测厚度为6~20mm的钢板。

（3）试块选用原则

① 板材检测使用的标准试块 CB Ⅰ 阶梯试块，适用于板厚小于等于 20mm 的钢板检测（图 3-99）。

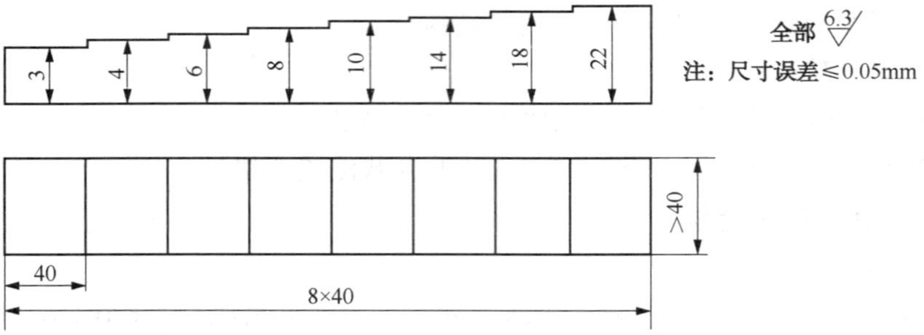


图 3-99 CB Ⅰ 标准试块

② 板材检测使用的标准试块 CB Ⅱ 平底孔试块，适用于板厚大于 20mm 的钢板检测（图 3-100）。

③ 当板厚不小于 3 倍近场区时，且板材上下两个表面平行也可取钢板无缺陷完好部位的第一次底波来校准灵敏度，其结果应与平底孔试块校准灵敏度的要求相一致。

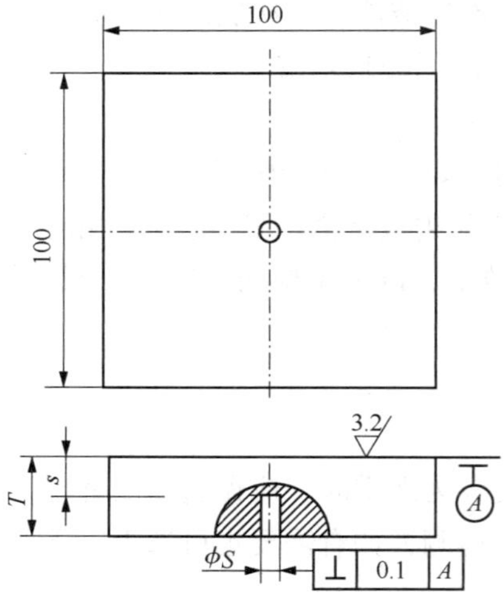


图 3-100 CB Ⅱ 标准试块

（4）仪器系统的校准

① 扫描速度调节（检测范围）。扫描速度的调节应保证足够的检测范围，以便可以观察多次底波或缺陷波的情况。

② 灵敏度的调节。在钢板检测中一般用阶梯试块、平底孔试块、钢板底波法来进行灵敏度的调节。

a. CB Ⅰ 标准试块法

板厚≤20mm 时，利用 CB Ⅰ 阶梯试块调节检测灵敏度时，探头对准试块与工件等厚（或不小于钢板板厚的近似厚度）处将第一次底波高度调整到满刻度的 50%，再提高 10dB 作为基准灵敏度。

b. CB Ⅱ 标准试块法

利用平底孔试块调节检测灵敏度时，探头对准表 3-14 规定的平底孔，调节仪器使平底孔反射波达到显示屏满刻度的 50%作为基准灵敏度。

**表 3-14 CB Ⅱ 标准试块**

| 试块编号 | 被检钢板厚度/mm | 检测面到平底孔的距离 $s$/mm | 试块厚度 $T$/mm |
|---|---|---|---|
| CB Ⅱ-1 | >20~40 | 15 | ≥20 |
| CB Ⅱ-2 | >40~60 | 30 | ≥40 |
| CB Ⅱ-3 | >60~100 | 50 | ≥65 |
| CB Ⅱ-4 | >100~160 | 90 | ≥110 |
| CB Ⅱ-5 | >160~200 | 140 | ≥170 |
| CB Ⅱ-6 | >200~250 | 190 | ≥220 |

c. 底波法

还可利用多次底波来调节灵敏度，例如要求示波屏上出现 5 次底波，那么 $B_5$ 达到 50% 即可。板厚不小于探头的 3 倍近场区时，也可取钢板无缺陷完好区域的第一次底波达基准波高(一般为显示屏满刻度的 50%)，但底波法调节的灵敏度应与表 3-14 要求的灵敏度相一致。

扫查灵敏度：扫查时扫查灵敏度一般在基准灵敏度的基础上提高 6dB，在测定缺陷当量时应将灵敏度调回基准灵敏度。

(5) 扫查

扫查方式：常用的扫查方式有全面扫查、列线扫查、边缘扫查、格子扫查。

① 全面扫查。探头移动方向沿垂直于钢板压延方向对钢板做 100%的全面积扫查，相邻两次扫查的覆盖面积一般不小于探头直径的 15%，如图 3-101(a)所示。对于要求较高的钢板常采用这种扫查方式。

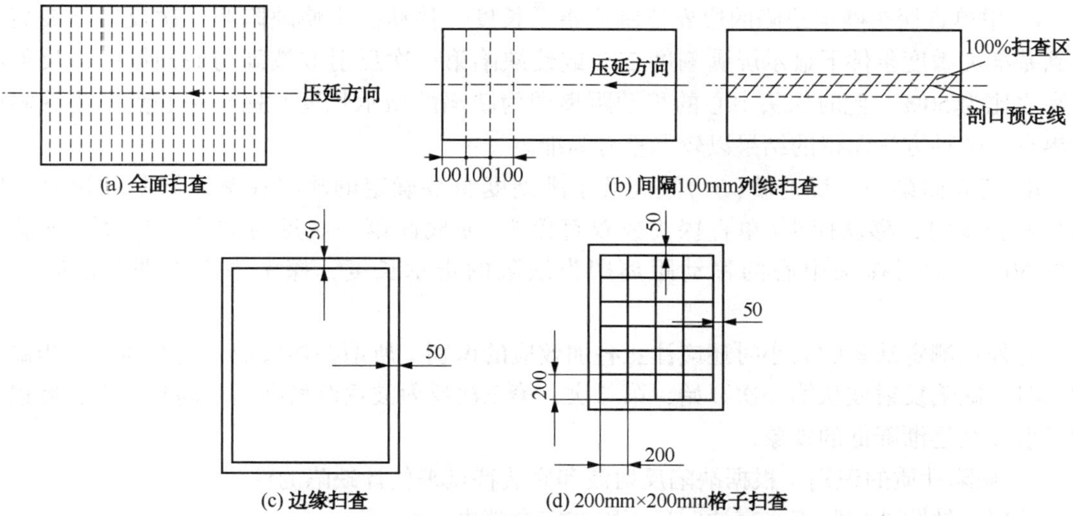


图 3-101　扫查方式

② 列线扫查。在钢板上划出垂直于钢板压延方向的等间距的平行线(如有需要也可沿平行于钢板的压延方向进行)，一般列线间距不大于 100mm，见图 3-101(b)。探头沿这些平行线进行扫查，在发现缺陷时再在缺陷周围扩大扫查范围，但在钢板剖口预定线两侧各 50mm(当板厚超过 100mm 时，以板厚的 1/2 为准)内应作 100%扫查。

③ 边缘扫查。在钢板边缘的一定范围内做全面积扫查，如图 3-101(c)所示。这个范围一般由相关的标准、规范给出。

④ 格子划线扫查。在钢板周边 50mm 范围内做全面积扫查，其余部分画成方格子线，一般取 100mm×100mm 或 200mm×200mm，探头沿格子线扫查，在发现缺陷时再在缺陷周围扩大扫查范围，如图 3-101(d)所示。

(6) 缺陷的判别与测定

① 缺陷判别。在钢板检测中一般根据缺陷波和底波来判别钢板中的缺陷情况，满足下列条件之一的均作为缺陷予以标识和记录：

a. 缺陷第一次反射波 $F_1 \geq 50\%$；

b. 第一次底波 $B_1 < 100\%$，第一次缺陷反射波 $F_1$ 与第一次底波 $B_1$ 之比 $F_1/B_1 \geq 50\%$；

c. 第一次底波 $B_1 < 50\%$。

② 缺陷的测定。检测中达到要求记录水平的缺陷应测定其位置、大小，并估判缺陷的性质。

缺陷位置测定：根据缺陷波对应的水平刻度值和扫描速度确定缺陷的深度，根据发现缺陷时探头的位置确定缺陷的平面位置。

缺陷大小的测定：一般使用绝对灵敏度法测定缺陷的大小。在板材超声波检测中常按下述方法测定缺陷的范围和大小。

a. 检出缺陷后，应在它的周围继续进行检测，以确定缺陷范围。

b. 用双晶直探头确定缺陷的边界范围或指示长度时，探头的移动方向应与探头的隔声层相垂直，并使缺陷波下降到基准灵敏度条件下显示屏满刻度25%或使缺陷第一次反射波波高与底面第一次反射波波高之比为50%。此时探头中心的移动距离即为缺陷的指示长度，探头中心点即为缺陷的边界点。两种方法测得的结果以较严重者为准。

c. 用单直探头确定缺陷的边界范围或指示长度，移动探头使缺陷第一次反射波波高下降到基准灵敏度条件下显示屏满刻度25%或使缺陷第一次反射波波高与底面第一次反射波波高之比为50%。此时探头中心的移动距离即为缺陷的指示长度，探头中心点即为缺陷的边界点。两种方法测得的结果以较严重者为准。

d. 按底面第一次反射波($B_1$)波高低于满刻度50%确定的缺陷在测定缺陷的边界范围或指示长度时，移动探头(单直探头或双直探头)使底面第一次反射波升高到显示屏满刻度的50%。此时探头中心的移动距离即为缺陷的指示长度，探头中心点即为缺陷的边界点。

此外在测定缺陷的大小时还应注意叠加效应的识别。所谓叠加效应是指在薄板中当缺陷较小时，缺陷反射波从第一次开始，第二次、第三次反射波逐渐增高，增高到一定程度以后的反射波又逐渐降低的现象。

③ 缺陷性质的识别。根据缺陷反射波和底波特点来估计缺陷的性质。

分层：缺陷波型陡直，底波明显下降或完全消失。

折叠：不一定有缺陷波，但始脉冲加宽，底波明显下降或消失。

白点：波型密集尖锐活跃，底波明显降低，次数减少，重复性差，移动探头，回波此起彼伏。

(7) 缺陷的评定与质量分级

NB/T 47013—2015标准根据缺陷的性质、指示长度、指示面积来进行缺陷的评定与质量分级，规定如下：

① 缺陷的评定

a. 缺陷的指示长度的评定规则。

单个缺陷按其指示的最大长度作为该缺陷的指示长度。若单个缺陷的指示长度小于40mm时，可不做记录。

b. 单个缺陷指示面积的评定规则。

单个缺陷的指示面积=缺陷的指示长度×缺陷的指示宽度(与长度方向垂直的最大尺寸)。

一个缺陷按其指示的面积作为该缺陷的单个指示面积；多个缺陷其相邻间距小于100mm或间距小于相邻较小缺陷的指示长度(取其最大值)时，以各缺陷面积之和作为单个缺陷指示面积；指示面积不计的单个缺陷见表3-15。

c. 缺陷面积百分比的评定规则。

在任意 1m×1m 的检测面积内，按缺陷面积所占的百分比来确定。如钢板面积小于 1m×1m，可按比例折算。

② 质量分级

a. 钢板质量分级见表 3-15。

b. 在剖口预定线两侧各 50mm(当板厚超过 100mm 时，以板厚的 1/2 为准)内，缺陷的指示长度大于或等于 50mm 时，应评为Ⅴ级。

c. 在检测过程中，检测人员如确认钢板中有白点、裂纹等危害性缺陷存在时，应评为Ⅴ级。

表 3-15 钢板质量分级

| 等级 | 单个缺陷指示长度/mm | 单个缺陷指示面积/$cm^2$ | 在任意 1m×1m 检测面积内存在的缺陷面积百分比/% | 以下单个缺陷指示面积不计/$cm^2$ |
|---|---|---|---|---|
| Ⅰ | <80 | <25 | ≤3 | <9 |
| Ⅱ | <100 | <50 | ≤5 | <15 |
| Ⅲ | <120 | <100 | ≤10 | <25 |
| Ⅳ | <150 | <100 | ≤10 | <25 |
| Ⅴ | 超过Ⅳ级者 | | | |

### 3.10.4 复合钢板超声波检测

3.10.4.1 复合钢板的加工及主要缺陷

复合板是由基板和复合层板组成的。基板通常采用碳钢、低合金钢板或不锈钢板，复合层板通常采用不锈钢、钛及钛合金、铝及铝合金、镍及镍合金、铜及铜合金板。复合层板用来提高耐磨、耐腐蚀等性能，基板用来保证复合板的强度。

基板和复合层板的结合采用轧制法、爆炸复合法和堆焊法等。

复合板中的缺陷主要是复合层板和基板结合层界面上的未结合，未结合部分的缺陷呈完全脱开或不完全脱开状态。超声波检测主要是检测基板和复合层板结合状态的。

3.10.4.2 复合钢板的超声波检测过程

(1) 探头选用

探头的选用应按表 3-13 的规定进行。常用单晶直探头或双晶直探头进行纵波检测，检测频率 2.5~5.0MHz，探头直径一般不大于 $\phi$25mm。

(2) 耦合方式

耦合方式可采用直接接触法或液浸法。

(3) 检测面

一般从基板侧表面进行检测，需要时也可以从复合板材侧进行检测。

(4) 扫查方式

① 扫查方式可采用 100%扫查或沿钢板宽度方向，间隔为 50mm 的平行线扫查；

② 根据合同、技术协议书或图样的要求，采用其他扫查形式；

③ 在坡口预定线两侧各 50mm 内应作 100%扫查。

（5）基准灵敏度的确定

将探头置于复合钢板完全结合部位，调节第一次底波高度为显示屏满刻度的 80%。以此作为基准灵敏度。

（6）未结合区的测定

第一次底波高度低于显示屏满刻度的 5%，且明显有未结合缺陷反射波存在时（≥5%），该部位称为未结合区。移动探头，使第一次底波升高到显示屏满刻度的 40%，以此时探头中心作为未结合区边界点。

（7）未结合缺陷的评定和质量分级

不同的标准对未结合缺陷的评定与质量分级有不同要求，NB/T 47013—2015 标准对未结合缺陷的评定和质量分级的规定如下：

① 缺陷指示长度的评定。一个缺陷按其指示的最大长度作为该缺陷的指示长度。若单个缺陷的指示长度小于 25mm 时，可不做记录。

② 缺陷面积的评定。多个相邻的未结合区，当其最小间距小于等于 20mm 时，应作为单个未结合区处理，其面积为各个未结合区面积之和。

③ 未结合率的评定。未结合区总面积占复合板总面积的百分比。

④ 质量分级评定：

a. 复合钢板质量分级评定按表 3-16 的规定。

b. 在剖口的预定线两侧各 50mm 的范围内，未结合的指示长度大于或等于 25mm 时，定级为Ⅳ级。

**表 3-16　复合钢板质量分级评定**

| 等　级 | 单个未结合指示长度/mm | 单个未结合区面积/$cm^2$ | 未结合率/% |
|---|---|---|---|
| Ⅰ | 0 | 0 | 0 |
| Ⅱ | ≤50 | ≤20 | ≤2 |
| Ⅲ | ≤75 | ≤45 | ≤5 |
| Ⅳ | 大于Ⅲ级者 | | |

3.10.4.3　复合钢板超声波检测的反射波分析

复合板的基板和复合层板即使完全结合，由于复合层板的声阻抗和基板的声阻抗一般不相同，因此对复合板作纵波垂直检测时，在基板和复合层板的结合界面上会产生反射波，超声波检测仪显示屏上同时收到界面反射波和底面反射波。

复合板纵波垂直检测时超声波的传播路径和检测图形如图 3-102 所示，图中 $I$、$I_1$ 为界面反射波；$I_2$ 为界面多次反射波；$B$ 为底面反射波。$B_1$ 的传播路径较为复杂：一条是 $I_1$ 经复合板表面反射然后在界面处透射，而后经基板底面反射，这个反射波在界面处透射最后回到复合板表面；另一条是 $B$ 经复合板表面反射后，在界面处再次反射并回到复合板表面。设界面的声压反射率（取绝对值）为 $r$，即

$$r=\left|\frac{Z_2-Z_1}{Z_1+Z_2}\right|=\left|\frac{1-\dfrac{Z_1}{Z_2}}{1+\dfrac{Z_1}{Z_2}}\right|$$

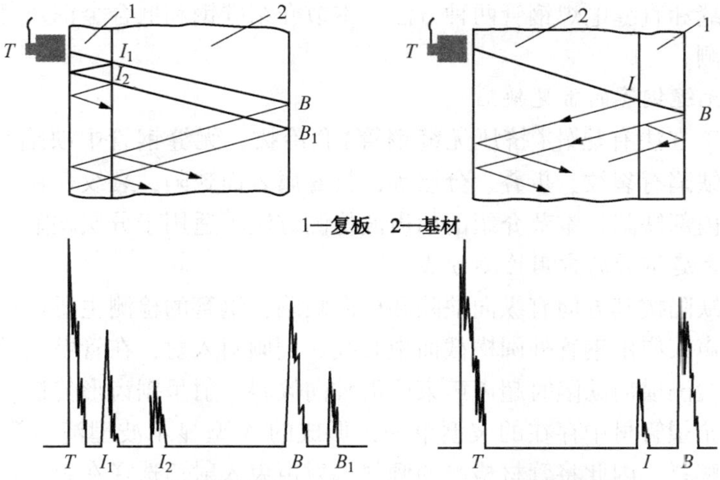

(a) 从复板侧检测　　(b) 从基材侧检测

图 3-102　钛复合钢板纵波垂直检测时的超声传播路径和反射波示意图

表 3-17 表示由计算得出的基板和几种复合层材料组成的界面的声压反射率。这里基材(钢)的声阻抗取 $46\times10^6$kg/($m^2\cdot s$)。

**表 3-17　基板(钢)和复合层板的界面声压反射率**

| 复合层板 | $Z_2/m^2\cdot s$ | $Z_1/Z_2$ | $r$ |
|---|---|---|---|
| 镍 | 53.5 | 0.860 | 0.075 |
| 18-8 不锈钢 | 47.7 | 1.007 | 0.0035 |
| 铜 | 44.6 | 1.031 | 0.152 |
| 钛 | 27.4 | 1.679 | 0.253 |
| 铝 | 17.3 | 2.659 | 0.453 |

在图 3-102 中，如以 $I_1/B$ 或 $I/B$ 作表示界面反射波大小的指标，则其间关系如下：

$$\frac{I}{B}=\frac{I_1}{B}=\frac{r}{1-r^2}$$

用表 3-17 中的数值代入上式计算 $I/B$，结果见表 3-18。

**表 3-18　界面反射波的大小**

| 复合层板 | $I/B$ | $I/B$ 的分贝值/dB |
|---|---|---|
| 镍 | 0.0755 | −22.5 |
| 18-8 不锈钢 | 0.0035 | −49.1 |
| 铜 | 0.155 | −18.2 |
| 钛 | 0.270 | −11.4 |
| 铝 | 0.570 | −4.9 |

由此表可知，复合层板为 18-8 不锈钢的复合板，界面反射波极小，几乎看不到。而复合层板为铝和钛的复合板，界面反射波就相当大。

### 3.10.5　无缝钢管超声波检测

钢管按其加工方法分为无缝钢管和焊接管，无缝钢管加工有热轧和冷拔两种方法，焊接管加工有螺旋焊缝和直缝电焊钢管两种方法，本节介绍碳钢和低合金钢及奥氏体不锈钢无缝钢管的超声波检测。

3.10.5.1 无缝钢管的常见缺陷

无缝钢管加工方法有热轧(挤压无缝钢管)和冷拔，无缝钢管中缺陷与加工方法有关。无缝钢管中常见缺陷有裂纹、折叠、分层等，折叠属表面缺陷，裂纹存在于无缝钢管的内部和表面，分层属内部缺陷，本节介绍的超声波检测方法不适用于分层缺陷的检测。

3.10.5.2 无缝钢管的常用检测方法

无缝钢管中缺陷按其方向有纵向缺陷和横向缺陷，钢管的检测主要针对纵向缺陷。检测纵向缺陷时超声声束应由钢管外圆横截面中心线一侧倾斜入射，在管壁内沿周向呈锯齿形传播(图3-103)。检测横向缺陷时超声声束应沿轴向倾斜入射呈锯齿形传播(图3-104)。在实际检测时，通常希望管材中存在的波型单一，形成的A型显示波型清晰简单，以便缺陷信号的正确判断和解释。因此将管材检测的倾斜入射声束入射角选择在第一临界角和第二临界角之间，使管材中只存在横波进行检测且声束轴线能扫查到内壁。无缝钢管检测按耦合方式分为接触法和液浸法。

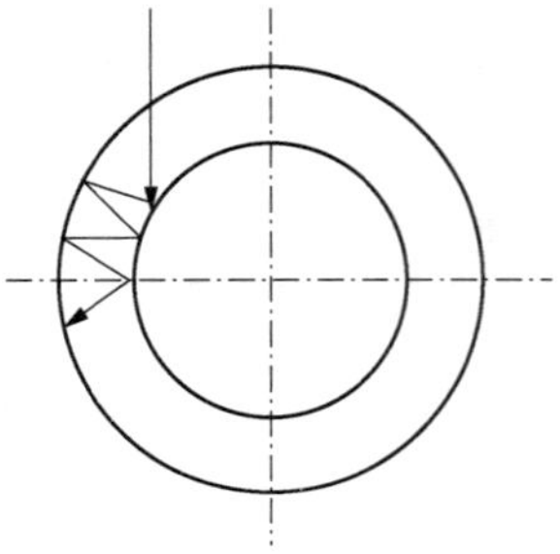

图3-103 管壁内超声声束的周向传播

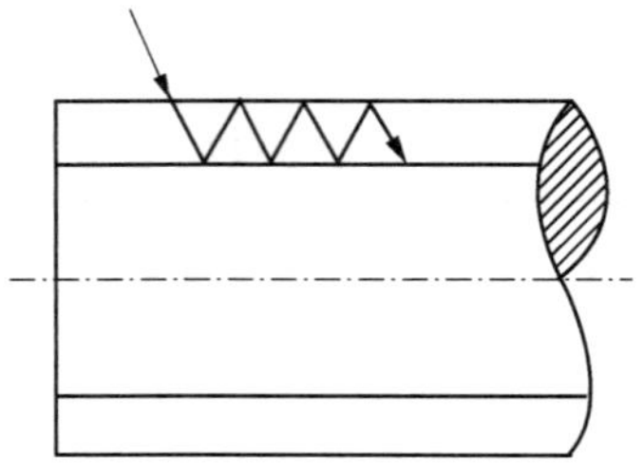

图3-104 管壁内超声声束的轴向传播

3.10.5.3 无缝钢管的超声波检测过程

管材的超声波检测以纵向缺陷为主，一般当合同双方有约定或技术文件有规定时才进行横向缺陷的检测。这里主要介绍纵向缺陷的检测。

(1) 探头选用

液浸法检测使用线聚焦或点聚焦纵波探头。接触法检测使用与钢管表面吻合良好的斜探头或聚焦斜探头。单个探头压电晶片长度或直径小于或等于25mm。探头频率为2.5~7.0MHz。

(2) 试块选用

选用与被检管材规格相同，材质、热处理及表面状态相同或相似的管材制成，试块上不得有影响人工反射体显示的缺陷。对比试块上的人工反射体为尖角槽，尖角槽的尺寸如表3-19所示。

**表3-19 钢管超声波检测纵向缺陷的人工试块上的人工反射体尺寸**

| 级　别 | 长度/mm | 深度 $t$ 占壁厚百分比/% |
|---|---|---|
| Ⅰ | 40 | 5(0.2mm≤$t$≤1mm) |
| Ⅱ | 40 | 8(0.2mm≤$t$≤2mm) |
| Ⅲ | 40 | 10(0.2mm≤$t$≤3mm) |

(3) 基准灵敏度的确定

直接接触法横波基准灵敏度的确定，可直接在对比试样上将内壁人工V形槽的反射波高度调到显示屏满刻度的80%，再移动探头，找出外壁人工V形槽的最大反射波，在显示屏上标出，连接两点即为距离-波幅曲线，作为检测时的基准灵敏度。

液浸法基准灵敏度按下述方法确定：

① 水层距离应根据横波在钢中的声程和聚焦探头的焦距($h \geqslant f-\sqrt{R^2-x^2}$)来确定。

② 调整时，一边用适当的速度转动管子，另一边将探头慢慢偏心，使对比试样管内、外表面人工反射体所产生的反射波幅度均达到显示屏满刻度的50%，以此作为基准灵敏度。如不能达到此要求，也可在内、外槽设立不同的报警电平。

(4) 扫查方式

探头沿径向按螺旋线进行扫查。一种是探头做轴向移动，管材作转动；另一种是管材不动，探头沿螺旋线运动。探头相对钢管螺旋进给的螺距应保证超声声束对钢管进行100%扫查时，有不小于15%的覆盖率。

(5) 灵敏度设定

扫查时在基准灵敏度的基础上提高6dB作为扫查灵敏度。每根管材应从管材两端沿相反方向各检查一次。

(6) 无缝钢管验收要求

管材检测的验收级别由供需双方或相关的技术文件确定。在检测中当发现缺陷时，仪器应调回到基准灵敏度，对于缺陷反射波幅度≥基准灵敏度，则该管材为不合格。不合格品允许在公差范围内进行修磨，修磨后复检。

### 3.10.6 平板对接焊缝超声波探伤

焊缝的内部质量广泛采用X射线检测，但X射线法对焊缝内危险性缺陷(如裂纹)比较难检出，而用超声波法则灵敏度很高。加之超声波法有不少优点(前已述及)，所以在焊缝内部质量检测中广泛采用。

在化工设备制造中，焊缝的检测是最重要的检测项目，对接焊缝是焊缝的主要形式之一。焊缝中常见缺陷有气孔、夹渣、未熔合、未焊透和裂纹等。由于焊缝表面凹凸不平以及危险性缺陷多与焊缝表面垂直，故超声波检测时主要采用斜探头(横波)。

焊缝的超声波检测可用直射声束法或斜射声束法(无须磨平余高)进行检测。实际检测中，超声波在均匀物质中传播，遇缺陷存在时形成反射。此时缺陷即可看作新的波源，它发出的波被探头接收，在荧光屏上被解读。NB/T 47013—2015规定缺陷长度的测定是以缺陷波端点在某一灵敏度(定量线)下，移动探头，该波降至50%时为缺陷指示长度，以此作为判定依据。而此时正是探头中心对准缺陷边缘时的位置。缺陷越小，缺陷回波越不扰乱探头的声场；由扫查法(此时用移动探头测定缺陷长度)测定缺陷尺寸不正确(适用当量法)。此法测定的不是缺陷尺寸，而是声束宽度。惠更斯原理称：波动是振动状态的传播，如果介质是连续的(均匀介质可连续传递波动)，那么介质中任何质点的振动都将引起邻近质点的振动，邻近质点的振动又会引起较远质点的振动。因此波动中任何质点都可以看作新的波源(当探测小于探头晶片尺寸的缺陷时，其指示长度与探头直径相近)。

#### 3.10.6.1 检测前的准备工作

对探伤表面应清除探头移动区的飞溅、锈蚀、油垢等，深坑应焊接并打磨平滑，以保持良好的声学接触。

#### 3.10.6.2 检测方法

① 为了发现焊缝和热影响区各个方向的缺陷，应尽可能在焊缝两壁面和两侧进行探测。

② 可采用正射波法或反射波法。正射波法是利用超声波入射到工件后至工件底部反射之前的那段声束来探测的，而反射波法则是利用经底面反射回的声束来探测的。故又有一次反射波法、二次反射波法等。

③ 探头的移动方向采用斜平行和锯齿形的运动方式。为了确定缺陷位置、方向或区分缺陷波与假讯号，探头可采用前后、左右、转角、环绕四种运动方式，假讯号常由鳞片(焊缝表面的波纹)、焊瘤、垫板产生。

3.10.6.3 检测条件选择

(1) 探头的选择

频率选择：一般选择频率为2.5~5.0MHz，对晶粒较细的一般焊缝，可选择较高频率。板厚较薄焊缝，采用高频率，提高分辨力。对厚板焊缝和材质衰减明显的焊缝，应采用较低频率探伤，以保证探伤灵敏度。

① $K$ 值的选择要素：

a. 使主声束能扫到整个焊缝截面；

b. 使声束中心线尽量与主要危害性缺陷垂直；

c. 保证有足够的探伤灵敏度。

② $K$ 值计算公式：

$$K \geqslant (a+b+L_0)/T$$

如果不能满足此条件，中间有一主声束扫查不到的菱形区域，这一区域内缺陷可能漏检，副声速也可能扫到，但找不到最高波，无法定量。焊缝宽度对 $K$ 值选择有影响。在条件允许(检测灵敏度足够)的情况下，应尽量采用大 $K$ 值探头(图3-105)。

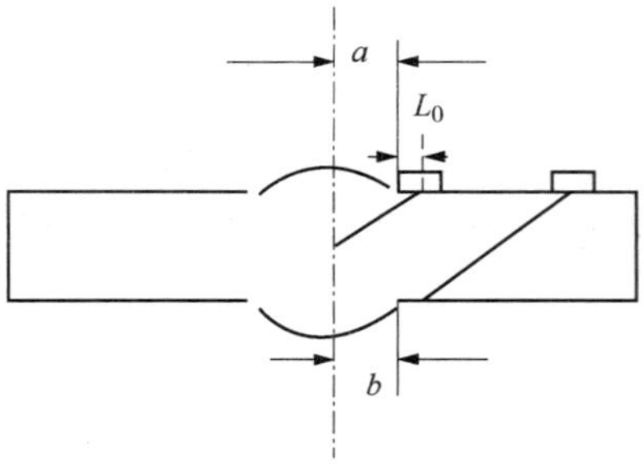

图3-105 平板焊缝探伤示意图

③ 根据工件厚度选择 $K$ 值。薄工件采用大 $K$ 值探头，避免近场检测，提高定位、定量准确度。厚工件采用小 $K$ 值探头，以缩短声程，减小衰减，提高探伤灵敏度。同时还可减少打磨宽度(表3-20)。

**表3-20 NB/T 47013—2015推荐 $K$ 值**

| 工件厚度/mm | $K$ 值 | 工件厚度/mm | $K$ 值 |
|---|---|---|---|
| 6~25 | 3.0~2.0 | >46~120 | 2.0~1.0 |
| >25~46 | 2.5~1.5 | >120~400 | 2.0~1.0 |

④ $K$ 值会因工件声速变化(斯涅尔定律)和检测中探头的磨损而产生变化。所以要经常进行 $K$ 值校验。变化规律：声速快，$K$ 值变大；探头后面磨损大，$K$ 值变大。

(2) 试块选择

NB/T 47013—2015标准中规定的标准试块有：CSK-ⅠA；CSK-ⅡA；CSK-ⅢA；CSK-Ⅳ。

CSK-ⅠA试块用于超声波仪器、探头系统性能校准和检测校准。CSK-ⅡA、CSK-ⅢA、CSK-Ⅳ试块用于超声波检测校准。

CSK-ⅡA、CSK-Ⅳ试块的人工反射体为长横孔。长横孔反射波在理论上与焊缝的光滑直线熔渣相似。同时，利用横孔对不同的声束折射角也能得到相等的反射面；但需要不同深度对比孔，适应不同板厚的焊缝检测。长横孔远场变化规律，因距离变化，其变化规律更类似于未焊透。在长横孔试块上绘制曲线，测定灵敏度，适用未焊透类缺陷的控制。

CSK-ⅢA 试块的人工反射体为短横孔。短横孔远场变化规律，因距离变化，其变化规律似球孔。以此绘制曲线，灵敏度可有效地控制点状缺陷。但此灵敏度对条状缺陷偏严。对中厚板检测灵敏度偏高。

短横孔变化规律(不适合近场)：两种反射体试块因反射体类型不同，两者灵敏度不相同。反射规律不同，曲线规律亦不同。所控制检测对象不同。故二者不得混用。

(3) 耦合剂的选择

在超声波直接接触法检测中，探头和被检物之间不加入合适的耦合剂，检测是无法完成的。耦合剂可以是液体、半液体或黏体。并应具备下列性能：

① 透声性能好。声阻抗尽量与被探测材料的声阻抗相近。在实际检测中能提供可靠的声耦合。

② 有足够的润湿性、适当的附着力和黏度。使被检物表面与探头表面之间润湿，消除两者之间的空气。不会很快地从表面流溢。

③ 使用方便。

④ 提供合适的润滑，使探头在被检物表面易于移动。

⑤ 耦合剂应是均匀的，且不含有固体粒子或气泡。

⑥ 对试件无腐蚀，对人体无损害，对环境无污染，不易燃。

⑦ 在检测条件下，不易冻结或汽化。

⑧ 检测后易于清除，价格便宜，来源方便。

常用耦合剂有机油、糨糊、甘油、润滑脂(黄油)、水。机油不利于清除，还给焊缝返修带来不利。糨糊更有利于垂直、顶面探伤。

耦合剂的另一重要特性是其声阻抗值应介于探头晶片与被检材料声阻抗值之间($Z_2=\sqrt{Z_1 \cdot Z_3}$)，薄层介质声阻抗为两侧介质阻抗几何平均值时，声强透射率等于1，超声全透射)。

操作者的技术对良好的耦合是重要因素，整个过程对探头施加均匀、固定压力，有助于排除空气泡和获得均匀的耦合层厚度。

(4) 检测面

清除焊接飞溅、氧化皮、锈蚀、油漆、凹坑(用机械、化学方法均可)检测表面应平整，便于探头扫查移动。缺陷信号幅度超过20%时，应标记记录。

(5) 探测方向选择

根据工件结构；坡口角度、形式；焊接中可能出现缺陷的方向性以及危害性缺陷。尽量选用主声束与其垂直的入射方向。

B 级检测分为纵向缺陷检测和横向缺陷检测。

① 纵向缺陷检测

$T=8\sim45$mm 时，单面双侧(一种 $K$ 值探头，直射波和一次反射波法)检测。

$T>46\sim120$mm 时，双面双侧(一种 $K$ 值，直射波法)检测。如受几何条件限制，也可在双面单侧或单面双侧采用两种 $K$ 值探头检测。

$T>120\sim400$mm 时，双面双侧(两种 $K$ 值，直射波法)检测。两探头折射角相差$\not<10°$。

② 横向缺陷检测

在焊缝两侧，声束轴线与焊缝中心线夹角 10°~20°作斜平行探测(正反两个方向)。

若焊缝磨平，可在焊缝及热影响区上做两个方向的扫查。

电渣焊易出现人字形横裂纹，可用 $K_1$ 探头以 45°夹角在焊缝两侧，作正反两个方向的斜平行扫查。

C 级检测：

① 应将焊缝余高磨平；焊缝两侧的斜探头扫查区域之母材用直探头进行检测。

② $T=8\sim46$mm 时，单面双侧(两种 $K$ 值，探头折射角相差$\nless 10°$，其中一个为 45°，一次反射法)检测。

③ $T>46\sim400$mm 时，双面双侧(两种 $K$ 值，探头折射角相差$\nless 10°$，一次反射波)检测；对于单侧坡口小于 5°的窄间隙焊缝，如有可能应增加对坡口表面平行缺陷的有效检测方法(如串列扫查)。

④ 应进行横向缺陷检测。

(6) 扫描速度(时基线)调节

扫描速度调节有三种方法，分别是声程法、水平法和深度法。

声程法：屏幕时基线显示为超声波传播距离(非 $K$ 值探头用此法)。

水平法：屏幕时基线显示为探头入射点至反射体投影到检测面的水平距离($\delta\leqslant20$mm 时采用此法)。

深度法：屏幕时基线显示为反射体距检测面深度距离($\delta>20$mm 时采用此法)。

(7) 扫查方式(图 3-106)

① 锯齿形扫查——粗扫查。沿 $W$ 轨迹前后移动探头，(移动齿距$\ngtr$晶片直径)并作 $10°\sim15°$左右转动。目的是发现倾斜缺陷。

② 左右、前后扫查——左右扫查可测得缺陷长度；前后扫查可测定缺陷自身高度和深度。

③ 转角扫查——推断缺陷方向。

④ 环绕扫查——推断缺陷形状。环绕扫查时，波高不变，可定为点状缺陷。

⑤ 平行、斜平行扫查——用于检查焊缝及热影响区横向缺陷。(与焊缝轴线成 $10°\sim45°$ 夹角,)灵敏度提高 6dB。

⑥ 串列扫查——用于厚板窄间隙焊缝或垂直于表面缺陷检测。多采用 $K_1$ 两个探头串列式扫查。串列扫查回波位置不变；存在扫查死区。

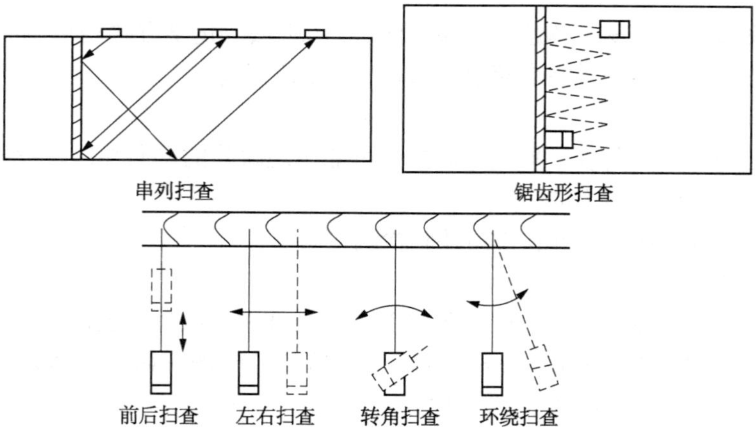


图 3-106　扫查方式示意图

(8) 检测灵敏度选择

① 距离波幅——曲线灵敏度按执行标准规定选择。

② 检测横向缺陷时，应将各线灵敏度均提高 6dB。

③ 检测面曲率半径 $R\leqslant W^2/4$ 时，距离-波幅曲线的绘制应在与检测面曲率相同的对比

试块上进行。

④ 在一跨距声程内最大传输损失差大于 2dB 时应进行补偿。

⑤ 扫查灵敏度不低于最大声程处的评定线灵敏度。

### 3.10.7 管座角焊缝检测和 T 形焊缝检测

#### 3.10.7.1 管座角焊缝检测

管座角焊缝检测按结构分为安放式和插入式，如图 3-107 所示。

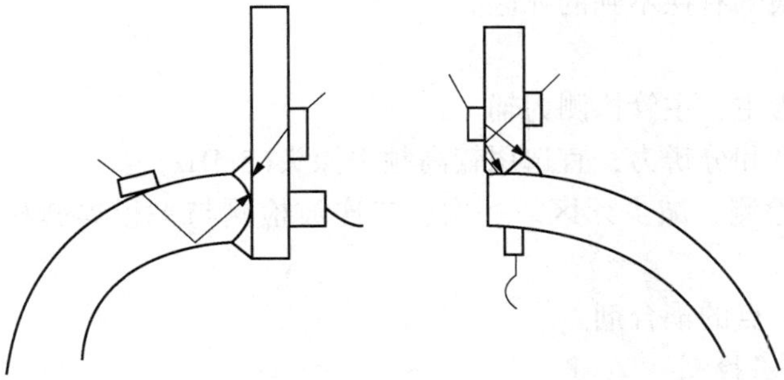

(a) 插入式管座角焊缝　　(b) 安放式管座角焊缝

图 3-107 安放式和插入式管座角焊缝检测示意图

管座角焊缝检测特点：

① 危害最大的缺陷是母材与焊接金属未熔合，裂纹等纵向缺陷。根据其结构特点，以纵波直探头探测为主，辅以斜探头探测。

② 曲面检测，探头晶片尺寸不宜过大。

③ 欲检横向缺陷，可将焊缝加工成平面。

检测方法：

① 插入式管座角焊缝：直探头在接管内壁探测；斜探头在接管内壁探测；斜探头在容器外壁探测

② 安放式管座角焊缝：直探头在容器内壁探测；斜探头在接管内壁探测；斜探头在接管外壁探测

#### 3.10.7.2 T 形焊缝检测

T 形焊缝检测结构由翼板和腹板组成(图 3-108)。检测方法(根据重要程度，可多种方法组合检测)：

① 翼板上侧用直探头探测；

② 翼板上、下侧用斜探头($K_1$)探测；

③ 腹板内、外侧用斜探头探测。

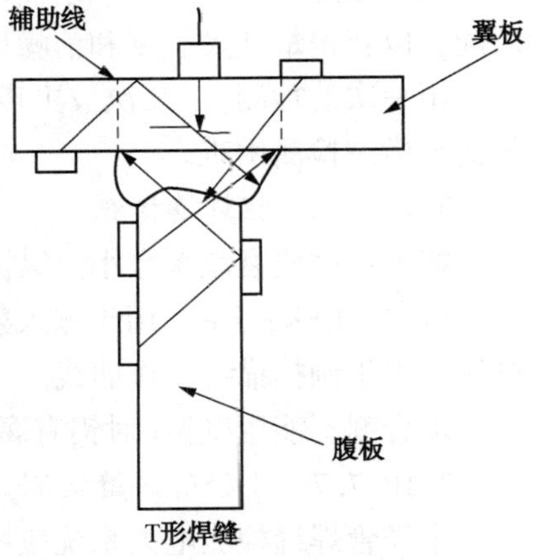


图 3-108 T 形焊缝检测示意图

T 形焊缝检测特点：

① 危害性缺陷是母材与焊接金属未熔合；翼板侧层间撕裂(母材夹层、焊接应力所致)。

② 翼板检测，效果较好(斜探头最好选择 $K_1$)，但不易看见腹板位置，需作辅助线。

③ 有焊角反射波、迟到波、变形波存在。比对接焊

缝检测要复杂，可借助焊角反射波来判断缺陷波(缺陷波在焊角反射波之前)。

3.10.7.3 管节点焊缝检测

(1) 管节点焊缝结构与特点

① 管与管呈 K 形、T 形、Y 形，以相贯线连接组合。支管开坡口，安放在主管上。

② 施焊角度不利，缺陷易产生在支管侧焊缝熔合区。坡口为火焰切割，不规则；相贯线不吻合，间隙、坡口大小不一。容易出现焊缝中部和根部未焊透。

③ 焊缝上部和根部有探不到的死区。

(2) 检测方法

① 以支管检测为主，主管检测为辅。

② 为提高灵敏度和分辨力，宜选用较高频率探头(5MHz)。

③ 多 $K$ 值探头检测，减少死区。一次、二次波检测与平板焊缝相比，扩散损失严重，定量受影响。

④ 使用黏度大一点的耦合剂。

3.10.7.4 堆焊层检测

探头：双晶探头，纵波检测，焦点深度位于堆焊层和母材接合部。

试块：$T_1$、$T_2$试块用于堆焊层内缺陷检测。反射体为 $\phi2$ 平底孔。$T_1$试块上 $\phi1.5$ 长横孔用于检测堆焊层下母材热影响区裂纹缺陷时，斜探头灵敏度调整；$T_3$试块用于堆焊层与母材未接合检测。反射体为 $\phi10$ 平底孔。

检测方法：从母材侧或堆焊层侧均可探伤。双晶斜探头检测时应在堆焊层表面按 90°方向进行两次扫查；双晶直探头检测时，晶片隔声层应平行于堆焊方向，进行垂直于堆焊方向的扫查。

3.10.7.5 奥氏体不锈钢焊缝检测

特点：柱状晶粒，明显各向异性，长度达 10mm，声束传播方向偏离，难定位。

采用频率：低频，0.5~2.5MHz。

探头：选用高阻尼窄脉冲、纵波斜探头；双晶纵波斜探头或聚焦纵波斜探头(提高信噪比)。

试块：采用相同材质，与被检工件相同焊接工艺焊接后加工两组长横孔反射体制成对比试块(用于比较接头组织与母材差异)。

曲线制作：在对比试块上用两组反射体按常规方法制作两条曲线。一条通过焊缝金属，另一条不通过焊缝金属。两组曲线间距应小于 10dB。可用改变探头角度，改变探头与仪器匹配，以获得最佳灵敏度和信噪比(探伤用曲线应时通过接头金属一组)。

用一次波检测。(二次波主声束畸变严重，噪声更大，易产生波型转换)缺陷判别与定位比纯横波检测困难。

3.10.7.6 铝焊缝检测

特点：材质衰减系数小。纵波声速大于钢，横波声速小于钢。

试块：CSK-ⅠA，用于测入射点，调扫描线(铝焊缝探伤时进行声速换算)；铝制横孔试块，用于调扫描线，作曲线。

耦合剂不能用碱性(对铝有腐蚀性)。

3.10.7.7 小径管焊缝检测

小径管焊缝检测电力系统应用广泛、成熟(DL/T 820—2002)。

探头：曲率探头，大 $K$ 值(一次波应扫查到焊缝根部以上)，小晶片，短前沿。

试块：GS 系列试块，根据曲率选用。反射体为 $\phi2\times20$mm 长横孔。

受曲率影响，管内表面反射发散严重，二次波范围内缺陷定量受影响。

线聚焦探头，检测灵敏度高。但检测效率低，探头成本高。

3.10.7.8 焊缝质量评定

(1) 距离-波幅曲线

由于声程的长短会影响缺陷反射波高，进而影响缺陷定量与质量评定，在 NB/T 47013—2015 标准中，规定采用"距离-波幅"曲线来评定焊缝质量。

此曲线由评定线、定量线、判废线三根线组成，如图 3-109 所示。横坐标代表声程，纵坐标代表反射波波高。评定线与定量线之间称Ⅰ区，定量线与判废线之间称Ⅱ区，判废线以上称Ⅲ区。

标准中规定了"距离-波幅"曲线以探伤所用的仪器和探头在 CSK-ⅡA 或 CSK-ⅢA 试块上实测绘制而成。

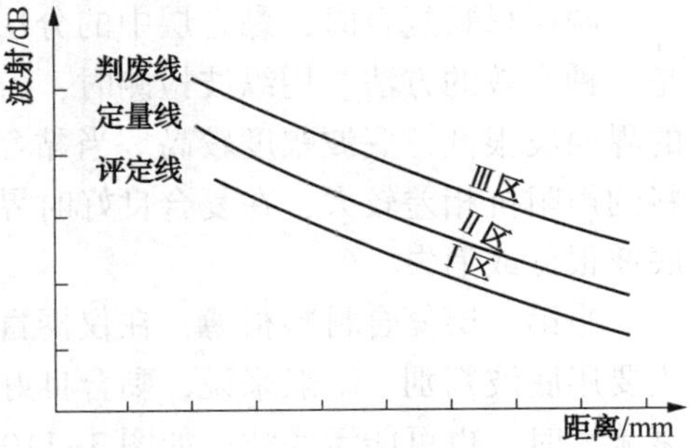

图 3-109 距离-波幅曲线

定量线是声程变化时标准反射体(试块上的长横孔 $\phi2\times40$mm 或短横孔 $\phi1\times6$mm)反射波波高的变化曲线，也是定量灵敏度线；评定线是各点都比定量线低 6dB 的曲线；判废线是各点都比定量线高一定分贝数的曲线，标准中对"距离-波幅"曲线的灵敏度规定见表 3-21。

**表 3-21 距离-波幅曲线的灵敏度**

| 试块形式 | 板厚/mm | 测长线 | 定量线 | 判废线 |
|---|---|---|---|---|
| CSK-ⅡA | 8~46 | $\phi2\times40$-18dB | $\phi2\times40$-12dB | $\phi2\times40$-4dB |
| | >46~120 | $\phi2\times40$-14dB | $\phi2\times40$-8dB | $\phi2\times40$+2dB |
| CSK-ⅢA | 8~15 | $\phi1\times6$-12dB | $\phi1\times6$-6dB | $\phi1\times6$+2dB |
| | >15~46 | $\phi1\times6$-9dB | $\phi1\times6$-3dB | $\phi1\times6$+5dB |
| | >46~120 | $\phi1\times6$-8dB | $\phi1\times6$ | $\phi1\times6$+10dB |

(2) 缺陷指示长度的测定

按 NB/T 47013—2015 规定，位于定量线以上的缺陷进行幅度和缺陷指示长度的测定。当缺陷反射波只有一个高点，且位于Ⅱ区时，用 6dB 法测其指示长度。当缺陷反射波峰位于Ⅰ区，如认为有必要记录时，将探头左右移动，使波幅降到评定线，以此测定缺陷指示长度。

(3) 缺陷等级评定

① 不允许存在下列缺陷：

a. 反射波幅位于判废线及Ⅲ区的缺陷；

b. 检测人员判定为裂纹等危害性的缺陷。

② 最大反射波幅位于Ⅱ区的缺陷，根据其指示长度按规定予以评级。

③ 最大反射波幅低于定量线的非裂纹类缺陷，均评为Ⅰ级。

④ 不合格的缺陷应予以返修。返修部位及热影响区仍按本标准进行检测和等级评定。

### 3.10.8 非金属材料检测举例——塑料检测

超声波在非金属材料中的衰减，一般较在金属中的大，为减少声能的衰减，多采用低频声波检测。塑料中主要有气孔、夹杂、分层、黏合不良等缺陷。用超声波探测时，因横波衰减大，一般采用纵波，探测频率常用 0.5~1MHz，一般多用脉冲反射法。

探测塑料半成品(如聚酰胺、聚四氟乙烯等塑料棒)的气泡时，直径在 100mm 以上的频率可用 1~2MHz，以机油或水作耦合剂，用接触法探测。对塑料板中分层缺陷和焊缝中的缺陷，探测方法基本与探测金属相同。

### 3.10.9 复合材料检测

某些结构件是将两种材料黏合在一起形成的复合材料。复合材料黏合质量的检测，主要有脉冲反射法、脉冲穿透法和共振法。

两层材料复合时，黏合层中的分层(黏合不良)多与板材表面平行，用脉冲反射法检测是一种有效的方法。用纵波检测时，若两种材料声阻抗相同或相近，且黏合质量良好，产生的界面波很低，底波幅度较高。当黏合不良时，界面波较高，而底波较低或消失。若两种材料的声阻抗相差较大，在复合良好时界面波较高，底波较低。当黏合不良时，界面波更高，底波很低或消失。

当第一层复合材料很薄，在仪器盲区范围内时，界面波不能显示。这时黏合质量的好坏主要用底波判别。一般来说，黏合良好时有底波，黏合不良时无底波，但第二层材料对超声衰减大时，也可能无底波，如图 3-110 所示。

当第二层复合材料很薄时，界面波(Ⅰ)与底波相邻或重合，如图 3-111 所示。对于很薄的复合材料，也可用双探头法检测。如用横波检测，可用两个斜探头一发一收，调整两探头的位置，使接收探头能收到黏合不良的界面波。

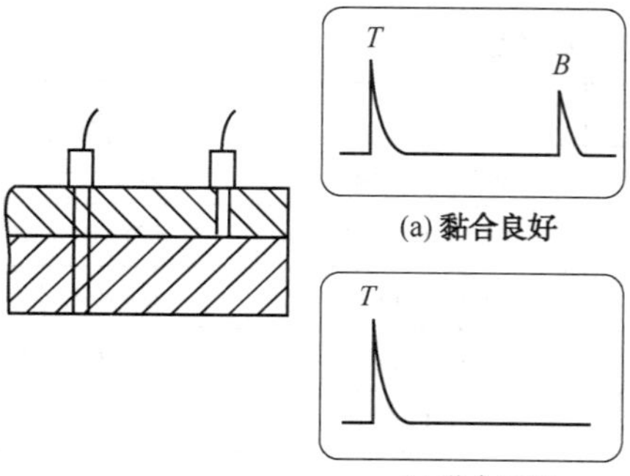

(a) 黏合良好

(b) 黏合不良

图 3-110 第一层复合材料较薄时的探测

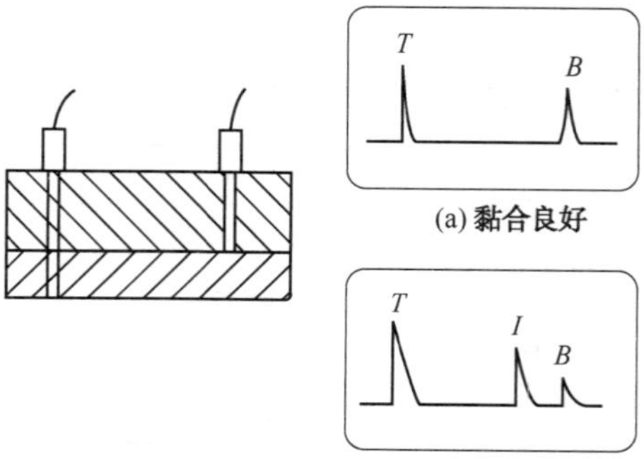

(a) 黏合良好

(b) 黏合不良

图 3-111 第二层复合材料较薄时的探测

若用穿透法，两个探头分别放在复合材料的两相对面，一发一收。当黏合良好时，接收的超声能量大，否则声能减小。此法特别适于检测声阻抗不同的多层复合材料。

共振法适于检测声阻抗相近的复合材料。黏合良好时，测得的厚度为两层之和；黏合不好时，只能测得第一层的厚度。可以使用共振式超声测厚仪进行检测。

### 3.10.10 用超声波检测材料的其他性能

#### 3.10.10.1 厚度的超声波检测

超声波测厚主要是用于无法用长度计量器具进行直接测量的场合，如封闭容器壁厚、某些组合结构部件、运行一定周期后经过腐蚀的锅炉或化工容器壁厚的测量等。

超声波测厚可以检测金属及非金属材料的厚度，也可用超声测厚仪测定材料的声速，借以判断材料的性质。

超声测厚仪有脉冲反射式、共振式和莱姆波式三种。共振式和莱姆式测厚仪可以测量厚度为 0.1mm 以上的材料，测量准确度较高，可达±0.1%，但对工件的表面粗糙度要求较高。

脉冲反射式测厚仪近年来发展很快，通常采用集成电路和数字显示，测量下限为 0.1mm，上限一般为几百毫米，准确度可达到±0.01mm。

3.10.10.2　硬度的超声波检测

为了测量成品工件、金属镀膜、热处理淬硬层、表面渗氮渗碳层的硬度，以及对大型工件的结构部件等进行硬度测量，可以采用超声波检测法。例如，谐振式超声硬度计，它是借助于传感器杆的超声振动来测量硬度的一种新型仪器。它的破坏性极小，测量速度快，示值精度较高。超声硬度试验法的原理就是通过测量经压头与试件接触的传感器杆的谐振频率来确定试件表面的硬度。

3.10.10.3　其他性能的超声波检测

用超声波检测淬硬层深度，可作为破坏性抽样检查的辅助方法，常用方法有：超声波反射法、超声波散射法和表面波速度测定法。此外，通过测定超声波声速可测定材料的弹性模量，利用超声波在固体中的衰减可以测定固体的平均晶粒度。

## 3.11　超声波检测的应用与发展趋势

超声波检测是工业无损检测中应用最为广泛的一种方法。就无损检测而言，超声波法适用于各种尺寸的锻件、轧制作、焊缝和某些铸件，无论是钢铁、有色金属和非金属，都可以采用超声波法进行检验。各种机械零件、结构件、电站设备、船体、锅炉、压力和化工容器、非金属材料等，都可以用超声波进行有效的检测。有的采用手动方式，有的可采用自动化方式。就物理性能检测而言，用超声波法可以无损检测厚度、材料硬度、淬硬层深度、晶粒度、液位和流量、残余应力和胶接强度等。

随着微计算机的普遍应用，超声检测仪器和检测方法都得到了迅速的发展，使超声检测的应用更为普及。目前，微计算机在超声检测中已能够完成数据采集、信息处理、过程控制和记录存储等多种功能。许多超声检测仪器都把微处理器作为一个部件而组装在一起去执行处理数据和图像的任务。一些全电脑对话式超声波探伤仪可在屏幕上同时显示回波曲线和检测数据，存储仪器调整状态、缺陷波型和各种操作功能；用打印机输出可供永久记录的各种数据和图形资料，并直接由计算机编制测试报告。

在冶金厂钢板、钢带、型材和管材的自动轧制生产线上，计算机对超声检测进行自动化程序控制。它控制多通道超声自动检测系统，能同时进行检测和测厚，并根据指定的评判标准处理数据，作出关于缺陷长度、面积、位置和分布情况的报告，有的还应用了 B 扫描、C 扫描和图像识别技术，进一步分析缺陷的性质，并控制喷标装置动作，在缺陷处喷漆标记。

超声检测是无损检测领域中应用和研究最活跃的方法之一。例如，用声速测定法评估灰铸铁的强度和石墨含量，用超声衰减和阻抗测定法确定材料的性能，用超声波衍射和临界角反射法检测材料的机械性能和表层深度，用棱边波法、表面波法和聚焦探头法对缺陷定量的研究，用超声显像法和超声频谱分析法的进展和应用，用多频探头法对奥氏体不锈钢厚焊缝的检测，用超声测定材料内应力的研究，特殊波型例如用管波模式检测管材的研究，采用自适应网络对不同类型缺陷的波型特征进行识别和分类，噪声信号超声检测法，超高频超声检测法，宽频窄脉冲超声检测法，以及新型声源的研究例如用激光来激发和接收超声的方法和各种新型超声检测仪器的研究等，都是比较典型和集中的研究方向。

## 复习思考题

1. 名词解释：超声检测、纵波、横波、波阵面、超声场、波型转换、声压、声强、声阻抗、声压反射率、声压透射率、声强反射率、声强透射率、第一临界角、第二临界角、第三临界角。

2. 简述超声波的概念和分类。

3. 怎样选择超声波声源直径 $D$ 和超声波波长 $\lambda$？

4. 若纵波从钛合金倾斜入射到钢时，在界面上会发生怎样的透射波与反射波及波型转换？

已知：$C_{钛L}=6150\text{m/s}$　$C_{钛S}=3150\text{m/s}$　$C_{钢L}=5850\text{m/s}$　$C_{钢S}=3200\text{m/s}$。

5. 当超声波垂直入射到单一平界面上时，写出声压反射率、声压透射率、声强反射率、声强透射率与介质声阻抗的关系，并分析超声检测能否探测钢的淬火部分与非淬火部分、普通钢的焊缝和母材？

6. 常用的超声波探头有哪些？超声波探头型号如何表示？

7. 超声检测仪和探头的主要性能指标有哪些，并简单解释。

8. 超声检测时试块有何用途？常用的试块有哪些？

9. 常用的超声检测方法有哪些？各有何特点？

10. 下图超声检测多次脉冲反射法的波型，分析分别是什么情况？

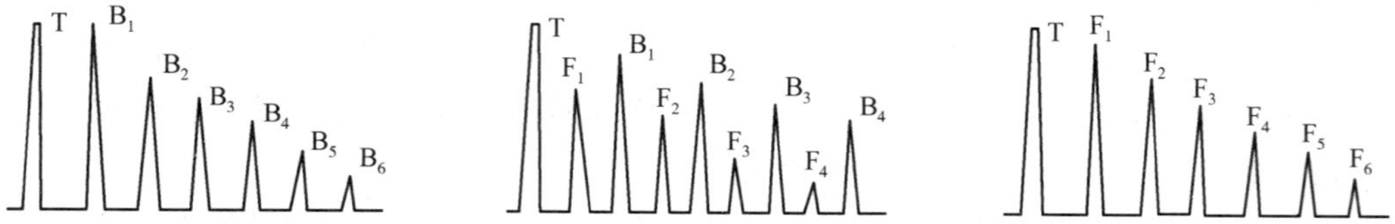


(a)　(b)　(c)

11. 下图是超声检测一次脉冲反射法的三种 A 型显示的波型，各是什么情况？分析无缺陷，有较小缺陷和有缺陷大于声束直径时，显示波型有何特征？

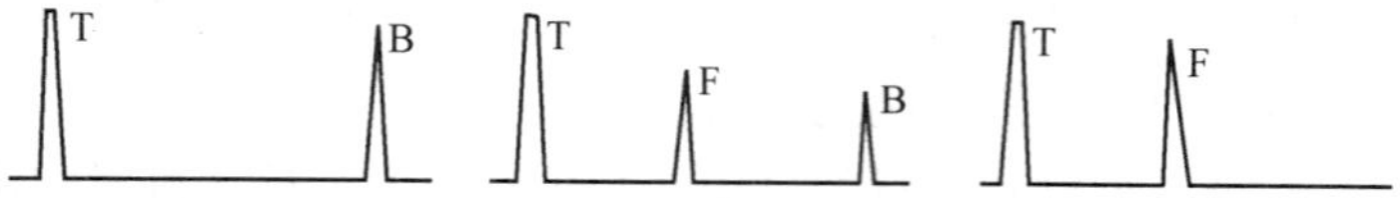


(a)　(b)　(c)

12. 什么是超声检测的半波高度法？怎样用半波高度法测缺陷的尺寸？

# 第4章 磁粉检测

## 4.1 概述

### 4.1.1 磁粉检测概念

磁粉检测是无损检测中应用较早的一种方法。磁粉检测是一种利用磁场磁化工件所产生的漏磁和合适的检验介质发现试件表面和近表面不连续性的方法，缺陷的漏磁可以用磁粉也可用其他测量元件来显示，用磁粉显示的方法称磁粉检测。

漏磁场检测包括磁粉检测和利用检测元件探测漏磁场。其区别在于，磁粉检测是利用铁磁性粉末——磁粉，作为磁场的传感器，即利用漏磁场吸附施加在不连续性处的磁粉聚集形成磁痕，从而显示出不连续性的位置、形状和大小。利用检测元件探测漏磁场的磁场传感器有磁带、霍尔元件、磁敏二极管和感应线圈等。利用检测元件检测漏磁场的检测方法有：录磁检测法、感应线圈检测法、霍尔元件检测法、磁敏二极管探测法。

当磁力线穿过铁磁材料及其制品时，在其磁性不连续处将产生漏磁场，形成磁极。此时撒上干磁粉或浇上磁悬液，磁极就会吸附磁粉，产生用肉眼能直接观察的明显磁痕，可借助于该磁痕来显示铁磁材料及其制品的缺陷情况，合适的光照下显示出不连续性的位置、大小、形状和严重程度。

磁粉检测法可检测露出表面，用肉眼或放大镜不能直接观察到的微小缺陷，也可检测未露出表面，埋藏在表面下几毫米的近表面缺陷。虽然也能探查气孔、夹杂、未焊透等体积型缺陷，但对面积型缺陷更灵敏，更适于检查因淬火、轧制、锻造铸造、焊接、电镀、磨削、疲劳等引起的裂纹等。

### 4.1.2 磁粉检测适用范围

磁粉检测方法仅适用于检验铁磁性材料的表面和近表面缺陷，磁粉检测的深度也是有局限性的，属于表面检测类。该方法既可用于板材、型材、管材及锻造毛坯等原材料及半成品或成品表面与近表面质量的检测，也可用于重要机械设备、压力容器及石油化工设备的定期检查。适用范围有：

① 适用于检测铁磁性材料工件表面和近表面尺寸很小、间隙极窄的裂纹和目视难以看出的缺陷。

② 适用于检测马氏体不锈钢和沉淀硬化不锈钢材料，不适用于检测奥氏体不锈钢材料。

③ 适用于检测管材棒材板材形材和锻钢件、铸钢件及焊接件。

④ 适用于检测工件表面和近表面的缺陷，但不适用于检测工件表面浅而宽的缺陷、埋藏较深的内部缺陷和延伸方向与磁力线方向夹角小于20°的缺陷。

### 4.1.3 磁粉检测特点

对铁磁性材料的磁导率和缺陷磁导率之间不连续变化的敏感性，缺陷处漏磁场的磁力线变化导致磁粉聚集，从而检测出铁磁性材料表面或近表面的缺陷、非金属夹杂及其他不连续性缺陷的位置。用磁粉检测检验表面与超声检测和射线检测比较，灵敏度高、操作简单、结果可靠、重复性好、缺陷容易辨认。

主要优点有：

① 直观地显示出缺陷的形状、位置与大小，并能大致确定缺陷的性质。

② 检测灵敏度高，可检出宽度仅为 0.1μm 的表面裂纹。当缺陷中存在有外来杂质时，不会大幅度降低检查的灵敏度，除非该杂质与被检测件有类似的磁性；当工件经过非金属涂层处理，但涂层厚度不超过 50μm 时，仍可进行检查，且仅有少量灵敏度损失。

③ 应用范围广，几乎不受被检工件大小及几何形状的限制。

④ 工艺简单，检测速度快，费用低。

主要局限性有：

① 该方法仅局限于检测能被显著磁化的铁磁性材料(Fe、Co、Ni 及其合金)及由其制作的工件表面与近表面缺陷，不能用于抗磁性材料(如 Cu)及顺磁性材料(如 Al、Cr、Mn)——工程上统称为非磁性材料的检测。

合金在外加磁场中，可表现出三种情况：

a. 不被磁场吸引的，叫反(抗)磁性材料；

b. 微弱地被磁场所吸引的物质，叫顺磁性材料；

c. 被磁场强烈地吸引的物质，称铁磁性材料，其磁性随外磁场的加强而急剧增高，并在外磁场移走后，仍能保留磁性。金属材料中，大多数过渡金属具有顺磁性；只有 Fe、Co、Ni 等少数金属是铁磁性的。

② 只能检测表面或近表面缺陷，可探测的缺陷深度一般在 1~2mm 以内。

③ 对缺陷的取向有一定限制，一般要求磁化场的方向与缺陷主平面的夹角>20°。

④ 对试件表面的质量要求较高。

⑤ 对深度方向的缺陷定量困难。

⑥ 必须进行后清理，因为磁粉的特性可能会对该工作面产生影响。

⑦ 被测件有涂层时，灵敏度会降低。

⑧ 表面未破裂的近表面缺陷会造成发散的磁痕。

⑨ 可能会有伪磁痕影响。

小知识：不锈钢有磁性吗？

在钢中含铬量大于 12.5%以上，具有较高的抵抗外界介质(酸、碱盐)腐蚀的钢，称为不锈钢。根据钢内的组织状况，不锈钢可分为马氏体型、铁素体型、奥氏体型、铁素体-奥氏体型、沉淀硬化型不锈钢。在日常生活中我们接触较多的奥氏体型不锈钢(有人称为镍不锈钢)和马氏体型不锈钢(有人称为不锈铁，但易误解，应回避)两大类。奥氏体型不锈钢典型的牌号为 0Cr18Ni9，即“304”和 1Cr18Ni9Ti。马氏体型不锈钢就是我们制造刀剪的不锈钢，牌号主要有 2Cr13、3Cr13、6Cr13、7Cr17 等。由于这两类不锈钢组织成分的差异，其金属显微组织也不相同。奥氏体型不锈钢由于在钢中加入较高的铬和镍(含铬在 18%左右，Ni 在 4%以上)，钢的内部组织呈现一种叫奥氏体的组织状态，这种组织是没有导磁性的，不能被磁铁所吸引。常用来作装饰材料，如不锈钢管、毛巾架、餐具、炉具等。制作刀剪类的不锈钢要采用马氏体型不锈钢。因为刀剪具有剪切物品的功能，必须有锋利度，要有锋利度必须有一定的硬度。这类不锈钢必须通过热处理使其内部发生组织转变，增加硬度后才能作刀剪。但这类不锈钢(马氏体型不锈钢)内部组织为回火马氏体，具有导磁性，可被磁铁吸引。因此不能简单地用是否有磁性来说明是否为不锈钢。

## 4.2 磁粉检测的物理基础

### 4.2.1 磁粉检测中的相关物理量

4.2.1.1 磁的基本现象

磁性：磁铁能够吸引铁磁性材料的性质叫磁性。

磁体：凡能够吸引其他铁磁性材料的物体叫磁体。

磁极：靠近磁铁两端磁性特别强，吸附磁粉特别多的区域称为磁极。每一小块磁体总有两个磁极。

磁化：使原来没有磁性的物体得到磁性的过程叫磁化。

4.2.1.2 磁场及其特征参量

(1) 磁场

磁场就是产生磁力的场，即具有磁性作用的空间。磁场对运动的电荷(或电流)具有作用力，在磁场变化的同时也产生电场。磁场的大小、方向和分布情况，可以利用磁力线来表示。磁力线在每点的切线方向代表磁场的方向，磁力线的疏密程度反映磁场的大小(图4-1)。

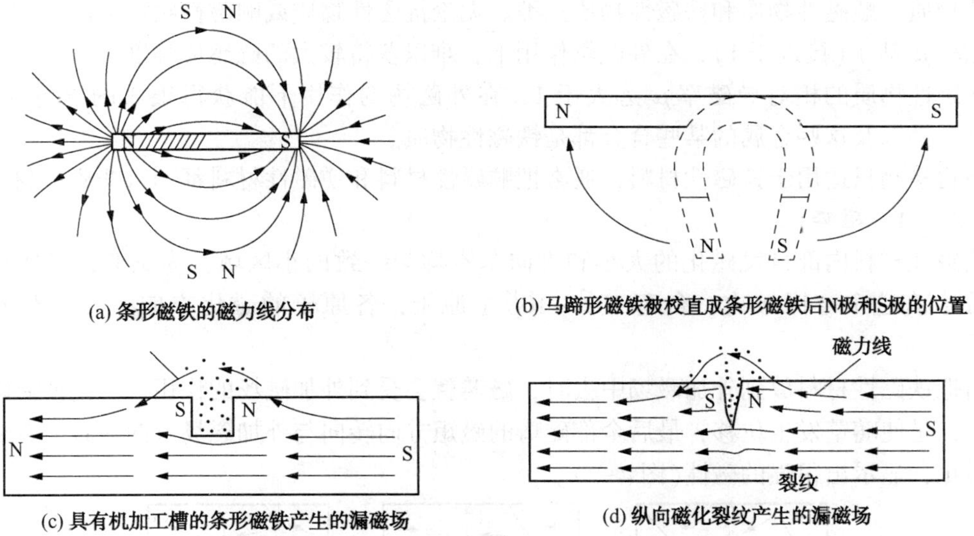

(a) 条形磁铁的磁力线分布　(b) 马蹄形磁铁被校直成条形磁铁后N极和S极的位置

(c) 具有机加工槽的条形磁铁产生的漏磁场　(d) 纵向磁化裂纹产生的漏磁场

图4-1　磁力线分布

磁力线具有以下特性：

① 磁力线在磁体外，是由N极出发穿过空气进入S极，在磁体内是由S极到N极的闭合线；

② 磁力线互不相交；

③ 同性磁极相斥，因同性磁极间磁力线有互相排挤的倾向；

④ 异性磁极相吸，因异性磁极间磁力线有缩短长度的倾向。

(2) 磁场强度 $H$

磁场具有大小和方向，磁场大小和方向的总称叫磁场强度 $H$，通常也把单位正磁极所受的力称为磁场强度。单位为A/m(SI单位)和Oe。

$$1\mathrm{Oe}=\frac{1}{4\pi}\times10^{3}\mathrm{A/m}\approx80\mathrm{A/m}$$

(3) 磁通量 $\Phi$

磁通量简称磁通，它是磁场中垂直穿过某一截面的磁力线的条数，用符号 $\Phi$ 表示。单位为 Wb(SI 单位)和 Mx。

$$1\mathrm{Wb}=10^{8}\mathrm{Mx}$$

(4) 磁感应强度 $B$

将原来不具有磁性的铁磁性材料放入外加磁场内，便得到磁化，它除了原来的外加磁场外，在磁化状态下铁磁性材料本身还产生一个感应磁场，这两个磁场叠加起来的总磁场，称为磁感应强度 $B$。单位是 T(SI 单位)和 Gs。

$$1\mathrm{T}=10^{4}\mathrm{Gs}$$

磁感应强度是矢量，有大小和方向，可用磁感应线来表示，磁感应强度的大小等于穿过与磁感应线垂直的单位面积上的磁通量，所以磁感应强度又称为磁通密度。

磁感应强度不仅与外加磁场有关，还与被磁化的铁磁性材料的性质有关，$B=\mu H$。

**4.2.2 铁磁物质**

各种不同的物质在磁场中被磁化的程度是有很大差别的，物质按磁学性能来分，可分为抗磁性物质、顺磁性物质和铁磁性物质三类。无论抗磁性物质或顺磁性物质，由于它们的相对导磁率 $\mu_r$ 甚小(接近于 1)，在外磁场作用下，难以获得较大的磁感应强度。

铁磁性物质的相对导磁率 $\mu_r$ 远大于 1，在外磁场的作用下能获得很大的磁感应强度，铁、镍、钴以及这些金属的某些合金都是铁磁性物质。

磁粉检测只适用于铁磁性材料，通常把顺磁性材料和逆磁性材料都列入非磁性材料。

4.2.2.1 磁畴

铁磁性材料内部自发磁化的大小和方向基本均匀一致的小区域称为磁畴，其体积约为 $10^{-5}\mathrm{cm}^3$，在这个小区域内，含有 $10^{12}\sim10^{15}$ 个原子，各原子的磁化方向一致，对外呈现磁性。

当把铁磁性材料放到外加磁场中去时，磁畴就会受到外加磁场的作用，一是使磁畴磁矩转动，二是使畴壁发生位移，最后全部磁畴的磁矩方向转向与外加磁场方向一致，铁磁性材料被磁化，显示出很强的磁性(图 4-2)。

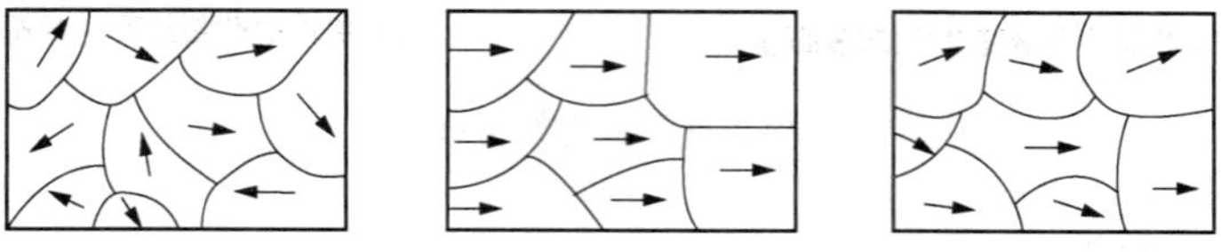


图 4-2 铁磁性材料的磁畴方向

高温情况下，磁体中分子热运动会破坏磁畴的有规则排列，使磁体的磁性削弱。超过居里点后，磁性全部消失，变为顺磁质。

4.2.2.2 铁磁性材料的磁化过程

① 未加外加磁场时，磁畴磁矩杂乱无章，对外不显示宏观磁性，如图 4-3(a)所示。

② 在较小的磁场作用下，磁矩方向与外加磁场方向一致或接近的磁畴体积增大，而磁矩方向与外加磁场方向相反的磁畴体积减小，畴壁发生位移，如图 4-3(b)所示。

③ 增大外加磁场时，磁矩转动，畴壁继续位移，最后只剩下与外加磁场方向比较接近的磁畴，如图 4-3(c)所示。

④ 继续增大外加磁场，磁矩方向转动，与外加磁场方向接近，如图 4-3(d)所示。

⑤ 当外加磁场增大到一定值时，所有磁畴的磁矩都沿外加磁场方向有序排列，达到磁化饱和，相当于一个微小磁铁或磁偶极子，产生 N 极和 S 极，宏观上呈现磁性，如图 4-3(e)所示。

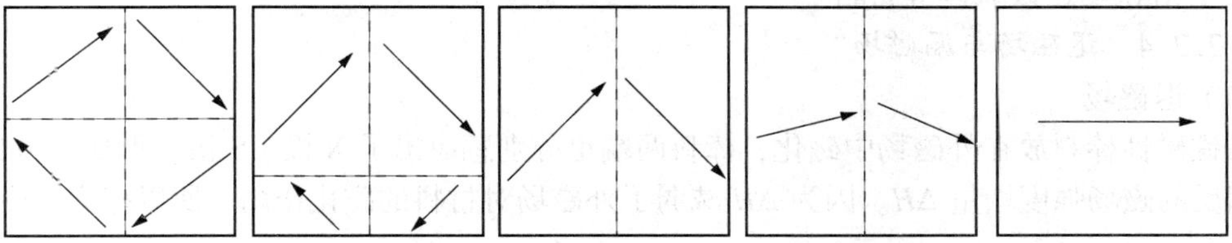


图 4-3　铁磁性材料的磁化过程示意图

4.2.2.3　*磁滞回线*

铁磁性物质的磁状态一般由磁化曲线($B$-$H$ 曲线)来表示。图 4-4 表示铁磁性物质的原始磁化曲线的一般规律。从曲线可以看出，当外磁场 $H$ 由零逐渐增大时，开始时磁感应强度 $B$ 随着磁场强度 $H$ 增加较慢($Oa$ 段)，然后 $B$ 随着 $H$ 的增加而迅速增大($ab$ 段)，然后增长又减慢($bc$ 段)，并逐渐趋向饱和($cm$ 段)。$c$ 点称为饱和点。磁化曲线表示磁介质中磁感应强度 $B$ 和磁场强度 $H$ 的关系。

铁磁性物质的另一重要性质即磁滞现象。试验表明当外磁场由$+H$ 逐渐减小时，磁感应强度 $B$ 并不沿起始曲线 $OS$ 减小，而是沿图 4-5 中另一条曲线 $SR$ 缓慢地减小，这种 $B$ 的变化落后于 $H$ 的现象叫作磁滞现象。由于磁滞的缘故，当磁场强度减小到零时，磁感应强度并不等于零，而是仍有一定的数值 $B_r$，叫作剩余磁感应强度，简称剩磁。由图 4-5 可看出，随着反向磁场的增加，$B$ 逐渐减小，当达到 $H=-H_o$时，$B=O$，这时已消去了剩磁。通常把 $H_o$叫作矫顽力。当反向磁场不断增加到$-H_s$，材料反向磁化同样能达到饱和点 $S'$，当反向磁场又减弱到零，$B$-$H$ 曲线便沿 $S'R'$变化。正向磁场再增加到$+H_s$时，$B$-$H$ 曲线就沿 $R'S$ 变化而完成一个循环。所以由于磁滞，$B$-$H$ 曲线就形成一个闭合曲线，叫作磁滞回线。

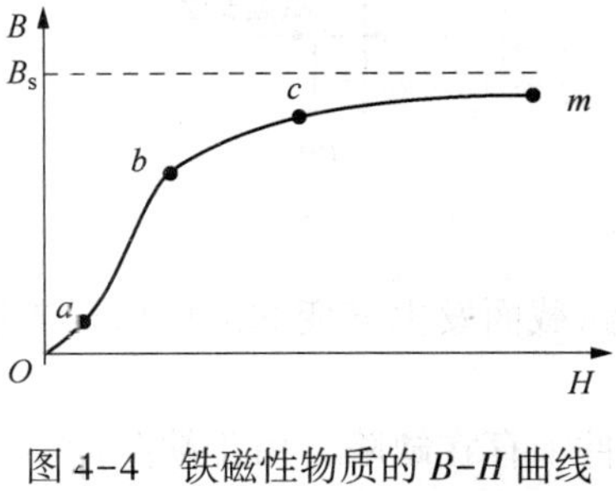


图 4-4　铁磁性物质的 $B$-$H$ 曲线

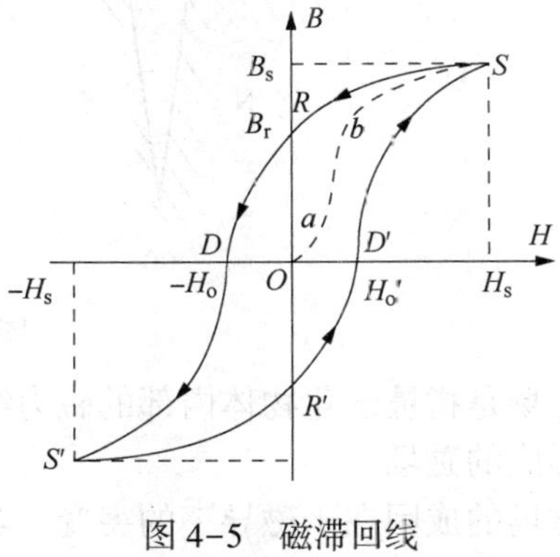


图 4-5　磁滞回线

铁磁性材料的特性有高导磁性、磁饱和性和磁滞性。根据矫顽力 $H_o$大小将铁磁材料分为软磁材料($H_o \leqslant 400\text{A/m}$)和硬磁材料($H_o \geqslant 8000\text{A/m}$)。

软磁材料与硬磁材料的特征：

① 软磁材料。是指磁滞回线狭长，具有高磁导率、低剩磁、低矫顽力和低磁阻的铁磁性材料。软磁材料磁粉检测时容易磁化，也容易退磁。软磁材料如电工用纯铁、低碳钢和软磁铁氧体等材料。

② 硬磁材料。是指磁滞回线肥大，具有低磁导率、高剩磁、高矫顽力和高磁阻的铁磁性材料。硬磁材料磁粉检测时难以磁化，也难以退磁，适于制造永久磁铁。硬磁材料如铝镍钴、稀土钴和硬磁铁氧体等材料。

4.2.2.4 *退磁场与漏磁场*

（1）退磁场

将铁磁性棒料放在外磁场中磁化，棒料两端也分别感应出了 N 极、S 极，形成了方向与外磁场相反的磁场强度增量 $\Delta H$。因为 $\Delta H$ 减弱了外磁场对材料的磁化作用，所以称为退磁场。

$$\Delta H = N\frac{J}{\mu_0}$$

式中 $N$——退磁因子；

$J$——磁极化强度，T；

$\mu_0$——真空磁导率，H/m，$\mu_0 = 4\pi\times10^{-7}$H/m。

$N$ 的大小主要取决于被磁化物体的形状，完整的环形闭合体：$N=0$；球体：$N=0.333$；标准椭圆体：$N=0.73$。对棒料，$N$ 与 $L/D$ 成反比。

（2）漏磁场

磁场中的铁磁性材料能获得很大的磁感应强度，即能被磁场强烈地磁化，这些材料中产生的磁力线比非铁磁性材料要多几十倍到几千倍以上。对于断面相同、内部组织均匀的工件，磁力线在其内部是平行、均匀分布的。但内部存在裂纹、夹渣、气孔等缺陷时，由于这些缺陷中存在的物质是非磁性的，其磁阻很大，磁力线不能通过，零件的表面形成一个南北两极的局部磁场，如图 4-6 所示。

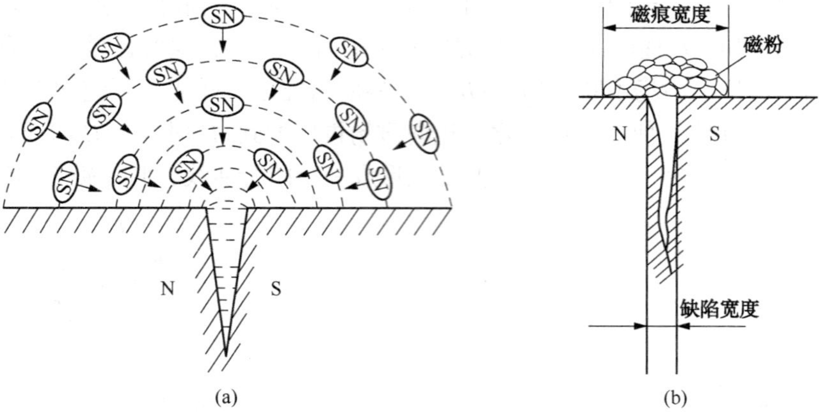


图 4-6 缺陷漏磁

漏磁场是指被磁化物体内部的磁力线在缺陷或磁路截面发生突变的部位离开或进入物体表面所形成的磁场。

漏磁场的成因在于磁导率的突变。若被磁化的工件上存在缺陷，由于缺陷内所含的物质一般有远低于铁磁性材料的磁导率，由于磁感应线优先通过磁导率高的工件，这就迫使部分磁感应线从缺陷下面绕过，形成磁感应线的压缩。但是，工件上这部分可容纳的磁感应线数目也是有限的，又由于同性磁感应线相斥，所以，如果该缺陷位于工件的表面或近表面，另一部分磁感应线遵从折射定律，几乎从工件表面垂直进入空气中绕过缺陷又折回工件，即磁力线就会在缺陷处逸出工件表面进入空气中，形成漏磁场。如果在漏磁场处撒上磁导率很高的磁粉，因为磁力线穿过磁粉比穿过空气更容易，所以磁粉会被该漏磁场吸附。如果在工件上撒上磁粉，就可以把该缺陷找出来。缺陷的漏磁磁场强度随工件中磁感应强度增大而增大。

磁化后的零件并不是所有缺陷都能产生漏磁的，漏磁的产生是与缺陷的形状、缺陷离表面的距离以及缺陷和磁力线的相对位置有关。对于球状缺陷(如气孔)磁力线弯曲很不显著，就不容易产生漏磁；缺陷离零件表面越远，即使磁力线弯曲显著亦不能产生漏磁；面状缺陷(如裂纹、未焊透)只有缺陷的延伸方向和磁力线的方向垂直时，才能使磁力线产生最大的漏磁；当平行时，漏磁就很少。当缺陷存在于表面时产生的漏磁最大，显露缺陷最显著。总之，磁粉检测最容易发现接近表面及延伸方向与磁力线方向垂直的面状缺陷。

### 4.2.3 磁粉检测原理

磁粉检测的基础是缺陷的漏磁场与外加磁粉的相互作用，即通过磁粉的聚集来显示被检工件表面上出现的漏磁场，再根据磁粉聚集形成的磁痕形状和位置分析漏磁场的成因并评价缺陷。

设在工件表面上有漏磁场存在，漏磁场对磁粉的吸附可看成是磁极的作用，如果有磁粉在磁极区通过，则将被磁化，也呈现出 N 极和 S 极，并沿着磁感应线排列起来。当磁粉的两极与漏磁场的两极互相作用时，磁粉就会被吸附并加速移到缺陷上去。漏磁场的磁力作用在磁粉微粒上，其方向指向磁感应线最大密度区(缺陷附近磁力线的弯曲和压缩)，即指向缺陷处，最终被吸附在缺陷上。漏磁场的宽度要比缺陷的实际宽度大数倍至数十倍，所以磁痕对缺陷宽度具有放大作用，能将目视不可见的缺陷变成目视可见的磁痕使之容易观察出来。通过分析磁痕评价缺陷，即是磁粉检测的基本原理。

磁粉检测灵敏度的高低取决于漏磁场强度的大小。在实际检测过程中，真实缺陷漏磁场的强度受到多种因素的影响，主要有以下几种。

① 外加磁场强度。缺陷的漏磁场大小与工件磁化程度有关。一般说来，外加磁场强度一定要大于产生最大磁导率 $\mu_m$ 对应的磁场强度 $H_{\mu_m}$，使磁导率减小，磁阻增大，漏磁场增大。当外加磁场使被检材料的磁感应强度达到饱和的 80%以上，缺陷漏磁场的强度会显著增加。

② 缺陷的位置与形状。

a. 缺陷埋藏深度的影响　缺陷埋藏深度的影响很大，同样的缺陷，位于工件表面时，产生的漏磁场大；若位于工件的近表面，产生的漏磁场显著减小；若位于工件表面很深处，则几乎没有漏磁场泄漏出工件表面。

b. 缺陷方向的影响　缺陷垂直于磁场方向，漏磁场最大，也最有利于缺陷的检出；若与磁场方向平行则几乎不产生漏磁场；当缺陷与工件表面由垂直逐渐倾斜成某一角度，而最终变为平行，即倾角等于 0 时，漏磁场也由最大下降至零，下降曲线类似于正弦曲线由最大值降至零值的部分。

c. 缺陷深宽比的影响　缺陷的深宽比是影响漏磁场的一个重要因素，缺陷的深宽比越大，漏磁场越大，缺陷越容易发现。

③ 被检表面的覆盖层。覆盖层会降低漏磁场强度。

④ 材料状态。成分、含碳量、加工及热处理状态的改变都会影响材料的磁特性，并影响缺陷的漏磁场。

磁粉检验应用于探测铁磁性材料(工件)在冶金和加工过程中产生的缺陷时，易发现的典型缺陷是工件表面或近表面的裂纹、折叠、分层、夹渣、冷隔等。

## 4.3　磁粉检测器材

### 4.3.1　磁粉检测机

4.3.1.1　*磁粉检测机的分类*

磁粉检测机种类繁多，用途各异，但都由主体装置和附属装置组成。主体装置也称为磁化装置。附属装置则包括退磁装置、工件夹持装置、磁悬液喷洒装置、剩磁测定装置和缺陷图像观察装置等。

磁粉检测机根据磁化电流的类型，可分为直流磁粉检测机、全波整流磁粉检测机、半波整流磁粉检测机和交流磁粉检测机等类型。直流磁化有更大的渗透深度，通常用于厚大工件的表面和近表面缺陷的检测。交流磁粉检测机的渗透深度较浅，磁感应强度集中在表面，对表面缺陷有更高的检测灵敏度，常用于检测尺寸较小的薄壁件或厚大工件的表面缺陷。

磁粉检测机按质量或移动性大小可分为三类：即固定式、移动式和可携带手提式磁粉检测机。这是磁粉检测机最常见的分类方法。

固定式磁粉检测机的尺寸和质量都比较大，一般均可对被检工件分别实施周向磁化、纵向磁化和周向、纵向联合磁化。还可以进行交流或直流退磁。固定式磁粉检测机一般都用磁悬液显示工件缺陷，这类检测机一般也带有一对与电缆相接的磁锥，可用来对大工件局部磁化或绕电缆法检测，使其具有一定的机动性。采用的磁化电流一般为4000~6000A的交流电或直流电，最高可达20000A。

移动式磁粉检测机具有比较大的灵活性和良好的适应性，可在工作场地许可的范围内自由移动，便于检测不容易搬动的大型工件。移动式磁粉检测机采用的磁化电流大小介于固定式和手提式之间，为1500~4000A的半波整流电或交流电。

可携带手提式磁粉检测机灵活性最大，适用于野外和高空操作，缺点是磁场强度比较小，磁化电流一般为750~1500A的半波整流电或交流电。

4.3.1.2　*磁粉检测机的命名方法*

在我国，磁粉检测机的具体命名方法如下：

C　　X　　X-X

1　　2　　3　4

第1部分：C表示磁粉检测机。

第2部分：字母，表示磁粉检测机的磁化方式，具体含义参见表4-1。

第3部分：字母，表示磁粉检测机的结构形式，具体含义参见表4-1。

第4部分：数字或字母，表示磁粉检测机的最大磁化电流或探头形式，具体含义参见表4-1。

**表4-1　磁粉检测机的命名参数**

| 第2部分字母的含义 | 第3部分字母的含义 | 第4部分数字或字母的含义 |
|---|---|---|
| J：交流；D：多功能；E：交直流；Z：直流；X：旋转磁场；B：半波脉冲直流；Q：全波脉冲直流 | X：携带式；D：移动式；W：固定式；E：磁轭式；G：荧光磁粉探伤；Q：超低频退磁 | 如4000：最大磁化电流4000A |

例如：CJW-9000 为交流固定式磁粉检测机，最大磁化电流 9000A；

CEW-15000 为交直流固定式磁粉检测机，最大磁化电流 15000A；

CDG-6000A 为多功能荧光磁粉检测机，最大周向磁化电流 6000A；

CDX-4 为多功能携带式交流磁粉检测机。

目前磁粉检测机的发展趋势是自动化、系列化，大量采用微机控制，特别注意检测速度。对检测灵敏度要求不同的工件，采用不同类型、不同系列的检测机及不同的磁化方式。

### 4.3.2 磁粉与磁悬浮液

#### 4.3.2.1 磁粉分类

磁粉是一种由高磁导率和低矫顽力材料组成的粉末微粒，常用的有黑色 $Fe_3O_4$、红色 $\gamma$-$Fe_2O_3$ 和表面涂有银白色或荧光物质的磁粉，可根据工件表面颜色的不同来选择使用。

磁粉按施加方式的不同可分为湿粉显示和干粉显示两种；按磁痕观察，分为荧光磁粉和非荧光磁粉。

湿粉显示法是先把磁粉配制成一定浓度的水磁悬浮液或油磁悬浮液，检测时磁悬液均匀地喷洒在被检工件表面上，工件表面上缺陷处的漏磁将吸附磁粉，形成磁痕而显示出缺陷。磁悬液具有良好的流动性，因此，能同时显示工件整个表面上的微小缺陷。由于操作简单，灵敏度高，这种方法得到广泛应用。

干粉显示法用的磁粉必须充分干燥，被检工件表面也必须充分干燥，否则由于磁粉流动性差，不容易均匀分布而影响缺陷显示。干粉显示时，一般将磁粉喷雾于工件表面后，再将没有被吸引的剩余磁粉吹去，工件表面上所剩的是缺陷处被漏磁吸附形成的磁痕。

荧光磁粉的表面涂有一层荧光物质，这种荧光粒子的波长约为数百纳米(数千埃)，荧光磁粉最适于检查其他颜色(黑色、红色等)的磁粉难以检查的黑色工件，例如表面烤蓝、烧黑或表面被氧化的铸件和锻件。检测时需要在紫外线灯(又称黑光灯)下观察磁痕。由于荧光磁粉在紫外光激发下呈现黄绿色荧光，色泽鲜明，容易观察，可见度和对比度均好，适用于任何颜色的受检工件表面，能提高检测速度，有效地降低漏检率，提高检测的可靠性。荧光磁粉一般只用于湿法显示。

非荧光磁粉是一种在可见光(白光)下观察磁痕的磁粉，其主要成分是黑色的 $Fe_3O_4$ 或褐色的 $Fe_2O_3$ 及工业纯铁粉。为了提高与被检表面的对比度，多将表面染成黑、红、蓝、黄等颜色。这种磁粉既适用于湿法，又适用于干法。

进行磁粉检测时采用湿法显示还是干法显示，主要根据探伤条件来确定。一般情况下，小型工件用湿法检测，而大型构件用干法检测比较方便。另外干法显示基本上不受周围环境温度的限制，对于十分粗糙的工件表面，本身检测灵敏度要求不高时，干法比较合适。干法与湿法检测相比较，优点是干净、价格便宜；缺点是不容易覆盖工件形状不规则的表面，对小型工件检测效率低。干粉最好不要回收和重复使用，干法也不适用于机械化检测。

#### 4.3.2.2 磁粉的性能

评价磁粉质量高低的主要性能指标有磁特性、粒度及粒度分布、形状(条形、椭球形、球形或不规则形状等)、密度、流动性、识别度(包括磁粉的颜色、荧光亮度、与被检件表面的对比度)等，对荧光磁粉还包括磁粉与荧光染料的剥离度。

(1) 磁特性

磁粉应具有高磁导率、低矫顽力和低剩磁。高磁导率的磁粉容易被缺陷产生的微小漏磁场磁化和吸附，聚集起来便于识别。如果磁粉的矫顽力和剩磁大，磁化后，磁粉形成磁极，彼此吸引聚集成团不容易分散开，磁粉也会被吸附到工件表面不易去除，形成过度背景，甚至会掩盖相关显示。

（2）粒度

磁粉的粒度就是磁粉的颗粒大小。磁粉应该有适当的粒度，需要根据欲检出缺陷的性质、尺寸、埋藏深度和磁粉施加方式来选择合适的磁粉粒度。

对湿法用的黑磁粉和红磁粉，一般要求采用的颗粒度范围为 5～10μm 效果较好，最大不超过 50μm；对干法用的干磁粉，一般要求颗粒度范围为 10～50μm 效果较好，最大不超过 150μm。磁粉检测灵敏度随颗粒度的减小而提高。

（3）形状

磁粉应该由一定比例的条形(长锥形)、球形(圆形)和其他形状的磁粉混合在一起使用，以有利于在缺陷漏磁场处"搭桥"形成可观察到的磁痕显示。

（4）密度

磁粉应该密度适中，满足湿磁粉随载体流动或者干磁粉受交变磁场作用在被检零件表面跃迁的要求。在湿法磁粉检测中，密度大的磁粉容易在磁悬液中很快沉淀，即其悬浮性差，喷洒到零件上时容易造成分布不均匀。在干法磁粉检测中，密度大的磁粉在被检零件表面跃迁能力不足，需要漏磁场大才能被吸附，从而降低检测灵敏度。

磁粉的密度大小也与磁粉自身的磁特性有关。对于湿法磁粉检测应用的黑磁粉和红磁粉，一般要求密度约为 4.5$g/cm^3$。对于干法磁粉检测应用的纯铁粉，其密度为 8$g/cm^3$，空心球形磁粉的密度为 0.71～2.3$g/cm^3$。荧光磁粉的密度与采用的铁磁性粉末原料、荧光染料、黏合剂等的配比相关，因为荧光磁粉一般只用于湿法检验，因此其密度也应以较小好。

（5）流动性

为了能有效地检出缺陷，磁粉必须能在受检工件表面流动，以便被漏磁场吸附形成磁痕。在湿法检验中，是利用磁悬液的流动带动磁粉向漏磁场处流动；在干法检验中是利用微风吹动磁粉，并利用交流电不断换向使磁场也不断换向，或利用单相半波整流电产生的单方向脉冲磁场带动磁粉变换方向促进磁粉流动的。由于直流电磁场方向不改变，不能带动磁粉变换方向，所以直流电不能用于干法检验。

（6）识别度

识别度是磁粉的光学性能。包括非荧光磁粉的颜色、荧光磁粉在黑光辐照下发出的荧光亮度，以及磁痕和零件表面本底颜色的对比度(俗称反差、衬度)。非荧光磁粉的颜色与零件表面本底颜色形成的对比度要大，荧光磁粉在黑光激发下的荧光亮度要大、色泽鲜明，才有利于观察、识别磁痕显示。

此外，对于荧光磁粉还有磁粉与荧光染料包覆层的剥离度即耐用性要求，经过反复使用，磁悬液中荧光磁粉的荧光染料包覆层应该不易脱落，否则将污染载体，在被检零件表面造成背景不良，而磁痕显示模糊。

4.3.2.3 *磁悬液*

把磁粉和载液按一定比例均匀混合而成的悬浮液体叫磁悬液。用来悬浮磁粉的液体叫载液或载体(也称为分散介质或分散剂)。

按分散剂的种类分类，常用的有油基载液(配制成油基磁悬液)和水基载液(配制成水基磁悬液)以及以非荧光磁粉的有机溶液为载体的磁悬液。

按磁粉的种类分类则有荧光磁悬液(油基或水基)和非荧光磁悬液(油基或水基的黑磁悬

液和红磁悬液)。

磁悬液要求有合适的黏度，容易在被检零件表面流动，而且使磁粉具有较好的悬浮性能，能均匀地分布在载液中。

磁悬液中的磁粉浓度要适宜，以保证检测的可靠性和灵敏度以及在被检零件表面有适当的背景。载液的色度要透明清澈，油基载液的闪点要高、挥发率和含硫量要低。磁悬液应无毒、无臭味，有良好的防腐蚀性能。水基磁悬液应有良好的润湿性、防锈性及消泡性等。

### 4.3.3 磁粉检测用灵敏度试片

所谓磁粉检测的灵敏度是指检测时所能发现缺陷的最小尺寸，即绝对灵敏度。

在实际检测中，为了验证被测工件是否达到所要求的灵敏度，可采用灵敏度试片。其作用有：

① 检验磁粉检测设备、磁粉和磁悬液的综合性能，确定综合因素所形成的系统灵敏度是否符合要求。

② 用于了解被检零件表面大致的有效磁场强度和方向，以及有效检测区大小。

③ 考察所采用的磁粉检测工艺流程和操作方法是否妥当。

④ 对几何形状复杂的工件大致确定较理想的磁化规范。

磁粉检测灵敏度试片，最初是由日本提出来的，目前在我国、美国和日本都有采用。

在纯铁薄片(基片)上单面刻槽作为人工缺陷，刻槽的形式各国不尽相同，多数是在试片深度方向刻U形或近U形，平面方向为圆、十字线或直线等。

根据刻槽的形状、基片的大小和厚度，常用的磁粉检测灵敏度试片可分为A型、C型、D型、M型以及美国称谓的QQI(质量定量指示器)。我国使用的标准试片是A型、C型和D型等多种。

#### 4.3.3.1 标准灵敏度试片

A型标准灵敏度试片适用于在较宽大或平整的被检表面上使用，如图4-7所示，其类别和名称如表4-2所示。

试片通用名称的分数中，分子表示槽深，分母表示板厚，尺寸单位为μm，槽的形状有圆形和直线形两种。通用名称的分数值愈小，就要求用更高的有效磁场才能显示出磁粉痕迹。

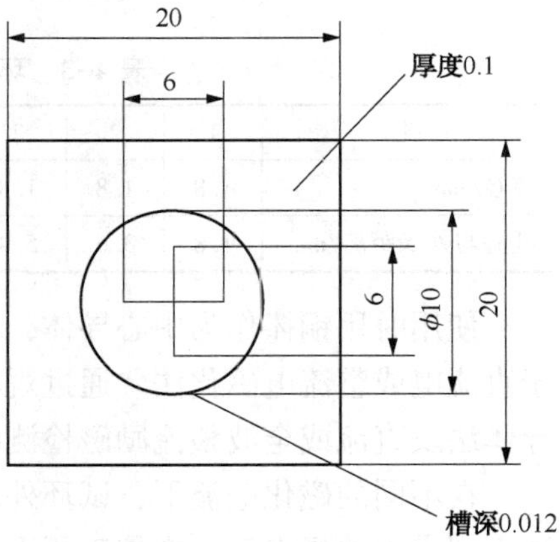


图4-7　A型标准灵敏度试片

表4-2　A型标准灵敏度试片类别和名称

| 类　别 | 通用名称 | | | 材　料 |
|---|---|---|---|---|
| 第一类 | A1-7/50<br>A1-15/100 | A1-15/50<br>A1-30/100 | A1-30/50<br>A1-60/100 | 退火电磁软铁 |
| 第二类 | A2-7/50<br>A2-15/100 | A2-15/50<br>A2-30/100 | A2-30/50<br>A2-60/100 | 未退火电磁软铁 |

在连续法中，A型标准灵敏度试片的磁痕显示几乎不受工件材料的影响。而在剩磁法中则情况完全不同，因此，A型标准灵敏度试片一般不用于剩磁法。

A型标准灵敏度试片使用时无槽的一面朝外，用黏性带黏合在被探测部位的局部表面上，

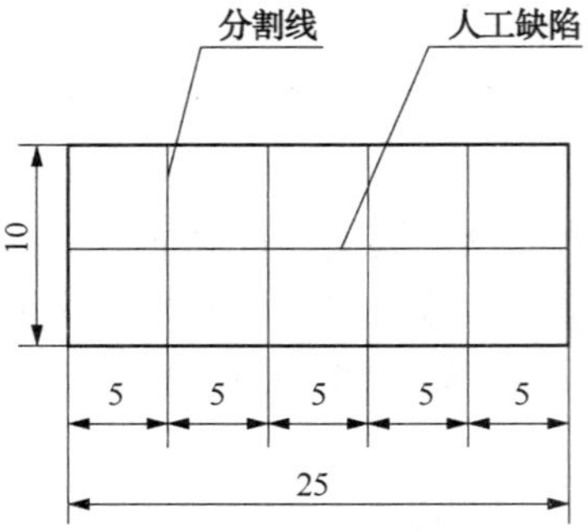

图 4-8　C 型标准灵敏度试片

工件磁化时，在试片上施以磁悬液或磁粉，观察试片刻槽处的磁粉痕迹以判断是否达到检测灵敏度。

当检测狭小部位，A 型标准灵敏度试片使用不便时，可采用 C 型标准灵敏度试片。C 型标准灵敏度试片的几何尺寸如图 4-8 所示。

4.3.3.2　直流标准环形试块

这种试块是美国 ASME 标准中提出的，又称 Betz 环，如图 4-9 所示。我国标准中也已采用，试环的材料为 9CrWMn 冷作模具钢，硬度为 90～95HRC，试块上钻有 1.8mm 的通孔，第一个孔的中心距环边缘的距离为 1.8mm，然后每孔递增 1.8mm，直到第 12 个孔，如表 4-3 所示。

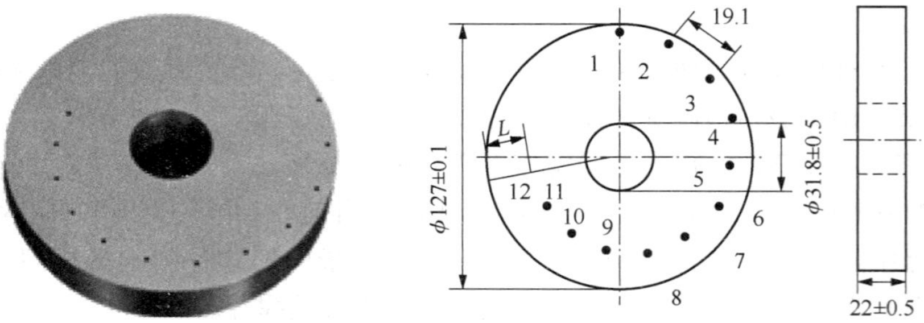

图 4-9　环形试块

**表 4-3　环形试块孔的直径与孔心距环外缘尺寸**

| 孔 | 1 | 2 | 3 | 4 | 5 | 6 | 7 | 8 | 9 | 10 | 11 | 12 |
|---|---|---|---|---|---|---|---|---|---|---|---|---|
| 直径/mm | 1.8 | 1.8 | 1.8 | 1.8 | 1.8 | 1.8 | 1.8 | 1.8 | 1.8 | 1.8 | 1.8 | 1.8 |
| 孔心与外缘距离/mm | 1.8 | 3.6 | 5.4 | 7.2 | 9.0 | 10.8 | 12.6 | 14.4 | 16.2 | 18.0 | 19.8 | 21.6 |

使用时用铜棒作为中心导体，芯杆法磁化，通以直流电，用连续法检测，该试块仅适用于直流电或整流电磁化法。通过观察人工缺陷试环上显示的缺陷磁痕，以比较和评定用中心导体法及直流或全波整流励磁检测时，磁粉材料与检测系统的灵敏度。

在不同的磁化电流下，试环外缘上所应显示的最小磁痕数目如表 4-4、表 4-5 所示。如达不到表中的规定值，应校正所采用的检测系统。

**表 4-4　湿磁粉磁环的磁痕显示**

| 磁悬液类型 | 全波整流或直流磁化的电流值/A | 近表面孔显示的最小数目 |
|---|---|---|
| 荧光或非荧光 | 1400 | 3 |
| | 2500 | 5 |
| | 3400 | 6 |

**表 4-5　干磁粉磁环的磁痕显示**

| 全波整流或直流磁化的电流值/A | 近表面孔显示的最小数目 | 全波整流或直流磁化的电流值/A | 近表面孔显示的最小数目 |
|---|---|---|---|
| 500 | 4 | 2500 | 6 |
| 900 | 4 | 3400 | 7 |
| 1400 | 4 | | |

4.3.3.3　磁场指示器

磁场指示器(八角试块)是一种用于表示被检工件表面磁场方向、有效探测区以及磁化方法是否正确的一种粗略的检测工具，但不能作为磁场强度及其分布的定量指示。其几何尺寸如图 4-10 所示。测试时，将磁场指示器的薄铜板朝上放在被检表面上。在进行磁化的同时向铜板表面上施加磁悬液，并观察磁痕显示。在测试条件下，如果磁场指示器上没有形成磁痕或没有在所需的方向上形成磁痕，应考虑改变磁化规范或改换磁化方法。

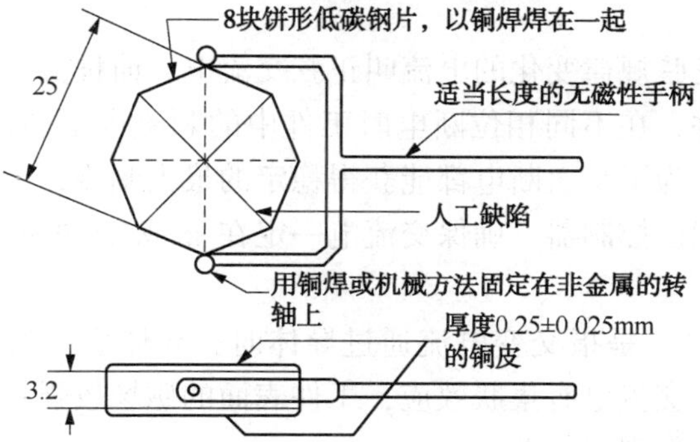

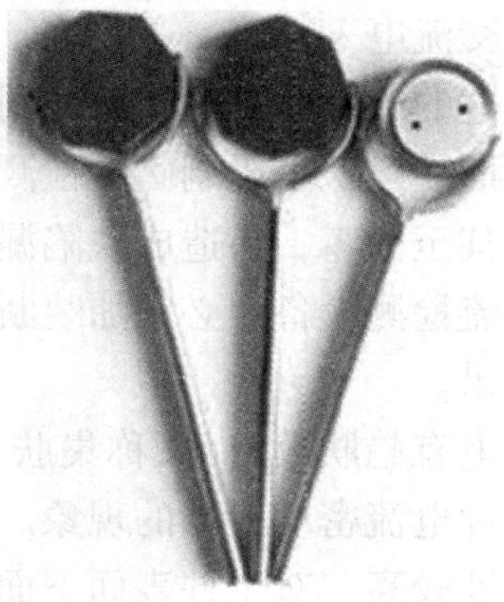

图 4-10　磁场指示器

## 4.4　磁粉检测基本技术

### 4.4.1　磁粉检测操作步骤

磁粉检测操作包括以下工序：预处理、磁化、施加磁粉、观察、记录以及后处理(包括退磁)等。

(1) 预处理

用溶剂等把试件表面的油脂、涂料以及铁锈等去掉，以免妨碍磁粉附着在缺陷上。用干磁粉时还要使试件的表面干燥。组装的部件要一件件拆开后进行检测。

(2) 磁化

选定适当的磁化方法和磁化电流值对试件进行磁化。

(3) 施加磁粉

把磁粉或磁悬液撒在磁化了的试件上叫作施加磁粉。它分为连续法和剩磁法两种。连续法是在试件加有磁场的状态下施加磁粉的，且磁场一直持续到磁粉施加完成为止。而剩磁法则是在磁化过后施加磁粉的。剩磁法可以用于工具钢等矫顽力较大的材料。

(4) 磁粉迹痕的观察和判断

磁粉迹痕的观察是在施加磁粉后进行的。用非荧光磁粉时，在光线明亮的地方进行观察；用荧光磁粉时，则在暗室用紫外线灯进行观察。

在材质改变的界面处或截面大小突然变化的部分，即使没有缺陷，有时也会出现磁粉迹痕。这种迹痕叫作假迹痕。要确认磁粉迹痕是不是缺陷，需用其他检测方法重新进行检测才能确定。为了记录磁粉迹痕，可采用照相或用透明胶带粘住。

(5) 后处理

检测后，按需要进行退磁、除去磁粉和防锈处理。进行退磁是因为如果试件有剩磁，会吸引铁末，这样就可能成为运行中磨损的原因，并可能造成在使用中发生故障。退磁时，一边使磁场反向，一边降低磁场强度。退磁有直流法和交流法两种。

### 4.4.2 磁化方法和磁化规范

4.4.2.1 *磁化电流*

磁化电流是为了在工件上产生磁场而施加的电流。可分为交流电、直流电、整流电(包括单相半波整流电、单相全波整流电、三相半波整流电和三相全波整流电)和冲击电流。

(1) 交流电

交流电的大小和方向，随时间按正弦规律变化的电流叫正弦交流电，简称交流电。由于交流电周期变化，当用剩磁法检测工件，在不同相位断电时工件中的剩磁也不同，有时大、有时小，甚至为零，易造成缺陷漏检，为了每次断电都能获得稳定的最大剩磁，所以用于剩磁法的交流检测设备，必须加装断电相位控制器。确保交流电一定在 $\pi$ 或 $2\pi$ 处断电，以保证检测结果。

交流电有趋肤效应(又称集肤效应)，是指交变电流通过导体时，导体表面的电流密度较大而内部电流密度较小的现象。由于交流电有集肤效应，工件表面的磁场较强，发现表面缺陷灵敏度较高，对工件表面下面缺陷发现能力差。

在我国磁粉检测中，交流电被广泛使用，是由于它具有以下优点：

① 电源设备结构简单。

② 对表面缺陷检测灵敏度高。

③ 退磁容易。

④ 能够实现感应电流法磁化。

⑤ 可以实现多向磁化。

⑥ 磁化变截面时工件磁场分布较均匀。

⑦ 有利于磁粉的迁移。

⑧ 交流电磁化时工序间可以不退磁。

交流电也有其局限性：

① 剩磁法检验时受交流电断电相位影响。

② 探测缺陷深度小。

(2) 直流电

直流电主要是通过蓄电池组或直流发电机供电，但调节和使用不方便，退磁困难。工件获得磁场较均匀，能发现表面下面较深的缺陷。

优点：

① 磁场渗入深度大(检测的缺陷深度是最大的)。

② 剩磁稳定，剩磁能有力地吸住磁粉，便于评定。

③ 适用于镀铬层下裂纹的检验，以及闪光电弧焊中的近表面裂纹和焊接件根部的未焊透和未熔合的检验。

局限性：退磁困难，不适合于半干法检验，退磁场大，工序间要求退磁。

(3) 单相半波整流电

优点：

① 兼有直流的渗入性和交流的脉动性。

② 剩磁稳定。

③ 有利于磁粉的迁移。
④ 能提供较高的灵敏度和对比度。
局限性：退磁困难，检测深度小。
（4）三相全波整流电
优点：
① 具有很大的渗透性和很小的脉动性。
② 剩磁稳定。
③ 设备需要输入的功率小。
局限性：
① 退磁困难。
② 变截面工件磁化不均匀。
③ 不适用于干法检验。
④ 周向和纵向磁化的工序之间一般要退磁。
（5）磁化电流选用原则
① 交流电的渗入深度，不如整流电和直流电。
② 用交流电磁化湿法检验，对工件表面微小缺陷检测灵敏度高。
③ 整流电流中包含的交流分量越大，检测近表面较深缺陷的能力越小。
④ 单相半波整流电磁化干法检验，对工件近表面缺陷的检测灵敏度高。
⑤ 三相全波整流电可检测工件近表面较深的缺陷。
⑥ 冲击电流只能用于剩磁法检验和专用设备。

4.4.2.2 *磁化方法分类*

工件磁化过程中，当磁场方向与缺陷延伸方向垂直时，缺陷处的漏磁场最大，检测灵敏度最高。当磁场方向与缺陷延伸方向夹角为45°时，缺陷可以显示，但灵敏度降低。当磁场方向与缺陷延伸方向平行时，不产生磁痕显示，发现不了缺陷。

由于工件中缺陷有各种取向，难以预知，故应根据工件的几何形状、尺寸大小和预发现缺陷的方向，一般将磁化方法分为周向磁化、纵向磁化或多向磁化（复合磁化）。所谓周向和纵向是相对于被检工件上的磁场方向而言的。采用不同的方法直接、间接或通过感应电流对工件进行周向、纵向或多向磁化，以便在工件上建立不同方向的磁场，发现所有方向的缺陷，于是出现了各种不同的磁化方法，主要有通电法、中心导体法、触头法、线圈法、磁轭法、多向磁化法等。

磁化工件的顺序，一般是先进行周向磁化，再进行纵向磁化，如果一个工件上横截面尺寸不等，周向磁化时，电流值应分别计算，先磁化小直径，后磁化大直径。

（1）周向磁化

周向磁化一般都是给工件（或中心导体）直接通电流来产生周向磁场，在工件中建立一个环绕工件并与工件轴垂直的周向的闭合磁场，用以发现工件中与磁场方向垂直、与工件轴平行的纵向缺陷。如果欲检查工件中有无纵向缺陷时，应采用周向磁化。对焊缝中心纵向裂纹（沿焊缝方向）或横向裂纹（垂直焊缝方向）都可以采用局部周向磁化的方式，只是改变一下电流方向即可（两次磁化方向成90°）。如图4-11所示。

实现周向磁化的方法有很多，如图4-12所示。对小型零部件，采用直接通电或中心导体通电法对被检工件作整体周向磁化。对大型结构的磁粉检测，采用触头法(直接通电)和平行电缆法(辅助通电)对被检区域做局部周向磁化。

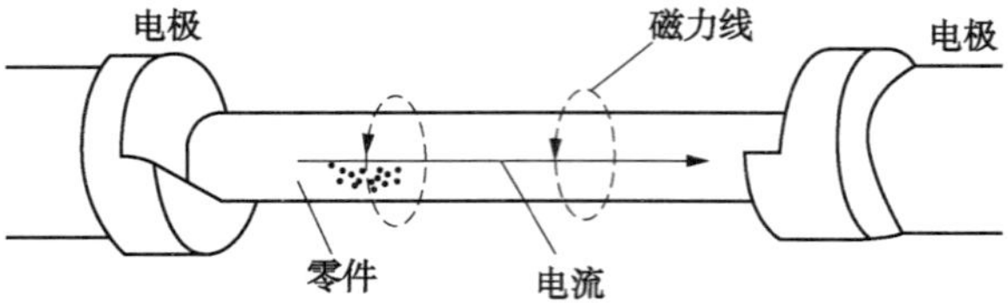

图 4-11　周向磁化

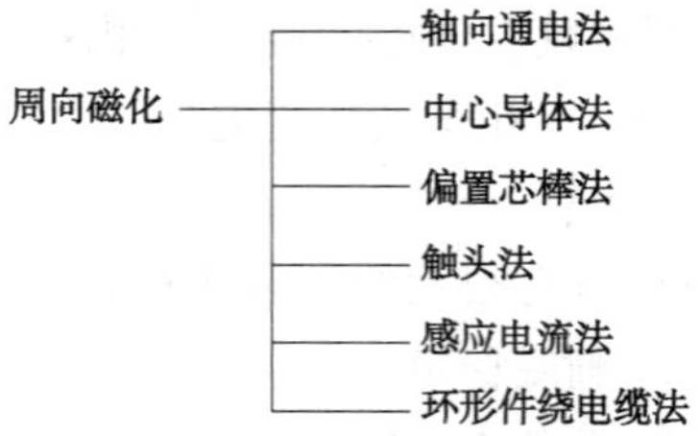

图 4-12　周向磁化方法分类

① 轴向通电法。轴向通电法是将工件夹于检测机的两磁化夹头之间，使电流从被检工件上直接流过，电流方向和磁场方向的关系遵从右手定则，在工件的表面和内部产生一个闭合的周向磁场，用于检查与磁场方向垂直，与电流方向平行的纵向缺陷，如图 4-11 所示。

适用于实心和空心工件的检测，如焊接件、机加工件、轴类、管子、铸钢件和锻钢件等。如果工件截面是圆形，便产生圆形磁场；长方形截面则产生椭圆形磁场。轴向通电法最常用的磁化方法之一。它是固定式磁力检测机检查中小零件的常用磁化方式。

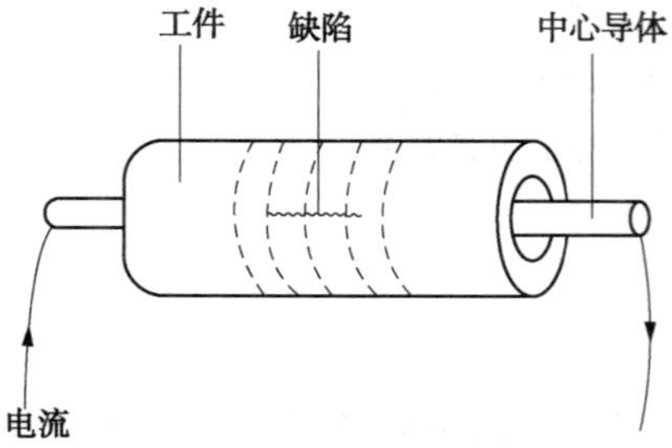

图 4-13　中心导体法

② 中心导体法。中心导体法是将导体穿入空心工件的孔中，并置于孔的中心，电流从导体上通过(注意不是直接给工件通电流，而是给中心导体通电流)，形成周向磁场，所以又叫电流贯通法、穿棒法和芯棒法，如图 4-13 所示。由于是感应磁化，中心导体法可用于检查空心工件内、外表面与电流平行的纵向不连续性和端面的径向不连续性。空心件用直接通电法不能检查内表面的不连续性，因为内表面的磁场强度为零。但用中心导体法能更清晰地发现工件外表面的缺陷。因为外表面比内表面具有更大的磁场强度。

中心导体法适用于各种有孔的工件如轴承圈、空心圆柱、齿轮、螺帽、环形件、管子、管接头和空心焊接件等。导体材料一般用铜棒或铝棒，当采用钢棒时，应避免与工件接触而产生磁泻。

③ 偏置芯棒法。对于空心工件，导体应尽量置于工件的中心，若工件直径太大，检测机所提供的磁化电流不足以使工件表面达到所要求的磁场强度时，可采用偏置芯棒法磁化，即将导体穿入空心工件的孔中，并贴近于工件内壁放置，电流从导体上通过形成周向磁场，用于局部检验空心工件内、外表面与电流方向平行的缺陷和端面的径向缺陷，如图 4-14 所示。适用于中心导体法检验时，设备功率达不到的大型环和压力管子的磁粉检测。

偏置芯棒法采用适当的电流值磁化，有效磁化范围约为导体直径 $d$ 的 4 倍。检查时要转动工件，以检查整个圆周，并要保证相邻检查区域有 10%的重叠。

④ 触头法。用两个电极触头将磁化电流导入被检工件进行局部磁化的方法称为触头法，如图 4-15 所示。即给工件局部通大电流，形成局部周向磁场(所谓周向是指磁场方向对电流方向而言)。通过磁化，在平板工件上能产生一个畸变的周向磁场，用于发现与两触头连线平行的缺陷。为避免漏检缺陷，对同一被检部位应通过改变触点连线方位的方法，至少进行两次相互垂直的检测。适用于焊接件及各种大中型工件的局部检验。

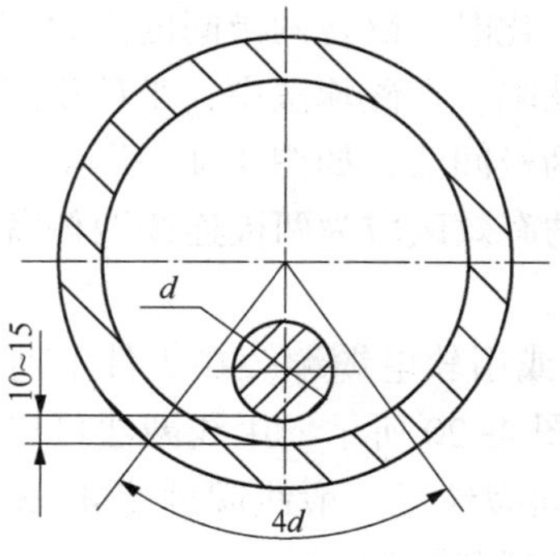


图 4-14　偏置芯棒法

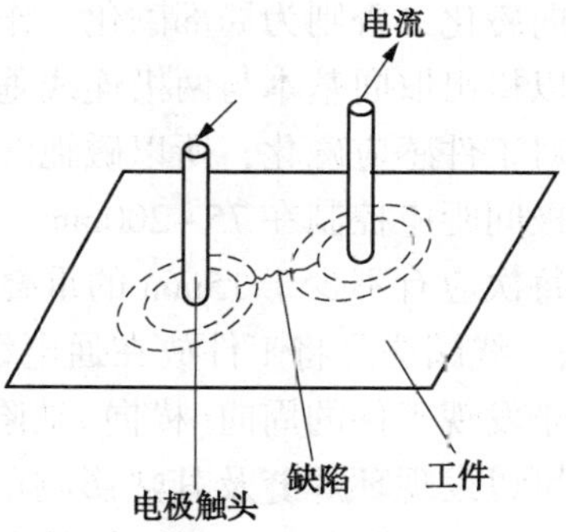


图 4-15　触头法

⑤ 感应电流法。感应电流法是将铁心插入环形工件内，把工件当作变压器的次级线圈，通过铁心中磁通的变化，在工件内产生周向感应电流。用感应电流磁化工件产生闭合磁场的方法称为感应电流法或磁通贯通法，如图 4-16 所示。

⑥ 平行电缆法。平行电缆法是将电缆放在被检部位(如焊缝)附近进行局部磁化的方法，如图 4-17 所示。用与被检区域平行的电缆作周向磁化可以检测该区域存在的纵向裂纹。

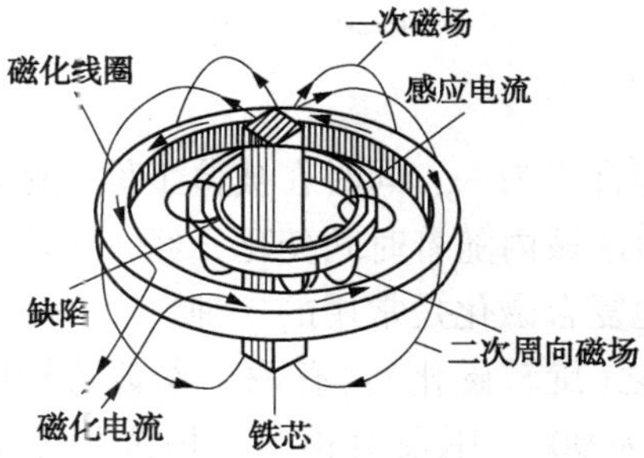


图 4-16　感应电流法

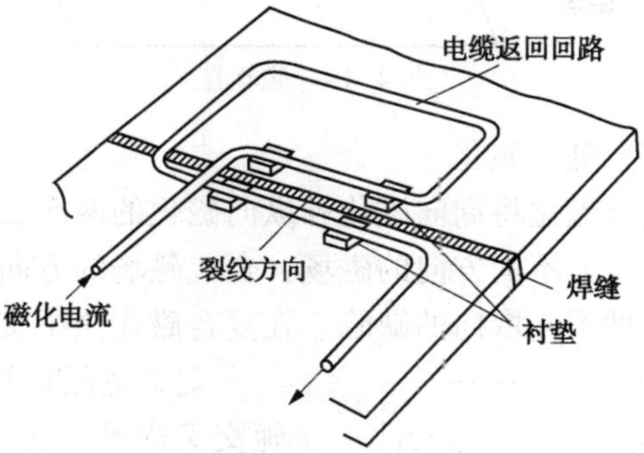


图 4-17　平行电缆法

根据右手定则，当电流通过电缆时，产生的磁场是以电缆为中心轴线为圆心的同心圆，当电缆放在焊板上时磁场发生畸变，磁感应线是通过空气才闭合，其中有些磁感应线可能与裂纹剖端面的延伸方向平行或接近平行，使部分缺陷不能被发现而被漏检，因而检测灵敏度低，不可靠。

⑦ 环形件绕电缆法。环形件绕电缆法是用软电缆穿绕环形件，通电磁化，形成沿工件圆周方向的周向磁场，如图 4-18 所示。

(2) 纵向磁化

纵向磁化一般都是由通电线圈产生纵向磁场(与工件轴向平行)，用以发现工件上与磁场方向垂直的缺陷(周向或径向缺陷)。如欲发现工件中有无横向缺陷应采用纵向磁化，对焊缝中的纵向裂纹或横向裂纹都可以采用电磁铁进行局部纵向磁化的方式。只是改变一下磁极方向即可(两次磁化方向成 90°)。常用的方法是磁轭法和线圈法。

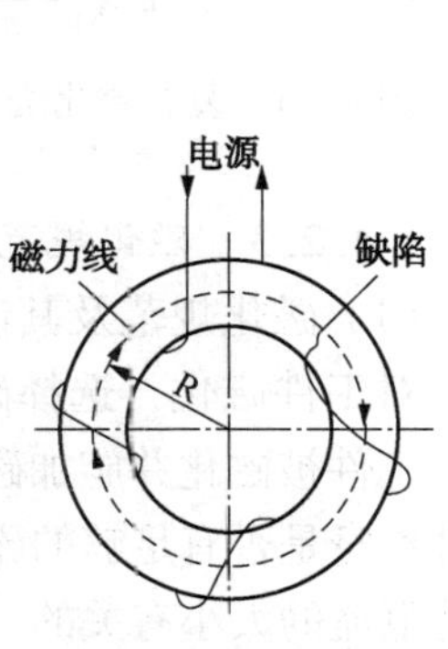


图 4-18　环形件绕电缆法

① 磁轭法。将电磁轭或永久磁轭的两极与被检工件相接触，即可对其作整体或局部的纵向磁化。如被检工件的两个断面能够被夹持在磁轭的两极之间，形成闭合的磁路，可以对

工件做整体纵向磁化，否则为局部磁化。作局部磁化时，磁轭两极间的磁力线大致与两极的连线平行，可以检出取向基本与两极连线垂直的缺陷。在磁轭法中，工件是闭合磁路的一部分，用磁极间对工件感应磁化，所以磁轭法也称为极间法，如图 4-19 所示。

磁轭的磁极间距应控制在 75~200mm，检测的有效区域为两极连线两侧各 50mm 的范围内，磁化区域每次应有不少于 15mm 的重叠。

② 线圈法。线圈法是将工件放在通电线圈中或用软电缆缠绕在工件上通电磁化，形成纵向磁场，用于发现工件的周向（横向）缺陷，如图 4-20 所示。用线圈法可以对管道环焊缝作磁粉检测，可以发现环焊缝及其热影响区的纵向裂纹。一般线圈缠绕 4~6 匝。适用于纵长工件如焊接件、轴、管子、棒材、铸件和锻件的磁粉检测。

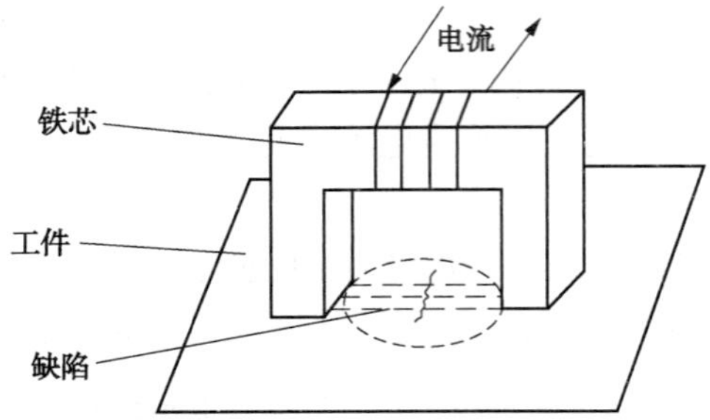

图 4-19　磁轭法

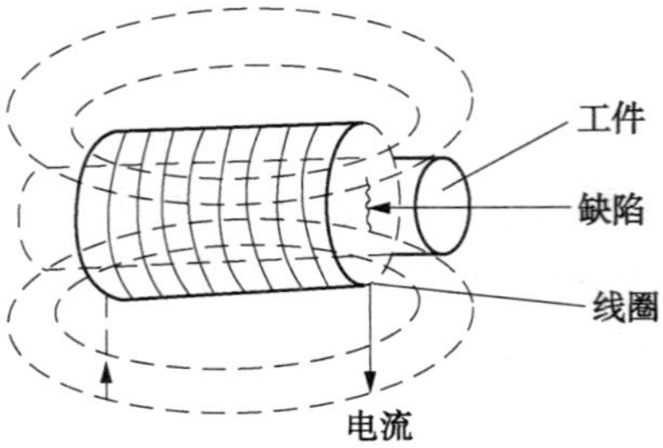

图 4-20　线圈法

（3）复合磁化

复合磁化将周向磁化和纵向磁化的两次磁化过程合二为一，同时在被检工件上施加 2 个或 2 个以上不同方向的磁场，合成磁场的方向在被检区域内随着时间变化，经一次磁化就能检出各种不同取向的缺陷。在复合磁化法中交叉磁轭复合磁化是常用的一种。

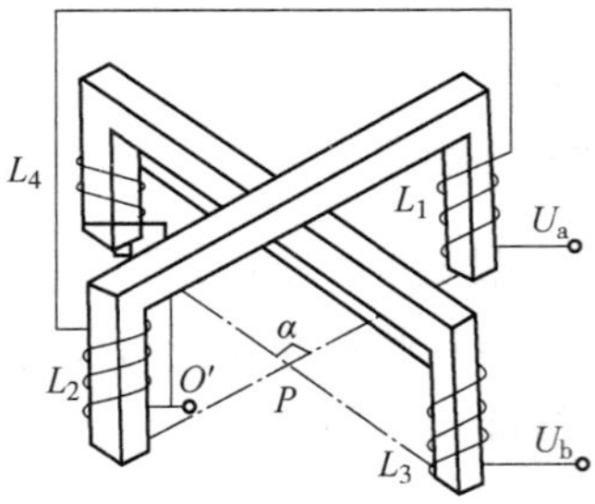

图 4-21　复合磁化法

交叉电磁轭复合磁化（旋转磁化）：有两个参数相同的单磁轭交叉构成，交叉角度为 90°。用幅值相等，相位相差 120°的交流电分别对两个单磁轭励磁。则在被检工件表面上将产生方向随时间变化的椭圆形旋转磁场。因此这种磁化方法又叫旋转磁化，如图 4-21 所示。

交叉电磁轭通常在被检表面连续行走检测，使产生的椭圆形旋转磁场移动。由于被检表面上有效磁场内任意取向的缺陷都有与旋转磁场最大幅值方向正交的机会，因此可获得最强的缺陷漏磁场。

4.4.2.3　*磁化规范*

（1）磁化规范及其制定

对工件磁化，选择磁化电流值或磁场强度值时所遵循的规则称为磁化规范。

工件被磁化并施加磁粉或磁悬液后，微小缺陷处是否有足够的漏磁场吸引磁粉，关键是看工件本身是否有足够的磁感应强度 $B$。而 $B$ 的大小与外加磁场强度 $H$ 有关，而 $H$ 的大小是与磁化电流的大小有关的。所以，磁化电流规范的选择是极其重要的，它将影响到检测的灵敏度。

① 制定磁化规范应考虑因素：

a. 根据工件的材料、热处理和磁特性，确定采用连续法还是剩磁法。

b. 根据工件的尺寸、形状、表面状态和要检出的缺陷的种类、位置、形状和大小，确定磁化方法、磁化电流种类和有效磁化区。

② 制定磁化规范的方法：

a. 经验公式计算。

对于工件形状规则的，磁化规范可用经验公式计算，如 $I=(8\sim15)D$ 等，这些公式可提供一个大略的指导，使用时应与其他磁场强度监控方法结合使用。

b. 用毫特斯拉计(高斯)测量工件表面的切向磁场强度。

测量时，将磁强计的探头放在被检工件表面，确定切向磁场强度的最大值是否满足磁化规范要求，可以替代用经验公式计算出的电流值，这样制定的磁化规范也比较可靠。

c. 利用材料的磁特性曲线，确定合适的磁场强度。

磁特性曲线可以参考《常用钢材磁特性曲线速查手册》。由于各种材料及其在不同热处理状态下的磁性都不同，因而对每种工件都去测定其磁化曲线是不现实的。但对于工作中常遇到的材料，一般总能找到一个可满足检测条件的磁场范围。无论采用何种磁化方法，在制定磁化规范时，必须将磁化工作点选在磁性曲线上最大磁导率 $\mu_m$ 的右侧，即应根据磁特性曲线，选择比最大磁导率 $\mu_m$ 所对应的磁场强度 $H_{\mu_m}$ 较大的值，这样才能得到合适的磁化。

d. 用标准试片确定磁化规范。

根据标准试片上的磁痕显示程度确定磁化规范，尤其对于形状复杂的工件，难以用计算法求得磁化规范时，把标准试片贴在被磁化工件的不同部位，可确定大致理想的磁化规范。

(2) 电极触点法磁化电流规范

通常，焊缝的磁粉检测应安排在焊接完成之后进行，对焊缝的磁化方法可以采用电极触点和磁轭法两种方法，采用电极触点法磁化焊缝时规定如下：

① 电极触点是用两个电极接触容器受检表面的两个点上，通电后产生磁场，供磁粉检测检查。

② 两电极触点间的距离推荐为 75~200mm 范围内。

③ 交流、直流(包括半波整流)电流都可用作磁化电流，磁化电流规范可按下式计算：

板厚 $T<19$mm 时，$I=(3.5\sim4.5)L$

板厚 $T\geqslant19$ 时，$I=(4.0\sim5.0)L$

式中 $L$——电极触点间距，mm；

$I$——磁化电流，A。

④ 为避免烧伤工件和保证良好的通电效果，在工件和电极的接触部分必须打磨干净，必要时，可采用铅电极或在电极和工件之间加上铅衬垫。

(3) 周向磁化电流规范

轴、棒类工件一般采用两种磁化方法，一种是采用线圈法(纵向磁化)；另一种是采用轴向直接通电法(周向磁化)。

轴向直接通电法的磁化电流选择与工件直径 $d$ 有关。我国轴、棒状工件采用轴向直接通电法进行周向磁化时，磁化电流一般按如下经验公式选择：

$$\text{剩磁法}\quad I=(25\sim45)d\quad\text{峰值}$$

$$\text{连续法}\quad I=(12\sim32)d\quad\text{峰值}$$

式中 $I$——磁化电流，A；

$d$——工件直径，mm。

有效直径：非圆工件，直径 $d$ 以周长/π 来求取。也可取为工件横截面上最大尺寸。

(4) 纵向磁化电流规范

$$\gamma=\frac{\text{线圈横截面积}}{\text{工件横截面积}}$$

低充填：$\gamma \geqslant 10$；

高充填：$\gamma < 2$；

中充填：$2 \leqslant \gamma < 10$。

① 低充填($\gamma \geqslant 10$)线圈连续法纵向磁化：

a. 偏心放置，即当工件紧贴线圈内壁放置时，线圈的安匝数($IN$)为

$$IN = \frac{45000}{L/D}(\pm 10\%)$$

式中 $IN$——线圈的安匝数；

$L/D$——工件的长径比。

b. 当工件与线圈同心放置时，线圈的安匝数($IN$)为

$$IN = \frac{45000}{L/D}(\pm 10\%)$$

② 高充填($\gamma < 2$)或电缆缠绕法线圈连续法：

$$IN = \frac{35000}{(L/D)+2}(\pm 10\%)$$

③ 中充填($2 \leqslant \gamma < 10$)线圈连续法：

$$IN = (IN)_h \frac{10-\gamma}{8} + (IN)_e \frac{\gamma - 2}{8}$$

式中 $(IN)_h$——高填充计算所得 $IN$；

$(IN)_e$——低填充计算所得 $IN$。

(5) 剩磁法线圈纵向磁化

剩磁法线圈纵向磁化相关数据见表 4-6。

**表 4-6 剩磁法线圈纵向磁化**

| 工 件 | 空载线圈中心磁场强度 | 工 件 | 空载线圈中心磁场强度 |
|---|---|---|---|
| $L/D>10$ | 12kA/m | $L/D$：2~5 | 24kA/m |
| $L/D$：5~10 | 16kA/m | 圆盘类工件 | 36kA/m |

注意：

① 上述各式在 $L/D>2$ 时有效，若 $L/D<2$ 时，可利用加长块或标准试片实测来决定电流值。对于 $L/D \geqslant 15$ 的工件，$L/D$ 按 15 计算。

② 上述各式的电流为放入工件后的电流。

③ 有效磁化区：从线圈端部向外延伸到 150mm 的范围；当工件太长时，应分段磁化，重叠区应不小于分段检测长度的 10%。

④ 充填因数的计算无论工件是实心或空心，工件截面积为工件总的横截面积(外径计算)。

⑤ 关于 $L/D$ 中的 $D$：工件为实心圆柱体的 $D$ 为外直径；若为其他形状，$D$ 为横截面最大尺寸；空心件采用有效直径。

a. 中空的非圆筒形工件：

$$D_{eff} = 2[(A_t - A_h)/\pi]1/2$$

式中　$A_t$——工件总横截面积；

$A_h$——工件中空部分横截面积。

b. 中空的圆筒形工件：

$$D_{eff}=\sqrt{D_0^2-D_i^2}$$

式中　$D_0$——圆筒外直径，mm；

$D_i$——圆筒内直径，mm。

## 4.5　磁粉检测应用实例

### 4.5.1　大型钢壳的磁粉检测

采用合金结构钢锻压成型的大型钢壳是一种曲面薄壳体。经热处理和粗加工后用超声波法检验锻件的内部缺陷，在半精加工以后用磁粉法检验表面的裂纹、夹层和折叠等缺陷。因工件质量和尺寸较大，只能采用移动式或手提式磁粉检测仪进行检验。通常采用支杆法或磁轭法进行磁化，在磁化同时浇洒磁悬液。

在用支杆法磁化时，支杆间距应为15~20cm，前一次与后一次的磁化区域应有足够的重叠，以避免漏检。带有安装螺孔的部位应注意作重点检查。磁化电流不宜过大，否则支杆与工件接触点之间产生火花，烧伤工件，或使工件局部淬火硬化。

如果采用电磁铁磁化不会烧伤工件，但磁轭与工件的接触面必须加工成相应的曲面，以保证与工件表面有良好的接触。

由于通常使用交流电进行磁化，磁场在工件内的透入深度有限，因此，钢壳的内外表面必须分别进行检测检查。

经验证明，当用支杆法(或磁轭法)进行磁粉检验时，在连续的三次磁化中，若两支杆间的连线近似组成一个等边三角形，并如此一个三角形又一个三角形地排下去，直到覆盖整个工件表面。检测结束后对工件可不进行退磁处理，工件中的剩余磁感应强度已十分微弱。

这主要是由于多次磁化产生的局部磁场方向不一致而互相抵消和减弱的缘故。

### 4.5.2　带中心孔零件的磁粉检测

在钢制产品零件中，凡带有中心孔的小型零件，均可以在固定式磁粉检测机上用中心导体法进行检验。如圆锥形筒件、弹簧圈和各种带中心孔的小零件等。这些零件在检测机夹头上难以直接装卡，不易于直接通电磁化。用中心导体法磁化时，磁化电流要大一些，并在磁化的同时浇洒磁悬液。为了检查工件的磁化效果，应将灵敏度试片贴附在工件表面上，选择好合适的磁化电流以后再开始操作。

中心导体法是一种周向磁化法。若工件与中心导体完全垂直，则工件上的圆周方向裂纹是难以发现的。因此，在中心导体上面的零件，例如，圆锥形筒件应尽量使其倾斜，并在第一次磁化和浇洒磁悬液以后，将工件转动90°，再进行第二次磁化和浇洒磁悬液。有的异形零件则应采用复合磁化法。

### 4.5.3　紧固件的磁粉检测

紧固件是磁粉检测中检验数量最多的一些零件。主要有螺栓、螺钉和螺母等。此外，与螺栓相类似的零件还有轴类、销钉以及棒料和管料等。

除螺母以外，其他螺栓与轴类零件都应在固定式磁粉检测机上直接通电进行磁化，磁化电流的选择应按照不同材料的磁特性或根据有关技术标准规定的磁化规范进行。

管状零件或管料如无特殊要求，一般用直接通电法磁化检验。如要求检查内表面缺陷，则应采用中心导体法磁化，并用荧光磁粉显示。有的零件应该采用磁橡胶法或橡胶铸型法检验。螺母采用中心导体法检测。由于螺母是 $L/D$ 很小的零件，故用细铜棒将一系列螺母串起来，然后对中心导体通电使螺母磁化。

在紧固件和轴类零件的磁粉检验中，主要检查的缺陷是白点、裂纹和夹层。发纹是冶金缺陷，磁粉检测很容易发现，但对发纹的评判要根据不同零件的技术要求和有关标准执行。

有时磁化电流偏大，材料中的网状碳化物和工件表面的车刀痕等可能吸附磁粉而造成伪像，检测时应注意识别。

## 4.6 磁粉检测发展趋势

为了减轻劳动强度、提高检测效率和检测灵敏度，磁粉检测方法和设备都在不断地改进。半自动和全自动的检测线和专用自动检测设备相继出现。

使用的磁化电流除交流电外，还采用单相半波整流、三相半流及全波整流，并用可控硅控制调节。退磁装置除交流降压退磁和交流线圈退磁外，还有采用直流降压并交替改变方向和低频率电流衰减退磁装置的。磁化电流由磁化定时装置自动控制。工件夹持装置除液压和电动夹紧外，还有采用气动夹紧装置的。

为了避免漏检和提高对各种方向缺陷的检测能力，可采用复合磁化法和旋转磁场法。由于旋转磁场法是在交叉线圈中通入相位不同的电流，线圈工件可不直接接触，因而为实现高速自动化检测提供了条件。

为了检查零件内孔的表面和近表面缺陷，还发展了磁橡胶检测法和橡胶铸型法。磁橡胶检测法是把磁粉混合在一种特殊的室温硫化硅橡胶内并充分调匀，然后施加于被检零件的内孔表面，零件经磁化后，含在橡胶内的磁粉由于缺陷的“漏磁”作用而被吸引聚集，待橡胶固化后，从零件中取出，用目视检查，在磁粉集中的区域显示出缺陷的特征。橡胶铸型法是先对零件磁化并浇洒磁粉，使缺陷处吸附磁粉形成磁痕，然后用白色橡胶液向零件内孔铸型，等固化后取出观察，缺陷磁痕便复印在橡胶铸型上。此种方法衬度高，图像清晰，比磁橡胶法有更高的检测灵敏度。

为了检查水下的工程设备，如石油钻采平台、海底管道、栈桥和服役中的舰船等，发展了水下磁粉检测方法。它的原理与普通磁粉检测法相同，只是磁化装置多采用永久磁铁。为了提高检测效率，各种专用的磁粉检测装置先后出现。如曲轴半自动检测机、飞机起落架检测机等。这些装置多为荧光磁粉检测机，用非燃性氯乙烯作观察暗棚，棚顶装有紫外线灯。有的采用闸流管无级调整电流，磁化电流连续可调，磁化时间和退磁操作均自动控制，同时具备交、直流磁化机构。

在磁粉检测的半自动和自动化方面，日本、德国和美国等一些厂家先后研制和使用了钢坯、方钢、棒材等自动磁粉检测机。除磁痕检查仍用目视外，工件的装卡、传递、磁化、喷粉、退磁等工序全部自动化。有的可同时实现纵向和周向磁化；有的利用光电转换系统将荧光磁粉的光信号转换成电信号，经放大和信息处理后，推动分选机构，达到全自动检测的目的。但是，由于荧光磁粉粒度粗时灵敏度低，粒度细时荧光亮度小，所以通过光电转换实现荧光磁粉自动检测难度较大。今后磁粉检测预计仍会以半自动为主，计算机的引入，对信号采集和分析会带来方便，但全自动化电磁检测主要是发展录磁和磁敏元件检测法。

## 复习思考题

1. 名词解释：磁粉检测、漏磁场、退磁场、磁粉检测触头法、周向磁化。
2. 磁粉检测的特点有哪些？
3. 简述磁粉检测的基本原理。
4. 影响漏磁场强度的主要因素有哪些？

# 第5章　渗透检测

## 5.1　概述

### 5.1.1　渗透检测的概念

渗透检测是检查材料(工件)表面开口缺陷的一种方法。它不受材料磁性、被检部件的形状、大小、组织结构、化学成分和缺陷方位的限制，因而比磁粉检测应用范围更广泛，可广泛适用于锻件、铸件、焊接件等的质量检验，以及金属(磁性或非磁性的)、陶瓷、玻璃、塑料、粉末冶金等各种材料制造的零件之表面开口缺陷的检测。渗透检测受被检物体表面粗糙度的影响较大，不适用于多孔材料及其制品的检测，对大型工件和形状不规则工件的检测及在现场检修检测中，更显示其特有的优点。

### 5.1.2　渗透检测的特点

渗透检测的特点有：

① 不受材料组织结构和化学成分的限制，如有色金属、黑色金属、塑料、陶瓷及玻璃等。

② 灵敏度高，可清晰地显示宽 0.5μm、深 10μm、长 1mm 的裂纹。

③ 缺陷显示直观，且同时可显示各个方向的各类缺陷。

④ 原理简明易懂、设备简单、携带方便、检测费用低、适于野外工作。

⑤ 不适于检查多孔性或疏松材料制成的工件或表面粗糙的工件。

⑥ 只能检测表面开口缺陷，对埋藏于表层以下的缺陷无能为力。

⑦ 即使是形状复杂的试件只需一次检测操作就可大致做到全面探测。

⑧ 即使是圆面上的缺陷，也很容易观察出显示痕迹。另外，同时存在几个方向的缺陷时，用一次检测操作就可以完成探测。

⑨ 检测结果往往容易受检测操作人员的技术水平的影响。

⑩ 只能检出缺陷表面分布，不能定量。

⑪ 操作工序较多。

### 5.1.3　渗透检测的基本过程

液体渗透检测是将一种含有染料(荧光染料或着色染料)的渗透剂涂覆在零件表面上，在毛细作用下，渗透剂渗入表面开口的缺陷中去，然后去除零件表面上多余的渗透剂，再在零件表面涂上一薄层显像剂，缺陷中的渗透剂在毛细作用下重新被吸附到零件表面上来而形成放大了的缺陷显示，在黑光灯(荧光检验法)或白光灯下(着色检验法)观察缺陷显示。因此，渗透检测的基本原理是渗透液的润湿作用与毛细作用。渗透检测的最基本步骤是渗透、清洗、显像和检验，如图 5-1 所示。

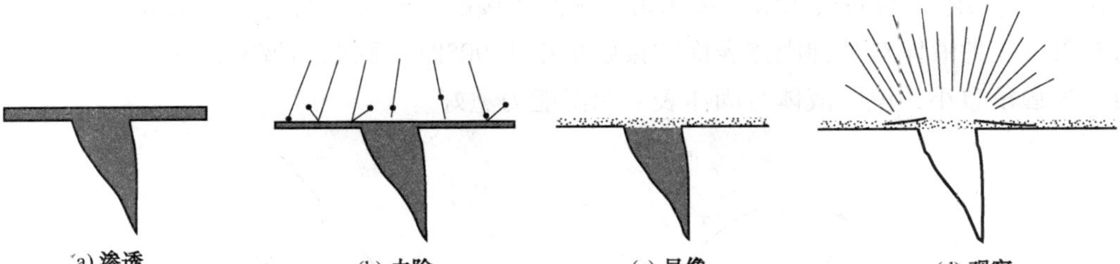


图 5-1　渗透检测的基本步骤

## 5.2　渗透检测的物理化学基础

### 5.2.1　表面张力和表面张力系数

5.2.1.1　*表面张力*

液体的表面张力是两个共存相之间出现的一种界面现象，是液体表面层收缩趋势的表现。液体表面层中的分子一方面受到液体内部分子的吸引力，称为内聚力；另一方面受到相邻的气体分子的吸引力。由于后一种吸引力比内聚力小，因而液体表面层中的分子有被拉进液体内部的趋势，结果引起了表面收缩，在表面的切线方向上便有一种缩小表面积的力，称为表面张力。

表面张力产生的原因：在液体内部每一个分子所受的力是平衡的，即合力为零。液体表面分子受内部液体分子的吸引力大于气体对其的吸引力，使其合力不为零，方向指向液体内部。此合力即表面张力，方向指向液体内部，它总是力图使液体表面积收缩到尽可能达到的最低程度。

表面张力可以用液面对单位长度边界线的作用力来表示，即用表面张力系数来表示，其单位为达因/厘米(dyn/cm)。

$$1\mathrm{dyn/cm}=10^{-3}\mathrm{N/m}$$

5.2.1.2　*表面张力系数*

表面张力 $f$ 与液面的长度 $L$ 成正比：$f=\sigma L$，$\sigma=f/L$，$\sigma$ 称为表面张力系数，单位为 N/m。

表面张力系数与液体的种类和温度以及有无杂质有关。一般地说，容易挥发的液体(如丙酮、酒精)的表面张力系数要比不容易挥发的液体(如水银)的表面张力系数小；同一种液体在高温时比在低温时表面张力系数小；含有杂质的液体比纯净的液体表面张力系数小。

### 5.2.2　润湿现象

5.2.2.1　*润湿和不润湿*

润湿是固体表面上的气体被液体取代的过程。渗透液润湿金属表面或其他固体材料表面的能力，是判定其是否具有高的渗透能力的一个最重要的性能。

液体和固体接触时，出现两种不同的情况，一种是如同水滴在无油脂玻璃板上那样，水滴沿玻璃面慢慢散开，即液体与固体表面的接触面有扩大的趋势，这是液体润湿固体表面的现象，如图 5-2(b)所示；另一种现象就像水银滴在玻璃上收缩成水银珠那样，即液体与固体表面的接触面有缩小的趋势，这是液体不润湿固体表面的现象，如图 5-2(a)所示。图中

$\theta$ 叫作液体对固体表面的接触角。接触角是液面在接触点的切线与包括该液体的固体表面之间的夹角。一种液体对某种固体表面的接触角小于 90°时，我们称该液体对该固体表面是润湿的。接触角愈小，说明液体对固体表面润湿能力愈好。

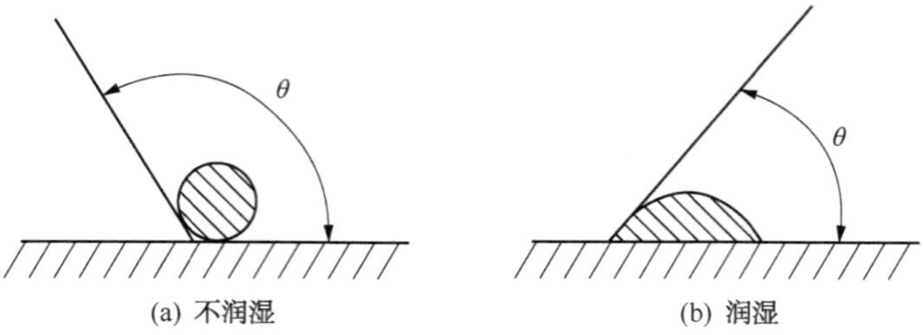


图 5-2 润湿现象

液体与固体表面接触时，润湿和不润湿现象是由液体分子间的引力和液体与固体分子间的引力大小来决定的。前者为液体中的内聚力，后者为液体和固体间的附着力。附着力大于液体分子间的内聚力时，液体沿固体表面扩散开来，发生润湿现象；液体分子间的内聚力大于液体与固体间的附着力时，液体在固体表面上收缩成珠，发生不润湿现象。同一种液体，对不同的固体来说，可能是润湿的，也可能是不润湿的。水能润湿无油脂的玻璃，但不能润湿石蜡；水银不能润湿玻璃，但能润湿干净的锌板。

内聚力大的液体，其表面张力系数也大，对固体表面的接触角也大，因此，液体的表面张力与液体对固体表面的接触角成正比，即液体的表面张力系数越大，对同样的固体表面的接触角也越大，反之亦然。

5.2.2.2 接触角和润湿方程

（1）接触角 $\theta$

液体对固体的润湿程度，可以用它们的接触角的大小来表示。把两种互不相溶的物质间的交界面称为界面，则接触角 $\theta$ 就是指液固界面与液气界面处液体表面的切线所夹的角度（从三相交点向液体表面做切线，与固液界面之间的夹角即为接触角）。由图 5-2 可知，$\theta$ 越大，液体对固体工件的润湿能力越小。

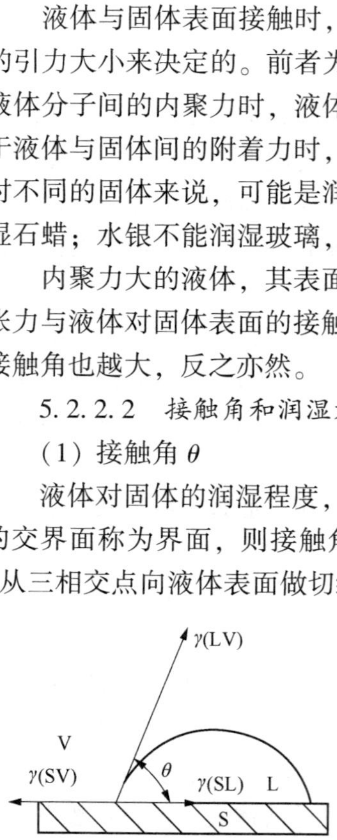


图 5-3 润湿方程示意图

（2）润湿方程

根据图 5-3 可得

$$\gamma(SV)=\gamma(LV)\cos\theta+\gamma(SL)$$

所以 $\cos\theta=[\gamma(SV)-\gamma(SL)]/\gamma(LV)$ （润湿方程）

$\theta<90°$时称为润湿，$\theta$ 越小润湿性越好；$\theta>90°$，称为不润湿。

渗透检测中，渗透液对工件表面的良好润湿是进行渗透检测的先决条件。只有当渗透液能充分润湿工件表面时，渗透液才能向狭窄的缝隙内渗透。此外，渗透液还必须能润湿显像剂。

（3）润湿的三种方式和四个等级

润湿的三种方式为沾湿润湿、浸湿润湿和铺展润湿。当 $\theta\leqslant180°$时，发生沾湿润湿；当 $\theta\leqslant90°$，发生浸湿润湿；当 $\theta\leqslant0°$ ，发生铺展润湿。

润湿的四个等级分别是完全润湿、润湿、不润湿、完全不润湿。

当接触角 $\theta$ 为 0°，即 $\cos\theta=1$ 时，液滴在固体表面接近于薄膜的形态，此情况称为完全润湿。

当接触角 $\theta$ 在 0°~90° 之间，即 $0<\cos\theta<1$ 时，液滴在固体表面上成为小于半球形的球冠，这种情况称为润湿。

当接触角 $\theta$ 在 90°~180° 之间，即 $-1<\cos\theta<0$ 时，液滴在固体表面上成为大于半球形的球冠，这种情况称为不润湿。

当接触角 $\theta$ 为 180°，即 $\cos\theta=-1$ 时，液滴在固体表面上成为球形，它与固体之间仅有一个接触点，这种情况称为完全不润湿。

同一种液体，对不同的固体而言，它可能是润湿的，也可能是不润湿的。在液体中加入表面活性剂，则液体的表面张力变小，接触角变小，润湿性能提高。

润湿现象所反映的润湿性能综合反映了液体的表面张力和接触角两种物理性能指标。

### 5.2.3 毛细现象

#### 5.2.3.1 毛细管和毛细现象

如果把内径小于 1mm 的玻璃管(称毛细管)插入盛有水的容器中，水即沿着管内壁自动上升，使玻璃管中液面高出容器里的液面，如图 5-4(a)所示。这种能使水在毛细管中自动上升的力，称为毛细作用力。

水是润湿玻璃管壁的，润湿管壁的液体在毛细管中是上升的。如果一种液体不润湿管壁，如水银，水银在毛细管中是下降的，如图 5-4(b)所示。

润湿管壁的液体在毛细管中上升和不润湿管壁的液体在毛细管中下降的现象就叫作毛细现象。

毛细现象并不局限于一般意义上的毛细管，例如两平行板间的夹缝，各种各样的棒、纤维、颗粒堆积物的空隙都是特殊形式的毛细管。

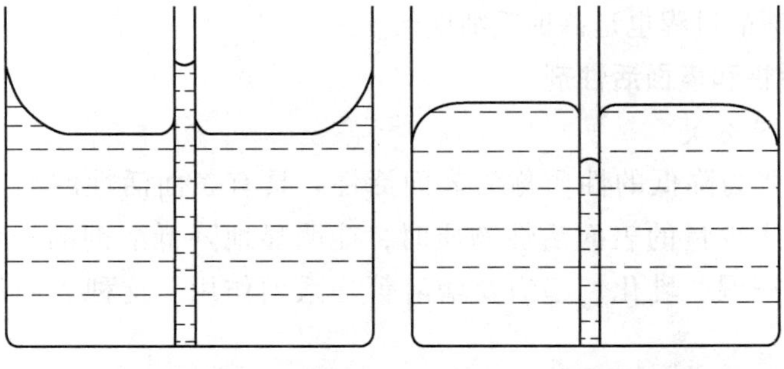

(a) 水在毛细管中上升的现象　　(b) 水银在毛细管中下降的现象

图 5-4　毛细现象

#### 5.2.3.2 弯曲液面的附加压强

由于液体表面张力的存在，弯曲的液面会产生附加的压强。液体的表面张力系数越大，弯曲液面的曲率半径越小，则产生的附加压强越大。

#### 5.2.3.3 毛细现象中的液面高度

毛细管在润湿液体中，由于润湿作用，靠近管壁的液面就会上升，形成表面凹下，在弯曲液面的附加压强下，液体表面向上收缩，而形成平面；随后，润湿作用又起主导作用，靠近管壁的液面又上升，重新形成表面凹下的弯曲液面，弯曲液面在附加压强的作用下再次上升。如此循环，使毛细管的液面逐渐上升，一直到向上的弯曲液面附加压强的作用力与毛细管内升高的液柱质量相等时，达到平衡，才停止上升。

毛细管内液体形成凹面，产生拉应力使管内液面上升时：$F_U=2\sigma\pi r\cos\theta$

管内液体自重：$F_D=\rho\pi r2hg$

则 $h=2\sigma\cos\theta/r\rho g$

式中 $h$——液体在毛细管中上升的高度；

$\sigma$——液体的表面张力系数；

$\theta$——液体对固体表面的接触角；

$r$——毛细管的内半径；

$\rho$——液体的密度；

$g$——重力加速度。

由 $h=2\sigma\cos\theta/r\rho g$ 可知，液体在毛细管中上升的高度与表面张力系数和接触角余弦的乘积成正比，与毛细管的内半径、液体的密度和重力加速度成反比。同时，由该式可推知，只有液体润湿固体时，液体在毛细管中才会上升。

渗透检测时，可将零件表面的开口缺陷看作毛细管或毛细缝隙，液体渗透剂也正是在毛细作用力下自动地渗进表面缺陷中去的。值得指出的是，渗透剂渗入表面开口缺陷中去的力不是来源于渗透剂的重力，因为即使缺陷的开口朝下，渗透剂照样能渗进缺陷中去。

渗透检测时，在清洗掉零件表面多余的渗透剂后，缺陷中的渗透剂在附着力的作用下，能重新扩展回到清洁干净的表面上来，直到达到分布平衡，因此在不进行显像的情况下，缺陷处也能产生显示。显像剂的作用如同吸墨纸一样，是利用显像剂在缺陷处形成很多小的毛细管作用，将缺陷中的渗透剂吸附到零件表面上来，形成一个放大的缺陷显示。所以，显像剂吸附缺陷中渗透液的过程也是一种毛细现象。

### 5.2.4 表面活性和表面活性剂

#### 5.2.4.1 定义及分类

能使溶剂表面张力降低的性质称为表面活性。具有表面活性的物质称为表面活性物质。当在溶剂中加入少量的表面活性物质时，能明显地降低溶剂的表面张力，改变溶剂的表面状态，产生润湿、乳化、起泡及增溶等一系列作用，这种表面活性物质称为表面活性剂。

表面活性剂有离子型和非离子型两类。其中非离子型表面活性剂在水溶液中不电离，稳定性高，具有较好的溶解性能，在一般固体表面上也不发生强烈吸附。渗透检测中常用的是非离子型表面活性剂。

#### 5.2.4.2 表面活性剂的分子结构

表面活性剂分子一般总是由非极性的亲油疏水的碳氢链部分和极性亲水疏油的基团共同组成的，而且这两部分分处两端，形成不对称的结构。因此，表面活性剂分子是一种两亲分子，具有既亲水，又亲油的两亲性质。这种两亲分子既能吸附在油水界面上，降低油水界面的界面张力又能吸附在水溶液表面上，降低水溶液的表面张力。

5.2.4.3　表面活性剂在溶液中的特性

(1) 胶团化作用

表面活性剂在溶液中的浓度超过一定值时，会从单体缔合形成胶态聚集物，形成胶团。形成胶团时，亲油基聚集于胶团之内，亲水基朝外。

(2)吸附作用

吸附作用指表面活性剂在两相界面上发生的相对聚集的现象。吸附使表面活性剂分子形成定向排列，极性的亲水基朝向水或水溶液，亲油基朝外。

(3)增溶作用

增溶作用指水溶液中表面活性剂的存在能使原来不溶或微溶于水的有机化合物的溶解度显著增加。在未达到临界胶团浓度以前，并没有增溶作用。表面活性剂在溶液中的浓度越大，胶团形成越多，增溶作用越显著。

(4)亲水性

亲水性大小是表面活性剂的一项非常重要的指标。非离子型表面活性剂的亲水性，可用亲水基的分子量大小来表示，称为亲憎平衡值，即 H.L.B 值：H.L.B =（亲水基部分的分子量/表面活性剂的分子量)×20。H.L.B 值越高，亲水性越强。

5.2.4.4　乳化作用

(1) 乳化现象和乳化剂

由于表面活性剂的作用使本来不能混合到一块的两种液体(油水)能够混合到一起的现象称为乳化现象。具有乳化作用的表面活性剂称乳化剂。

(2) 乳化形式

乳状液是一种液体分散于另一种不相溶的液体中形成的胶体分散体系，外观常呈乳白色不透明液状。乳状液中以液滴形式存在的那一相称为分散相(也称内相、不连续相)，另一相是连成一片的，称为分散介质(也称外相、连续相)。

常见的乳状液，一般都有一相是水或水溶液，通常称为“水”相；另一相是与水不相溶的有机相，常称为“油”相。外相为水，内相为油的乳状液叫作水包油型乳状液(牛奶)，以 O/W 表示；外相为油，内相为水的乳状液叫作油包水型乳状液(原油)，以 W/O 表示。

(3) 渗透检测中的乳化现象

渗透检测时，使用后乳化型渗透液，去除零件表面多余的渗透液时，一般使用水包油型乳化剂进行乳化清洗。此时，渗透液是乳化的对象，由于乳化的目的是要将零件表面多余的渗透液清洗掉，故乳化剂还应有良好的洗涤作用。H.L.B 值在 11~15 范围内的乳化剂，既具有乳化作用，又有洗涤作用，是比较理想的去除剂。

## 5.3　渗透检测的光学基础

### 5.3.1　渗透检测中的光学知识

5.3.1.1　可见光和紫外线

(1) 可见光(白色光)

着色渗透检测时，白光下可观察到缺陷的显示。白色光波长 400~760nm，日光、白炽灯或高压水银灯均可发出白色光。

（2）紫外线(黑光)

荧光渗透检测时，在紫外线照射下，缺陷发出明亮的荧光，在暗场才可以观察到。紫外线波长 330~390nm。

5.3.1.2 光致发光

被紫外线激发而发光的现象，称为光致发光。光致发光物质分为磷光物质和荧光物质。前者在外界光源停止照射后，仍可持续发光，后者则立刻停止发光。

光致发光现象是原子从高能级轨道跃迁到低能级轨道时产生的。

### 5.3.2 可见度和对比度

5.3.2.1 对比度

某个显示和围绕这个显示背景之间的亮度和颜色之差，称为对比度。对比度可用某个显示和显示表面背景之间反射光或发射光的相对量来表示，这个相对量称为对比率。试验表明，红色染料显示与白色显像剂背景之间的对比率约为 6:1，而荧光显示与不发荧光的背景之间的对比率却有 300:1，甚至达到 1000:1。这是荧光检测灵敏度较高的一个原因。

5.3.2.2 可见度

可见度是观察者相对于背景、外部条件下能看到显示的一种特征，是用来衡量缺陷能否被观察到的指标。人眼的观察机能：在强白光下，对颜色和对比度的差别的辨别能力强，在暗光中(黑暗)，对微弱发光体辨别能力强。

## 5.4 渗透检测剂

### 5.4.1 渗透剂

渗透检测中所用的液体渗透剂有荧光渗透剂和着色渗透剂两大类，每一类又有水洗型、后乳化型和溶剂去除型之分。此外还有一些其他特殊用途的渗透剂。渗透剂是渗透检测中最关键的材料，渗透剂的质量直接影响检测的灵敏度。

5.4.1.1 理想的渗透剂

理想的渗透剂应具备以下的性能：

① 能很容易地渗入零件表面细微的缺陷中去。

② 能停留在表面开口的缺陷中，即使是浅面宽的开口缺陷，渗透剂也不容易从缺陷中清洗出来。

③ 不容易挥发，不会很快地干在零件表面上。

④ 容易从被涂覆过的零件表面上清除掉。

⑤ 易于从缺陷中吸附到零件表面上来，即使缺陷很细微，也要易于吸附到零件表面上来。

⑥ 扩展成薄膜时，仍有足够的荧光亮度或颜色强度。

⑦ 当暴露于热、光及紫外线下时，化学和物理性能稳定，有持久的荧光亮度和颜色强度。

⑧ 不受酸和碱的影响。

⑨ 在存放和使用过程中，各种性能稳定，不分解、不混浊、不沉淀。

⑩ 对被检材料和存放容器无腐蚀。

⑪ 无不良气味。

⑫ 闪点高，不易着火。

⑬ 无毒，对人体无害，不污染环境。

⑭ 价格便宜。

任何一种渗透剂不可能完全达到理想的程度，只能尽量接近理想的水平。每种渗透剂的配制都应采取折中的方案，或者是突出某一项或某几项性能指标。例如，水洗型渗透剂突出了“易于从被涂覆过的表面上去除掉”的性能，后乳化型渗透剂则突出了“能保留在浅面宽的缺陷中”的特点。

5.4.1.2 渗透剂分类

(1) 按渗透剂的色调分类

按照渗透剂色调可分为荧光渗透剂和着色渗透剂两种。

荧光渗透剂中含有荧光材料，在暗室紫外线灯下呈黄绿色。着色渗透剂中含红色染料，在自然光下或白光下可以观察出红色的缺陷显示迹痕。只要在明亮的地方，不管在室内还是室外都可以进行检测。与荧光渗透剂相比，其使用不大受检测场所、电源和检测装置等条件的限制。

(2) 按渗透剂清洗方式分类

按渗透剂的清洗方法可分水洗型、后乳化型和溶剂清洗型三大类。

渗透剂按照其色调的不同和清洗方法的不同共可分为如下六种类型：水洗型着色渗剂、后乳化型着色渗透剂、溶剂去除型着色渗透剂、水洗型荧光渗透剂、后乳化型荧光渗透剂、溶剂去除型荧光渗透剂。

① 水洗型着色渗透剂。分为以下两种：

a. 水基型着色渗透剂。以水作为渗透溶剂，在水中溶解染料，可直接用水清洗。优点是价格便宜、易清洗、安全无毒、不可燃、不污染环境。缺点是渗透能力差，检测灵敏度低，检测对灵敏度要求不高、渗透液与工件发生反应而破坏工件及同油类接触易爆炸的部件。

b. 自乳化型着色渗透剂。自乳化型渗透剂本身含有乳化剂，可直接用水清洗，也因此称为水洗型着色渗透剂。由油基溶剂、互溶剂、红色染料、乳化剂等组成。其优点是渗透能力强，灵敏度比水基着色渗透液高，成本低。缺点是易吸收空气中的水分产生沉淀。

② 后乳化型着色渗透剂。后乳化型渗透剂本身用水是洗不掉的，要把乳化剂加到试件表面的渗透液上，再用水洗净。基本成分为油基渗透溶剂、互溶剂、染料、增光剂、润湿剂等。其优点是渗透能力强，灵敏度高，毒性低；缺点是不含乳化剂因而不能直接用水清洗，需经过乳化工序后才能用水清洗，不适于检测表面粗糙、有盲孔或带螺纹的工件检验，渗透液中乙酸已酯有难闻的刺激性气味。适于检查浅而细微的表面缺陷。

③ 溶剂去除型着色渗透剂。溶剂去除型渗透剂是用有机溶剂进行清洗去除的。基本成分是红色染料、油性溶剂、互溶剂润湿剂等。优点是渗透能力强，用丙酮等有机溶剂直接清洗，灵敏度较高。常装在喷灌中，与清洗剂、显像剂配套出售。适于大型工件的局部检测和无电无水的野外作业。缺点是检查成本高，效率低，有毒性。

④ 水洗型荧光渗透液剂。分为以下两种：

a. 水基型荧光渗透剂。基本成分是荧光染料和水，特点及适用范围与水基型着色渗透剂基本相同，但灵敏度高。

b. 自乳化型荧光渗透剂。基本成分是荧光染料、油性溶剂、渗透溶剂、乳化剂等。渗透能力强，可直接用水冲洗，成本低，检测灵敏度高。

⑤ 后乳化型荧光渗透剂。基本成分为荧光染料、油性溶剂、渗透溶剂、互溶剂、润湿剂等。缺陷中的渗透液不易清洗，所含溶剂的比例比自乳化型荧光渗透液高，目的在于溶解更多的染料。密度比水小，抗水污染能力强，不受酸或碱的影响。检测灵敏度高，特别适于检测浅而细微的表面缺陷，适用于要求较高的工件检测，同样要求工件表面光洁、无盲孔和螺纹等。

⑥ 溶剂去除型荧光渗透剂。基本成分为荧光染料、油性溶剂、渗透剂、增光剂等。直接用有机溶剂清洗，灵敏度较高，可用于无水的地方检验。

（3）其他渗透液

① 着色荧光渗透液。在灯光下或日光下呈暗红色，在紫外灯下发出明亮的荧光。它是由特殊的染料、溶剂、渗透剂及某些附加成分组成，并不是着色染料与荧光染料混在一起。

② 化学反应渗透液。将无色或淡黄色的染料溶解在无色的溶剂中形成。这种渗透液在与配套的无色显像剂接触时会发生化学反应，产生鲜艳的颜色，在紫外灯照射下发出明亮的荧光，从而形成清晰的缺陷显示。化学反应型渗透液缺陷显示清晰，不污染操作者的衣服及皮肤，也不会污染零件和工作场地，冲洗出的废水也是无色的，避免了颜色污染。

③ 过滤性微粒渗透液。其是一种悬浮液，将粒度大于裂纹宽度的染料悬浮在溶剂中配制而成。当渗透液流进裂纹时，染料微粒不能流进裂纹，微粒就会聚集在开口的裂纹处，提供裂纹显示的信息。微粒可根据实际需要进行选择着色或荧光的。不需显像剂，染料微粒必须适当。

（4）渗透液的选择原则

① 灵敏度满足探伤要求；

② 渗透液对被检工件无腐蚀；

③ 价格低，毒性小，易清洗；

④ 化学稳定性好，能长期使用；

⑤ 使用安全，不易着火。

### 5.4.2 去除剂

渗透检测中，用来去除零件表面多余渗透剂的溶剂叫去除剂。水洗型渗透剂，直接用水去除，水就是一种去除剂。溶剂去除型渗透剂采用有机溶剂去除，这种去除溶剂应与渗透剂有良好的互溶性，应不与荧光渗透剂起化学反应，不猝灭荧光。通常采用的去除溶剂有煤油、酒精、丙酮、三氯乙烯等。后乳化型渗透剂在乳化后用水去除，它的去除剂是乳化剂和水。表 5-1 列出了几种常用乳化剂的牌号和作用，可供参考。

表 5-1 常用乳化剂

| 牌 号 | 名 称 | 作 用 |
|---|---|---|
| OP-10 | 聚氧乙烯醚烷基酚 | 亲水乳化剂洗净剂 |
| TX-10 | 聚氧乙烯醚烷基酚 | 亲水乳化剂洗净剂 |
| MOA-3 | 聚氧乙烯脂肪醇醚 | 亲油乳化剂 |
| 阿特拉斯 03300 | 三乙醇胺油酸皂 | 亲水乳化剂 |
| 乳白灵 A | 聚氧乙烯脂肪醇醚 | 亲水乳化剂洗净剂 |

### 5.4.3 显像剂

显像剂是渗透检验中另一个关键性的材料。显像剂可放大缺陷显示，又可提供背景，因而可提高检验灵敏度。

5.4.3.1 显像剂的性能要求

一种好的显像剂应具备如下的性能：

① 吸湿能力强，吸湿速度快，容易被缺陷处的渗透剂所润湿。

② 显像粉末颗粒细微，能将缺陷处微量的渗透剂扩展到尽量大的范围内，并能保持显示轮廓清晰。

③ 容易在零件表面上形成均匀的、薄的覆盖层，尽量多地遮住零件表面的光泽和颜色。

④ 在紫外线照射下不发荧光，也不减弱荧光渗透剂的亮度。

⑤ 着色显像剂要提供与缺陷显示相差足够大的底色，以保证最佳的对比度，并对着色染料无消色作用。

⑥ 对被检零件和存放容器不腐蚀。

⑦ 无不良气味、无毒、不损害操作人员的身体健康。

⑧ 检验完毕后，容易从零件表面上去除。

⑨ 价格便宜。

5.4.3.2 显像剂种类

根据显像材料的配制方法，常将显像剂分为三类。

① 干式显像剂。干燥的白色微细无机粉末，如氧化镁、碳酸镁、氧化锌、氧化钛粉末等直接作为显像剂。

② 快干式显像剂。把白色微细粉末状的显像材料调匀在高挥发性的有机溶剂中作为显像剂。使用时将显像剂喷涂到试件上时，在试件表面快速地形成白色显像薄膜，由白色显像薄膜吸出缺陷中的渗透液而形成显示迹痕。因使用这种显像剂操作极为简单，所以在溶剂去除型荧光或着色渗透探伤法中用得较多。其使用同湿式显像剂相同，随着时间的推移，缺陷显示迹痕扩散，因此必须注意迹痕的大小和形状的变化。

③ 湿式显像剂。把白色微细粉末状的显像材料调匀在水中作为显像剂。使用时把试件浸渍在显像剂中或者用喷雾器把显像剂喷在试件上，当显像剂干燥时，在试件表面就形成白色显像薄膜，由白色显像薄膜吸出缺陷中的渗透液而形成显示迹痕。这种方法适合于大批量试件的检测，其中水洗型荧光渗透检测法用得较多。但必须注意，缺陷显示迹痕是会扩散的，所以随着时间的推移，其大小和形状是会发生变化的。

## 5.5 渗透检测基本技术

### 5.5.1 渗透检测的时机选择

① 机加工和热处理等操作，可能产生表面缺陷，渗透检测则应在这些工序后进行。对有延迟裂纹倾向的材料，至少应在焊后 24h 进行焊接接头的渗透检测。

② 表面处理工艺(喷漆、镀层、阳极化、涂层、氧化、喷丸和研磨)的操作，渗透检测应在这些工序前进行，表面处理后需机加工的，对该加工部位再次进行渗透检测。

③ 工件要求腐蚀检测时，应在腐蚀工序后进行。

④ 在役工件的渗透检测应去除表面积炭和油漆层，但阳极化层可不去除。

### 5.5.2 渗透检测工艺基本步骤

渗透检测工艺基本步骤是：

① 表面准备和预清洗；

② 施加渗透剂；

③ 多余渗透剂的去除；

④ 干燥；

⑤ 施加显像剂；

⑥ 观察与评定；

⑦ 后清洗及复验。

5.5.2.1 表面准备和预清洗

渗透检测成功与否，取决于被检表面的状况(污染程度及粗糙度)。所有污染物都会阻碍渗透剂进入缺陷，清洗污染物过程中的残留物反过来也能同渗透剂反应，影响渗透检测的灵敏度。被检表面的粗糙度也会影响渗透检测效果。

(1) 污染物

污染物包括固体污染物和液体污染物。

固体污染物：铁锈、氧化皮、腐蚀产物、焊接飞溅、焊渣、毛刺、油漆及涂层等。

液体污染物：防锈油、机油、润滑油及有机组分的其他液体，强酸强碱及包括卤素在内的有化学活性的残留物。

(2) 基本要求

① 任何可影响渗透检测的污染物必须清除干净，不得损伤受检工件的工作功能。例如，不得用钢丝刷打磨铝、镁、钛等软合金；密封面不得进行酸蚀处理等。

② 表面准备和预清洗范围。检测部位四周 25mm。通常情况下，焊缝、轧制件、铸件、锻件的表面状态，是可以满足渗透检验要求的。

如果焊缝、轧制件、铸件、锻件的表面出现不规则，影响渗透探伤效果。则应用打磨方法或机械加工方法进行表面处理。如果铁锈、型砂、积炭等物，可能遮盖拒收缺陷迹痕或对检验效果产生干扰，则应用打磨方法或机械加工方法进行表面处理。打磨方法或机械加工方法可能堵塞表面缺陷的开口，降低渗透检测效果。因此，打磨、机械加工后，应进行酸蚀处理。喷丸后，也应进行酸蚀处理。

注意事项：防止表面准备和清洗不当，造成缺陷的堵塞。在化学清洗或溶剂清洗时，不应浸、刷，杜绝压力水喷，易造成缺陷的浸润堵塞，残留的液体都会阻碍渗透剂的渗入。

(3) 清洗方法及选择

渗透检测前，必须清除干净任何可能影响渗透检验的污物杂质，以保证渗透检测得以成功。

零件表面污染物的去除通常采用表5-2所列的方法。实际上，需根据零件材料、表面状态和污染的种类选择一种或几种合适的去除方法。

**表5-2 污染物去除的常用方法**

| 去除方法 | | 适用范围 |
|---|---|---|
| 机械方法 | 振动光饰 | 去除轻微的氧化皮、毛刺、锈、铸件型砂或磨料等，不能用于铝、镁、钛等软金属材料 |
| | 抛光 | 去除零件表面积炭、毛刺等 |
| | 干吹砂 | 去除氧化皮、熔渣、铸件的型砂、模料、喷涂层和积炭等 |
| | 湿吹砂 | 多用于沉积物比较轻微的情况 |
| | 钢丝刷 | 去除氧化皮、熔渣、铁屑、铁锈等 |
| | 超声波清洗 | 利用超声波的机械振动，去除零件表面的油污，常与洗涤剂或溶剂结合使用，适用于批量小零件的清洗 |
| 化学方法 | 碱洗 | 去除锈、油污、抛光剂、积炭，多用于铝合金 |
| | 酸洗 | 强酸溶液用于去除严重的氧化皮，中等酸度的溶液用以去除轻微氧化皮，弱酸溶液用于去除零件表面微薄层金属 |
| 溶剂去除 | 溶剂蒸气除油 | 去除零件表面油污，通常为三氯乙烯蒸气除油 |
| | 溶剂液体清洗 | 去除油污通常用酒精、丙酮或汽油、三氯乙烷等溶剂清洗或擦洗，常用于大零件局部区域的擦洗 |

① 洗涤剂清洗。洗涤剂清洗液是一种不易燃的水溶化合物，含有特别选择的表面活性剂，能够对各类液体污物(例如，油脂、油膜、切削加工润滑油等)，起润湿、渗透、乳化及皂化作用。洗涤剂清洗液可分为碱性、中性和酸性，但对受检零件必须无腐蚀作用。采用洗涤剂清洗，可以很容易地将零件表面和缝隙内的污物清除干净。清洗时间一般应为10~15min。清洗温度一般可为75~95℃。浓度应按照制造厂的推荐值(一般为45~60kg/m$^3$)。清洗时应作适当搅动。

② 碱清洗和蒸汽清洗。碱洗适用于去除油污、抛光剂、积炭等，多用于铝合金。

碱清洗液：是一种不易燃的水溶化合物，含有经过特别选择的洗涤剂，该洗涤剂能够对各类液体污物起润湿、渗透、乳化及皂化作用。热的碱清洗液还可用来除锈和除垢，清除掩盖表面缺陷的氧化皮。碱清洗液必须按照制造厂的建议使用。

注意事项：

a. 采用碱清洗工艺清洗后的工件，必须把清洗剂冲洗干净；

b. 在渗透探伤前，将其整体加温干燥；

c. 施加渗透液时，工件温度一般不得超过50℃。

蒸汽清洗：是一种改进的热碱清洗方法，在容器内进行，适用于大型工件。能够清除工件表面的无机污物和各种有机污物，但无法清除较深缺陷底部的污物。此时，可采用溶剂浸泡法。

③ 酸蚀处理(酸洗)。酸蚀处理有如下作用：

a. 酸蚀处理可以清除工件表面的锈蚀。

b. 酸蚀处理可以清除可能掩盖表面的缺陷，并且可能妨碍渗透液渗入表面开口缺陷的氧化皮。

c. 工件打磨、机械加工后，进行酸蚀处理，可以清除封闭表面开口缺陷的金属毛刺。

d. 喷丸后，进行酸蚀处理。可以清除由于喷丸形成的封闭表面开口缺陷的细微金属物。

酸洗处理时，一般应注意如下事项：

a. 酸和铬酸盐将会影响荧光染料的发光作用。因此，酸蚀处理后的工件必须清洗干净，使工件表面呈中性；并且在施加渗透液前，充分干燥。

b. 受检工件被酸蚀剂作用后，可能发生氢脆。因此，酸蚀处理后的工件应进行去氢处理(200℃，烘烤 3h)；并且在施加渗透液前，将工件冷却至 50℃左右。

c. 严格控制酸洗时间，防止被检面腐蚀。

d. 酸洗后及时中和处理。

e. 使用时，必须按照制造厂的推荐意见使用。

④ 溶剂清洗。有许多溶剂清洗剂能有效溶解油脂、油膜、腊、密封胶、油漆及普通有机污物等。溶剂应无残留物，尤其是在采用手动、液浸法时更应特别注意。溶剂清洗剂不能清洗锈蚀、氧化皮、焊瘤、飞溅物以及普通无机物。有些清洗溶剂是易燃物质，有些清洗溶剂可能还有毒，所以，应按照制造厂说明书和注意事项进行操作使用。溶剂液体清洗常用于大零件局部区域的清洗。

⑤ 蒸汽除油。蒸汽除油是清除工件表面和开口缺陷处的油和油脂类污物的较好方法。蒸汽除油不能清除无机型污物(如夹渣、腐蚀、盐类等)及树脂类污物(如塑料、涂层、清漆、油漆等)。当与工件接触的时间较短，而无法将深缺陷中的油脂全部清除干净时，建议采用溶剂浸泡法。

特例：钛合金被检件易与氯元素作用产生应力腐蚀裂纹，使用三氯乙烯除油前必须进行消除应力处理。铝、镁合金被检工件在除油后，容易在空气中锈蚀，应尽快浸入渗透剂。

⑥ 超声清洗。其是一种在溶剂和清洗剂中辅以超声波振动，以提高清洗效果和减少清洗时间的清洗方法。如果是清除无机污物，如清除锈蚀、夹渣、盐类、腐蚀物等，则应采用水和洗涤剂。如果是清除有机污物，例如油脂、油膜等，则应采用有机溶剂。

超声清洗后，施加渗透液前，应加热工件，去除溶剂、清洗剂；然后，将工件冷却至50℃以下。

⑦ 去漆处理。根据油漆的化学成分，有针对性地选择去漆剂，能够有效地去除工件表面的油漆膜层。一般情况下，油漆膜层必须完全除掉，直至露出金属表面。去漆后，应使工件表面充分干燥。

⑧ 陶瓷的空气焙烧。在清洁的氧化环境中加热陶瓷工件，是去除水分及清除微量有机污物的有效方法。加热的最高温度应不降低陶瓷的性能。

关于如何选择预清洗方法，如下几点是必须考虑的：

a. 必须了解污物杂质的类别，有针对性地选用合适的预清洗方法。因为，没有一种预清洗方法是万能的。

b. 必须了解选用的预清洗方法对受检零件的影响。选用的预清洗方法，不得损伤受检零件的工作功能。

c. 必须了解选用的预清洗方法的实用性。

5.5.2.2　施加渗透剂

渗透是以渗透剂覆盖零件。覆盖的方法可用喷涂、刷涂、浇涂、静电喷涂或浸涂等。应根据零件的大小、形状、数量和检验部位来选择合适的方法。一般地说，小零件多采用浸涂法；大零件采用喷涂法、流涂法；焊缝采用刷涂法；局部检验采用刷涂法或喷罐喷；全面检验采用浸、喷法。无论采用哪种方法，都要保证被检部位完全被渗透剂覆盖，并在整个渗透时间内保持湿润状态。由于渗透剂只要不干在零件表面上，就一直有渗透作用，因此，不论采用哪种方法都能达到渗透的目的。在实际应用中，总是希望尽量采用浸涂的方法，因浸涂能确保零件表面完全被渗透剂覆盖上。

有盲孔或内通道的零件，渗透前，孔洞口要用橡皮塞塞住或用胶纸粘住，防止渗透剂渗入而造成清洗困难。一般地说，温的零件对渗透有利，但温度太高，渗透剂易干在零件上，给清洗带来困难。因此大部分规范规定渗透剂的使用温度控制在15~40℃范围内。一般规定渗透时间为10~20min。

施加渗透剂的方法及适用范围：

① 喷涂。静电、喷灌或低压循环泵喷涂。适用大工件局部或全部。

② 刷涂。刷子、抹布刷涂。适用局部检查、焊缝检查。

③ 浇涂。渗透剂直接浇在工件表面上。适用大工件的局部检查。

④ 浸涂。工件全部浸在渗透剂中。适用小工件的表面检查。

渗透时间及温度：NB/T 47013—2015 规定 10~50℃下，施加渗透剂的渗透时间≥10min。注意浸涂法中，为减少渗透剂损耗，应进行滴落，渗透时间还应包括滴落时间，滴落过程中渗透剂的挥发物质被挥发掉，使渗透剂染料的浓度相对提高，提高了渗透检测灵敏度。当温度不在标准温度范围内时，应使用A型试块作对比试验。

5.5.2.3　去除多余的渗透剂

要求从零件表面上去除掉所有的渗透剂，又不能将已渗入缺陷中的渗透剂清洗出来，从而保证在得到合格的背景前提下，取得最高的检验灵敏度。

水洗型渗透剂直接用水去除；后乳化型渗透剂在乳化后，再用水去除；溶剂去除型渗透剂用溶剂擦除。

(1) 水洗型渗透剂的去除

工艺标准：NB/T 47013—2015 规定了水温、水压、角度及距离。

特点：水洗型渗透剂含有乳化剂，水洗时间、水洗压力高、水洗温度高，便有可能把缺陷中的渗透剂清洗掉，产生过清洗。

原则：在得到合格背景前提下，水洗时间越短越好。荧光法在紫外灯下(着色法在白光下)边观察边清洗。

(2) 后乳化渗透剂的去除

① 亲水型乳化剂

操作程序：水预清洗、乳化、最终水洗。

施加方法：浸涂、浇涂或喷涂。不能刷涂，因刷涂不均匀。

② 亲油型乳化剂

操作程序：乳化、水洗。

施加方法：浸涂或浇涂。不能刷涂或喷涂，也不能在工件上搅动。

③ 乳化时间

关键步骤：乳化时间的控制，防止过乳化，在保证达到允许的着色或荧光背景下乳化时间尽量短。

影响因素：表面粗糙度、乳化剂浓度、乳化剂温度、乳化剂被污染的程度和后乳化型渗透剂的种类。

④ 质量控制

a. 在白光或黑光下进行，边清洗边观察。

b. 过乳化必须重新进行渗透检测。

c. 欠乳化时烘干工件重新进行渗透检测，对一般工件可再次进行补充乳化。

d. 采用溶剂去除型渗透剂的去除。

⑤ 程序

a. 干净不脱毛的布依次擦洗以去除大部分多余渗透剂。

b. 用蘸有清洗剂的干净不脱毛的布依次擦洗。

注意：不得往复擦洗，不得用清洗剂直接冲洗被检面。

5.5.2.4　干燥

干燥的目的是去除被检工件表面的水分，使得渗透剂回渗到显像剂上。

溶剂去除法不必进行专门的干燥处理。用水清洗的零件，采用干式显像或快干式显像时，零件在显像前必须进行干燥处理；若采用湿式显像，清洗后直接显像，然后再进行干燥处理。

干燥的方法可用干净的布擦干、压缩空气吹干、热风吹干、热空气循环烘干装置烘干等方法。其中以热空气循环烘干装置烘干的效果最好。实际应用中是将多种干燥方法结合起来进行。例如零件水洗后，先用干净的布擦去零件表面明显的水分或用经过过滤的清洁、干燥的压缩空气吹去零件表面的水分，尤其要吹去盲孔、凹槽、内腔部位及可能积聚水分部位的水，然后放进热空气循环干燥装置中干燥。这样做，比零件水洗后直接烘干要快得多而且效果好。

干燥温度不能太高，否则会将缺陷中渗透剂烘干，不能在显像时吸附到零件表面上来。允许的最高干燥温度还与所用渗透剂的种类、零件的材料有关。正确的干燥温度需通过试验确定。一般规定不超过 80℃。塑料零件通常用 40℃以下的温风吹干。

干燥时间越短越好。干燥时间与零件材料、尺寸、表面粗糙度，零件上水分的多少，零件初始温度和烘干装置的温度等因素有关。还与每批干燥零件的数量有关。为控制最短的干燥时间，需注意控制每批放进烘干装置中的零件数量。

5.5.2.5　显像

显像的过程是从缺陷中吸出渗透剂的过程。显像方法有干式显像、溶剂悬浮显像、湿式显像、自显像。

干式显像法大量应用于荧光渗透检测。零件干燥后，立即进行显像，热的零件能得到更好的显像效果。干式显像可将零件埋入显像粉中进行，也可用喷枪或静电喷粉显像，但最好采用喷粉柜进行喷粉显像。喷粉显像是将零件放入粉末柜中，用经过过滤的、干净干燥的压缩空气或风扇，将显像粉吹扬起来，使呈粉雾状，将零件包围住，在零件上均匀地覆盖一薄层显像粉。这种方法能使形状复杂的零件一次完全覆盖上显像粉，一次喷粉可显像一批零件。

经干粉显像的零件，检验后显像粉的去除很容易。显像时间要足够，但又不能太长，否则缺陷显示会变模糊。一般规定显像时间为10~15min。

快干式显像大都采用压力罐喷显示，要轻微地喷一薄层显像剂。喷涂前摇动喷罐中的玻璃球使显像剂均匀；喷时，要调节到边喷边形成显像剂薄膜的程度。注意不要过多地喷涂显像剂，否则会掩盖微小的缺陷显示。快干式显像剂有时采用刷涂、浸涂，浸涂要迅速，刷涂笔要干净，一个部位不允许往复刷涂几次。

湿式显像可采用浸涂、流涂或喷涂，多数采用浸涂。涂覆后，要进行滴落，然后再在热空气循环烘干装置中烘干。干燥的过程，实际上也是显像的过程。为防止显像粉末的沉淀，显像时要不定时地进行搅拌。

对一些灵敏度要求不高的检测，如铝、镁合金砂型铸件，常可采用自显像法的检验工艺，即在干燥后不显像停留10~15min，等缺陷中的渗透剂重新蔓延到零件表面上后再进行检验。为保证足够灵敏度，通常可采用较高一等级的渗透剂进行渗透和在更强的黑光灯下进行检验。自显像法省掉了显像操作，简化了工艺，节约了检验费用。

控制显像时间的原则：

① 必须有足够的时间使得缺陷中的渗透剂充分回渗到工件表面。

② 防止缺陷的显示由于时间的延长而扩散，导致分辨力的下降。

NB/T 47013—2015规定：自显像停留时间10~120min，其他显像方法的显像时间一般不少于7min。

5.5.2.6　观察和评定

着色检验观察在白光下进行，白光强度要足够；荧光检验观察在暗室里进行，要求暗室要足够的暗。检验员进入暗室检验零件前，应至少等5min，以使眼睛适应暗室条件。检验员在黑光灯下发现显示后，需判别显示的真伪。方法是：用干净的布或棉球蘸一点酒精擦拭显示部位，如果被擦去是真实缺陷显示，擦拭后显示能再现。如果被擦去的显示不再重现，一般都是虚假显示。

在暗室里检验，检验者很容易疲劳，这就要求检验员在暗室里连续检验的时间不能太长，否则会影响检验灵敏度。检验时，黑光不能直射或反射到检验者的眼睛，因为尽管黑光对人的细胞组织和眼睛没有永久性的损伤，但黑光可使人的眼球发荧光，人眼直照射后，会出现模糊的感觉，加速检验者的眼疲劳，影响检验质量。

5.5.2.7　后清洗

渗透检测完毕后，如果在工件表面上仍然残留显像剂涂层、渗透液或其他污物，则可能产生如下危害：

① 残余渗透液或显像剂有可能影响后面工序的加工。例如，对于要求返修的焊缝，则渗透检测剂的残留物，会对返修焊接区造成危害。

② 残余渗透液或显像剂有可能影响工件的使用性能。例如，如果受检工件用于液氧（LOX）设备中，则渗透检测剂中碳氢化合物的残留物，可能导致猛烈爆炸。

③ 残余渗透液或显像剂有可能与使用中的其他因素结合产生腐蚀等。例如，显像剂涂层会吸收或容纳促进腐蚀的潮气，对受检工件造成腐蚀。如果受检工件用于原子核设施中，高度清洁特别重要。

显像剂的清除方法：

① 干式显像剂，可能粘在湿渗透液或其他液体物质的地方，也可能滞留在缝隙中，可使用无油吹风器吹除或水冲洗。

② 水基湿式显像剂的去除比较困难。因为该类显像剂经过 80℃左右干燥后，黏附在受检工件表面上，故去除的较好方法是用含有洗涤剂的热水喷洗，有一定压力，效果更好；然后采用手工擦洗或机械(擦刷机、洗涤机)冲洗。

③ 可溶显像剂用自来水冲洗即可。因为该类显像剂可溶于水中。

④ 溶剂悬浮湿式显像剂的去除，可先用湿毛巾擦，然后用干布擦；也可直接用清洁干布擦或毛刷刷；对于螺纹、裂缝或表面凹陷，可用加有洗涤剂的热水喷洗，超声清洗效果更好。

清除显像剂的时机：检查后，工件上显像剂还未干燥时，可采用水洗法尽快进行。

5.5.2.8 关于渗透检测实际操作

① 渗透检测实际操作过程中，渗透检测剂材料及受检压力容器都应处于 10~40℃。如果在实际操作过程中，不能满足这些温度极限，则应在准备采用的温度条件下，通过试验进行鉴定，以确定可否在准备采用的温度条件下进行渗透检测实际操作。

② 任何渗透检测工艺可否得到成功，在很大程度上取决于受检焊接接头表面及缺陷表面不应有干扰渗透检测的固体或液体污染物。所有需要渗透检测的受检焊接接头或有关部位，都必须在施加渗透液前进行清洗和干燥。清洗处理的残留物，会妨碍渗透液对缺陷的渗入；如果是强碱、强酸和铬酸等，则可能与渗透液发生有害的反应，并降低渗透液的灵敏度及性能。

③ 所有需要渗透检测的表面，如果经过喷砂、喷丸或磨削加工，就有可能封闭缺陷的开口，或有可能掩盖缺陷的显示迹痕，或有可能干扰检验的有效性。为此，应考虑采用浸蚀方法处理上述表面。

④ 采用静电喷涂方法施加渗透液，可以避免过量的渗透液堆积在受检零件上；可以防止渗透液进入空心孔通道，并使其成为储存处，而在检验时引起严重的渗出问题。

⑤ 受检表面的多余渗透液的去除特别关键，不允许出现去除过度现象。对于可水洗性渗透检测法而言，必须防止过度清洗。对于后乳化渗透检测法而言，必须防止过度乳化，截留在缺陷中的渗透液一般不受过度清洗的影响。亲油性乳化剂只能用浸涂法或浇涂法施加，不能用刷涂法或喷涂法施加。亲水性乳化剂只能用浸涂法、浇涂法或喷涂法施加，不能用刷涂法施加。对于溶剂性去除型渗透检测法而言，必须避免使用过量的溶剂，更不允许使用溶剂冲洗受检表面。为避免出现去除过度现象，对于荧光渗透检测法而言，应在黑光灯监视下进行去除操作；对于着色渗透检测法而言，应在白光灯监视下进行去除操作。

⑥ 最好使用恒温控制的热风循环式干燥箱进行干燥处理。干燥温度不应超过 70℃，干燥时间不应超过 30min。否则，检验灵敏度将受到损伤。

⑦ 渗透检测，常使用喷涂法施加溶剂悬浮湿式显像剂。注意：不应使用浸涂法或浇涂法施加溶剂悬浮湿式显像剂。否则，会通过显像剂中的溶剂作用，而使缺陷中的渗透液冲洗(溶解)掉，产生漏检的严重后果。

**5.5.3 渗透检测方法及其选用**

如前所述，渗透检测方法根据渗透剂特性可分为六种，分别为：

① 水洗型荧光渗透检测法；

② 后乳化型荧光渗透检测法；

③ 溶剂去除型荧光渗透检测法；

④ 水洗型着色渗透检测法；

⑤ 后乳化型着色渗透检测法；

⑥ 溶剂去除型着色渗透检测法。

根据显像方法可分为四种，分别为：

① 干式显像；

② 快干式显像；

③ 湿式显像；

④ 自显像。

各种渗透检验方法都有自己的优缺点，实际选用时。应根据零件的大小，形状，数量，质量，零件表面粗糙度，需要检验的缺陷类型，要求检验的灵敏度，水、电、气的供应情况，检验场地的大小及检验费用等因素来综合考虑。以上因素中以灵敏度和检验费用的考虑最为重要。足够的灵敏度才能确保产品的检验质量，但这并不意味着任何情况下都要选择最高灵敏度的检验方法。粗糙的表面若采用高灵敏度的渗透剂，会使清洗困难，荧光背景过深，虚假显示多，甚至达不到检验的目的。灵敏度高的检验方法费用也较高，因此，灵敏度和检验费用要综合考虑。

在进行某一种渗透检验时，所用的一系列材料(渗透剂、去除剂、显像剂)应运用同一个制造厂家生产的产品。这一系列渗透检验材料称为一个族组，只有在同一族组中材料配合使用下才能达到满意的检验效果。特别注意不要将不同族组的同类材料混合在一起使用。因为虽然是同种作用的材料(例如渗透剂)，由于其组成不同，混合使用时，会出现化学反应或灵敏度下降的现象。经过着色检验过的零件，需进行彻底清洗，才能进行荧光检验，因为缺陷中残存的着色染料会减小或猝灭荧光染料的发光亮度。对于给定的零件，采用合适的显像方法，对保证检验灵敏度十分重要。非常光滑的表面，干式显像剂不能有效地吸附在上面，撒上的粉末很容易从表面滑下来。因此，对于表面光滑的零件采用湿式显像效果很好。相反，粗糙的表面采用干式粉显像效果比湿式显像好，而采用湿式显像时显像剂可能集聚在拐角、孔洞、空腔、螺纹根部等部位而掩盖缺陷显示。

渗透检验方法的优先选择指南参见表 5-3，具体选择时，需根据被检对象的特点，进行综合考虑。

**表 5-3　渗透检验方法的优先选择指南**

| 对象或条件 | | 渗透剂 | 显像剂 |
|---|---|---|---|
| 要检验的缺陷 | 浅而宽的缺陷，细微缺陷； | FB | S |
| | 深度 30μm 及 30μm 以上的缺陷； | FA (VA), FC (VC) | W, S, D |
| | 靠近或聚集的缺陷以及观察缺陷表面形状时 | FA, FB | D |
| 被检零件 | 小零件批量连续检验 | FA, FB | W, D |
| | 少量零件不定期检验及大零件局部检验 | FC, VC | S |
| 零件表面粗糙程度 | 表面粗糙的锻、铸件 | FA, VA | D, W, N |
| | 中等粗糙的精铸件 | FA, FB | D |
| | 车加工表面 | FA (VA), FB, VC | S, D, W |
| | 磨加工表面 | FB, VC | S |

续表

| 对象或条件 | | 渗透剂 | 显像剂 |
|---|---|---|---|
| 零件表面粗糙程度 | 螺纹和键槽等拐角处 | FA, VA | D |
| | 焊缝及其他缓缓起伏的凹凸面 | FA, VA, FC, VC | D, S |
| 设备条件 | 有场地、水、电、气、暗室 | FA, FB | D, W |
| | 无水、电、在现场检验 | VC | S |
| 其他 | 要求重复检验(量多重复5~6次) | VC, FB | S, D |
| | 泄漏检验 | FA, FB | N, D, S |

注：FA—水洗型荧光渗透剂；FB—后乳化型荧光渗透剂；FC—溶剂去除型荧光渗透剂；VA—水洗型着色渗透剂；VC—溶剂去除型着色渗透剂；D—干式显像剂；W—湿式显像剂；S—快干式显像剂；N—自显像。

### 5.5.4 缺陷显示及裂纹检出能力

5.5.4.1 缺陷显示

缺陷容积越大，它容纳的渗透液就越多，留在缺陷中可供回渗的渗透液就越多，缺陷显示就越明显。显像剂显示的缺陷图像比缺陷的实际尺寸要大。

缺陷的长度是缺陷显示的主要尺寸，它能提供一个可供肉眼观察的实测尺寸。

5.5.4.2 裂纹检出能力

裂纹检出能力是相对于背景及外部光等条件，裂纹缺陷内的渗透液能形成可用肉眼直接观察裂纹缺陷显示的能力。渗透液中染料种类及浓度将影响裂纹检出能力。渗透液被化学药品污染，荧光液长时间受紫外光照射，着色液长时间受日光照射等，将降低裂纹检出能力。先浸后滴落的施加渗透液的方法，可使渗透液中的大量挥发性成分挥发掉，而留下更多黏度较大的组分，染料的浓度相对于原渗透液中的浓度更高，可提高裂纹检出能力。

5.5.4.3 常见缺陷的现象特征

常见的缺陷有：缩裂、热裂、冷裂、锻造裂纹、焊接裂纹、热影响区裂纹、弧坑裂纹、磨削裂纹、淬火裂纹、应力腐蚀裂纹、冷隔、折叠、分层、气孔、夹渣、氧化夹渣、疏松等。

5.5.4.4 缺陷显像的判别

（1）真实缺陷的显示

零件表面的真实缺陷大致可分为四类。

① 连续线状缺陷：包括裂纹、冷隔、铸造折叠等缺陷。

② 断续线状缺陷：零件进行表面加工时，线性缺陷可能被部分堵住而显示为断续的线状。

③ 圆形显像：通常为铸件表面的气孔、针孔、铁豆或疏松等缺陷。

④ 小点状显像：针孔、显微疏松等缺陷。

（2）虚假的显像

在零件的表面由于渗透及污染和清洗不干净而产生的显像成为虚假显像。虚假显像从显像特征分析很容易识别：用蘸有酒精的棉球擦拭，虚假的显像容易被擦掉，且不再重新显像。

## 5.6 渗透检测发展趋势

随着现代工业和科学技术的不断发展，渗透检测技术本身也在不断引进新方法、新技术，研制自动化检测系统，不断提高检测效率和灵敏度，降低检测成本。

除了常用的荧光法和着色法以外，还发展了如下一些新方法：

① 着色荧光法。在渗透剂中加进红色染料和荧光染料，如要求灵敏度不高可在普通光线下检验；要求高灵敏度时则可在紫外线灯下检验，例如检验高温镍基合金等。

② 冷光法。即化学发光法，是把一种冷光材料作为渗透液，而把另一种激发材料作为显像剂，当二者互相接触后产生荧光，可持续几小时。这种方法可用于缺乏电源和不能使用电源的地方，例如飞机内部或燃油箱附近等。

③ 化学反应法。即利用特殊的无色渗透液与特殊的显像剂起化学反应，两者经化学反应后一方面可变红色，另一方面在紫外线灯下可发荧光。因此又可作为着色和荧光两用渗透剂。

④ 液晶渗透法。它是利用胆甾相液晶对溶剂的旋光效应，将某种有机溶剂渗透到缺陷中去，清除多余的溶剂以后，在工件表面上均匀喷涂一层液晶，在液晶的工作温度范围内，液晶显现出彩色，从而检验出工件表面的缺陷。

为了提高检测效率和灵敏度，除研制了一系列高灵敏度的渗透剂以外，在施加渗透剂、乳化剂和显像剂的工艺方法上也进行了改进和提高。这些先进的方法主要是：

① 静电喷涂法。它是借助高压电场的作用，使喷枪喷出的雾珠雾化很细，并使之带电，通过静电引力而沉积在带异电的受检工件表面上。这种方法可以节省检测液，喷涂质量稳定可靠，易于实现自动化操作。

② 真空渗透法。当受检工件施加渗透液后，立即放到真空箱中抽成真空，待一定时间后取出，清除多余渗透液，涂敷显像剂。由于此法减少了缺陷的外界压强。使缺陷中气体的反压强大于渗透液的附加压强，气体便会冒泡排出，从而增大渗透深度，提高了检测灵敏度。若普通操作能发现宽 0.01mm 裂纹的渗透液，采用真空法可发现宽 0.005mm 的裂纹。

③ 超声振荡法。利用液槽中的超声振荡来促进渗透液的渗透使用，可以把渗透时间缩短为 30s。不但显著提高了检测效率，而且保证了检测灵敏度。

④ 动态检测法。又称闪烁荧光渗透法。它是将高灵敏度渗透液喷涂于被捡零件后，对零件施加一定的载荷和应力而使裂纹张开，如使工件慢慢弯曲或高速转动，使渗透液容易进入裂纹。然后去除载荷，继续按荧光检查步骤操作。观察时使工件缓慢转动，在紫外线照射下缺陷处会闪烁发光。此法可提高对疲劳裂纹和热疲劳裂纹的检测灵敏度。

⑤ 闭路检测法。为了减少环境污染，在使用乳化剂之前先用清水冲洗，再用较稀的亲水乳化液乳化。先洗这一步流出的水含有没经乳化的渗透液，可用重力法分离回收，构成所谓闭路系统。其他污水也要经过氯化亚铁净化处理后才能排放。

在自动化检测方面近年有很大发展。如对大批量生产的飞机涡轮发动机叶片的检查多采用半自动或自动化检验系统。半自动检测系统通常由几个排成一行的工作单元(如渗透液槽、乳化剂槽、喷水漂洗槽、干燥箱、显像剂喷粉柜、检验台等)组成，零件装入金属吊筐，由电动机带动的链条传送，从一个工作单元输送到另一个工作单元。最后仍然由检验人员进行目视检查。

一些国外无损检测室已经使用了自动化荧光检测系统。荧光渗透液能自动喷涂在叶片表面并进行显像。在紫外线照射下，用光导摄像管扫描检测，其数据由小型电子计算机直接处理并作出评定。有缺陷的叶片被当即喷漆标记并自动从叶片悬挂架上弹出。此种自动检测系统采用水洗型渗透液和水悬浮显像剂。并使用了超声清洗、静电喷涂、高强度紫外线光源等一系列先进技术。其检验工艺具有较高的一致性和准确性。此种系统每小时可自动检查叶片 250 多片。

## 复习思考题

1. 名词解释：渗透检测、表面张力、润湿现象、毛细现象。
2. 渗透检测的特点有哪些？
3. 渗透检测剂有哪些？各有什么作用？
4. 渗透检测的基本步骤有哪些？

# 第 6 章　其他无损检测技术简介

## 6.1　涡流检测

金属在变动着的磁场中或相对于磁场运动时，金属体内会感应出旋涡状流动的电流，称为涡流。涡流检测是以电磁感应为基础，它的基本原理为：当载有交变电流的检测线圈靠近导电材料时，由于线圈磁场的作用，材料中会感生出涡流，涡流的大小、相位及流动形式受到材料导电性能的影响，而涡流产生的反作用磁场又使检测线圈的阻抗发生变化，因此，通过测定检测线圈阻抗的变化，可以得到被检材料有无缺陷的结论(图 6-1)。

涡流检测只适用于能够产生涡流的导电材料，同时，由于涡流是电磁感应产生的，所以在检测时不必要求线圈与被检材料紧密接触，也不必在线圈和工件之间充填耦合剂，从而容易实现自动化检测。因此，对管、棒、丝材的表面缺陷，涡流检测法有很高的速度和效率。

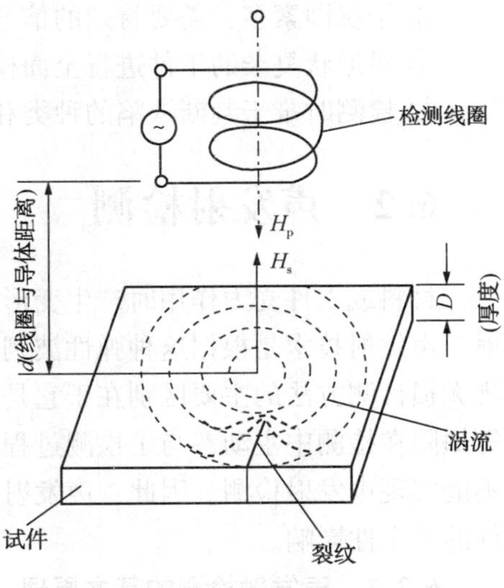

图 6-1　涡流检测示意图

涡流及其反作用磁场对金属材料工件的物理和工艺性能的多种参数有反应，因此是一种多用途的检测方法。然而，正是由于对多种试验参数有敏感反应，也就会给试验结果带来干扰信息，影响检测的正确进行。

对工件中涡流产生影响的因素主要有：电导率、磁导率、缺陷、工件的形状与尺寸以及线圈与工件之间的距离等。因此，涡流检测可以对材料和工件进行电导率测定、探伤、厚度测量以及尺寸和形状检查等。表 6-1 列举了涡流检测的几种用途。

**表 6-1　涡流检测用途举例**

| 检 测 种 类 | 影响涡流的因素 | 用　途 |
|---|---|---|
| 探伤 | 缺陷(形状、尺寸、位置) | 导电材料(管、棒、丝材等及零件)的缺陷检查 |
| 材质检验 | 电导率 | 非磁性材料的电导率测定及有关的材质试验 |
| 测厚 | 导体-线圈间距离 | 金属上涂层厚度的测量 |
| | 薄板的厚度 | 金属薄板厚度的测量 |
| 尺寸检测 | 尺寸、形状 | 尺寸、形状的控制 |
| 位移、振幅等测量 | 工件-线圈间距离 | 导电工件的径向振幅、轴向位移及运动轨迹的测量 |

应用涡流法还可以对高温状态下的导电材料进行涡流检测，如热丝、热线、热管、热板等。尤其重要的是，加热到居里点温度以上的钢材，检测时不再受磁导率的影响，可以像非

磁性金属那样用涡流法进行探伤、材质检验以及棒材直径、管材壁厚、板材厚度等测量。

在工业生产中，涡流检测已广泛用于各种金属材料工件和少数非金属材料工件的表面或近表面缺陷的检测。与其他无损检测方法相比，涡流检测的主要优、缺点如下。

优点：

① 对导电材料的表面或近表面检测有良好的灵敏度；

② 适用范围广，能对导电材料的缺陷和其他因素的影响提供检测的可能性；

③ 在一定条件下可提供裂纹深度的信息；

④ 不需要耦合剂；

⑤ 对管、棒、线材等便于实现高速、高效率的自动化检测；

⑥ 适用于高温及薄壁管、细线、内孔表面等其他检测方法比较难以进行的特殊场合下的检测。

缺点：

① 只限于导电材料；

② 只限于材料表面和近表面的检测；

③ 干扰因素多，需要特殊的信号处理；

④ 对形状复杂的工件进行全面检测时效率很低；

⑤ 检测时难于判断缺陷的种类和形状。

## 6.2 声发射检测

材料或工件受力作用时产生变形或断裂而以弹性波型式释放出应变能的现象，称为声发射。声发射技术是根据这种弹性波判断材料内部受损程度的一种无损检测方法，它与各种常规无损检测方法的主要区别在于它是一种动态无损检测方法，它的信号来自缺陷本身，裂纹等缺陷在检测中主动参与了检测过程，而当裂纹等缺陷处于静止状态、没有变化和扩展时则不能实现声发射检测。因此，声发射技术可以用来长期连续地或间歇地监视缺陷对材料或构件的安全性影响。

### 6.2.1 声发射检测的基本原理

物体无缺陷时，其内部是均匀连续不断的，当有缺陷存在时，便在物体中造成一种不连续状态，从而使缺陷周围的应变能较高，在外力作用下，缺陷部位所承受的应力高度集中，因而使缺陷部位的能量也进一步集中，当外力达到某一数值时，缺陷部位比无缺陷部位先发生微观屈服或变形，使该部位应力得到松弛。多余的能量释放出来成为波动能(应力波或声波)。通过声换能器接收，从而检查出发声的地点，即缺陷的部位(图 6-2)。

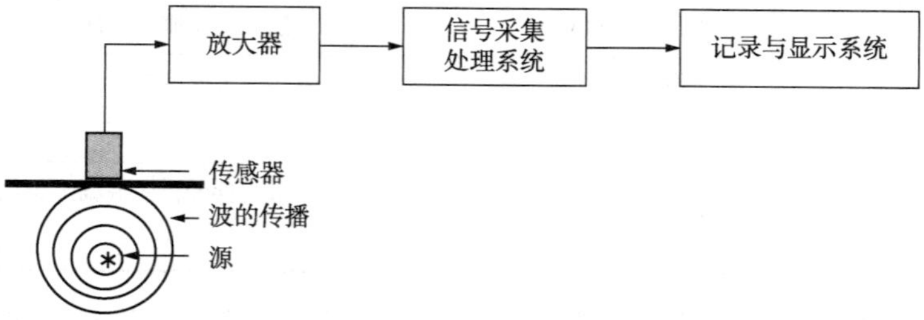


图 6-2　声发射检测原理图

声发射检测过程可以归纳为：从声发射源发出的信号经介质传播后到达换能器，由换能器接收后输出电信号，根据这些电信号对声发射源作出正确的解释。因此，对声发射源作出正确解释是应用声发射技术的目的。

缺陷释放出来的能量通常以脉冲的形式释放，释放的能量大小与缺陷的微观结构特点以及外力的应力大小有关，而单位时间内所发射出来的脉冲数目既与释放的能量大小有关，也与释放能量的微观过程的速率有关。声发射出来的每个脉冲，都包含着一个频谱，这个频谱包括的频率范围可以从几赫到几十兆赫。一般来说，引起声发射的微观结构尺寸越小，或释放能量的微观过程所进行的速率越快，则所产生的声发射频率越高。

声发射检测与前面介绍的超声波检测不同，超声波检测所检测的缺陷是静态的，而声发射无损检测则是动态无损检测。此法根据发射声波的特点以及引起声发射的外部条件，检查出缺陷的所在位置和声发射的微观结构特点，因此，这种检测方法不但能了解缺陷的目前状态，而且能够了解缺陷的形成过程和实际使用条件下发展和扩大的趋势。

### 6.2.2 声发射检测的特点

① 能对在实际操作或运转的结构物进行连续的远距离监视。在整个检测过程中只需将接收换能器固定在某个位置而不必移动。

② 声发射检测的灵敏度很高，能够探测出一个晶粒断裂现象，所以声发射探伤不但能对结构质量进行监视，而且也是研究断裂力学的有用工具。

③ 可以利用离缺陷一定距离的 3 个或更多的换能器，根据测定信号的时间差来确定缺陷的位置。

④ 声发射检测的缺点是无法探测静态缺陷，只有当缺陷周围材料产生塑性变形或缺陷发展时才能被探测出来。

对要求严格的压力容器，在制造过程中要经过多次射线、超声波及磁粉检测等检测工序，劳动强度大、周期长、费用高，如在焊接及水压试验过程中采用声发射技术，能很快发现缺陷，及时返修，可节省大量人力、物力。例如，在焊接过程中，利用放在金属表面上一定位置处的探头，探测焊缝金属由于热应力产生的裂纹，对每道焊缝进行监视，如发现裂纹，便可及时修补，不但速度快，成本低，还可用来研究新发展的焊接工艺；声发射技术可用来对运转中的压力容器进行监视，如有危险可进行预报从而及时停车，以确保设备的安全，这对核压力容器的安全运转具有特殊意义。声发射技术也可用在压力容器水压试验上，在试验时，如果没有接收到强的发射信号，则可认为在最高压力下，没有发展着的裂缝；如果在低压下就发现有高发射率的声发射，则证明有裂缝产生或裂缝在发展。此外，声发射技术还可用于压力容器定期检修试验以及确定压力容器使用的寿命等。目前，声发射技术已逐步应用于生产实践中，并且应用领域正日益增大。

## 6.3 激光全息检测

激光全息检测是利用激光全息照相方法来观察和比较工件在外力作用下的变形情况，变形情况与是否有缺陷直接有关，可由此来判断工件内部是否存在缺陷。

激光全息检测实际上是一种全息干涉计量技术，它能够检测金属材料和非金属材料的缺陷，也能检测各种胶接结构、蜂窝夹层结构、复合材料和橡胶轮胎等工件的脱黏以及薄壁高压容器的焊缝裂纹等缺陷。

激光全息检测的特点是灵敏度高，可以检测极微小的变形；相干长度大，可以检测大尺寸工件；适用于各种材料、任意粗糙表面的工件；可借助干涉条纹的数量和分布状态来确定缺陷的大小、部位和深度，便于对缺陷进行定量分析；同时具有直观性强和非接触检测等特点。

工件内部的缺陷能否被检测出来，取决于工件内部的缺陷在外力作用下能否在工件表面造成相应的变形。如果工件内部的缺陷过深或过于微小，那么，激光全息照相检测就无能为力了；激光全息检测的另一个局限性是一般都需在暗室中进行，而且需要采取严格的隔振措施。

## 复习思考题

1. 什么是涡流检测？涡流检测的特点有哪些？
2. 什么是声发射检测？声发射检测的特点有哪些？

# 参 考 文 献

[1] 刘贵民，马丽丽．无损检测技术[M]．北京：国防工业出版社，2010.
[2] 邵泽波，刘兴德．无损检测[M]．北京：化学工业出版社，2011.
[3] 王自明．无损检测基础知识[M]．北京：机械工业出版社，2005.
[4] 李喜孟．无损检测[M]．北京：机械工业出版社，2001.
[5] 李国华，吴淼．现代无损检测与评价[M]．北京：化学工业出版社，2009.
[6] 中国机械工程学会无损检测分会．磁粉检测[M]．2 版．北京：机械工业出版社，2004.
[7] 中国机械工程学会无损检测分会．无损检测概论[M]．北京：机械工业出版社，1993.
[8] 王仲生．无损检测诊断现场实用技术[M]．北京：机械工业出版社，2002.
[9] 石磊．探伤用射线防护基础[M]．北京：机械工业出版社，1990.
[10] 张文钺．金属熔焊原理及工艺(上册)[M]．北京：机械工业出版社，1980.
[11] 宋天民．射线检测[M]．北京：中国石化出版社，2011.
[12] 牛俊民，蔡晖．钢中缺陷的超声波定性探伤[M]．北京：冶金工业出版社，2013.
[13] 胡建恺．超声检测原理与方法[M]．合肥：中国科学技术大学出版社，1993.
[14] 张俊哲．无损检测技术及其应用[M]．北京：科学出版社，1993.
[15] 李作新．无损检测的原理和方法[M]．昆明：云南大学出版社，1989.
[16] 宋志哲．磁粉检测[M]．2 版．北京：中国劳动社会保障出版社，2007.
[17] 中国机械工程学会无损检测分会. 渗透检测[M]．北京：机械工业出版社，1986.
[18] 陈海英，李华桃．常用无损检测方法的特点及应用选择[J]．无损探伤，2009，33(5)：23-25.
[19] 李家伟，陈积懋．无损检测手册[M]．北京：机械工业出版社，2002.
[20] 谭祖根．电涡流检测[M]．北京：原子能出版社，1986.
[21] 袁振明，马羽宽．声发射技术及其应用[M]．北京：机械工业出版社，1985.
[22] 全国无损检测标准化技术委员会编．无损检测国家标准汇编．射线检测[M]．北京：中国标准出版社，2016.
[23] 中国机械工程学会无损检测分会编．射线检测[M]．3 版．北京：机械工业出版社，2004.
[24] 辽宁省安全科学研究院组编．超声检测[M]．2 版．沈阳：辽宁大学出版社，2017.
[25] 全国无损检测标准化技术委员会编．无损检测国家标准汇编．超声检测[M]．北京：中国标准出版社，2016.
[26] 徐春广，李卫彬．超声波检测基础[M]．北京：北京理工大学出版社，2021.